中国建筑教育

Chinese Architectural Education

2016 全国建筑院系建筑学优秀教案集

Collection of Teaching Plan for Architecture Design and Theory in Architectural School of China 2016

全国高等学校建筑学专业指导委员会　编

Compiled by National Supervision Board of Architectural Education

中国建筑工业出版社

图书在版编目（CIP）数据

2016全国建筑院系建筑学优秀教案集/全国高等学校建筑学专业指导委员会编.—北京：中国建筑工业出版社，2017.10
ISBN 978-7-112-21249-1

Ⅰ.①2… Ⅱ.①全… Ⅲ.①建筑学—教案（教育）—高等学校 Ⅳ.①TU-42

中国版本图书馆CIP数据核字（2017）第230676号

责任编辑：徐　纺　滕云飞
责任校对：李欣慰　李美娜

中国建筑教育
2016全国建筑院系建筑学优秀教案集
全国高等学校建筑学专业指导委员会　编

*

中国建筑工业出版社出版、发行（北京海淀三里河路9号）
各地新华书店、建筑书店经销
北京京点图文设计有限公司制版
北京缤索印刷有限公司印刷

*

开本：787×1092毫米　1/20　印张：9⅗　字数：222千字
2017年12月第一版　2017年12月第一次印刷
定价：98.00元（含增值服务）
ISBN 978-7-112-21249-1
（30891）

概 述

2016 年全国高等学校建筑设计教案和教学成果评选情况概述

由全国高等学校建筑学学科专业指导委员会主办的 2016 年全国高等学校建筑设计教案和教学成果评选活动，在西南交通大学建筑与设计学院顺利举行。根据全国高等学校建筑学学科专业指导委员会工作要求，该届评选活动所有参赛学校以教案单元的形式提交参评成果。经赛后会务组统计：本次评选活动共收到 55 所学校（其中内地 54 所，台湾 1 所）提交的教案和教学成果，包括：教案 125 套，291 张展板；作业 266 份，566 张展板。

评审阶段，在西南交通大学建筑与设计学院召开了优秀建筑设计教案和教学成果评审会。评委会委员由多所高等院校知名教授及国内有影响力的著名设计单位领导共同组成，共 17 名。分别是中国工程院院士、东南大学王建国教授，清华大学庄惟敏教授、东南大学韩冬青教授、天津大学张颀教授、同济大学李振宇教授、华南理工大学孙一民教授、重庆大学卢峰教授、西安建筑科技大学刘克成教授、浙江大学王竹教授、南京大学丁沃沃教授、大连理工大学范悦教授、华中科技大学李晓峰教授、湖南大学魏春雨教授、深圳大学仲德崑教授、香港中文大学顾大庆教授、西南交通大学沈中伟教授，以及中国建筑西南设计研究院龙卫国院长。

评委会委员经过一天严格评审，共评选出了，清华大学建筑学院、华南理工大学建筑学院、西安建筑科技大学建筑学院、天津大学建筑学院、东南大学建筑学院、同济大学建筑与城市规划学院、西交利物浦大学建筑系、重庆大学建筑城规学院、深圳大学建筑与城市规划学院、合肥工业大学建筑与艺术学院等来自 27 所高校的优秀设计教案 46 份。评委们充分肯定了本届参评教案及作业水平，认为本次教案及作业达到专指委对建筑学专业的培养要求，不少学校的教案及学生成果能够充分反映一线教师们对于教学工作倾注的热情和对教改工作的重视，也反映了我国建筑教育水平不断发展提高的现状。

为帮助各高校建筑教育水平的提高，评委们也提出了不少积极的具有建设性的意见，包括：加强教案的规范性；凝练教案主题；明确教案训练目的；教学的题目量上应达到要求；应加强年级间的衔接性等。

西南交通大学建筑与设计学院　沈中伟

目 录

浙江大学

建筑设计基础 1、2（一年级）…… 8

再生建筑——“城中村”的变革（三年级）…… 12

深圳大学

1∶1 空间体验——人体测量与仪器制作（一年级）…… 16

以空间建构为导向的建筑基础教育：“建筑师部落：设计工坊”（二年级）…… 19

湖南大学

校园展廊设计（一年级）…… 24

类型人群·行为空间生成（二年级）…… 28

1+1 国际化平行开放式建筑设计教学探索（三年级）…… 32

厦门大学

材料建构——基于材料特性和建造体验的建筑设计基础教案（一年级）…… 37

基于城市空间认知与绿色建筑技术整合的城市综合体建筑设计（四年级）…… 42

历史环境下的鼓浪屿建筑 – 景观适应性再生设计研究（五年级）…… 46

南京大学

身体与空间（一年级）…… 49

地形操作——风景区坡地茶室设计（二年级）…… 52

福建长汀历史文化名城——城市更新与建筑设计（四年级）…… 55

同济大学

“行为 – 空间”逻辑导向的研究型建筑设计基础教学序列（一年级）…… 58

城市综合体设计（三年级）…… 63

苏州科技大学
空间分析及演绎（一年级）…… 67

华南理工大学
建筑设计初步——景观建筑小品设计（一年级）…… 70
城市设计专门化方向教案设计（四年级）…… 73

山东建筑大学
建筑学一年级教案：建筑师工作室设计（一年级）…… 77
概念统筹——城市边缘区社区活动中心设计（三年级）…… 80

清华大学
建成环境再造——照澜院街区整治（二年级）…… 83

合肥工业大学
从行为到空间：以“功能”问题切入的建筑设计逻辑思维培养——《公共建筑设计 I》课程教案（二年级）…… 86
概念 + 空间 + 建构——新常态背景下的短周期开放式综合训练（三年级）…… 91

上海交通大学
实践性，理论性，研究性相结合的空间教案（二年级）…… 96

西南交通大学
“角色置换”——从旁观配角到亲历介入 二年级幼儿园设计课程教改研究（二年级）…… 101
实态调研 Mapping 空间生成——三年级居住建筑设计（三年级）…… 104
城市的可能——基于城市发展规律认知的城市更新设计（四年级）…… 109

天津大学
3+8 诗意 + 建筑——建筑的诗意与修辞——自然环境中的住居（二年级）…………… 113
主题展览馆设计——关于艺术与空间的设计研究（三年级）…………………………… 117

中国矿业大学
邻里共享——小住宅组合设计（二年级）…………………………………………… 120

东南大学
社区中心 + 健身中心设计 Community Center + Fitness Center（二年级）…………… 125
复杂建成环境的城市形态更新 | 南京湖南路马台街地块城市设计（四年级）………… 128

西安建筑科技大学
基于城市文化背景的地方艺术馆建筑设计（三年级）……………………………… 131
超越东西方的"院"（四年级）……………………………………………………… 134
关中传统村寨文化传承与创新设计（五年级）……………………………………… 138

华中科技大学
live project：公众参与的在地设计与建造（三年级）……………………………… 141

南京工业大学
南京秦淮曲艺文化艺术中心设计（三年级）………………………………………… 145

河北工业大学
基于文脉传承和适宜绿色技术的高校文化空间改造设计（三年级）………………… 150
城市设计框架下的历史街区保护与更新（四年级）………………………………… 153

西交利物浦大学
创作中心 / 苏州联合工作空间，Creative Hub. / Co–working Space in Suzhou（三年级）
…… 156

重庆大学
居住的可能性——基于目标人群的居住建筑设计及住区规划（三年级）…… 159

苏州大学
医疗类建筑——社区医院建筑设计（三年级）…… 163

郑州大学
三年级遗址博物馆设计教案（三年级）…… 168

大连理工大学
城市历史环境下的文化博物馆（三年级）…… 172

内蒙古工业大学
基于城市设计的工业遗产解读（四年级）…… 176

昆明理工大学
“8+”联合毕业设计基于“时空压缩”语境下的城市设计——“后边界——深圳二线关沿线结构织补与空间弥合”（五年级）…… 179

浙江大学

建筑设计基础 1、2（一年级）

总体教学目标：作为一年级大类课程，此教案在完成建筑设计入门教学任务的同时，需照顾城规、土木、水工 3 个大类专业的适宜性，并能帮助学生和教师进行专业确认的引导和筛选。

总体教学方法：这门课的师生比为 1∶20，因此不能完全沿用以往设计课一对一或者小组讨论的教学方式，而是要争取让学生通过严谨的练习设定进行自我评价。另一方面强调动手做及抽象思维的教学，在充分调动学生积极性的同时突出了建工大类的特色，为接下来的专业培养奠定基础。

·任务书——建筑设计基础 1

E1 石膏容器：浇铸一只石膏立方体容器，用以收纳设计者自己的 5 种文具；

E2 纸板坐具：完成适用于一个成年人的瓦楞纸板坐具；

E3 木杆展架：每 3 人为一组，设计并制作一个展架，可同时展览 3 位同学在本学期所有作业的设计图纸（每人 3 张 A3）以及容器模型。

·任务书——建筑设计基础 2

E1.1 空间生成·操作与观察：分别用泡沫块和卡纸进行块体和板片的操作，并观察和记录由特定操作方法所形成的空间特征。练习探讨两个基本的问题：首先是空间的意图，即操作的根本目的是形成空间；其次是操作的方法，即是否可以识别清晰明确的操作方法。

E1.2 空间生成·解读与转换：首先对选定的平面图形（切割图形与积聚图形）进行分析和多义性解读，从而赋予平面图形一定的层叠关系和空间纵深。在此基础上，进一步完成从平面图形到立体空间的转换。练习中，要求初步理解物理透明性和现象透明性的区别与意义。

E1.3 空间生成·生成与组织：要求从 1.1 的练习成果中选择一种操作方法，从 1.2 的练习成果中选择一种空间关系，用具体操作手法来生成和组织一个具有明确逻辑结构关系的空间组合。练习过程中，关注的焦点不在于这个空间组合的具体形态，而是各个空间之间的关系是否与预设的空间组织目标相吻合。

E2.1 空间尺度·功能与尺度：从给定的 6 种功能中选择合适的 2 项，观察与之相符的空间尺度，在保持其空间操作和组合特征的同时，将 E1.3 的 2 个成果分别转化为 8m×8m×8m 的立方体空间，绘制相关的分析草图。

E2.2 空间尺度·路径与尺度：从 E2.1 的两个立方体中选择一个功能与尺度比较合适的，发展并制作一个 1∶50 的立方体模型，绘制空间限定的分析图。在继续功能与尺度研究的基础上，绘制体验路径及其节点透视图，推敲路径与尺度的关系。

E3.1 空间界面·界面研究：对 E2 中单一材料的立方体模型进行多材料的诠释（至少 3 种材料）。引导原有空间以及元素形成新的秩序。

E3.2 空间界面·场景呈现：练习的最后阶段，对选定的方案进行模型制作与效果表达。重点练习透视表达的方法。

优秀作业 1：建筑设计基础 1　设计者：郑巍巍
优秀作业 2：建筑设计基础 2　设计者：云汉
优秀作业 3：建筑设计基础 2　设计者：吴柯嫘

作业指导教师：曹震宇　王卡
教案主持教师：曹震宇

从“立方体”到“立方体”——建筑设计基础 1、2

本校建筑学本科一年级从 2014 年开始归入建工大类，与土木工程、水利水电工程和城乡规划三个专业一起接受通识教育。建筑设计基础课作为选修课程安排在一年级下半学年的春、夏两个学期，因此授课对象将会包括未来四个专业的学生（一年级春学期末将确认专业，而建筑设计基础课是建筑学、城乡规划专业确认的前置课程，因此在培养计划中推荐将要选择以上两个专业的学生修读这门课）。这门原来建筑学专业的核心课程在完成建筑设计入门教学任务的同时，还需照顾其他三个专业的适宜性，并能帮助学生和教师进行专业确认的引导和筛选。这门课的师生比为 1:20，因此不能完全延用以往设计课一对一或者小组讨论的教学方式，而是要争取让学生通过严谨的练习设定进行自我评价。另一方面，强调动手做及抽象思维的教学，在充分调动学生积极性的同时突出了建工大类的特色，为接下来的专业培养奠定了基础。

培养模式	大类培养	专业培养			
	一年级	二年级	三年级	四年级	五年级
秋学期	无	建筑设计基础 3	建筑设计 3	场地设计 室内设计 城市规划与设计	建筑综合设计
冬学期		建筑设计基础 4	建筑设计 4		
春学期	建筑设计基础 1	建筑设计 1	建筑设计 5	专题化设计	毕业设计
夏学期	建筑设计基础 2	建筑设计 2	建筑设计 6		
授课对象	建筑、城规 土木、水工	建筑			

春 · 建筑设计基础 1

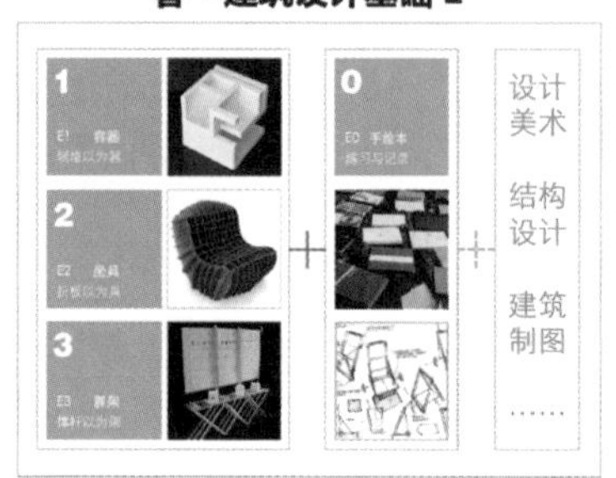

通识 —— 专业
具象 —— 抽象
感性 —— 理性

夏 · 建筑设计基础 2

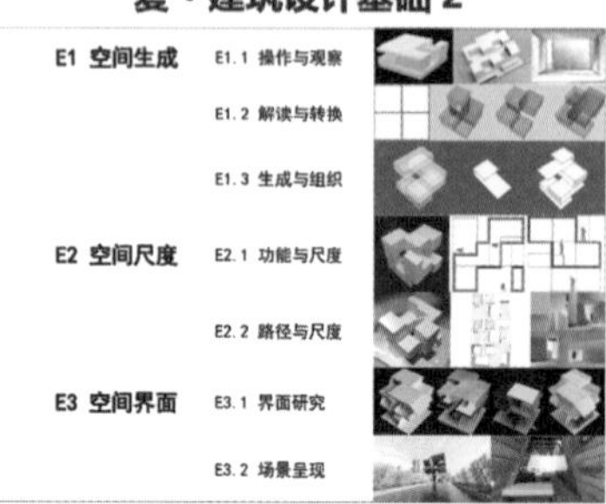

E1 空间生成
E1.1 操作与观察
E1.2 解读与转换
E1.3 生成与组织
E2 空间尺度
E2.1 功能与尺度
E2.2 路径与尺度
E3 空间界面
E3.1 界面研究
E3.2 场景呈现

设计 + 实现：作为设计艺术而非象征艺术，建筑艺术的核心是优美地建造实现，而非优美的形式。

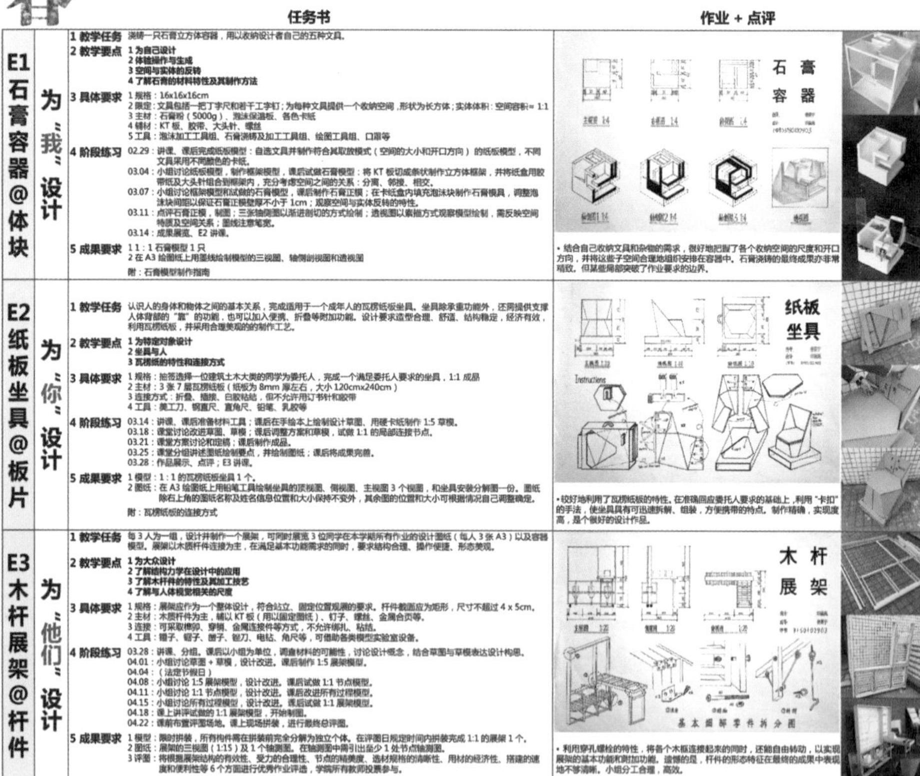

任务书 / 作业 + 点评

E1 石膏容器@体块 — 为“我”设计

1 教学任务：浇铸一只石膏立方体容器，用以收纳设计者自己的五种文具。

2 教学要点：
1 为自己设计
2 体验操作与生成
3 空间与实体的反转
4 了解石膏的材料特性及其制作方法

3 具体要求：
1 规格：16x16x16cm
2 限定：文具包括一把丁字尺和若干工字钉；为每种文具提供一个收纳空间，形状为长方体；实体体积：空间容积≈ 1:1
3 主材：石膏粉（5000g）、泡沫保温板、各色卡纸
4 辅材：KT 板、胶带、大头针、螺丝
5 工具：泡沫加工工具组、石膏浇铸及加工工具组、绘图工具组、口罩等

4 阶段练习：
02.29：讲课、课后完成纸板模型：自选文具并制作符合其取放模式（空间的大小和开口方向）的纸板模型，不同文具采用不同颜色的卡纸。
03.04：小组讨论纸板模型，制作框架模型，课后试做石膏模型：将 KT 板切成条状制作立方体框架，并将纸盒用胶带纸及大头针组合到框架内，充分考虑空间之间的关系：分离、邻接、相交。
03.07：小组讨论框架模型和试做的石膏模型，课后制作石膏正模；在卡纸盒内填充泡沫块制作石膏模具，调整泡沫块间距以保证石膏正模壁厚不小于 1cm；观察空间与实体反转的特性。
03.11：点评石膏正模，制图；三张轴侧图以渐进剖切的方式绘制；透视图以素描方式观察模型绘制，需反映空间特质及空间关系；图线注意笔宽。
03.14：成果展览、E2 讲课。

5 成果要求：
1 1：1 石膏模型 1 只
2 在 A3 绘图纸上用墨线绘制模型的三视图、轴侧剖视图和透视图

附：石膏模型制作指南

• 结合自己收纳文具和杂物的需求，很好地把握了各个收纳空间的尺度和开口方向，并将这些子空间合理地组织安排在容器中。石膏浇铸的最终成果亦非常精致，但某些局部突破了作业要求的边界。

E2 纸板坐具@板片 — 为“你”设计

1 教学任务：认识人的身体和物体之间的基本关系，完成适用于一个成年人的瓦楞纸板坐具。坐具除承重功能外，还需提供支撑人体背部的“靠”的功能，也可以加入便携、折叠等附加功能。设计要求造型合理、舒适、结构稳定，经济有效，利用瓦楞纸板，并采用合理美观的制作工艺。

2 教学要点：
1 为特定对象设计
2 坐具与人
3 瓦楞纸板的特性和连接方式

3 具体要求：
1 规格：抽签选择一位建筑土木大类的同学为委托人，完成一个满足委托人要求的坐具，1:1 成品
2 主材：3 张 7 层瓦楞纸板（纸板为 8mm 厚左右，大小 120cmx240cm）
3 连接方式：折叠、插接、自胶粘结，但不允许用订书针和胶带
4 工具：美工刀、钢直尺、直角尺、铅笔、乳胶等

4 阶段练习：
03.14：讲课、课后准备材料工具；课后在手绘本上绘制设计草图、用硬卡纸制作 1:5 草模。
03.18：课堂讨论改进草图、草模；课后调整方案和草模，试做 1:1 的局部连接节点。
03.21：课堂方案讨论和定稿；课后制作成品。
03.25：课堂分组讲述图纸绘制要点，并绘制图纸；课后将成果完善。
03.28：作品展示、点评；E3 讲课。

5 成果要求：
1 模型：1：1 的瓦楞纸板坐具 1 个。
2 图纸：在 A3 绘图纸上用铅笔工具绘制坐具的顶视图、侧视图、主视图 3 个视图，和坐具安装分解图一份。图纸除右上角的图纸名称及姓名信息位置和大小保持不变外，其余图的位置和大小可根据情况自己调整确定。

附：瓦楞纸板的连接方式

• 较好地利用了瓦楞纸板的特性，在准确回应委托人要求的基础上，利用“卡扣”的手法，使坐具具有可迅速拆解、组装，方便携带的特点。制作精确，实现度高，是个很好的设计作品。

E3 木杆展架@杆件 — 为“他们”设计

1 教学任务：每 3 人为一组，设计并制作一个展架，可同时展览 3 位同学在本学期所有作业的设计图纸（每人 3 张 A3）以及容器模型，展架以木质杆件连接为主，在满足基本功能需求的同时，要求结构合理、操作便捷、形态美观。

2 教学要点：
1 为大众设计
2 了解结构力学在设计中的应用
3 了解木杆件的特性及其加工技艺
4 了解与人体视觉相关的尺度

3 具体要求：
1 规格：展架应作为一个整体设计，符合站立、固定位置观展的要求。杆件截面应为矩形，尺寸不超过 4 x 5cm。
2 主材：木质杆件为主，辅以 KT 板（用以固定图纸）、钉子、螺丝、金属合页等。
3 连接：可采取榫卯、穿钢、金属连接件等方式，不允许绑扎、粘结。
4 工具：锯子、钉子、凿子、钳刀、电钻、角尺等，可借助各类模型实验室设备。

4 阶段练习：
03.28：讲课、分组。课后以小组为单位，调查材料的可能性，讨论设计概念，结合草图与草模表达设计构思。
04.01：小组讨论草图 + 草模，设计改进。课后制作 1:5 展架模型。
04.04：（法定节假日）
04.08：小组讨论 1:5 展架模型，设计改进。课后试做 1:1 节点模型。
04.11：小组讨论 1:1 节点模型，设计改进。课后改进所有过程模型。
04.15：小组讨论所有过程模型，设计改进。课后试做 1:1 展架模型。
04.18：课上讲评试做的 1:1 展架模型，开始制图。
04.22：课前布置评图场地。课上现场拼装，进行最终总评图。

5 成果要求：
1 模型：限时拼装，所有构件需在拼装前完全分解为独立个体。在评图日规定时间内拼装完成 1:1 的展架 1 个。
2 图纸：展架的三视图（1:15）及 1 个轴测图。在轴测图中需引出至少 1 处节点轴测图。
3 评图：将根据展架结构的有效性、受力的合理性、节点的精美度、选材规格的清晰性、用材的经济性、搭建的速度和便利性等 6 个方面进行优秀作业评选，学院所有教师投票参与。

• 利用穿孔螺栓的特性，将各个木板连接起来的同时，还能自由转动，以实现展架的基本功能和附加功能。遗憾的是，杆件的形态特征在最终的成果中表现地不够清晰。小组分工合理，高效。

从“立方体”到“立方体”——建筑设计基础 1、2

夏 空间 + 界面：空间与界面犹如硬币的两面，互为依存。理性操作和逻辑组织则是生成空间的两个关键。

任务书 | 作业 + 点评

E1 空间·生成

操作与观察

1 教学任务 模型是辅助设计的重要工具之一。在借助模型进行的设计活动中，操作和观察的互动是基本的态度和方法。块体和板片这两种材料的特性会激发设计者的不同操作。块体的操作方法可以是挖挖、移动、堆叠等，板片的操作方法可以是折叠、穿插、并置等。
本阶段练习探讨两个基本的问题：首先是空间的意图，即操作的根本目的是形成空间；其次是操作的方法，即是否可以识别清晰明确的操作方法。

2 教学要点
1 清晰明确的操作方法
2 空间形成的观察与记录
3 操作与空间的逻辑关系

3 过程要求 分别用泡沫块和卡纸进行块体和板片的操作，并观察和记录由特定操作方法所形成的空间的特征。
块体操作　选择挖挖、移动、旋转、融合、堆叠等方法中的一种或 2-3 种的组合，对泡沫块进行操作，做持续、系统的探索和研究。
板片操作　选择折叠、穿插、粘结、并置、划分等方法中的一种或 2-3 种的组合，对卡纸进行操作，做持续、系统的探索和研究。
观察与记录　每完成一次操作，即观察所形成的空间，思考特定操作与空间特征之间的逻辑关系，并用拍照（鸟瞰角度）和素描（平视角度）的方式记录成果。

4 教学安排 04.29：讲课，课堂练习，小组讨论；课后完成练习。
05.02：劳动节假期。

解读与转换

1 教学任务 首先对选定的平面图形（切割图形与积聚图形）进行分析和多义性解读，从而赋予平面图形一定的层叠关系和空间纵深。在此基础上，进一步完成从平面图形到立体空间的转换。练习中，要求初步理解物理透明性和现象透明性的区别与意义。

2 教学要点
1 平面的层叠关系与空间纵深
2 从平面图形到立体空间的转换
3 物理的透明性与现象的透明性

3 过程要求 通过练习，完成 A2 大小图纸一张。
解读　选择平面切割与平面积聚图形各一，对其进行多义性研究，并以色彩叠加或线条肌理加以表现。经多次尝试后，两个
转换　图形各选择三组，绘制正图，每幅尺寸为 60X60mm。

5 教学安排 将对切割与积聚图形的解读转换为立体空间的组合，设定高度为 60mm，以轴测图的形式表达。
05.06：对 1.1 练习成果进行讲评；开始 1.2 练习，课后完成。
05.09：对 1.2 练习成果进行讲评；布置 1.3 作业，课后完成草模。

生成与组织

1 教学任务 本阶段练习，要求从 1.1 的练习成果中选择一种操作方法，从 1.2 的练习成果中选择一种空间关系，用具体操作手法来生成和组织一个具有明确逻辑结构关系的空间组合。练习过程中，关注的焦点不在于这个空间组合的具体形态，而是各个空间之间的关系是否与预设的空间组织目标相吻合。

2 教学要点
1 操作手法的运用
2 空间的结构逻辑关系
3 空间目标的达成

3 过程要求 通过练习，完成 A2 大小图纸一张。
过程　从 1.1 的练习成果中选择一种操作手法，从 1.2 的练习成果中选择一种空间关系后，可能出现以下四种情况：
1　基于板片的操作手法 + 基于切割图形的空间关系；
2　基于板片的操作手法 + 基于积聚图形的空间关系；
3　基于块体的操作手法 + 基于切割图形的空间关系；
4　基于块体的操作手法 + 基于积聚图形的空间关系。
选择 1 和 4，或 2 和 3，完成两个方案，要求：
1　制作模型，所有空间不得超出 12 x 12 x 12cm 的范围，实体部分不受此限；
2　每个模型拍摄两张照片，其中一张为鸟瞰角度，表现整体形态，另一张为平视角度，表现典型空间；
3　墨线绘制每个方案的平、立、剖面，比例为 1：2。
要求　最终的方案要求能清晰地辨识出与前两个练习步骤相对应的操作手法和空间关系，并达到简单的操作、明确的空间关系、丰富的空间体验三者相结合的最终效果。

4 教学安排 05.13：选择操作手法和空间关系；制作草模；小组讨论。
05.16：对练习成果进行讲评；修改完善；课后完成练习。
05.20：阶段一作业点评；讲课。

E2 空间·尺度

功能与尺度

1 教学任务 从给定的 6 种功能中选择合适的 2 项，观察与之相符的空间尺度，在保持其空间操作和组合特征的同时，将 E1.3 的 2 个成果各转化为 1 个 8*8*8m 的立方体空间，绘制相关的分析草图。

2 教学要点
1 功能空间与人体尺度的关系
2 空间操作与人体尺度的关系
3 尺度感与人体尺度的关系

3 过程要求
给定功能　跑酷、观鸟、过夜、候车、观展、游戏
空间要求　1 充分考虑功能在尺度上的空间特征，选取合适的功能转化 E1.3 的成果。
2 适当调整 1.3 成果，保证 8*8*8m 的立方体空间边界的限定足够清晰。
3 所有功能必须在上述边界内完成。
4 对竖向移动所需的楼梯、坡道等不作要求，但需保证路径通畅并符合人体尺度。
5 体块模型的实体部分需转化为板片围合的封闭空间（可以进入）进行考虑。
观察记录　用卡纸制作人形置于 E1.3 的模型中，观察其与空间的关系并用相机记录。
画分析图　每个立方体空间各绘制 1 张 1:50 平面图和剖面图（剖切位置需能尽量反映空间关系），并在重要的空间绘制符合功能的人形，充分表达功能、尺度与空间的关系。

4 教学安排 05.20：讲课，评图 (E1.3)，课堂选定功能；课后完成记录和分析草图。
05.23：小组讨论 2.1 成果，开始 2.2 练习。

路径与尺度

1 教学任务 从 2.1 的两个立方体中选择一个功能与尺度比较合适的，发展并制作一个 1:50 的立方体模型，绘制空间限定的分析图。在继续功能与尺度研究的基础上，绘制体验路径及其节点透视图，推敲路径与尺度的关系。

2 教学要点
1 空间尺度与空间限定的关系
2 空间组合与体验路径的关系
3 空间尺度与体验路径的关系

3 过程要求 1 制作 1：50 立方体草模，满足 2.1 的要求。
2 绘制平面和剖面分析图，研究空间的限定与尺度的关系。
3 观察草模的空间动态尺度，设计主要的空间体验路径，用照片记录重要节点。
4 观察照片调整草模，使路径上的尺度变化和空间体验符合功能特征。

4 教学安排 05.23：小组讨论 2.1 成果，确定其中一种进行深化设计，课后完成草模和空间限定的分析图。
05.27：小组讨论草模和空间体验路径，课后完成草模修改和照片记录。
05.30：小组讨论路径及其空间体验，开始绘制成果图纸，课后完成图纸。

E3 空间·界面

界面研究

1 教学任务 对 E2 中单一材料的立方体模型进行多材料的诠释（至少 3 种材料）。引导原有空间以及元素形成新的秩序。

2 教学要点
1 材料区分
2 结构与功能的继级关系
3 研究材料变化同空间感知之间的关系
4 表达材料概念的绘图

3 过程要求 仔细观察 E2 的模型，尝试使用不同的材料发掘其空间表达的潜能，制作 3 个 1:100 的多种材料模型。在过程中探讨以下问题：
行为活动：区分空间的公共与私密属性，明确空间的功能组织秩序；
多样性：探讨多样的形式可能，重点探讨这些材料方案是否强化了原来的空间概念，还是形成了一个新的概念。
制作 3 个 1:50-1:100 的不同材料模型（每个模型采用 3 种以上材料），要求结构稳固；每个模型提交 1 张外观轴测照片 +1 张室内透视照片；
选定 1 个方案制作 1:20-1:50 模型，绘制平、立、剖图，图纸要求表达材料的区分

4 教学安排 06.06：讲课，评图 (E2)；课堂讨论模型材料的可能。
06.13：小组讨论 3.1 的 3 个模型成果、表达材料概念的草图以及外观 + 室内透视的照片。课后选择一个方案绘制平、立、剖面正图，要求表达家具或设施的安排，并表达材料概念。同时选好做背景的场景图片。
06.17：3.1 小组评图。课后制作选定方案的模型 1:20- 1:50 模型 1 个，并结合照片用 photoshop 电脑软件制作场景透视图。

场景呈现

1 教学任务 练习的最后阶段，对选定的方案进行模型制作与效果表达。重点练习透视表达的方法。

2 教学要点
1 模型拍摄技法
2 结合选择的实地场景进行模拟效果表达
3 配景的表达

4 教学安排 06.20：结合做好的放大比例模型（1:20-1:50），小组讨论模型拍摄技巧、以及场景透视图，课后调整修改，最后制作成图。
06.24：交图。

作业 + 点评

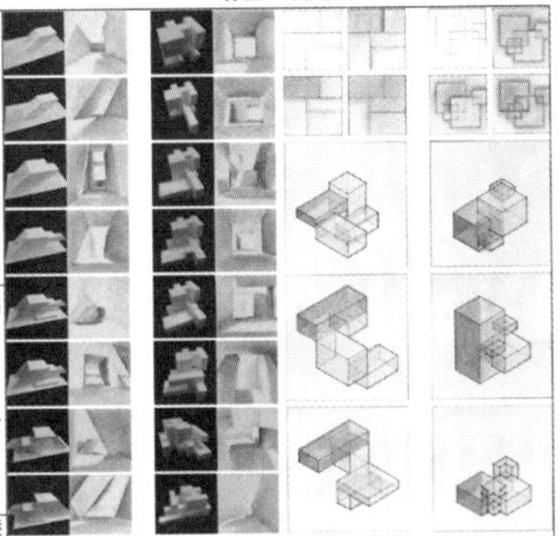

空间生成·操作与观察
对板片通过围合、穿插、套叠的手法形成一系列空间，斜线产生了特征性。对于块体的操作则通过切割和抽拉以形成空间，但似乎还未找到操作与空间之间的特定规律。

空间生成·解读与转换
较好地解读了平面图形的多义性，并在三维层面上进行了表达，完成了作业的要求。但解读和转换还显得较为“常规”，缺乏更为深入的探究。

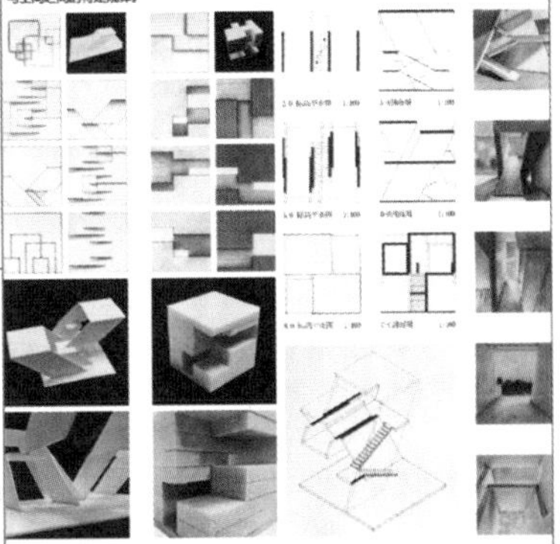

空间生成·生成与组织
将特定的操作手法与空间组织关系结合起来，是这一系列练习中最关键，也是最难的一步。从成果来看，较好地完成了这一阶段的练习要求，既保留了操作的特征，又与空间的组织关系相吻合。

空间尺度
练习选择了候车厅的功能，并创造性地将其置于道路的中间，使得空间组织逻辑中两个空间相对的关系与实际功能中面向两个方向交通的特点高度融合。

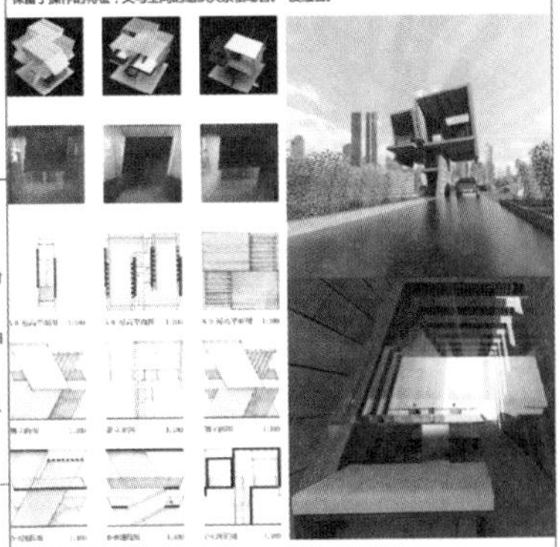

空间界面·界面研究
利用多种材料，研究界面开与合、通透与遮挡对于空间属性的影响。在多方案的比较中，特别强调和研究了因界面材料变化而引起的对于原有空间组织关系的进一步解读，甚至是颠覆性的变化。

空间界面·场景呈现
通过室外和室内两个透视的表现，初步掌握了透视、光影、层次等对空间表达的影响，并进一步理解了场景、氛围对空间的渲染作用。

浙江大学

再生建筑——“城中村”的变革（三年级）

总体教学目标

作为三年级建筑设计最后一个综合课程，课题设定了两方面主要关注点:（1）以“城中村”为中心的网格形态城市肌理。特别关注“非规划式规划”、“非建筑式建筑”以及“建筑自生长”的建构和形态特性。（2）“城中村”的特有社会性，如文化氛围、人文特性、产业形态。通过对两方面关注点的观察、调研和认识，对需植入的公共建筑进行功能定位和建筑计划，进行建筑再生方案设计。

总体教学方法

总体教学方法有以下几个方面的特点:（1）团队合作的深度基地调查与分析:历时4周，从城市、建筑、人文等各切面系统深度解读基地及其所处的城市背景;（2）自拟任务书;（3）团队合作能力的训练:培养设计团队中不同定位设计者的工作方式与重点。

任务书

背景

“大网格+小网格”成为现有杭州城市肌理普遍形态。快速城市化，产生“城中村”特有格局。外来人口膨胀，刺激“城中村”特有租住产业生长，以及建筑自生长。“城中村”承载巨大人口负荷，而缺乏特定功能公共建筑的植入。两者都未被事先规划。

概况

课题基地具有两方面关注点:（1）以“城中村”为中心的网格形态城市肌理。特别关注“非规划式规划”、“非建筑式建筑”以及“建筑自生长”的建构和形态特性。（2）“城中村”的特有社会性，如文化氛围、人文特性、产业形态。通过对于两方面关注点的观察、调研和认识，对需植入的公共建筑进行功能定位和建筑计划，进行建筑再生方案设计。

任务

（1）关注城市网格与建筑生成的硬件方面，同时关注社会问题和人文特性的软件方面。以谨慎对待城市的态度，形成理智、有逻辑的解决城市问题方法。

（2）以尊重原有肌理为导向，研究空间尺度、界面、边界、建筑生长方式、过程。以“Plug-in”为策略，提供让软件能更好运行的硬体。

（3）自拟任务书，引导学生更广泛地关注建筑的功能适宜性问题。针对特定的功能架构，创新性地提出富有个性的解答，完成从功能计划图向三维空间结构的转译，其中关注两者之间的对应关系，并注重与原有建筑的结构体系和空间原型的协调。

（4）通过适宜的形式语言和形式结构，处理空间界面、材料运用，节点构造等问题，提升建筑设计素养和建筑思维深度。

基地位于杭州城西新城板块骆家庄西苑。北至文一西路；南至桂都巷；西至林语巷。由紫金港路分隔出骆家庄西苑一区和二区。规划红线范围内的“无规划”；需要公共功能的添加；建筑以 3 ~ 4 层低层住宅为主，村民已局部进行了自主加建。

根据基地内巷道划分规则，以 5（>5）栋联排住宅为长边，以 4 排联排住宅为宽边划分网格，将基地划分为同一尺度层面下的 18 个基地单元。除去西侧南北方向的 3 个基地单元不予考虑外，要求同学自由选择其余 15 个基地单元中的某一个作为设计范围。设计内容包括：在基地单元内，植入某缺失的特定公共建筑，并对保留的某一联排的 5 栋（>5）住宅进行改建，使用功能必须作为居住建筑用途。

要点

（1）城市层面：在用地红线范围内，自主选择再生建筑设计范围。考虑城市环境的渗透，解决外部空间的界面和交通问题。

（2）社区层面：考虑再生建筑和周边原有建筑的空间关系、结构逻辑，解决外部空间的界面、绿化、停车问题。

（3）建筑层面：在给定的建筑面积和建筑限高条件下，进行建筑再生设计。考虑再生建筑功能和建筑计划的合理性，建筑空间与建筑计划的对位性、呼应性。

（4）建筑内部层面：重视营建过程中的可操作性，内部形式结构的统一性。

（5）城市肌理、建筑立面与内部空间的呼应，充分考虑材料运用、节点构造等问题。

（6）重视建筑设计深度的控制，并通过模型、图纸等手段充分表达。

进度表及成果要求（共 13 周）

优秀作业 1：CS GAME CLUB（再生建筑—“城中村”的变革） 设计者：胡晓南 郭若梅 王毅超

优秀作业 2：URBAN OASIS 都市绿洲（再生建筑—“城中村”的变革） 设计者：赵爽 张克越 孙哲超

优秀作业 3：VERTICAL FARM（再生建筑—“城中村”的变革） 设计者：毛宇青 王乔玮 张昀

作业指导教师：陈翔 裘知 吴越 Qi Shanshan 林涛 王雷

教案主持教师：吴越

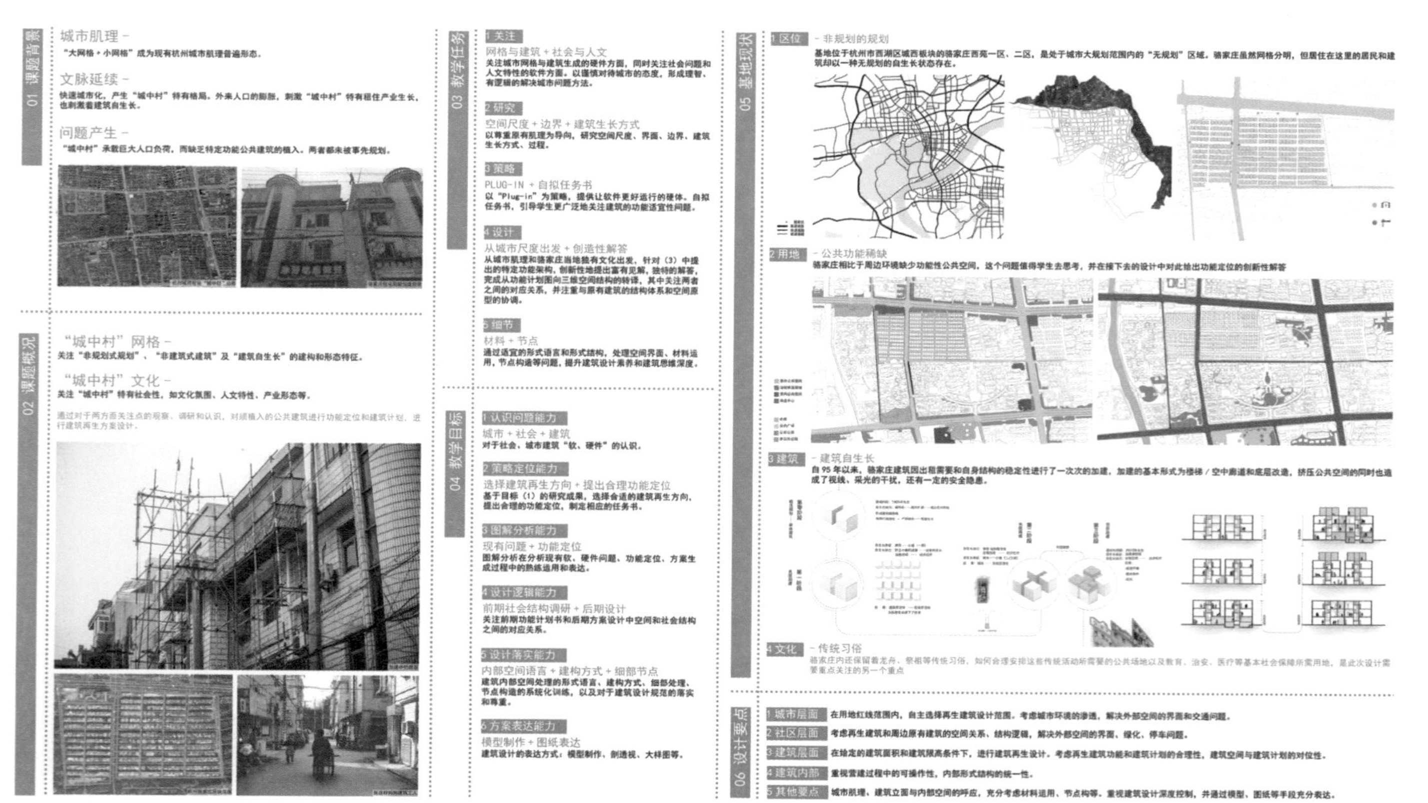
THE RECONSTRUCATION OF URBAN VILLAGE
再生建筑 - “城中村”的变革
01 课题背景
城市肌理 -
“大网格 + 小网格”成为现有杭州城市肌理普遍形态。
文脉延续 -
快速城市化，产生“城中村”特有格局。外来人口的膨胀，刺激“城中村”特有租住产业生长，也刺激着建筑自生长。
问题产生 -
“城中村”承载巨大人口负荷，而缺乏特定功能公共建筑的植入。两者都未被事先规划。
02 课题概况
“城中村”网格 -
关注“非规划式规划”、“非建筑式建筑”及“建筑自生长”的建构和形态特征。
“城中村”文化 -
关注“城中村”特有社会性，如文化氛围、人文特性、产业形态等。
通过对于两方面关注点的观察、调研和认识，对须植入的公共建筑进行功能定位和建筑计划，进行建筑再生方案设计。
03 教学任务
1 关注
网格与建筑 + 社会与人文
关注城市网格与建筑生成的硬件方面，同时关注社会问题和人文特性的软件方面。以谨慎对待城市的态度，形成理智、有逻辑的解决城市问题方法。
2 研究
空间尺度 + 边界 + 建筑生长方式
以尊重原有肌理为导向，研究空间尺度、界面、边界、建筑生长方式、过程。
3 策略
PLUG-IN + 自拟任务书
以“Plug-in”为策略，提供让软件更好运行的硬体。自拟任务书，引导学生更广泛地关注建筑的功能适宜性问题。
4 设计
从城市尺度出发 + 创造性解答
从城市肌理和骆家庄当地独有文化出发，针对（3）中提出的特定功能架构，创新性地提出富有见解，独特的解答，完成从功能计划图向三维空间结构的转译，其中关注两者之间的对应关系，并注重与原有建筑的结构体系和空间原型的协调。
5 细节
材料 + 节点
通过适宜的形式语言和形式结构，处理空间界面、材料运用，节点构造等问题，提升建筑设计素养和建筑思维深度。
04 教学目标
1 认识问题能力
城市 + 社会 + 建筑
对于社会、城市建筑“软、硬件”的认识。
2 策略定位能力
选择建筑再生方向 + 提出合理功能定位
基于目标（1）的研究成果，选择合适的建筑再生方向，提出合理的功能定位，制定相应的任务书。
3 图解分析能力
现有问题 + 功能定位
图解分析在分析现有软、硬件问题、功能定位、方案生成过程中的熟练运用和表达。
4 设计逻辑能力
前期社会结构调研 + 后期设计
关注前期功能计划书和后期方案设计中空间和社会结构之间的对应关系。
5 设计落实能力
内部空间语言 + 建构方式 + 细部节点
建筑内部空间处理的形式语言、建构方式、细部处理、节点构造的系统化训练，以及对于建筑设计规范的落实和尊重。
6 方案表达能力
模型制作 + 图纸表达
建筑设计的表达方式：模型制作、剖透视、大样图等。
05 基地现状
1 区位 - 非规划的规划
基地位于杭州市西湖区城西板块的骆家庄西苑一区、二区，是处于城市大规划范围内的“无规划”区域。骆家庄虽然网格分明，但居住在这里的居民和建筑却以一种无规划的自生长状态存在。
2 用地 - 公共功能稀缺
骆家庄相比于周边环境缺少功能性公共空间，这个问题值得学生去思考，并在接下去的设计中对此给出功能定位的创新性解答
3 建筑 - 建筑自生长
自 95 年以来，骆家庄建筑因出租需要和自身结构的稳定性进行了一次次的加建，加建的基本形式为楼梯 / 空中廊道和底层改造，挤压公共空间的同时也造成了视线、采光的干扰，还有一定的安全隐患。
4 文化 - 传统习俗
骆家庄内还保留着龙舟、祭祖等传统习俗，如何合理安排这些传统活动所需要的公共场地以及教育、治安、医疗等基本社会保障所需用地，是此次设计需要重点关注的另一个重点
06 设计要点
1 城市层面 在用地红线范围内，自主选择再生建筑设计范围。考虑城市环境的渗透，解决外部空间的界面和交通问题。
2 社区层面 考虑再生建筑和周边原有建筑的空间关系、结构逻辑，解决外部空间的界面、绿化、停车问题。
3 建筑层面 在给定的建筑面积和建筑限高条件下，进行建筑再生设计。考虑再生建筑功能和建筑计划的合理性，建筑空间与建筑计划的对位性。
4 建筑内部 重视营建过程中的可操作性，内部形式结构的统一性。
5 其他要点 城市肌理、建筑立面与内部空间的呼应，充分考虑材料运用、节点构等。重视建筑设计深度控制，并通过模型、图纸等手段充分表达。

THE RECONSTRUCATION OF URBAN VILLAGE

再生建筑 - “城中村”的变革

深圳大学

1:1空间体验——人体测量与仪器制作（一年级）

本学院正在进行建筑设计教学改革，同时也意识到现今的建筑学必须更加注重启发式的教学方法，在仲德崑院长、饶小军、彭小松与朱继毅等老师们的引导下，本学院于2015/2016学年里在大一的设计专业课里加入了《1：1空间体验——人体测量与仪器制作》这门课程。

本课程强调在大一的建筑设计专业课里培养学生们对设计的热情，课程安排注重让学生对空间的体验与人体尺度的认知，提倡建筑设计图不再只是从图纸抄绘来锻炼线条的粗细，而是让学生从设计的过程来意识到图纸与模型的必要性，而且规定每位学生必须制作1：1的模型来测试结构、建造与材料等的问题，只要学生们能够做得到1：1的模型，大样图的基本功就自然而然地学会了。

本课程是大一学生的第一个设计，在建筑学院专业课的第一个课程故意避开做建筑设计而是让初学者从个人经历与身体来寻找需求，并从设计的过程以人的需求为中心来寻找解决办法，让学生自我对建筑做定义。这是一个具有挑战性的安排，也正是引导入门建筑设计师寻找自己的建筑语言的第一门课，是在伦敦AA建筑学院的大一教学方法的基础上进行调整而生成的一门崭新教案。

优秀作业1：人体仪器——宠物云　设计者：洪碧笙
优秀作业2：人体仪器——机械手臂　设计者：莫子华

作业指导教师：刘卫斌 郭子怡
教案主持教师：郭子怡

教案编撰初衷：

本学院正在进行建筑设计教学改革，　同时也意识到现今的建筑学必须更加注重启发式的教学方法，在院长与诸位老师们的引导下，本学院于2015/2016学年里在大一的设计专业课里加入了《1比1空间体验－人体测量与仪器制作》这门课程。

本课程强调在大一的建筑设计专业课里培养学生们对设计的热情，课程安排注重让学生对空间的体验与人体尺度的认知，提倡建筑设计图不再只是从图纸抄绘来锻炼线条的粗细，而是让学生从设计的过程来意识到图纸与模型的必要性，而且规定每位学生必须制作1比1的模型来测试结构、建造与材料等的问题，只要学生们能够做得到1比1的模型，大样图的基本功就自然而然地学会了。

本课程是大一学生的第一个设计，在建筑学院专业课的第一个课程故意避开做建筑设计而是让初学者从个人经历与身体来寻找需求，并从设计的过程以人的需求为中心来寻找解决办法，让学生自我对建筑做定义。这是一个具有挑战性的安排，也正是引导入门建筑设计师寻找自己的建筑语言的第一门课，是根据伦敦AA建筑学院的大一教学方法做调整的一门崭新教案。

教学目标：

1. 启发性：以玩的设计过程来启发学生们对设计的热情。
2. 人体认知：从人体尺寸与需求出发来引导学生探索以人体为中心的设计过程。
3. 空间体验：从人体的需求来提出解决办法，1比1地直接寻找人与周围空间的关系。
4. 建筑定义：故意避开设计建筑物，从而来引导学生们寻找自我的建筑定义。
5. 建造的意识：直接制作1比1模型来引导学生探索建造、结构与材料的关系。
6. 模型基本功：必须运用各种材料来制作一个可穿戴并可操作的仪器，这个过程将启发学生对材料运用与细节设计的意识。
7. 绘图基本功：先建造、后制图从来训练学生对图纸内容的信息深度的掌握。

教学方法：

1. 第一堂课设讲座，题目为：《什么是建筑？》从而来启发学生们互相讨论建筑与空间的定义。
2. 然后进行3周的设计过程。12位老师每人带约12－15名学生进行初步设计、深化设计与完成1比1模型。
3. 每个阶段进行1次全年纪评图。
4. 最后一节课，如同一场时装秀，每位学生必须走上台上向老师们与同学讲解自己的设计，老师则在台下打分。

任务书：

1:1 空间体验－人体测量与仪器制作
课程简介与目的
作业内容与要求
仪器设计方向参考

人体仪器 II－宠物云

制作完1比1仪器模型后，学生必须把仪器的制作方法与细节画出来，目标是能把图纸直接送到工厂生产。整个程序是类似施工图的制作逻辑。

部分学生带着自己的仪器设计的大合照。

最终评图当天的照片：可见学生上台讲解自己的设计，老师试戴仪器测试实用性，学生们在台下战战兢兢地准备上台讲解，这应该是最欢乐的一次评图吧。

2015-2016 建筑设计基础专业课（大一教案）

教案题目：1比1空间体验－人体测量与仪器制作

教学内容 01

2015-2016 建筑设计基础专业课（大一教案）
教案题目：1比1空间体验－人体测量与仪器制作

教学成果 02

教学过程：

		课上内容（教师）	课下工作（学生）
周次14：定设计方向			
12月8日	周二	课堂讲解与发任务书	身体仪器设计初稿
12月10日	周四	仪器设计方向讨论	设计草图与1:1仪器细节制作与尝试
周次15：定设计细节			
12月15日	周二	仪器细节设计讨论	设计草图与1:1仪器制作
12月17日	周四	仪器细节设计讨论	说明图加排版与1:1仪器制作
周次16：定图纸与模型表现手法			
12月22日	周二	全年级仪器与图纸点评 （全年级设计点评，每组一名学生，穿戴上仪器加PPT，每位讲5分钟＋点评10分钟）	说明图加排版与1:1仪器制作
12月24日	周四	仪器与设计图纸点评	说明图与1:1仪器制作
周次17：交图与模型			
12月28日	周二	模型与图纸最后修改意见	说明图与1:1仪器制作
12月31日	周四	8:30交作业与评分 （当天评分学生必须穿戴上自己做的仪器，走出来展示。）	

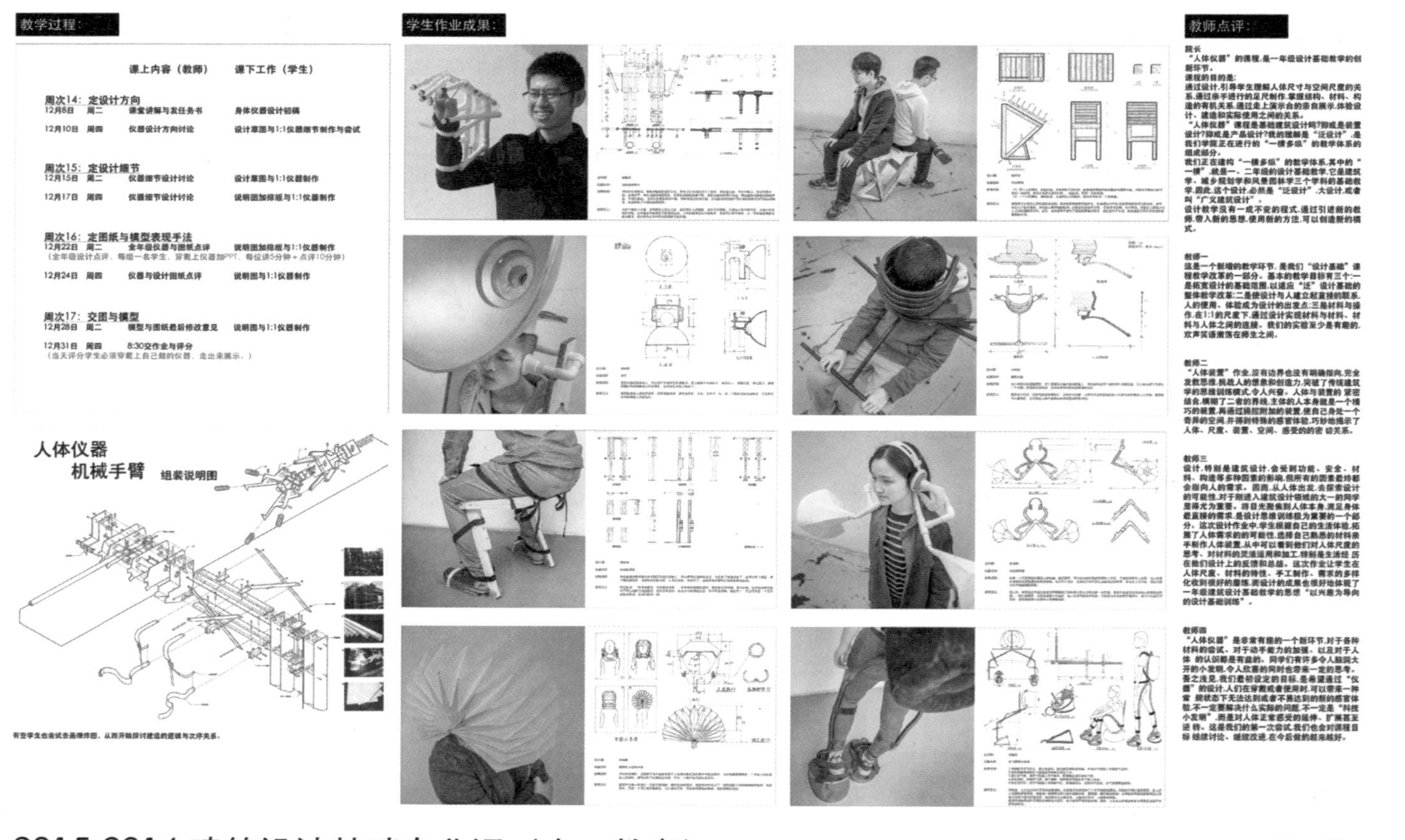

有些学生也尝试去画爆炸图，从而开始探讨建造的逻辑与次序关系。

教师点评：

院长

“人体仪器”的课程，是一年级设计基础教学的创新环节。

课程的目的是：

通过设计，引导学生理解人体尺寸与空间尺度的关系，通过亲手进行的足尺制作，掌握结构、材料、构造的有机关系，通过走上演示台的亲自展示，体验设计、建造和实际使用之间的关系。

“人体仪器”课程是基础建筑设计吗？抑或是装置设计？抑或是产品设计？我的理解是“泛设计”，是我们学院正在进行的“一横多纵”的教学体系的组成部分。

我们正在建构“一横多纵”的教学体系，其中的“一横”，就是一、二年级的设计基础教学，它是建筑学、城乡规划学和风景园林学三个学科的基础教学，因此，这个设计，必然是“泛设计”，大设计，或者叫“广义建筑设计”。

设计教学没有一成不变的程式，通过引进新的教师，带入新的思想，使用新的方法，可以创造新的模式。

教师一

这是一个新增的教学环节，是我们“设计基础”课程教学改革的一部分。基本的教学目标有三个：一是拓宽设计的基础范围，以适应“泛”设计基础的整体教学改革；二是使设计与人建立起直接的联系，人的使用、体验成为设计的出发点；三是材料与操作，在1:1的尺度下，通过设计实现材料与材料、材料与人体之间的连接。我们的实验至少是有趣的，欢声笑语撒落在师生之间。

教师二

“人体装置”作业，没有边界也没有明确指向，完全发散思维，挑战人的想象和创造力，突破了传统建筑学的思维训练模式，令人兴奋。人体与装置的紧密结合，模糊了二者的界线，主体的人本身就是一个精巧的装置，再通过操控附加的装置，使自己身处一个奇异的空间，并得到特殊的感官体验，巧妙地揭示了人体、尺度、装置、空间、感受的的密切关系。

教师三

设计，特别是建筑设计，会受到功能、安全、材料、构造等多种因素的影响，但所有的因素最终都会指向人的需求。因而，从人体出发，去探索设计的可能性，对于刚进入建筑设计领域的大一的同学显得尤为重要。将目光聚焦到人体本身，满足身体最直接的需求，是设计思维训练极为重要的一个部分。这次设计作业中，学生根据自己的生活体验，拓展了人体需求的的可能性，选择自己熟悉的材料亲手制作人体装置，从中可以看到他们对人体尺度的思考、对材料的灵活运用和加工，特别是生活经历在他们设计上的反馈和总结。这次作业让学生在人体尺度、材料的特性、手工制作、需求的多样化收到很好的磨练，而设计的成果也很好地体现了一年级建筑设计基础教学的思想“以兴趣为导向的设计基础训练”。

教师四

“人体仪器”是非常有趣的一个新环节，对于各种材料的尝试、对于动手能力的加强、以及对于人体的认识都是有益的。同学们有许多令人脑洞大开的小发明，令人欣喜的同时也带来一定的思考。吾之浅见，我们最初设定的目标，是希望通过“仪器”的设计，人们在穿戴或者使用时，可以带来一种常规状态下无法达到或者不易达到的新的感官体验，不一定要解决什么实际的问题，不一定是“科技小发明”，而是对人体正常感受的延伸、扩展甚至逆转。这是我们的第一次尝试，我们也会对课程目标继续讨论、继续改进，在今后做的越来越好。

深圳大学

以空间建构为导向的建筑基础教育："建筑师部落：设计工坊"（二年级）

一、本设计题目在教学计划中的关系

1. 教学体系：五年制纵 + 横教学体系

2. 平台特征：横向基础平台 + 纵向贯通平台

3. 学习阶段：一年级（认知．体验）；二年级（空间．行为）；三年级（环境．人文）；四年级（城市．技术）；五年级（实践．综合）

4. 二年级课程设置：理论课程（城市与建筑理论 / 建筑构造与建筑力学）；设计课程（建筑设计与构造 1、2）；实践环节（美术实习）

5. 建筑设计专题：空间塑造与操作、空间组合与场地、空间营造与场所、结合城市认知的综合设计（建筑师部落 - 设计工坊）

二、教学特点——以"建构"为导向的建筑设计专题

1. 重点关注学习者以下几个方面的发展：从直观的感知到有意识的操作、从在场的体验到场所的营造、从具象的观察到抽象的描述。

2. 教学总体思路是以空间建构为指导思想，在实现基本知识学习、审美能力培养的基础上，强调方法的运用、能力的培养和逻辑的形成。

3. 在"建构"理论的基础上，注重空间与材料、行为、场地、建造的相互关系；以空间认知为基础，强调操作、观察、描述、评价几个环节。

4. 强调以环节控制教学进度和教学内容的方法，通过具体问题的提出安排教学活动，强调对策和概念的形成及运用的设计逻辑，灵活设置辅导小组促进交流，从"师徒制"学习模式调整为能够强化"学习社会性"的合作、讨论、交流的教学活动组织，转变教师的"知识传授者"角色成为设计活动的组织者和引导者。

三、教学目标——拓展 提升 综合

1. 强化对设计过程和设计方法的培养，初步掌握理性的工作方式和思考方法，从外部空间环境分析着手进行建筑空间建构。

2. 进一步强化建筑空间的艺术性和创造性思维的培养，以空间建构为导向，培养空间与结构、材料构造相结合的设计理念，反对单纯的外部"形式化"。

3. 培养思考、分析、造型、建造、表达、审美等综合能力。

四、教学内容与过程

1. 第一阶段：城市研究

1.1　课题综述：任务书讲解与相关基础理论课程。

1.2 城市认知：以辅导小组为单位，进行城市认知、记录活动，通过小组讨论，分析、整理，完成调研报告。

1.3 分析与对策：以6人小组为单位，在城市调研报告的基础上，提出城市物质空间（特别是尺度、色彩、材料等）的优化策略，统一考虑场地整体空间结构并分别选择拆除建筑区域形成个体设计场地。

1.4 城市空间模拟：根据场地空间条件及基地情况，分别提出建筑体量和形态模型，完成群体模型和分析报告，阐述设计对策及内外空间系统提案，形成初步场地设计草案。

2. 第二阶段：空间建构

2.1 功能、尺度：根据任务书给定的功能需求研究相关空间的尺度、品质，以及与外部空间的关系。

2.2 流线、秩序：从城市与建筑的关系出发，明确不同类型入口与外部、内部的关系，确定不同功能空间的布局及交通组织方式，形成开放、私密等不同类型的流线和空间秩序。

2.3 场所品质：深化内部重要空间的品质特征，强调材料、光线、尺度、空间限定。

2.4 体量与材料：整合内部空间与外部形体，并根据空间品质提出材料使用方案。

2.5 中期评图（由导师组和学生共同参与讲评）。

3. 第三阶段：建造概念

3.1 结构与形式：根据空间特征进行结构系统选型，在满足空间品质的基础上强调合理的结构体系。完成平面柱网布置及主要梁柱系统的概念设计。

3.2 构造系统：学习及分析维护系统与结构体系的关系，研究材料的构造概念。完成主要部位维护系统的构造概念设计。

3.3 辅助系统：研究楼梯、电梯的形式与结构、构造体系，并完成概念设计；了解卫生间基本布局和其他建筑设备（如空调系统等）的基本知识。

4. 第四阶段：表达评价

4.1 成果制作：群体模型（1∶100全组整体模型）、图纸制作、汇报文件制作；

4.2 成果展示：布展；

4.3 评价：分组每位同学介绍，由五位导师（每组3名外聘导师）完成评价。

优秀作业1：建筑师部落－设计工坊（交融与缠绕） 设计者：龙琦
优秀作业2：建筑师部落－设计工坊（消融） 设计者：陈治元

作业指导教师：彭小松 王浩锋
教案主持教师：殷子渊

以空间建构为导向的建筑基础教育（二年级）

教学体系

一横多纵的开放教学体系

纵向：纵向导师组1、纵向导师组2、纵向导师组3、纵向导师组4、纵向导师组5、纵向导师组6、纵向导师组7、纵向导师组8

横向：贯通平台（五年级、四年级、三年级）；基础平台（二年级、一年级）

建筑学 — 城乡规划学 — 风景园林学

景观理论研究室、城市理论研究室、建筑技术研究室、建筑构造研究室、建筑历史研究室、模型实验研究室、艺术造型研究室

课程衔接

作业题目	时长	教学目标	课程名称	学习阶段	历史与理论	建筑技术	艺术造型	实践环节
自主选题	18周	综合与创新拓展	毕业设计	五年级 实践·综合（纵向贯通平台）				
设计单位生产实践	18周	建筑师职业教育	设计实践		建筑师业务基础			设计实践
城市设计、旧城改造	6周	城市形态与文脉	建筑设计与构造（6）	四年级 城市·技术	既有建筑保护与利用（选修） 建筑法规 城市设计概论 居住建筑设计原理	景观照明（选修） 建筑安全学（选修）		快速表现及快题实习
住宅设计与住区规划	12周	居住空间与环境						
观演、医疗、交通、体育等大型公共建筑设计	8周	技术与复杂功能	建筑设计与构造（5）		绿色建筑技术（选修） 环境设计（选修） 环境心理学（选修） 建筑经济 公共建筑设计原理	建筑构造与建筑材料		工地实习
街道空间设计（快题）	1周	建筑与街道空间						
高层办公楼、旅馆设计	8周	高层建筑与技术						
社会、艺术、文化、技术等学科交叉类建筑设计	8周	研究性建筑专题	建筑设计与构造（4）	三年级 环境·人文	中外园林史（选修） 参数化设计（选修） 室内设计（选修） 生态建筑学（选修） 建筑设计原理（4）	建筑结构及选型（2） 建筑设备		古建测绘实习
绿地景观设计（快题）	1周	建筑与景观空间						
中小学校、商业综合体设计	8周	新模式建筑设计						
博物馆设计、展览馆设计	8周	建筑与人文环境	建筑设计与构造（3）		名建筑师与名作（选修） 批评与评论（选修） 专业英语（选修） 城市规划原理（2） 建筑设计原理（3）	建筑结构及选型（1） 建筑物理		设计实验研究（选修）
广场空间设计（快题）	1周	建筑与广场空间						
客舍设计、山地俱乐部设计	8周	建筑与自然环境						
建筑师部落："设计工坊"	8周	建筑与社区生活	建筑设计与构造（2）	二年级 空间·行为（横向基础平台）	城市与建筑理论 建筑设计原理（2）	建筑构造概论 建筑力学（2）	艺术造型（4）	美术实习
	2周	城市空间对策						
	1周	城市认知与调研						
茶艺坊设计	9周	空间意境与场所	建筑设计与构造（1）		中国建筑史 建筑设计原理（1）	CAAD应用（2）（选修） 建筑力学（1）	建筑摄影（选修） 艺术造型（3）	
空间组合	3周	空间组合与结构						
空间操作	5周	空间限定与操作						
校园咖啡厅设计+展览设计	10周	空间设计初体验	建筑设计基础	一年级 认知·体验	外国建筑史 建筑概论	CAAD应用（1）	现代艺术（选修） 艺术造型（2）	建筑认识实习
特定材料的建造实验	4周	材料与建造实验						
单元空间设计	3周	行为与空间感受						
校园体验	4周	环境体验与分析	设计基础		艺术史 设计概论	建筑制图	艺术造型（1）	
身体装置设计	3周	人体感知与设计						
物体测绘与模型制作	6周	设计之表达手法						

教学重点

基础教学部设计教学要点

1 认知/分析	2 空间/建构	3 场地/环境	4 行为/体验	5 结构/构造	6 综合/表达
内外部空间	界面元素	基地尺度	功能空间	结构体系	建筑模型
空间与尺度	空间组合	环境分析	空间秩序	围护结构	平面图
空间与功能	概念模型	场地位置	空间尺度	材料构造	立面图
空间与光线	观察体验	环境现状	空间衔接	材料肌理	剖面图
空间的序列	视觉效果	基地特征	流线组织	辅助设施	分析图

建筑师部落：设计工坊

本课程属二年级下专业主干（必修）课，是建筑设计与构造（1）的深入，在设计方法原理、综合分析及处理建筑与城市空间、建筑的功能及空间造型问题、综合理解建筑空间与材料构造关系等方面都有更高的要求。本课程以中型公共建筑为课程设计题，要求通过城市空间的调研分析、案例研究、场地环境、空间建构、功能流线、技术（结构与构造）设计、综合表达等单元完成，突出理性的工作及思考方法及综合能力的培养，进一步强调设计与建造的关系，要求学生对自己设计的建筑的结构、构造有基本的理解，并能够结合设计进行重要部位的简要构造设计。

二年级在整体专业教学结构中，是从入门到复杂建筑空间学习的衔接环节，重点关注学习者以下几个方面的发展：从直观的感知到有意识的操作、从在场的体验到场所的营造、从具象的观察到抽象的描述。

教学总体思路是以空间建构为指导思想，在实现基本知识学习、审美能力培养的基础上，强调方法的运用、能力的培养和逻辑的形成。

"以空间建构为导向的建筑基础教学改革"教改项目获得学校和省教改项目资助，重点在教学基础理论、教学环节设置、教学活动组织等方面进行系统性研究和改善。二年级教学在"建构"理论的基础上，注重空间与材料、行为、场地、建造的相互关系；以空间认知为基础，强调操作、观察、描述、评价几个环节。课题包含"空间操作"、"空间组合"、"诗意空间（茶艺坊设计）"和"建筑师部落：设计工坊"。各课题以"空间"为核心，分别研究尺度、界面、材料、场地、功能、场所等问题。

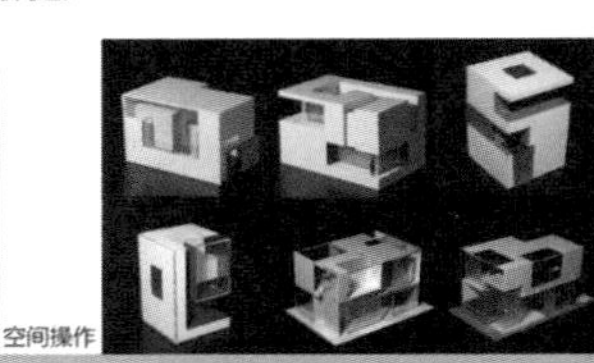
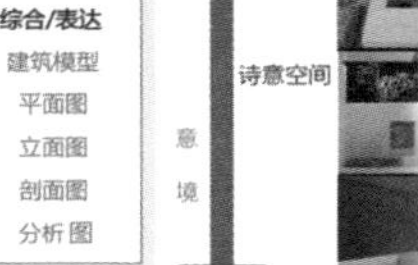

教学目标
能力
强化对设计过程和设计方法的培养，初步掌握理性的工作方式和思考方法，培养空间思维能力。从外部空间环境分析着手进行建筑空间建构，进一步强化建筑空间的艺术性和创造性思维的培养，以空间建构为导向，培养空间与结构、材料构造相结合的设计理念，反对单纯的外部"形式化"。
思考能力
运用草图、工作模型、电脑模拟，养成操作、观察的设计思考能力
分析能力
初步具备对城市空间、建筑环境和功能及空间布置的理性分析能力
造型能力
形成从空间出发、问题应对策略出发的空间想象、空间塑造的能力
建造能力
理解基本结构、材料构造和辅助系统概念，初步形成建造实现能力
表达能力
掌握建筑识图、制图的知识与技能，形成空间抽象描绘和表达能力
审美能力
对空间关系和突出本体元素的现代建筑空间有一定的审美感觉能力
现场调研
讨论分析
教学方法
方法
强调以环节控制教学进度和教学内容的方法，通过具体的问题的提出安排教学活动，强调对策和概念的形成及运用的设计逻辑，灵活设置辅导小组促进交流，从"师徒制"学习模式调整为能够强化"学习社会性"的合作、讨论、交流的教学活动组织，转变教师的"知识传授者"角色成为设计活动的组织者和引导者。
教学环节
根据课题特点和目标设置城市研究、空间建构、建造概念、表达评价等四个基本环节，强调对具体问题的分析和策略提出、实现的过程
教学活动
根据各环节的内容和目标设置分组调研、集体讨论、参与式设计确定宏观策略，根据课程进度设置不同类型的讲评环节，促进交流
小组合作
设置辅导老师的教学小组和由两个小组构成的大组，增加教师和学生的交流机会，同时创造不同层次的讲评平台
课程辅导
不同学术背景辅导老师在统一的教学环节和教学要求的平台上开展教学辅导活动，在统一指导思想的前提上鼓励特色和创新
成果展示
集体讲评
设计任务
任务
地点：深圳南山区大新村等
基地：自行选择小于800平方米
主题：建筑师部落-设计工坊
规模：1500平方米
功能：配套商业、展览、会议创作、居住、室外公共空间
成果：调研报告、城市设计策略提案、设计发展、最终成果（1:100整体模型、平立剖面图、分析图等）
课题场地
课题选择长度约2500米、宽度140米的城中村，分为连续10块，每小组选择250x140米的地块作为城市调研区域，并从中选择个人的场地；紧凑的城市空间直接影响设计发展，外部环境成为建筑形态的控制要素
设计主题
以结合公共空间的建筑师工作空间为主题，激发设计者对设计活动与空间品质、场所氛围之间关系的思考，学习者易于形成在场的空间和行为感知，从中学习空间的限定、联系与功能组织和流线的关系
设计成果
以课程环节设置为线索完成阶段成果，强调设计概念的延续性、设计发展的系统性。最终设计成果设计小组（6人左右）共同完成整体模型，强化合作、重视邻里的空间关系
作业点评
王同学
作业点评
吴同学
教学过程
过程
环节：城市研究、空间建构、建造概念、表达评价等四个基本环节
授课：各环节开始时设置集中课程，关注基本知识和设计方法
辅导：结合小组讨论的辅导强调学习者自身知识的建构、能力的培养
活动：根据课程内容设置集体合作调研、问题讨论，提倡跨小组交流、讲评
环节设置
以课题需要解决的问题设置课程环节，并根据具体问题特征设置成果要求，强调设计过程的讨论和阶段成果评价，强化学习者按照问题的调查、分析、研究、解决的路线，练习从城市环境出发结合室内空间功能的设计方法
课程辅导
以课题环节的教学重点为核心，鼓励以学生为核心进行引导并帮助其形成并发展设计概念。在建构的设计基本思想基础上，提倡辅导教师发挥个人思想和经验的作用
教学活动
根据课题场地规模设置每6人为一个团队，两个团队为一个辅导小组，两个小组为讨论大组。设计团队强调设计合作和日常交流，讨论大组强化各环节中多老师参与、多学生观摩的评价活动，应对由于学生人数过多导致的集体交流、讲评的困难

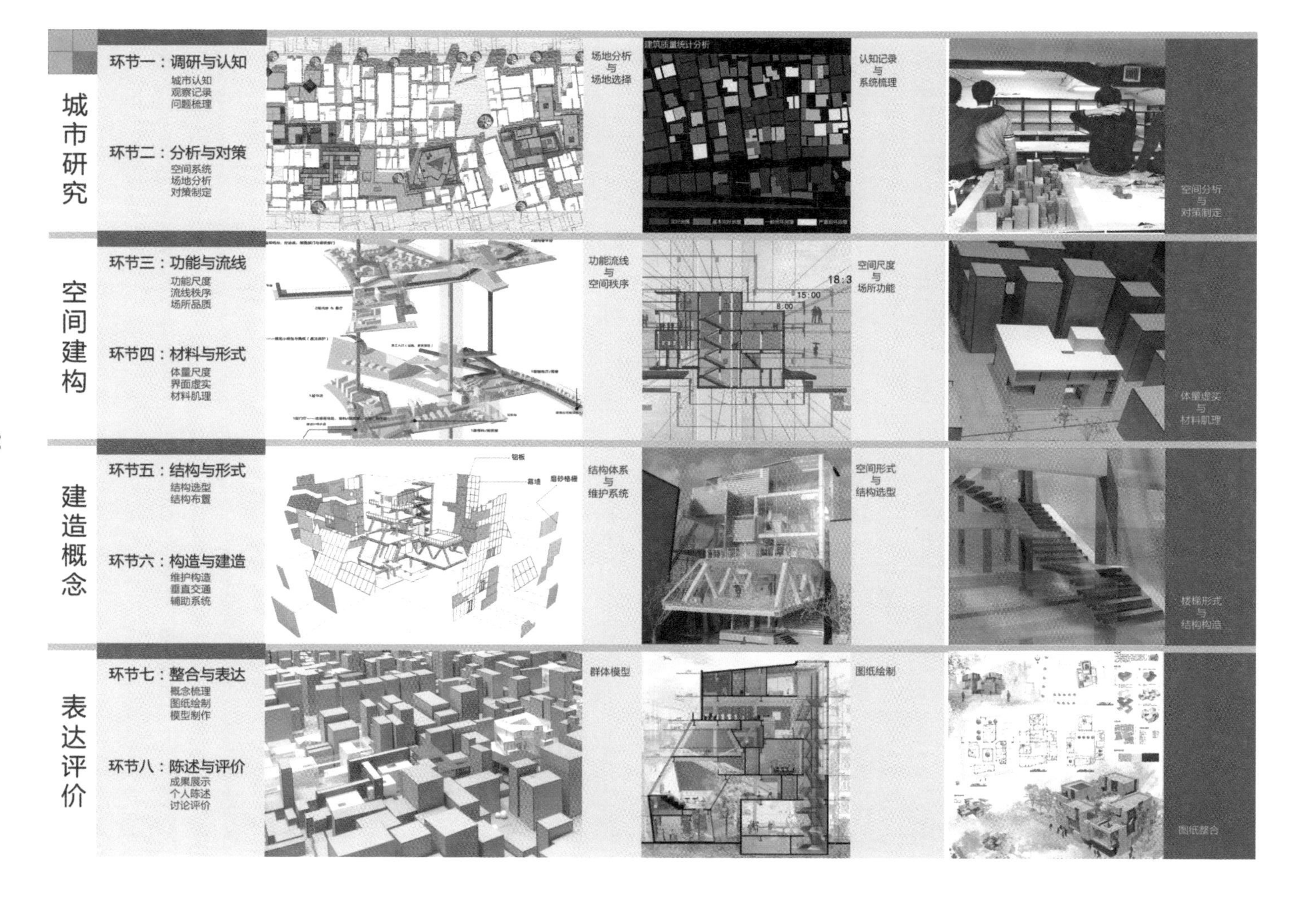
城市研究
环节一：调研与认知
城市认知
观察记录
问题梳理
环节二：分析与对策
空间系统
场地分析
对策制定
场地分析
与
场地选择
建筑质量统计分析
认知记录
与
系统梳理
空间分析
与
对策制定
空间建构
环节三：功能与流线
功能尺度
流线秩序
场所品质
环节四：材料与形式
体量尺度
界面虚实
材料肌理
功能流线
与
空间秩序
15:00
8:00
空间尺度
与
场所功能
体量虚实
与
材料肌理
建造概念
环节五：结构与形式
结构选型
结构布置
环节六：构造与建造
维护构造
垂直交通
辅助系统
铝板
幕墙
结构体系
与
维护系统
空间形式
与
结构选型
楼梯形式
与
结构构造
表达评价
环节七：整合与表达
概念梳理
图纸绘制
模型制作
环节八：陈述与评价
成果展示
个人陈述
讨论评价
群体模型
图纸绘制
图纸整合

湖南大学

校园展廊设计（一年级）

本课题是我院“设计基础2”课程的一个设计课题，时长10周，周课时6学时，课时总计60学时。本课题延续了“空间认知和设计”训练系列教学单元，结合“设计概论”课程讲授的建筑与空间的相关理论知识，在教学过程强调因循“设计”思维逻辑，并结合“以设计思维导向”教学方式，使学生的空间设计思维得以建构和发展，并为之后的建筑设计学习奠定专业认知和综合能力的基础。在大学一年级开展空间构成与认知训练，我们的切入点在于将其与真实环境和功能需求相联系。通过该教学活动，引导学生体会设计概念转化为实物成果的整个过程，加深同学对空间和场地的特点以及在设计过程中的相互关系的认识。分组教学也培养了同学的团队合作意识。我们强调了教学过程的控制，主要分为四个阶段：先例分析—调研—空间、形态构成—场地、功能应对。

设计任务书

在“空间构成－连续、渐变”的基础上，要求用一组（5个）连续的构筑物或小品来完成一个连续微建筑设计。单个构筑物空间的尺寸不大于3mx3mx3m，空间间距为1m的一组（5个）建筑小单体，要求5个构筑物或小品在空间或形式上有连续性和渐变的效果，并具有使用功能、展示功能和一定的景观，注意与周边环境及建筑之间的协调。功能要考虑观看方式和参观路径；考虑功能如何与5个单体合理结合。对指定的场地条件进行分析和观察，将5个单体结合布置在场地内部符合人的参观行为。

设计应对现有草坪进行改造，结合绿化，布置景观所需的构筑物或小品，使该地段成为具有较高品位、环境优美的公共休憩绿地。

该作业以小组为单位（2～3人），共同完成调研及分析，在2～3个空间构成方案基础上完成设计。

场地位置与场地条件：位于湖南大学环境学院与麓山南路之间的草坪。

65m×45m的梯形用地。

设计要求

一、总图与环境设计

1.考虑总图的高差关系，对地形、周边建筑、道路条件进行分析。

2.对朝向及日照等条件有所分析，对原有周边环境、需要保留的大树、雕塑等原有环境条件有所分析。同时，也可根据场地调研分析改造场地。

3.设计结合环境条件进行构思。构思结合场地某一个要素（路径、大树、水面、光影阳光等）。总图上建筑物与外部环境关系整体、明确。

4.对外部环境进行设计，包括对人行

流线与道路、场地出入口、外部空间、绿化及水体等，进行场地设计。

5. 造型风格明确，形式结合空间及材质、结构，深入表达。

6. 空间与形式的更高追求——场所氛围、艺术氛围的营造，契合大学生群体个性的空间塑造。

二、调研与观察

1. 调研展示空间的特点，思考并总结微型，线性展示空间的特点。

2. 利用行为学的方法观察人在展示空间里面观看者的行为有哪些特点，这些特点对于空间设计有哪些影响?

3. 调研所在场地现有的景观特点，人在场地上的行为（行走、休息、交谈、观看）特点与场地的关系（是否存在喜好倾向），考虑如何摆放5个微建筑才能合理、适宜地植入场地，可以对原场地进行重新设计。

三、平面与功能

1. 空间功能布局合理。对于展示建筑来说，注意展示内容（平面展品摄影绘画作平、立体展品雕塑、陶艺）和展品的尺寸不同分区；行为分区，观看、行走、休息等。

2. 交通与流线。总图人流与步行道结合场地设计，合理明确。各人流不交叉干扰，流线分明；各个出入口各得其所。流线便捷、紧凑，台阶、楼梯分布适宜、使用方便。

3. 采光合理。考虑朝向及自然采光等因素，合理与巧妙利用自然光线与阴影，便于观展与丰富建筑光影效果。

4. 展廊空间成列布置，功能合理，尺寸合宜，符合视线及观看、休息要求。

四、空间与形式

空间布局结合构思概念，具有一定特色。体现坡地建筑或临水建筑的特点利用高差关系和自然景观，丰富室内外空间。

空间序列结合流线合理组织，空间开敞与封闭、明与暗、高与低、内与外，空间变化生动、丰富，有一定的趣味。

能够有效地运用平台、露台、廊道等过渡空间，运用楼梯、坡道等要素，组织塑造室内外空间形态。

利用建筑及家具布置与空间形式相适宜。

造型风格明确，形式结合空间及材质、结构，深入表达。

空间与形式的更高追求——交流氛围、场所氛围、艺术氛围的营造，契合大学生个性的空间塑造。

优秀作业1：帆·起　设计者：张可心　张紫荆　王泽恺

优秀作业2：展·廊　设计者：黄洋　徐萌　张轩溥

作业指导教师：章为　邹敏　齐靖　钟力力

教案主持教师：章为

设计思维导向+技能训练基础

一年级设计基础2教案 校园展廊设计

ENVIRONMENT SPATIAL CONGNITION SPATIAL THINKING

Fundamental Lesson Plans for First-year Undergraduate Architectural Design

课题选择与目标

壹

课程体系

【一年级教学架构】

设计基础教学以为设计思维培养导向，基础训练为核心，分为设计启蒙、设计构成、空间认知、空间设计、建筑设计五个阶段内容，设置了表达基础、形式基础、空间基础、场所认知基础、建构基础五个教学模块，每个模块配套相应的设计题目，以期训练学生基本技能，提高空间认知，培养综合设计能力。

五大教学模块之间形成有机联系的整体，以空间设计训练为主线，按照教学次序交叉呈现于学生面前，该体系真定的关联性和递进性与学生的专业认知规律相一致并且不局限在一年级的教学视角来看待模块的设置，同专业与二年级的课程衔接，并将其放在各年级整体的教学体系中定位和发展。

设计基础训练与理论

设计基础

识图、制图、建筑画、制作模型、软件使用等

分解或不同方面来认知和体验建筑与空间：如形态设计（平面构成）、形体设计（立体构成）、空间认知（名作解析）、空间设计（空间构成）、材料结构（建构练习）

在培养学生审美能力的基础与造型能力的基础上，加强设计性思维的训练，应用技术性和认知性训练成果，帮助学生树立设计意识，提高综合设计能力

技能 Technique

认知 Cognition

设计能力 Ability

设计概论

设计基础理论：
- 第一讲 什么是设计，什么是建筑？
- 第二讲 学科的基本特点及相关领域
- 第三讲 设计与艺术
- 第四讲 概述建筑学教育的内容和特点

前沿讲论：
- 讲座1 院长对谈
- 讲座2 历史建筑保护
- 讲座3 建筑结构与建筑设计
- 讲座4 生态城市规划
- 讲座5 城市景观设计
- 讲座6 参数化设计
- 讲座7 城市规划教学技术
- 讲座8 绿色生态建筑
- 讲座9 城市与建筑体验报告

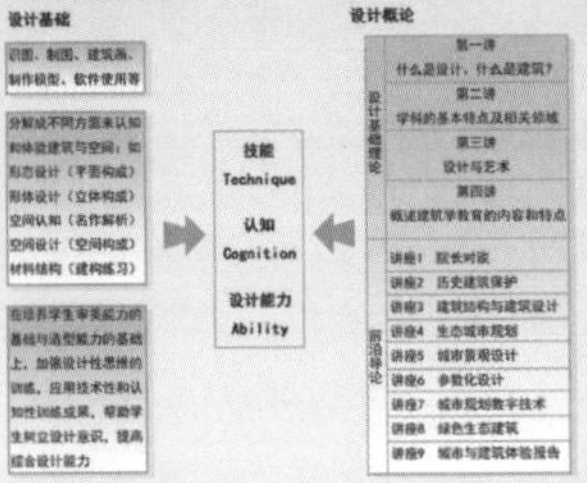

以“设计思维”为导向的《设计基础》课程内容设置

学期	设计课体（学时）	课程环节	研究方法	设计思维	技法训练
第一学期	尺度-行为空间（4学时）	测绘小建筑：小商亭、小卖部等	行为观察、图解表达	功能：行为、心理	实物测绘、草图记录、线条作图、尺寸标注、模型制作
	单一空间分析-改造（4学时）	1、调研城市公园中的滨河空间，人的行为特点；2、提出景化滨河内部的方案。	调查研究、分析	景观·场地 功能·流线 空间表达设计	徒手表达、模型制作、制图表现
第二学期	空间·连续·渐变（10学时）	1、选取某一小型现代建筑作品进行分析，总结空间、形态特点；2、将各作解析中的空间、形态特点组合到空间构成作业中；3、以小组的方式将第1、第2阶段的成果整合，植入场地环境形成具有功能的小建筑。	行为观察、图解表达、调查研究、比较分析	概念与图解 空间、形态设计 景观·场地	徒手表达、模型制作、制图表现
	从材料、节点单元到体系建构（6学时）	1、根据指定的材料特性，设计连接该材料的节点；2、以节点单元进行结构和形态设计并赋予一定的功能	从单元到体系、现场建造分析	结构材料技术	建构实践、模型制作、制图表现

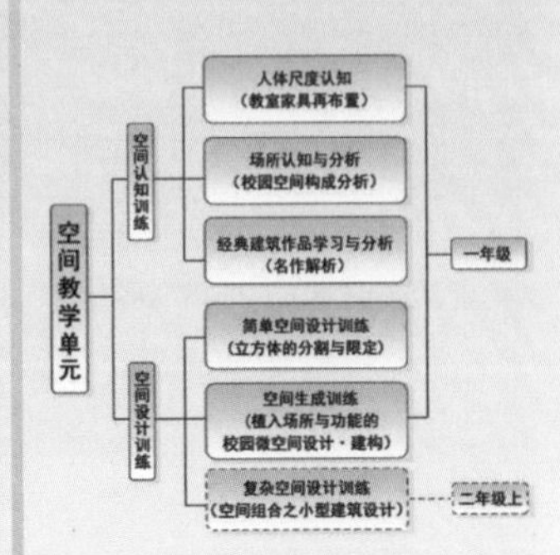

课题介绍

【课题背景】

《小建筑设计-长廊》是我院《设计基础2》课程中将《名作解析》和《空间构成》作业成果整合后植入基地环境和行为功能，三个设计题目前后关联、结合完成的建筑设计题目，时长达6周，课时总计36学时。本题目遵循“学中做”、“做中思”的学习认知规律，在每个作业环节中逐步解决不同的问题，掌握不同的技能，有重点有步骤的实施教学重点，过程清晰明确，并延续了“空间认知和设计”训练系列教学单元，结合《设计概论》课程讲授的建筑与空间的相关理论知识。

在教学过程强调先例分析、调查研究、行为观察、对比分析，空间设计等“设计”思维和研究方法，并结合制图表达、模型制作、软件使用等基础技能训练，使学生的空间设计思维得以建构和发展，并为之后的建筑设计学习奠定专业认知和综合能力的基础。

本课题组织和串联起一、二年级的设计课程联系，同时也是一年级“空间认知与设计”系列教学单元的训练重点。课题定位基于学生的接受程度设置，引导学生由设计基础课程前期模块中并列式的广度认知过渡到建筑设计课程中线性的有深度的思考。

【教学思路】

1. 课题强调对空间、场地和功能相互关系的理解与操作。以往传统建筑基础教学中空间构成训练为主，关注形式审美和建筑表达技能的培养。树立以认知为核心的空间观念，初步掌握具有可操作性的建筑设计方法，在设计深度上借助空间构成的构型方法方法从案例学习到独立设计过程。

2. 校园小建筑长廊设计以简单空间限定性设计为主要训练内容易于一年级同学对教学内容的把握，同时其灵活多变的特点使使学生深入思考和研究不同的特质，挖掘空间、行为的复合性、丰富性。教学不强调复杂功能，从环境与场所入手，重点使学生掌握空间、环境、行为的相互关系。

3. 课题的教学过程围绕“设计”思维逻辑来梳理和组织，以校园环境与空间的认知和讨论为出发点，引发对空间、环境、活动等问题的观察分析和思考，激励学生善于观察、研究并创造性、理性提出解决问题的策略和方法。

4. 本课题强调设计的广度，要求学生综合地运用设计原理、环境心理学、行为心理学、人体工程学等相关理论知识，鼓励学生关注建筑学的前沿理论和交叉学科，比如数学建模分析、参数化和数字化辅助设计等。

【教学目的】

1. 以学生所处的校园真实环境作为设计对象，结合实际，充分考虑使用者的生活、学习需求，使学生初步掌握特定场所中人的行为活动规律和环境要求，思考人与环境的互动关系，理解场所精神，并锻炼其发现问题、分析问题、解决问题的能力，训练设计思维的逻辑性。

2. 理解空间构成与其相关理论，强调空间连续性限定的特点，归纳和掌握空间形式语言，寻求合理的功能与相应的空间形态关系，研究空间的分割与限定方式、空间界面的虚实关系，并结合功能和环境、行为等因素塑造宜人的空间形态与体量，并符合人的尺度，学会综合考虑问题的思维方式。

3. 掌握以模型为主的设计手段，鼓励以模型作为主要手段促进设计思路发展，特别通过模型掌握空间形态的比例关系，体会光影变化及美学效果。

《设计基础1》作业钢笔画

【设计任务书】

校园小建筑设计——长廊

设计内容：

在《空间构成-连续、渐变》的基础上，要求用一组（5个）连续的构筑物或小品来完成一个连续微建筑设计，单个构筑物空间的尺寸不大于3m×3m×3m，空间间距为1m的一组（5个）建筑小单体，要求5个构筑物或小品在空间或形式上有连续性和渐变的效果，并具有使用功能展示功能和一定的景观，注意与周边环境及建筑之间的协调，功能要考虑观看方式和参观路径；考虑功能如何与5个单体合理结合

对指定的场地条件进行分析和观察，将5个单体结合布置在场地内部符合人的参观行为，设计应对现有草坪进行改造，结合绿化，布置景观所需的构筑物或小品，使该地段成为具有较高品位，环境优美的公共休憩绿地。

该作业以小组为单位（2-3人），共同完成调研及分析，在2-3个空间构成方案基础上完成设计。

场地位置与场地条件：位于湖南大学环境学院与麓山南路之间的草坪，65m*45m的矩形用地

设计要求：

一、总图与环境设计

1. 考虑总图的高差关系，对地形、周边建筑、道路条件进行分析。
2. 对朝向及日照等条件有所分析，对原有周边环境、需要保留的大树、雕塑等原有环境条件有所分析，同时，也可根据场地调研分析改造场地。
3. 设计结合环境条件进行构思，构思结合场地某一个要素（路径、大树、水面、光影阳光等），总图上建筑物与外部环境关系整体、明确。
4. 对外部环境进行设计，包括对人行流线与道路、场地出入口、外部空间、绿化及水体等，进行场地设计。
5. 造型风格明确，形式结合空间及材质、结构，深入表达。
6. 空间与形式的更高追求——场所氛围、艺术氛围的营造，契合大学生群体个性的空间塑造

二、调研与观察

1、调研展示空间的特点，思考并总结微型、线性展示空间的特点。
2、利用行为学的方法观察人在展示空间里面观看者的行为有哪些特点，这些特点对于空间设计有哪些影响？
4、调研所在场地既有的景观特点，人在场地上的行为（行走、休息、交谈、观看）特点与场地的关系（是否存在喜好倾向），考虑如何植结5个微建筑才能合理、适宜的植入场地，可以对原场地进行重新设计。

三、平面与功能

1、空间功能布局合理，对于展示建筑来说，注意展示内容（平面展品摄影绘画作品、立体展品雕塑、陶艺）和展品的尺寸不同分区；行为分区、观看、行走、休息等等。
2、交通与流线，总图人流与步行道结合场地设计，合理明确，各人流不交叉干扰，流线分明；各个出入口各得其所，流线便捷，紧凑，台阶、楼梯分布适宜，使用方便。
3、采光合理，考虑朝向及自然采光等因素，合理与巧妙利用自然光线与阴影，使于观展与丰富建筑光影效果；
4、展品陈列布置合理，尺寸合宜，符合视线及观看、休息要求。

四、空间与形式

1. 空间布局结合构思概念，具有一定特色，体现坡地建筑或临水建筑的特点利用高差关系和自然景观，丰富室内外空间。
2. 空间序列结合流线合理组织，空间开敞与封闭、明与暗、高与低、内与外，空间变化生动、丰富，有一定的趣味。
3. 验等有效的运用平台、露台、廊道等过渡空间，运用楼梯、坡道等要素，组织塑造室内外空间形态。
4. 利用建筑及家具布置与空间形式相适宜。
5. 造型风格明确，形式结合空间及材质、结构，深入表达。
6. 空间与形式的更高追求——交流氛围、场所氛围、艺术氛围的营造，契合大学生个性的空间塑造。

《设计基础1》涵洞创意概念设计

【成果要求】

1. 分析图部分：

构思和设计过程的草图、草模等图式表达以及基地分析、功能分析、空间分析——剖轴测图、流线分析等等分析图。

2. 技术图部分：

1）总平面图（比例1：300）

要求绘制

原有建筑及道路、环境等

对不同高度的地坪，标注其绝对标高

主、次要出入口位置、指北针

车行道、步行道

室外庭院绿化及环境设计

挡土墙、等高线位置

大树位置

2）各层平面（比例1：100）

a）绘出墙、柱、楼梯及隔断、门窗等

b）绘制室内主要家具，卫生间设备

c）绘制一层指北针，下层室外环境布置

d）各层平面主要标高

e）标注2道尺寸线或绘制比例尺

f）各图名称、比例

g）各区域名称

3）主要立面图3个以上（比例1：100）

a）外墙表面分格线，各部分所用材质及色彩，结合图示及文字表达

b）必要的尺寸和标高等

4）剖面图：至少两个（比例1：100）

a）应包括建筑结构与构造以及必要的尺寸、标高等

b）应反映主要室内外空间关系（剖切到楼梯、标高变化处）

5）手工模型（比例1：100或1:50）和su模型

a）手工模型各角度照片至少5张

b）su模型空间场景表现图若干

6）手绘室外效果图（也可以su模型的渲染），手绘室内效果图（图幅不限，至少一张）

a）图幅：3#图一张以上（室外主透视角度效果图）

b）表现方法不限（建议墨线为主的淡彩类表现）

说明：

图纸采用1#图幅（841x594）精度300pdi

设计说明・调研报告・基地分析，要求文字简明扼要，重点突出且图文并茂。

必须有手工正式模型且拍照布入正图中，比例自定。

注意设计构思和概念的逻辑以及设计过程完整连续的阐释。

图纸手绘表达也可电脑表达，但都应注意线型分明准确，图例表达正确，结构、构造或节点设计表达清晰正确；效果图建议淡彩渲染；整个图面布图整洁、饱满、美观。

整和且综合调研阶段、细部设计阶段、单体建筑设计阶段的内容，还可结合其他艺术表达方式（手绘草图、水彩画、空间意象、等等）；

《设计基础1》平面构成作业

《设计基础2》空间构成作业

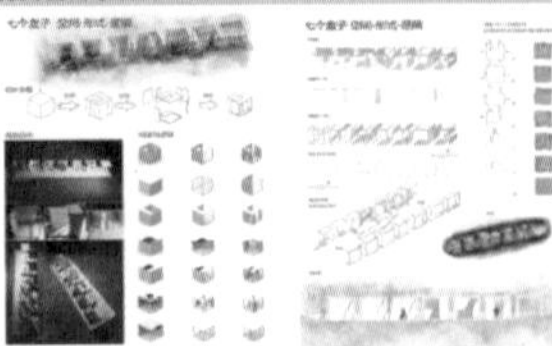

设计思维导向+技能训练基础

一年级设计基础2教案 校园展廊设计

ENVIRONMENT SPATIAL CONGNITION SPATIAL THINKING

Fundamental Lesson Plans for First-year Undergraduate Architectural Design

教学过程与方法

贰

■ 教学计划

环节与设置	训练目标	教学内容	成果	评价标准
第1阶段 • 2-3人一组 • 讨论并汇报	解析与方法	通过对著名建筑师的小型建筑名作的解析，了解基本的设计方法和步骤，建筑空间设计构思、立体造型方法；并对建筑与文化、建筑与人、建筑与技术、建筑与气候等关系有初步了解。	抄绘、手绘相关图纸。	能掌握独立阅读收集、并对资料分析的方法。
第2阶段 • 每小组每人独立完成1个构成方案	空间构成	空间的构成演变要根据序列体现空间的连续和逻辑性，要求演变的逻辑始终是一种形式语言，重点放在空间变化和单体相互之间以及外部场地的联系上。	手工模型 手绘图纸 模型拍照	具有连续变化的方式和逻辑，每个单体的6个面和7个单体相互之间都要考虑统一。
第3阶段 • 每组结合基地、功能方案比选。 • 小组共同完成小建筑设计	小建筑设计	在1.2阶段的基础上，保持原有形态逻辑和空间连续性并具有使用功能展示功能和一定的景观，注重与周边环境及建筑之间的协调。	场地调研报告手工模型、手绘图纸、模型拍照	观察环境、人的行为、理解观看展品需要的行为与尺度，并结合到设计中。

【与前后题目的衔接】

1. 横向课程衔接

"校园小建筑设一长廊"课题有效整合了"设计概论"、"设计基础"和"模型制作实践"三门平行课程。在教学时序上，"设计概论"课程讲授在前，系统地讲授了有关设计原理与设计方法等内容，而"模型制作实践"紧接着"设计基础"的教学周，结合之后的建构内容打通了两者的教学环节，同时也促进了课题的完成度与深度。在一年级的课程体系中，以设计思维培养为主导，围绕着"设计基础"以空间认知和训练的教学主线，将理论知识、空间认知与训练内容及模型制作有效结合，从而加强了学生综合能力的培养。

2. 纵向课题衔接

前相关联作业：1名作解析

2空间构成—连续、渐变

"校园小建筑设计"组织和串联起一、二年级的设计课程联系，同时也是一年级"空间认知与设计"系列教学单元的训练重点，之前的作业为一年级下学期的名作解析和单元体空间构成两个课题，学生已了解了空间的生成、组织和转换，熟悉了空间组织的类型和组合特点，掌握了形式与空间的表达、生成和转换，尝试了立方体单元空间的分割、限定与组织。而在本课题训练中，通过"场所、功能"的引入，完成单一功能，空间设计。

后相关联作业：《微建造设计》

把设计重点引向了"材料与建构"，在模型制作实践中亲身体验和认知空间，在原有的教学主线上拓展形成包含场所、功能、空间、材料、建构的综合设计基础知识系统。

二年级衔接

类型建筑设计是二年级上学期的第一个课题，在空间训练系列单元中尝试对空间组合的思考和实践，小型建筑设计如设计工作室、展厅等建筑规模小、功能相对简单，而空间的组合与体系、行为体验、功能与场所是设计的学习重点。因此，本课题的"单一功能空间设计"有助于加深对空间、功能、场所等方面的认知，能有效地拓宽建筑设计中的空间设计和建构的整体思路，加深空间认知和把控能力，促进建筑设计包括对材料、结构、构造等方面的全面思考与掌握。

《设计基础2》名作解析作业

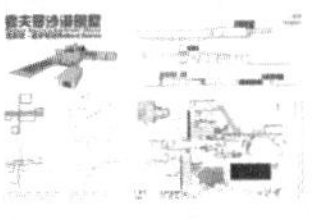

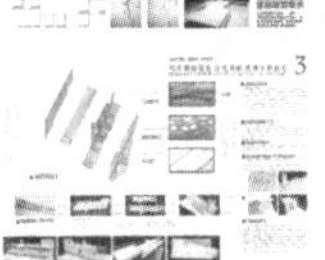

题目：建筑名作解析

目的：通过对著名建筑师（以四个大师，普利茨克奖得主为主）已建成的中小型建筑名作的解析，培养学生独立思考、分析问题的能力，通过学习优秀的建筑案例，了解空间特点、立体造型的方法，使学生初步了解基本的设计方法和步骤；并对建筑与文化、建筑与人、建筑与技术、建筑与气候等关系有初步了解。

要求：

1. 作业以个人为单位完成。
2. 本课程作业要求绘制图纸与手工模型。学生要正确运用制图工具完成图纸的解析与绘制；初步掌握使用KT板、PVC板等基础材料进行手工模型的加工与制作。
3. 分析是一种重要的学习手段，正确的观察分析取决于正确的设计观和建筑观。掌握建筑分析的方法，可以为我们提供一种深入学习、理解优秀建筑的工具，由此为设计提供各种价值的想法。
4. 要求选择一著名建筑师（以四个大师、普利茨克奖得主为主）的建筑作品为解析主体，规模以中小型为宜，住宅或公共建筑均可（作品自主选择，且须经老师同意），可根据选择建筑的特点，从几何形态、构成关系、建筑用光、与环境的对话、对建筑材料的理解与应用、交通与交流、场所与空间、建筑意境等多方面认识分析。

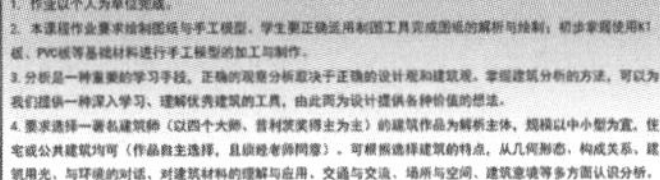

内容：

两张或两张以上手绘A2图纸（如电脑绘图需经老师同意），

包括但不限于：

1. 作品与设计者的相关背景、调研与学术评价等。
2. 相关图纸，总图、平、立、剖面图等。
3. 建筑作品的分析图与说明、图解等。
4. 相关透视或轴测、细部大样。
5. 手工模型的照片（不少于五张，需反映制作过程以及最后的成果）。
6. 作品的典型特点与个人解析。

《设计基础2》微建构作业

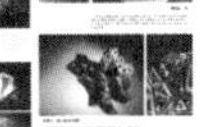
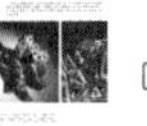
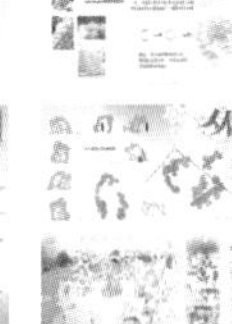

题目：空间构成-连续、渐变

目的：理解空间构成与其相关理论，掌握空间连续性限定的特点，归纳和掌握空间形式语言，寻求合理的功能与相应的空间形态关系，研究空间的分割与限定方式，空间界面的虚实关系。

内容：在给定的范围内要求完成一组序列变化空间，其中空间的比例是1：1：1，空间间距为1的一组（7个）建筑小单体，空间的演变要根据序列的"手法"体现空间的连续和逻辑性，要求演变的逻辑始终是一种形式语言，同且每个单体的6个面都要重视统一，上述7个单体要保持行列，不允许旋转或倾斜，重点放在空间变化和单体相互之间以及外部场地的联系上，空间演变的形式，可以是从实体到透明的空间，平面的拆分，空间体积的变化，单体角度和位置的变化等等。平面-空间序列构成确定连续变化的方式和逻辑，每个单体的6个面和7个单体相互之间都要考虑统一。

成果：图纸要求：A2图纸1-2张，包括：总平面图1：500，立面图1：100，单体平立面（可选），表现图。

模型要求：底板或木头等材料制作模型，比例要求为1：20。

时间：

第5周空间构成理论授课，布置讲解作业，消化题目构思；

第6周构思方案、制作草模、草模修改

第7周功能、场地植入、优化草模

第8周定正式方案、做正模型

第9周整理出图、交图

评分：学习态度：5%；创造性：30%；使用功能：10%；设计及图纸完成程度：10%；图面质量：40%

■ 教学总结与反思

在"校园小建筑设计.长廊"课题中，以校园真实环境与场所作为设计对象，更直观地帮助学生进行自我分析与思考。学生是以设计者和使用者的双重身份投入到课题的学习中去，双重身份体验有助于培养未来职业建筑师的责任感。一年级的学生思维主要以形式逻辑为主，对此，课题综合了环境、空间、材料、细部等外显性元素，并将功能和结构等较为理性的设计元素隐含其中，为一、二年级的设计课程建立了联结。此外，打破了由平面和形态入手进行设计的思维方式，教学重点围绕着空间、场所与行为等发生的关系进行设计，强调设计思维的逻辑性。课题以小组形式完成，锻炼了学生们的组织和协调合作的能力。此外，不论从教学过程的反馈，还是从学生们的作业成果来看，此次课题教学的完成，都达到了课程设置的初衷甚至超出了老师的预期。

21世纪高等教育的目标不仅仅是教授专业知识和技能，而更重要的是培养有创新思维能力和持续学习能力的人才。在这一目标指导下要培养学生的自学能力、研究能力、表达能力和组织管理能力，使得学生的知识架构开始倾向自我完成，也促使老师在教学中更应成为一个组织者和引导者，教师在某些环节甚至仅仅作为聆听者而不是裁判人。在设计过程中突出学生的主动性和能动性，教学评价的标准更多的是学生的概念分析过程和逻辑的合理，而且并不是答案的唯一。相信教学期间同学们表现出来的主动性、能动性和创造性能激发他们后续的建筑学专业学习的热情。

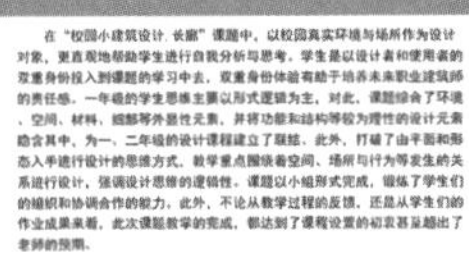
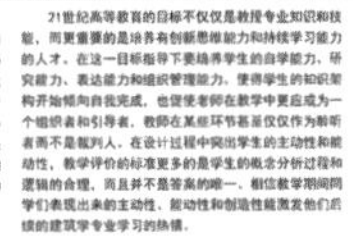

湖南大学

类型人群·行为空间生成（二年级）

本课程为二年级上期和下期连续性建筑设计教学的教案。试图建立一年级下至三年级基于社区行为研究的由浅入深、由简单到复杂、由小到大的建筑设计教学网络的关键环节。

教学特点

开放式教学，通过创设问题情境，鼓励发现式学习（学生自主学习）与教师启发式教学相结合。

教学目的

从社区中、场所与场所中的行为观察入手，通过研究用地在城市空间中的脉络及包容行为场所的建筑要素，从而建立行为—场所—建筑语言—功能的建筑设计教学逻辑，在建筑设计初步中着重培养学生的几个能力：

1.初步建立区域视野；

2.建筑空间是包容行为的场所；

3.初步使学生建立在外在力量（区域与场所的力）与内在力量（行为与场所的力）作用之下寻求概念及寻求提取建筑语言的能力；

4.推动设计构思步步深入及适当表达的能力。

教学题目

大二上：环境·行为·空间——校园服务空间设计

大二下：社区儿童空间生成——湖大六班幼儿园及儿童图书馆建筑设计

具体实施计划

1.二年级上：

1）行为、人群、场地

选择本学院师生中一种类型人群研究其行为，如足球迷、滑板爱好者、粉丝等，研究其乐于停留之处的空间特性与行为之间的关系，总结提炼概念（如：静、挡、渗透等）。

2）要素提取

总结类型人群基于物质及情感需求等的行为空间要素。

3）要素、秩序、空间

总结提炼概念（如：静、挡、渗透等），寻找相应空间概念在建筑中的表达，绘分析图。在总图中将模型框架放入地形模型中，分析朝向、景观等特征，徒手完成1∶500总平面草图。

4）单一形体空间、形式、功能

要求从空间内部人的使用、活动和感受出发，安排主要的活动空间；从内外空间/环境之间封闭与开放的关系出发，考虑外围护面的虚实设计。配合模型操作，要求徒手画出完成1∶100平、立、剖面草图和相应的视线，光线分析。

5）单元空间的组织

在单一形体空间设计练习中领悟形体空间发展的因素，以小组共同探究的方式寻求单元体如何在排列组合中寻找组合、渗透的可能，并对场地力的制衡形成呼应。

6）空间表现

强调手工模型＋图纸＋多种表达方法。

2. 二年级下

1）行为、人群、要素

通过观察儿童的行为与场所间的互动关系，总结基于情感需求的行为空间要素。

2）叙事与场所——“找形”

前期的观察，对比学生对自己幼儿园的经历与记忆，辅以建筑用地分析，通过头脑风暴、多方讨论找出初期问题——幼儿园是什么。由此问题出发寻找各类文献及资料（文学作品、影视资料、艺术作品如绘画等），将初期问题凝成初始概念——如“百草园”、“家”。这样既使基于场地与人群的设计有了价值指向，又在相应文献中寻到叙事结构的影子，而这一叙事结构顺势也成为下一步骤——空间秩序的线索，从而达至找形、找秩序的教学目的，使学生建立在外在力量（区域与场所的力）与内在力量（行为与场所的力）作用之下寻求概念及提取建筑语言的能力的教学目标，并规避了学生在设计学习中常出现的形式过于任意以至随意颠覆自己原初构想的弊端。

3）相似性重复中系统化秩序的延伸生成空间研究

依据行为与人群研究成果，从基本单元体块的变形开始，将功能性体块——教室、活动室——置换为空间要素，通过单元要素的排列、抽离、错动、扭转、折叠、延伸、限制、从平面到剖面，从剖面到里面等举措，寻求基本建筑要素语言的组合特点练习与深化。依托总图选取达至 5000 ~ 6000m^3 组团体量为限，进行不以功能为依据而以要素语言组织特点探究，建筑空间语言组织体系的训练，此阶段强调手工模型的操作。

4）向社区渗透

为避免学生设计中“自扫门前雪”、培养区域视野及减少前期场地及人群分析对课时的占用，延续前期学生的思考，故二年级下第二个设计题目用毗邻幼儿园用地并命题为儿童图书馆，将 2 个设计之间的社区层面思考纳于设计教学并为三年级建筑设计的城市走向做了铺垫。

5）在整个教学中强调学生作为主体，教师作为揭示者帮助学生发现自己、找到适合自己的土壤和气候的思维训练为主的教学指向。

优秀作业 1：环境· 行为· 空间——瑜伽会馆建筑设计　设计者：李镜宇

优秀作业 2：THE LILIPUT 小人国——群体生态学下的社会模拟幼儿园及儿童图书馆

设计者：林佳鸿

作业指导教师：苗欣　邓广　黄凯

教案主持教师：苗欣

类型人群·行为空间生成 1

教学阶段：二年级　　教学周期：112学时　　适用专业：建筑学、城市规划、风景园林　　教学时间：大学二年级上期、大学二年级下期

以行为、人群、场地等要素为核心的多课题进阶式训练

设计课程大纲

	一年级	二年级	三年级
关键问题	行为观察、体验与材料感知	基于社区行为研究的建筑设计逻辑	基于社区行为研究的综合建筑设计方法
教学关键词	■ 行为空间分析 ■ 材料体验	■ 行为、人群、场地、社区 ■ 建筑要素、建筑语言组织的可能、空间、功能、表达方式	■ 区域、社会学 ■ 感知、文脉 ■ 表达
	一年下的教学实验着重基于微社区观察的场所认知，在材料感知上着重材料的空间包裹感的营造，以小品的搭建体验体会建筑对空间的影响。	从社区中场所与场所中的行为观察入手，通过研究用地在城市空间中的脉络及包容行为场所的建筑要素，从而建立行为——场所——建筑语言——功能的建筑设计教学逻辑，培育学生的建筑概念提取与深入的能力。	通过调查、记录，总结社区人群生活圈，从区域的视野重组社区生活空间，依托集合住宅设计，通过与居住区规划设计、居住建筑设计原理、园林绿地规划等课程的联合，学习解决复杂的城市、社区、建筑、法规等问题的方法，营造适宜的居住社区及配套公共建筑设计。

二年级上（14周）——单元空间设计	二年级下（14周）——单元空间组织练习
1）行为、人群、场地（2周）	1）行为、人群、要素（2周）
2）要素提取（2周）	2）叙事与场所 → 找形（3周）
3）要素、秩序、空间（2周）	3）相似性重复中系统化秩序的延伸生成空间研究（3周）
4）单一空间、形式、功能（2周）	4）向社区渗透（3周）
5）单元空间的组织（3周）	5）以学生为主体，老师为揭示者
6）空间表现（3周）	6）空间表现（3周）

学生作业点评：（部分节选）

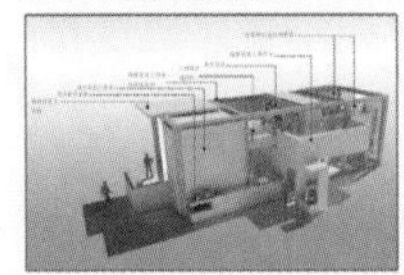

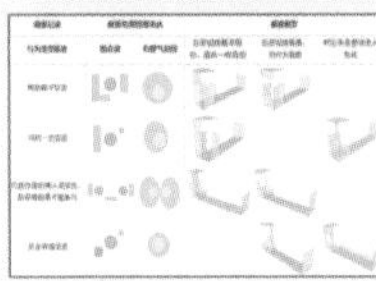

写生类型人群小组——学生：谢梓威

点评：空间要素的获得不仅从写生人群的生理需求出发，还兼顾了他的心理需求，空间展开的秩序与节奏都对上述要求有较好呼应。

多肉植物爱好者类型人群小组——学生：周俊

点评：通过对基本空间要素的变形，结合对教师提供的框架进行重构，从而发现与原有教师提供的框架不同的生长方式的新的空间秩序与建筑语言。

建筑设计（1）教学

设计题目：环境·行为·空间——校园服务空间设计

教学说明：通过观察和学习，对空间与人体的尺度有了初步感受，对功能和行为，对空间秩序组织的影响有了初步认知，本设计课题即进一步加深对空间的理解并融入环境。

教学内容：

1——行为·人群·场地

选择本学践师生中一种类型人群研究其行为，如足球迷、滑板爱好者、fans等，研究其乐于停留之处的空间特性与行为之间的关系，总结提炼概念（如：静、挡、渗透等）

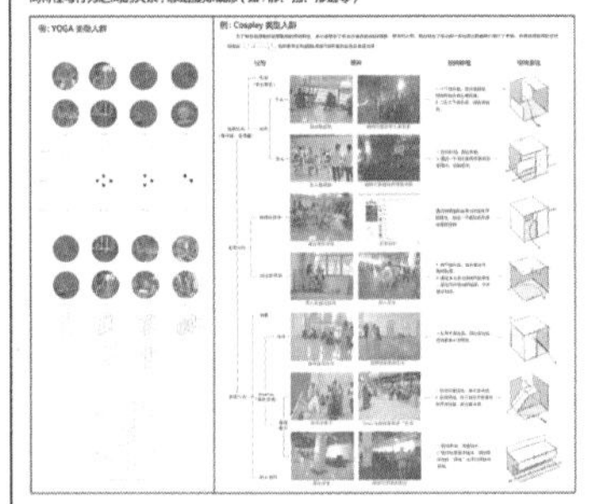

2——要素提取

总结类型人群基于物质及情感需求等的行为空间要素

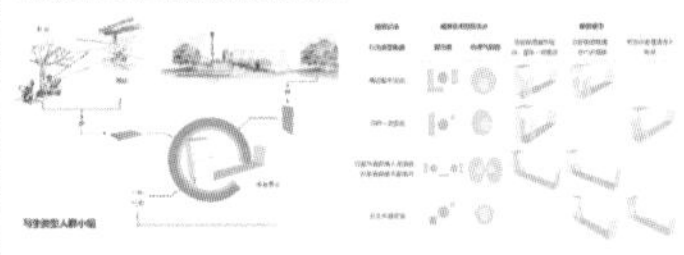

3——要素·秩序·空间

总结提炼概念（如：静、挡、渗透等），寻找相应空间概念在建筑中的表达，绘分析图。

在总图中将模型框架放入地形模型中，分析朝向、景观等特征，徒手完成1:500总平面草图

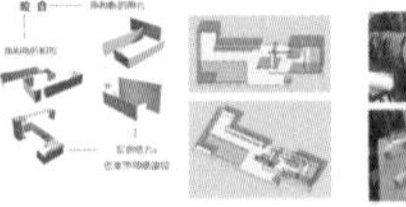

4——形体空间·形式·功能

要求从空间内部人的使用、活动和感受出发，安排主要的活动空间；从内外空间/环境之间封闭与开放的关系出发，考虑外围护面的虚实设计。配合模型操作，要求徒手画出完成1/100平，立，剖面草图和相应的视线，光线分析。

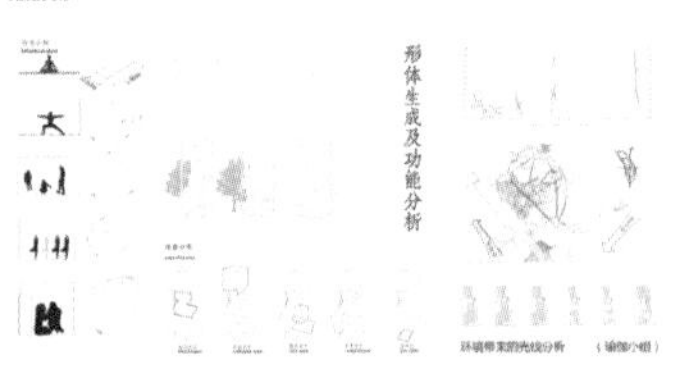

5——单元空间的组织

在单一形体空间设计练习中领悟形体空间发展的因素，以小组共同探究的方式寻求单元体如何在排列组合中寻找融合、渗透的可能，并对场地的力的制衡形成呼应

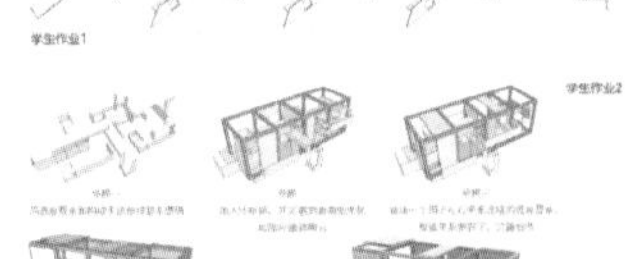

6——空间表现

强调手工模型＋图纸＋多种表达方法

类型人群·行为空间生成

2

教学阶段：二年级　教学周期：112学时　适用专业：建筑学、城市规划、风景园林　教学时间：大学二年级上期、大学二年级下期

二年级上（14周）——单元空间设计	二年级下（14周）——单元空间组织练习
1）行为、人群、场地（2周）	1）行为、人群、要素（2周）
2）要素提取（2周）	2）叙事与场所 → 找形（3周）
3）要素、秩序、空间（2周）	3）相似性重复中系统化秩序的延伸生成空间研究（3周）
4）单一空间、形式、功能（2周）	4）向社区渗透（3周）
5）单元空间的组织（3周）	5）以学生为主体，老师为揭示者
6）空间表现（3周）	6）空间表现（3周）

学生作业点评：（部分节选）

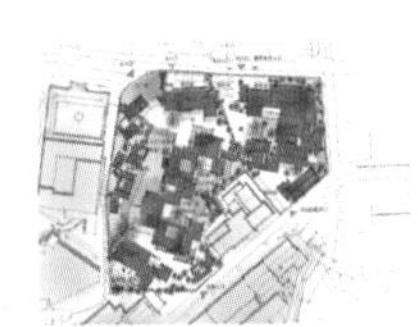

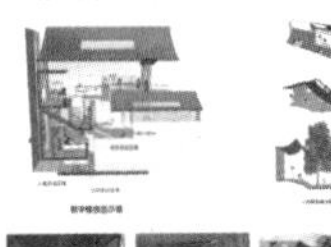

Pretend Play——学生：徐熙航

点评：小人国文本带来丰富的大中小班的空间关系与界面，坡屋面在界定空间层次上有非常好的效果，自然形成的街巷空间极具气氛，只是教室空间的完整有所欠缺，部分地区流线过长，尤其对于小班儿童。

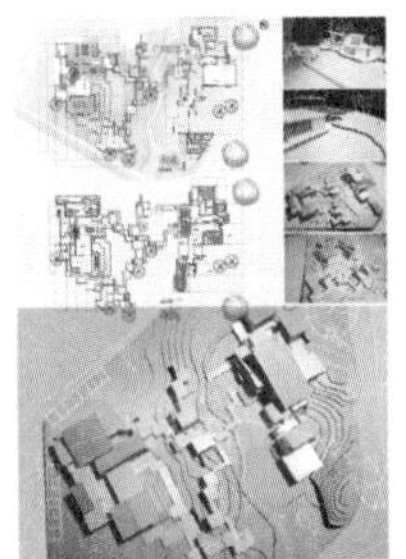

从百草园到三味书屋——学生：李镇宇

点评：百草园的文本为场所的空间叙事作了良好的引导与铺垫，对基地使用人群的关注不仅局限在常见的使用者（幼儿园的师生、家长），还考虑了游客这一特殊群体对场地的力量，从而设计出独特的空间界面，从而找出了合适的向社区渗透的方式。

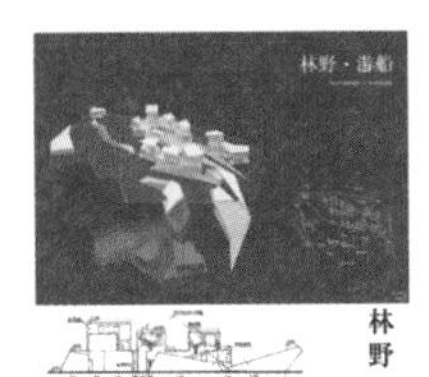

林野·游船——学生：周俊

点评：空间及形体处理上都较大胆，街巷的空间形态活泼而又内敛，空间层次丰富，但细部空间的深入度稍欠缺。

设计题目：社区儿童空间生成——湖大六班幼儿园及儿童图书馆建筑设计

建筑设计（2）教学

教学目的： 通过小型建筑方案设计，初步理解建筑设计基本要素——基地、空间与形式、功能、材料与建构、光影及其相互之间的关系，重点掌握建筑重复空间的形式、空间、功能的处理原则和方法，提高分析空间、组合空间的能力；学习处理建筑与内外环境对话的方法；创造与教育发展阶段相适应的空间规划，营造丰富的生活环境；初步掌握建筑方案设计的思维过程及其基本方法，提高建筑表达的能力。

1．以较复杂功能体系下单元空间的组合研究为训练载体，进一步培养学生在特定环境挑战下的空间组织能力。通过具有特定地景条件的建筑设计，深入训练学生以整体环境观念为出发点的设计思维和空间塑造能力。

2．了解幼儿园建筑的选址、策划及设计程序，熟悉相关的技术规范及条例，掌握幼儿园建筑设计的基本要点及其背景知识。

3．进一步加强学生设计思维与设计方法的综合训练。

4．提升设计表达的综合能力。

教学要求：

- 了解单元重复空间的组合方法及特点
- 了解幼儿园使用要求和幼儿心理特征
- 掌握幼儿园个性化设计要点
- 理解场地布置、环境设计的概念
- 循序渐进完成设计的全过程，初步养成良好的工作习惯
- 进一步掌握徒手草图做方案的能力，着重总图能力

设计内容：

题目关键词： 场地因素—街区肌理。

功能因素： 单元的设计和组织及单元与公共部分的关系。

材料及结构因素： 砖混结构

一、湖大六班幼儿园方案设计要求

1、规模：

建筑面积 1300M2+10%，单层或局部两层；

2、功能组成：

生活用房，展示绘画、雕塑、设计艺术作品，活动室，寝室，卫生间，衣帽储藏间，音体室：，服务用房，医务室，隔离室，晨检室，办公室，会议室，值班间，卫生间，储藏，服务用房：，加工间，配餐，主食库，副食库，消毒，洗衣间等。

3、外部空间及环境设计：

考虑室外活动、交流场所及外部空间环境，适当布置绿化、铺地、室外家具和环境小品等。

二、儿童图书馆方案设计要求

现拟在东方红广场西面原湘大工会处，新建一所小型儿童图书馆，为湖大幼儿园及湖大师生及市民提供一处服务社区的交流场所，作为文化载体，以凝聚街区周边城市居民，形成交流活动平台，激活老城区时代文化活力，为老城区注入新的生命。

1、规模：

建筑面积 1500M2+10%，单层或局部两层；

2、技术经济指标

（1）总建筑面积：±1500m2（各功能空间面积和总建筑面积允许误差 10%。）

（2）绿地率：≥30%

（3）建筑密度：≤40%

（4）建筑层数：不超过三层（可设置部分地下室）。

（5）停车：停车位不少于 20 辆

（6）建筑退让：建筑物应退让城市主干道≥10 米。

具体实施过程：

1——行为·人群·要素

通过观察儿童的行为与场所间的互动关系，总结基于情感需求的行为空间要素

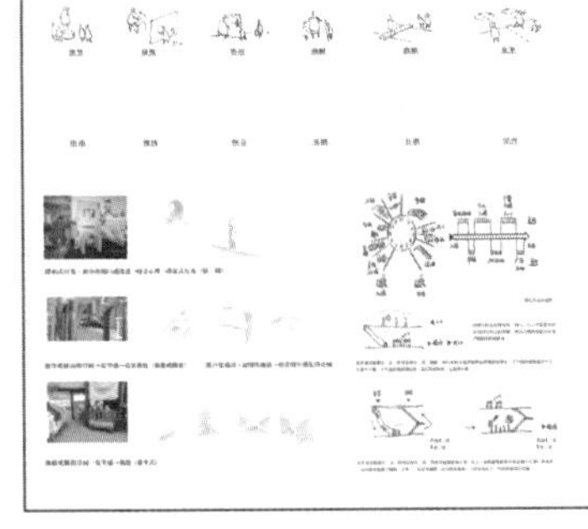

2——叙事与场所 → "找形"

前期的观察，对比学生对自己幼儿园的经历与记忆，辅以建筑用地分析，通过头脑风暴、多方讨论找出初期问题——幼儿园是什么。

由此问题出发寻找各类文献及资料（文学作品、影视资料、艺术作品如绘画等），将初期问题凝成初始概念——如"百草园"、"家"。这样既使基于场地与人群的设计有了价值指向又在相应文献中寻到叙事结构的影子，而这一叙事结构顺势也成为下一步骤——空间秩序的线索，从而达至找形、找秩序的教学目的，使学生建立在外在力量（区域与场所的力）与内在力量（行为与场所的力）作用之下寻求概念及提取建筑语言的能力的教学目标，并规避了学生在设计学习中常出现的形式过于任意以至随意颠覆自己原初构想的弊端

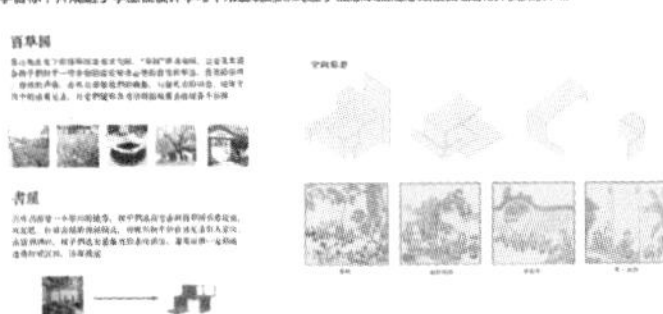

3——相似性重复中系统化秩序的延伸生成空间研究

依据行为与人群研究成果，从基本单元体块的变形开始，将功能性体块——教室、活动室——置换为空间要素，通过单元要素的排列、抽离、错动、扭转、折叠、延伸、限制、从平面到剖面，从剖面到里面等等举措，寻求基本建筑要素语言的组合特点练习与深化。依托总图选取达至 5~6000m3 组团体量为限，进行不以功能为依据而以要素语言组织特点探究，建筑空间语言组织体系的训练，此阶段侧重手工模型的操作

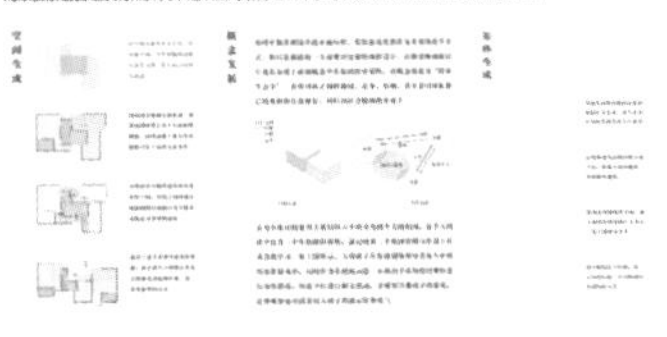

4——向社区渗透

为避免学生设计中"自扫门前雪"、培养区域视野及减少前期场地及人群分析对课时的占用，延续前期学生的思考，故二年下第二个设计题目用毗邻幼儿园用地并命题为儿童图书馆，将 2 个设计之间的社区层面思考纳于设计教学并为三年级建筑设计的城市走向做了铺垫

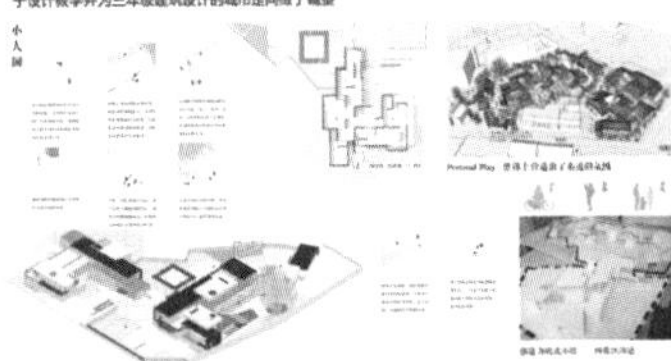

5——学生·老师

在整个教学中强调学生作为主体，教师作为揭示者帮助学生发现自己、找到适合自己的土壤和气候的思维训练为主的教学指向

6——空间表现 材料、技术与细部

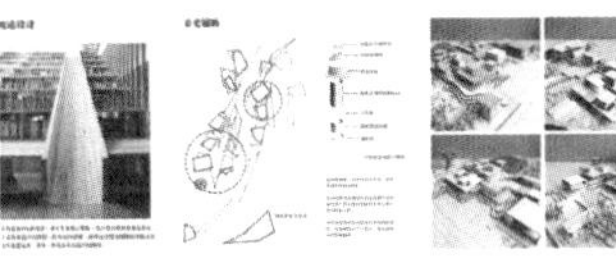

湖南大学

1+1 国际化平行开放式建筑设计教学探索（三年级）

自 2011 年起，我院在本科三年级引入长周期国际交流建筑设计联合教学，并逐步形成“1+1”平行开放式建筑设计教学模式。

一、教学方式

该课程由基本课题与开放式课题平行同步进行。基本课题关注本土地域化建筑设计问题，训练设计思维，探讨设计方法；开放式课题以开放多元的研究型课题为主，与国外院校联合同步进行。学生可自选教师，自选课题。通过平行教学，开拓国际视野，促进设计思维和设计方法交流，探寻建筑设计的本质。课程突破传统建筑设计教学模式，是建筑学本科教学改革的有益实践和探索。

二、教学特点

1. 开放式

开放式命题：1+1 模式，开放式选题由海外院校教师共同命题，双方确认选题，两地联合同步完成。

开放式指导：由相关专业教师、海外院校教师、设计院建筑师共同指导。各组主讲老师可自由申报。本次课题一组由国际教师指导，一组由设计院建筑师共同指导。

开放式评图：由各年级老师、海外院校教师、设计院建筑师共同指导，两地评图。课题完成后一方选择师生跨国体验式交流和评图。

2. 研究式

以城市更新背景下的地域文化建筑为载体，探讨复杂城市条件下建筑设计的在地性。从城市、建筑、景观、室内等角度整体式设计，研究博物馆、图书馆等类型建筑设计，综合提高设计能力和思维能力。通过不同地域的建筑文化研究，及各组平行交叉研究，激发设计思维，交换设计理念。

3. 工坊式

打通建筑学各个专业，各专业学生混班；学生自主选题和选择教师，并由海外教师共同担任小组指导。学生自行组合，形成小组合作模式。

4. 跨界融合

以跨文化设计命题为背景，基于不同文化、不同设计理念，平行设计。在建筑设计过程中寻求差异，并行与融合，开拓国际视野，探讨设计问题的本质。开放式课题以英语为主要工作语言，模型为主要设计思维手段。

三、教学目标

1. 开拓国际化视野；

2. 培养创造性思维能力；

3. 培养综合设计能力和表达能力；

1+1 国际化平行开放式建筑设计教学探索

01

1+1 INTERNATIONAL PARALLEL OPEN ARCHITECTUARL TEACHING

学习任务

1、城市空间体验式分析和调研

城市环境速写，城市空间日记，场地资料分析，人的行为观察记录

2、根据体验式调研提出设计问题，保护缺失点，启发设计思路

3、编制弹性功能任务书，调整补充任务书内容

4、文字描述（场所精神），画（第一印象）概略画

教学内容

1）从城市层面对建筑环境进行全面调研分析，解读场所环境，各组制作调研报告和基地模型；

2）头脑风暴训练，发散式思维，各组提出设计概念及总体思路；

3）环境要素：包括自然环境、人文环境、历史环境等等。

教学安排

讲课1 城市调研分析方法

讲课2 概念设计方法和思维方法

讲课3 既有建筑改扩建设计

讲课4 博物馆设计概述及案例

讲课5 场所精神

学习任务

1、资料网络式跟踪分析：

与捷克方同学组建设计网上交流平台，取得详实设计资料

：通过网络资料，了解捷克地方文化，当地场所文脉；

2、深入剖析老博物馆的结构、构造及原有功能，绘制分析图；

3、提取“空间原型”，发散式思维，提出设计概念

4、由海外教师现场讲解题目

概念草图+调研分析

1 场所环境

place environment

学生任务

教学重点

学生任务

空间草模一

讲课1 博物馆空间特性与功能流线

讲课2 博物馆展陈与空间叙事

讲课3 空间的逻辑 — 空间 形式 秩序

小组交叉评图（草模）

讲课4 诗性空间与光

讲课5 材料质感的表现

2 空间营造

space construction

教学内容

学生任务

深入表皮构造设计，采光构造大样设计

空间与光环境研究

学生任务

深入表皮构造设计，采光构造大样设计

空间与光环境研究

3 材料建构

material construction

教学内容

深化草图设计，完善平、立、剖面等图纸；

深化场地设计和景观设计；

完善室内设计及其表达；

表达与表现

公开评图交流展示评图

评分方式：由设计院、海外教师、一直五年级老师共同评分，占50%，任课教师评分占20%，平时成绩占30%

全年级公开交流展示评图

组织师生赴捷克技术大学现场参观，双方作业交流讨论及展评　时间：2016.06.20-2016.06.30

4 展评交流

exhibition & exchange

阶段	第一阶段			第二阶段			第三阶段		第四阶段	参考书籍
时间	第1周	第2周	第3周	第4-5周	第5-6周	第7周	第8-9周	第10周	第11-12周	[illegible]
授课内容	专题1：课题介绍，调研分析	专题2：[illegible]，概念设计及图解思考	专题3：既有建筑改扩建，博物馆概述	专题4：博物馆空间特性，博物馆空间叙事	专题5：空间的逻辑，[illegible]	专题6：空间与光，材料与建构概述	专题7：文化建筑细部设计	专题8：[illegible]	专题9：设计表达与表现，规范及制图	
实践训练	参考及实地调研	文脉调研分析，资料搜集汇报	空间构成图分析，概念构思	一草方案概念及草模	结构体系选型及结构概念确定	二草方案调整及深化	材料的选择及细部设计	结构骨架确定，结构su模型	三草完善及修正，正图绘制及表现，正模及节点模型制作	
设计要求	分组讨论，资料搜集	调研分析报告（PPT汇总讲评）	总体概念模型，概念构思讲评	续题设计，完成一草方案平、立、剖面草图；su空间场景模型设计；一草集体讲评	调整草图，初步确定结构骨架关系，材料选择	空间与光分析和设计；二草深化：①完善平立、剖面图；②完善结构关系；③室内家具布置；④场地环境设计	材料调研报告；二草，草模整理成图，集体讲评	材料、细部及建构深化设计；设计表皮建构节点详图或采光构造详图	①方案综合规范完善；②材料、结构和节点细部设计完善；③完善场地设计、环境设计和室内设计	

最终成图

捷克组

乔口组

教学体会

教师：

1、通过平行式教学方式，进一步明确教学方向、教学目标、教学内容。同时通过国际化交流，激发多样化的教学思路，增进教学手段，培养学生对设计本体的认识，激发师生的积极性。
2、通过1+1平行式开放式教学模式，较为全面、深入的探讨了跨文化城市背景下的当代地域文化建筑设计问题，在教学中同步进行研究，教学研相长。
3、不同组师生之间，与海外教师之间就命题和设计过程、设计成果同步交流，研讨教学及当代地域性建筑设计的根本问题。；跨越文化界限的开放思维，通过不同语境下的文化解读，探寻不同文化背景下的设计思维差异。
4、通过跨国跨文化联合设计有效的交流，开拓了国际视野，激跃设计思维，以此逐步带动形成本科建筑设计课程多元和多样化、开放式、研究式建筑设计教学体系。

学生：

1、通过平行开放式课程，促进了与海外建筑院校师生的切身交流，开拓视野，了解文化，激发对设计的兴趣和热情。
2、开放式课题同步进行，开拓和激发了学生的设计思路，为跨文化的多样化的设计解读提供了平台。
3、平行两组命题在设计过程中拓宽了知识结构和知识平台，同时让学生更好的理解了建筑设计的基本问题；通过差异化比较，有利于把握设计问题本质，在设计过程中明确各自的重点。
4、提高了学生自主的设计思维能力，提高了动手能力；通过与海外师生同步交流，极大提高了专业英语应用能力。

教学不足：

1、同步过程教学过程中，学生并非完全同步"融入式"的联合教学方式，无法长时间亲身体验当代的文化和城市特征，学生对设计的体验和理解有偏差之处。
2、因条件限制，平行开放式教学阶段过程中与海外院校的教学手段和阶段成果交流不足，仍有待改进。

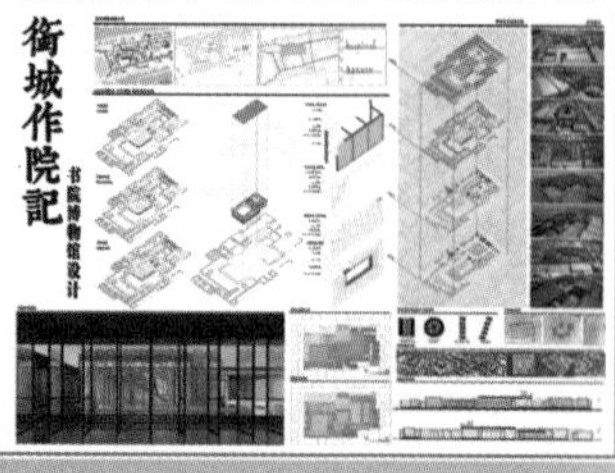

作业一

1、总图概念：设计从对乔口的感受和意向出发，探寻概念的出发点，以"流水"和"光影"为主题，引导整个设计思路。总体布局以乔口古镇的肌理格局为背景，依照原有路线，进行总体空间布局，建筑与城市环境、自然环境较好的融合。不足之处是在"新"与"旧"的融合当中突破性不足，整体的概念仍不够突出。整体造型以乔口老镇的屋顶曲线为原型，形成屋面的意向，但尺度略大。

2、空间营造：方案在循序渐进中展开博物馆各空间，功能布局合理，各条流线清晰有序，空间序列随展陈内容依次展开，空间节奏起伏有变化，以稳重空间和体验展示厅作为核心空间，光影随空间的节奏和外部流水、湖面等自然环境跳跃变化，整个空间序列显得生动有趣。

3、材料建构：玻璃天井体现乔口古镇地方建筑特点，满足通风要求同时结合展陈空间的光影变化。金属屋面和混凝土墙及木材组合引用，一方面与传统城镇地方材料相呼应，同时增添时代感。不足之处是对于材料和构造的表达和表现不足；结构虽然结合概念和造型，但思考和表达仍不够充分。

作业二

该方案深入分析了古镇城市肌理及脉络，并提取城市典型空间进行了尺度及类型分析，从城市缝合的视角提出了修补城市肌理，重构城市公共空间的一种可能。设计的过程递推了形态生成的逻辑关联，以院落的方式组织了建筑空间并融于城市环境。以外来游客的场景塑造来重新表达对于古镇历史文脉的呼应，以谦和慎重的姿态对话场地周围的重要历史建筑。以回归人本的空间尺度来建构东方意境的建筑空间。应该说用砖瓦木的建构语汇营造出深具传统文化韵味的当代庭院，体现出很好的建筑基本功和塑造空间的能力，总体是完成度很高的一份设计作业。

同时，也有一些不足：

1、总体建筑意向有待突破，过于受制于城市环境，强调对环境的尊重和融合，使得建筑在塑造城市公共形象和空间上略显平庸，缺乏变化和突破。
2、总图占地面积过大，缺少对公共界面的退让和组织，局部应加大退让城市及建筑间距，组织好城市广场节点。
3、建筑流线较长，游憩及休息空间不足。
4、庭院景观要素表达不够，缺少对景观意向的深化设计及表达。

捷克组

作业三

1、本方案结合场地历史、地景文脉及古城堡的建筑空间提取设计元素，以"轻介入"的姿态将新建筑植入场地中，借助建筑下沉设计及半透明屋顶消减新建筑对古城堡的视觉冲击，对场地内的原生态植物、树种给予以保留和适量利用，很好地解决了这一重要历史地段建筑文化的保护与更新的主题。

2、本博物馆设计依据调研分析确定展示内容，并以此来组织博物馆展示空间形态及路径，同时结合老建筑的衔接与过渡，形成较完整有机的平面和剖面空间；空间形式运用混凝土、玻璃砖和穿孔板等新材料将古城堡的"拱"和"穹顶"变异成现代空间形态，并结合"光"这一特殊材质的组织，在室内营造了新颖而洗练的现代空间氛围，是传统街区中极具新鲜活力的现代场所。

3、在建构文化表达方面，大胆尝试新材料的运用，用"拱形结构"作为建构基本模式来引导空间生成和建筑形式的生成，较好地表达了建构文化思维的特点。

4、该作业从整体设计思路→设计内涵→设计表达都非常完整，十分优秀，对教案要求进行了很好的诠释，就三年级学生而言实为难能可贵。

作业四

1）概念设计：
概念设计来源于对于展览空间中"光"的认知，以一个单纯的"光"的概念作为空间生成的依据，组织展览的流线，包括四季节中光的变化和树木景观，在保持原有氛围和格局的基础上，尽量将人的活动引入地下，这是一种有节制的改造策略，概念清晰明确，转译成空间的语言比较流畅，但结构略显繁杂。

2）整体设计：
建筑的空间依据光照的范围定型，同时根据冬夏两季不同的阳光照射角度，设定不同的展览线路，给予人不同的体验，新旧建筑的结合处主要是外部的树林，在几乎不影响外部空间的前提下，限定出天窗的位置，根据空间对光的需求，设置双层结构以进行光的过滤，同时与展品相结合。欠缺之处在于新旧建筑的交接部分若作为活动汇聚之处，新旧建筑的联系流线若能整体考虑，则应该更佳。

3）建构设计：
建构设计的重点在于天窗构造，可以根据太阳高度角调节遮光板的角度，若能制作天窗节点模型，将更有说服力。

厦门大学

材料建构
——基于材料特性和建造体验的建筑设计基础教案（一年级）

一、课题解读

木——指明建造材料的类别

构——体现对材料连接方式、组合形式的关注

营造——强调建造过程在空间设计中的重要意义

本教案将关注点放在对材料的直观认识和对建造过程的体验上。通过这一方式，考量构件的连接方式、技术的文化含义，在操作的过程中体验所谓的“建造的诗学”。材料、结构、构造方式将以统一的建造逻辑体现在最终的设计成果中，并由此培养建筑审美中的理性价值取向。反对空洞的形式游戏和肤浅的文化象征主义。

二、教学目标

通过本课程设计，应达到以下目的：

1.从材料的本性出发，研究与之对应的营造过程和构造逻辑。探讨其在空间设计的重要意义。

2.培养以材料和建造方式为构思原点的设计方法。

3.了解材料本性、加工手段、构造方式、结构特征之间的关系；探讨不同加工工艺、构造方式所形成的多种空间的可能性。

4.针对当下设计与建造分离的境况，强调具体的营造过程在设计训练中所扮演的角色。使学生树立“建房子”，而非“画房子”的观念。

5.在条件允许的情况下，由老师和木工师傅指导，学生自己动手，通过实践建造，完成1：1实际木结构的施工。

三、任务设置

在南方地区自选一块场地，在3mx3mx3m空间基础上，发展设计并模拟建造一个木结构“休息亭”，包括可以坐、靠、躺、眺望观景的空间。

（2014级同学在校园内，完成2栋木建筑1：1的实际施工）

四、设计要求

1.“休息亭”要求通过九宫格空间序列的操作训练来逐步推进，包括不同空间的利用方式。注重在空间上的灵活性和多样性。同时在空间效果和结构关系上体现理性的建造逻辑，但需满足基本的人体尺度要求。

2.主体结构为木结构（要求尽量采用市场上的规格材），考虑木结构框架中各构件（可采用螺栓、榫卯、榫卯等）连接

方式的合理性。

3. 建造过程需要模拟真实的木构建造方式和过程，包括基础、主体结构框架、楼地面、屋顶材料和外围护结构的逻辑合理性，表达清楚以便进行评价。

4. 每位同学分别制作3个初步模型方案，在分析讨论基础上，2～4人合组协助，继续发展优化设计。

五、成果要求

1. 模型：比例为1∶10或者1∶5；材料可采用木材及金属连接件。

2. 图纸：正图以绘图纸绘制。图幅为A1规格，2～3张，内容包括：总平面图、各层平面图、屋顶平面图、剖面图（至少2个）、立面图（至少2个）分解轴测图、连接节点详图、模型照片、过程记录照片、简要说明。

3. 2014级两组同学利用课外4周时间，统计和采购木材规格数量和连接件，加工木构件并完成建造。

优秀作业1：木构营造——木立方　设计者：张筠 张元元 周文泉

优秀作业2：木构营造——木心阁　设计者：郭毓婷 纪若仪 陈衔玥

作业指导教师：林育欣 张燕来 林育欣 周卫东

教案主持教师：林育欣

整体课程大纲

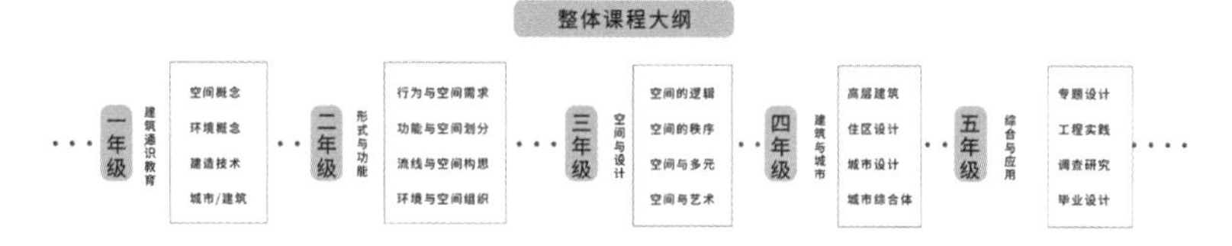
一年级
建筑通识教育
空间概念
环境概念
建造技术
城市/建筑
二年级
形式与功能
行为与空间需求
功能与空间划分
流线与空间构思
环境与空间组织
三年级
空间与设计
空间的逻辑
空间的秩序
空间与多元
空间与艺术
四年级
建筑与城市
高层建筑
住区设计
城市设计
城市综合体
五年级
综合与应用
专题设计
工程实践
调查研究
毕业设计

一年级教学单元设置

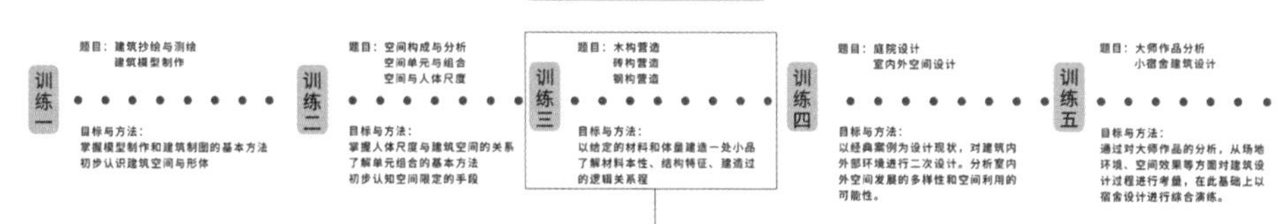
训练一
题目：建筑抄绘与测绘
建筑模型制作
目标与方法：
掌握模型制作和建筑制图的基本方法
初步认识建筑空间与形体
训练二
题目：空间构成与分析
空间单元与组合
空间与人体尺度
目标与方法：
掌握人体尺度与建筑空间的关系
了解单元组合的基本方法
初步认知空间限定的手段
训练三
题目：木构营造
砖构营造
钢构营造
目标与方法：
以给定的材料和体量建造一处小品
了解材料本性、结构特征、建造过程的逻辑关系程
训练四
题目：庭院设计
室内外空间设计
目标与方法：
以经典案例为设计现状，对建筑内外部环境进行二次设计。分析室内外空间发展的多样性和空间利用的可能性。
训练五
题目：大师作品分析
小宿舍建筑设计
目标与方法：
通过对大师作品的分析，从场地环境、空间效果等方面对建筑设计过程进行考量，在此基础上以宿舍设计进行综合演练。

材料建构 —— 基于材料特性和建造体验的建筑设计基础课程

学期：2016年春　　年级：一年级下学期　　学制：五年制　　时间：六周　　学生人数：120人

课题解读

木——指明建造材料的类别
构——体现对材料连接方式、组合形式的关注
营造——强调建造过程在空间设计中的重要意义

本教案将关注点放在对材料的直观认识和对建造过程的体验上。通过这一方式，考量构件的连接方式与技术的文化含义，在操作的过程中体验所谓的"建造的诗学"。材料、结构、构造方式将以统一的建造逻辑体现在最终的设计成果中，并由此培养建筑审美中的理性价值取向。反对空洞的形式游戏和肤浅的文化象征主义。

教学目标

通过本课程设计，应达到以下目的：
1. 从材料的本性出发，研究与之对应的营造过程和构造逻辑。探讨其在空间设计的重要意义。
2. 培养以材料和建造方式为构思原点的设计方法。
3. 了解材料本性、加工手段、构造方式、结构特征之间的关系；探讨不同加工工艺、构造方式所形成的多种空间的可能性。
4. 针对当下设计与建造分离的境况，强调具体的营造过程在设计训练中所扮演的角色。使学生树立"建房子"，而非"画房子"的观念。
5.在条件允许的情况下，由老师和木工师傅指导，学生自己动手，通过实践建造，完成1:1实际木结构的施工。

设计要求

1. "休息亭" 要求通过九宫格空间序列的操作训练来逐步推进，包括不同空间的利用方式。注重在空间上的灵活性和多样性。同时在空间效果和结构关系上体现理性的建造逻辑。，但需满足基本的人体尺度要求。

2. 主体结构为木结构（要求尽量采用市场上的规格材），考虑木结构框架中各构件（可采用螺栓、榫铆、榫卯等）连接方式的合理性。

3.建造过程需要模拟真实的木构建造方式和过程，包括基础、主体结构框架、楼地面、屋顶材料和外围护结构的逻辑合理性，表达清楚以便进行评价。

4. 每位同学分别制作三个初步模型方案，在分析讨论基础上，2-4人合组协助，继续发展优化设计。

任务设置

在南方地区自选一块场地，在3x3x3立方空间基础上，发展设计并且模拟建造一个木结构"休息亭"，其中包括可以坐、靠、躺、眺望观景的空间。
（2014级同学在校园内，完成2栋木建筑1:1的实际施工）

成果要求

1.模型　比例：1：10或者1:5；　材料：木材，金属连接件

2.图纸　正图以绘图纸绘制。图幅为A1规格，2~3张 内容包括：　总平面图、各层平面图、屋顶平面图、剖面图（至少2个）、立面图（至少2个） 分解轴测图、连接节点详图、模型照片、过程记录照片、简要说明。

3.2014级两组同学利用课外4周时间，统计和采购木材规格数量和连接件，加工木构件并完成建造。

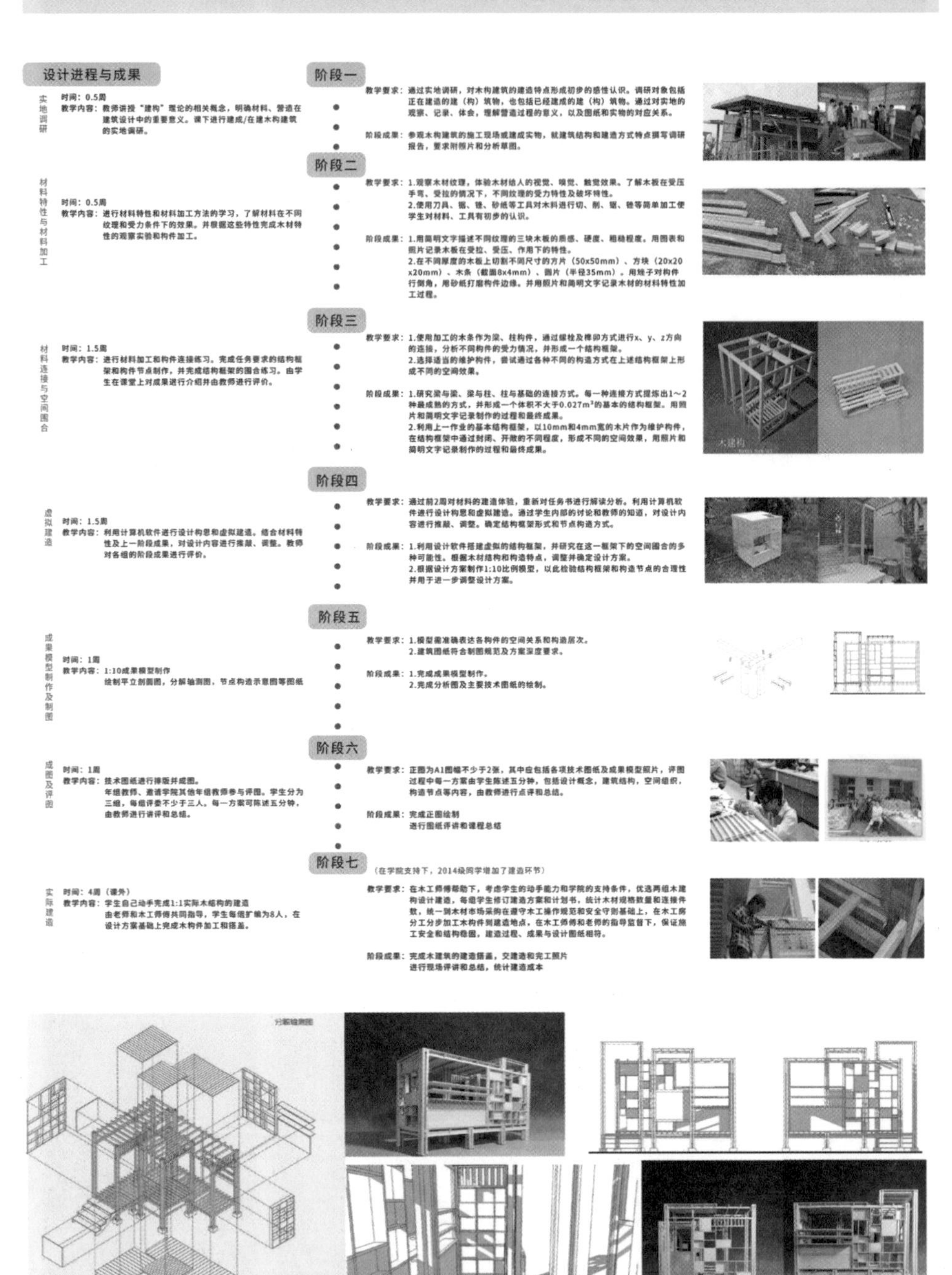
设计进程与成果
实地调研
时间：0.5周
教学内容：教师讲授"建构"理论的相关概念，明确材料、营造在建筑设计中的重要意义。课下进行建成/在建木构建筑的实地调研。
阶段一
教学要求：通过实地调研，对木构建筑的建造特点形成初步的感性认识。调研对象包括正在建造的建（构）筑物，也包括已经建成的建（构）筑物。通过对实地的观察、记录、体会，理解营造过程的意义，以及图纸和实物的对应关系。
阶段成果：参观木构建筑的施工现场或建成实物，就建筑结构和建造方式特点撰写调研报告，要求附照片和分析草图。
材料特性与材料加工
时间：0.5周
教学内容：进行材料特性和材料加工方法的学习，了解材料在不同纹理和受力条件下的效果。并根据这些特性完成木材特性的观察实验和构件加工。
阶段二
教学要求：1.观察木材纹理，体验木材给人的视觉、嗅觉、触觉效果。了解木板在受压手弯、受拉的情况下，不同纹理的受力特性及破坏特性。
2.使用刀具、锯、锉、砂纸等工具对木料进行切、削、锯、锉等简单加工使学生对材料、工具有初步的认识。
阶段成果：1.用简明文字描述不同纹理的三块木板的质感、硬度、粗糙程度。用图表和照片记录木板在受拉、受压、作用下的特性。
2.在不同厚度的木板上切割不同尺寸的方片（50x50mm）、方块（20x20x20mm）、木条（截面8x4mm）、圆片（半径35mm）。用锉子对构件行倒角，用砂纸打磨构件边缘。并用照片和简明文字记录木材的材料特性加工过程。
材料连接与空间围合
时间：1.5周
教学内容：进行材料加工和构件连接练习。完成任务要求的结构框架和构件节点制作，并完成结构框架的围合练习。由学生在课堂上对成果进行介绍并由教师进行评价。
阶段三
教学要求：1.使用加工的木条作为梁、柱构件，通过螺栓及榫卯方式进行x、y、z方向的连接，分析不同构件的受力情况，并形成一个结构框架。
2.选择适当的维护构件，尝试通过各种不同的构造方式在上述结构框架上形成不同的空间效果。
阶段成果：1.研究梁与梁、梁与柱、柱与基础的连接方式。每一种连接方式提炼出1～2种最成熟的方式，并形成一个体积不大于0.027m³的基本的结构框架。用照片和简明文字记录制作的过程和最终成果。
2.利用上一作业的基本结构框架，以10mm和4mm宽的木片作为维护构件，在结构框架中通过封闭、开敞的不同程度，形成不同的空间效果，用照片和简明文字记录制作的过程和最终成果。
大建构
虚拟建造
时间：1.5周
教学内容：利用计算机软件进行设计构思和虚拟建造。结合材料特性及上一阶段成果，对设计内容进行推敲、调整。教师对各组的阶段成果进行评价。
阶段四
教学要求：通过前2周对材料的建造体验，重新对任务书进行解读分析。利用计算机软件进行设计构思和虚拟建造。通过学生内部的讨论和教师的知道，对设计内容进行推敲、调整。确定结构框架形式和节点构造方式。
阶段成果：1.利用设计软件搭建虚拟的结构框架，并研究在这一框架下的空间围合的多种可能性。根据木材结构和构造特点，调整并确定设计方案。
2.根据设计方案制作1:10比例模型，以此检验结构框架和构造节点的合理性并用于进一步调整设计方案。
成果模型制作及制图
时间：1周
教学内容：1:10成果模型制作
绘制平立剖面图，分解轴测图，节点构造示意图等图纸
阶段五
教学要求：1.模型需准确表达各构件的空间关系和构造层次。
2.建筑图纸符合制图规范及方案深度要求。
阶段成果：1.完成成果模型制作。
2.完成分析图及主要技术图纸的绘制。
成图及评图
时间：1周
教学内容：技术图纸进行排版并成图。
年组教师、邀请学院其他年级教师参与评图。学生分为三组，每组评委不少于三人。每一方案可陈述五分钟，由教师进行讲评和总结。
阶段六
教学要求：正图为A1图幅不少于2张，其中应包括各项技术图纸及成果模型照片，评图过程中每一方案由学生陈述五分钟，包括设计概念，建筑结构，空间组织，构造节点等内容，由教师进行点评和总结。
阶段成果：完成正图绘制
进行图纸评讲和课程总结
阶段七
（在学院支持下，2014级同学增加了建造环节）
实际建造
时间：4周（课外）
教学内容：学生自己动手完成1:1实际木结构的建造
由老师和木工师傅共同指导，学生每组扩编为8人，在设计方案基础上完成木构件加工和搭盖。
教学要求：在木工师傅帮助下，考虑学生的动手能力和学院的支持条件，优选两组木建构设计建造，每组学生修订建造方案和计划书，统计木材规格数量和连接件数，统一到木材市场采购在遵守木工操作规范和安全守则基础上，在木工房分工分步加工木构件到建造地点，在木工师傅和老师的指导监督下，保证施工安全和结构稳固，建造过程、成果与设计图纸相符。
阶段成果：完成木建筑的建造搭盖，交建造和完工照片
进行现场评讲和总结，统计建造成本
分解轴测图

作业摘选与教师点评

作业1：湖心亭

设计了上下两个观赏湖景的空间，上面是可以远眺的观景亭，下面是临水休憩的通廊；最有特点的是连接上下的楼梯不只是楼梯，是宽窄变化、高低错落的平台，可以包容多样化的使用形态和丰富场景。三个空间动静相宜、环环相扣，是个有想法的设计。木建构的结构合理，节点清晰，建造步骤基本合理，但是缺了基础施工这部分的表达，另外剖面图还有小的瑕疵。

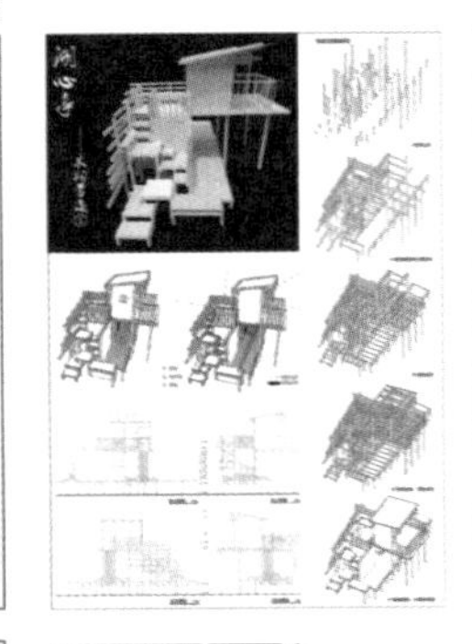
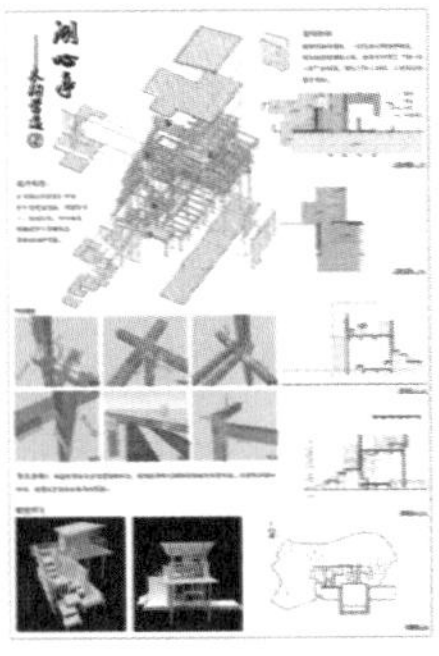

作业2：三格亭

作业"三格亭"，既可以是室外的观赏亭，有可以做成室内的别致空间。内部空间有三个层次，丰富多样；外形设计得细腻精致，似乎是个放大的另类家具。光影交相变化，细节趣味多样，它既可以让人享受其中，本身又是一个精彩的景致。木建构的尺度比较小，结构和建造方式很清晰，节点设计与外观相互相成，整体风格统一。图纸表达比较有条理，模型做得非常精致，表达从整体到细节都很到位。

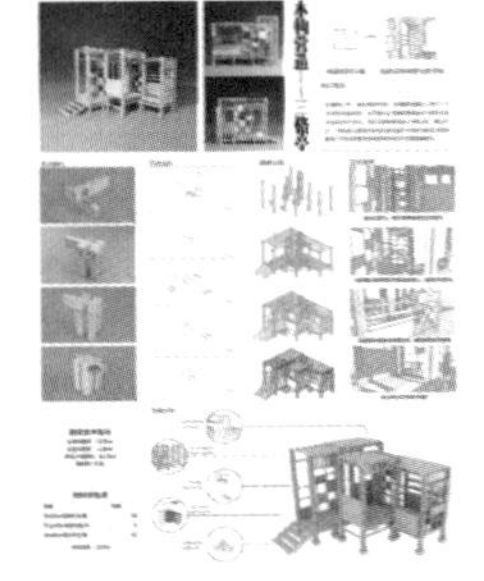
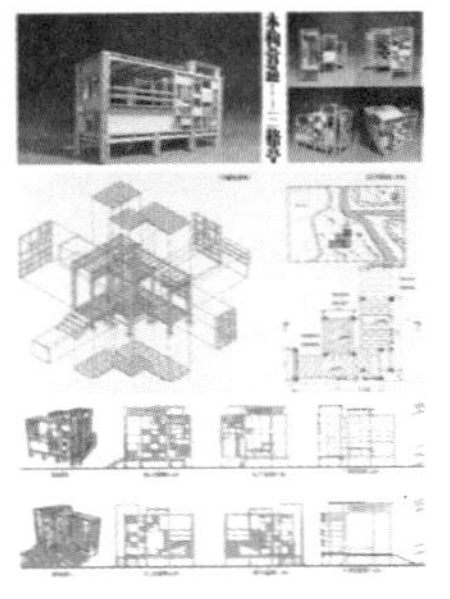
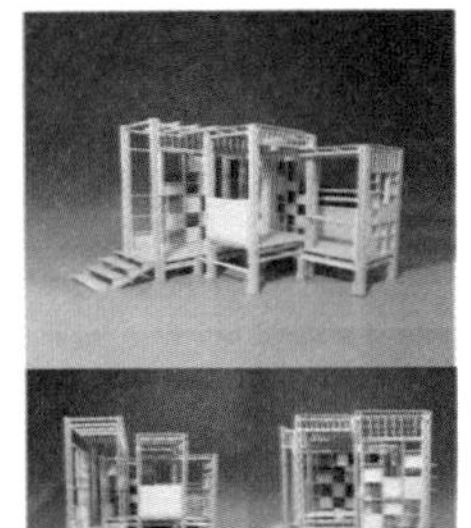

作业3：轮转

"木建构—轮转"是一个不同的设计尝试，包括三个A、B、C不同的功能体，可以适应不同的环境和地形，组合出多样化的活动空间，能满足不同人群的休闲、聚会和交流，是个未来可以继续发展完善的设计案例。三个基本木结构，本身比较简单，可惜在建造方面还可以完善；组合方式也没有充分展开，是否合理还需进一步思考。设计图纸的表达还有不足，模型制作有待提高。

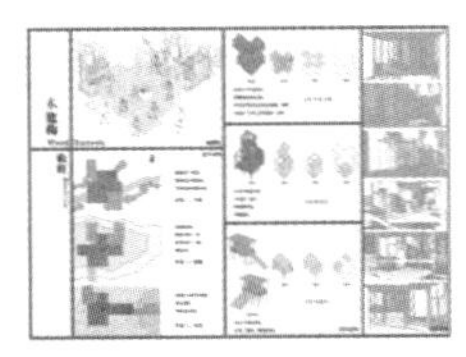
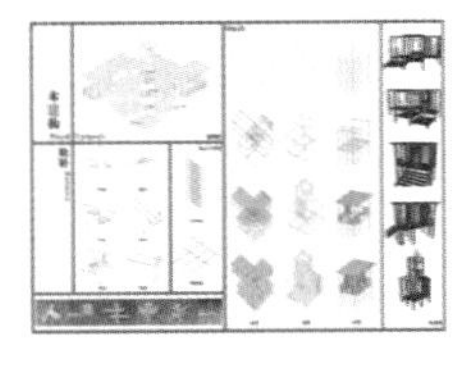
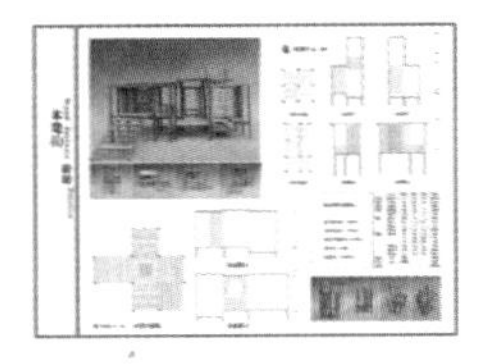
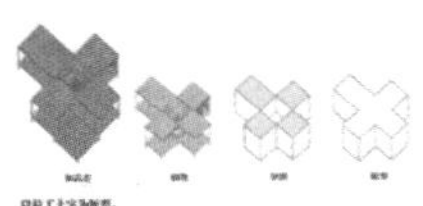
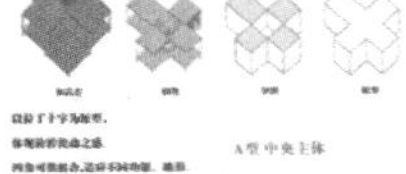

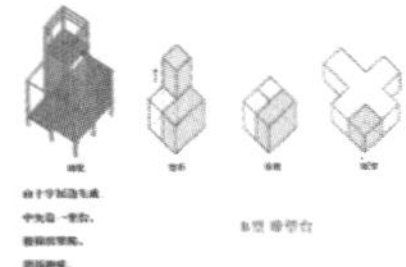

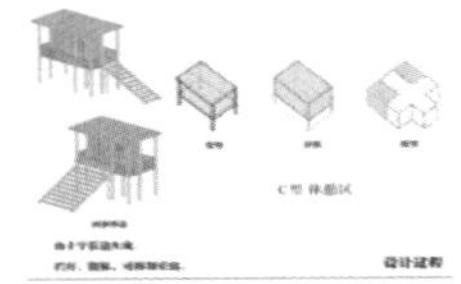

作业4："Wooden Book-Hut"

"Wooden Book-Hut"是个小型休闲书屋，内有小庭院，别有洞天，适合几位好友静静地读书、饮茶、观景和交流。两个角落设计成家具一样，可以推拉，从而改变了空间的围合和开放，产生丰富的空间体验。外表皮利用木格栅疏密的不同组合，控制白天外界的光线，也能调节夜晚对外的光影效果，增添了多方位的趣味。木结构简单合理，构造节点清晰，空间尺度亲切宜人，内庭院生气盎然。图纸的排版与色调不是很协调，设计表达的重点和思路需要再完善。

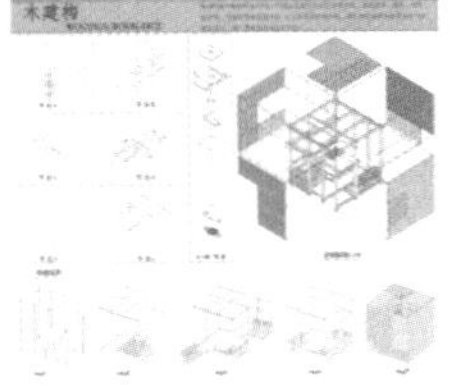

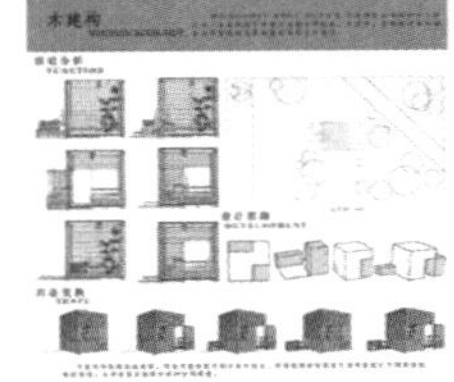
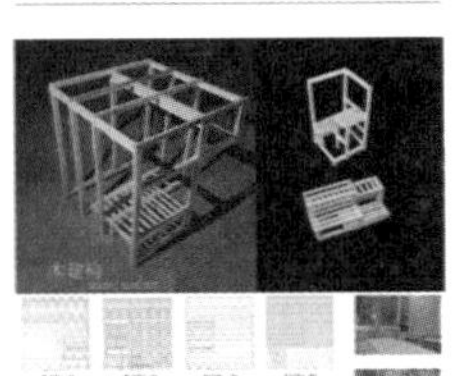

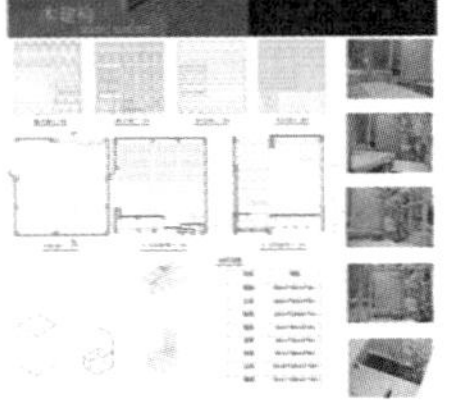

厦门大学

基于城市空间认知与绿色建筑技术整合的城市综合体建筑设计（四年级）

一、教学背景

建筑教育是城市空间认知的主要渠道。在“新常态”、“深度城镇化”背景下，“整合”、“协作”是当代住区设计与城市设计整合各项绿色社区与绿色建筑技术的首要途径。建筑系四年级设计课程开展“整合设计”方法训练具有必要性、可行性。

二、教学目标

1. 意识的提升

为了全面提升学生对城市空间的认知能力，本课程试图采用“研讨课”与“设计课”相结合的教学模式，通过开展讲述、示范、提问、转型、反思、仿效、批判等一系列教学活动，使学生认识到城市综合体必须对本地与全球经济、社会、环境问题做出反馈，并帮助其加深对公共活动与公共空间的理解，强化对城市综合体、城市设计领域关键问题的关注。

2. 技术的探索

为了与发达国家城市设计理论实践教育相接轨、鼓励对相关模拟与示范技术的探索，本课程试图结合国际学术界共同关注的热点问题与我国现阶段城镇发展的实际需要，使学生认识可持续发展相关主题在城市综合体设计中应用的可能性，培养其运用可持续发展眼光研究、批判、解决现实问题的能力，探讨国际化视野下地域性问题的独创性解决方案。

3. 方法的掌握

为了使学生初步理解、掌握整合设计方法。一方面，本课程通过“元素教学法”，将复杂的设计体验分解为一系列明确的操作单元，强调“反馈环节”，以强化程序概念、使学生理解设计程序对方案质量的重要影响；另一方面，本课程通过贯彻以小组为单位的工作方式，通过角色模拟与分概念协调，建立协作意识、培养统筹观念、挖掘协作能力、提升交流技术。

三、教学手段

针对传统设计教学中“忽略群体性、实践性与过程型”、“忽略普通人需求”等常见问题，鉴于教学目标的设置与教学内容的独特性，本课程基于科尔布“经验认知模型”对设计教学手段进行优化，试图在更多的教学阶段强调教师与学生互动。

1. 课程讲授与专题讲座

作为获得抽象概念的最传统、直接的教学手段，课堂讲授在本课程中得到继承沿用。鉴于可持续发展相关主题的复杂性与多样性，本课程将专题讲座作为辅助手段，以从内容、角度上对课堂讲授进行补充。

2. 文献调研与案例研究

通过课程讲授或专题讲座等被动式方法获得的知识无法代替通过主动实践获得的经验。故，本课程将文献调研与案例分析作为与课堂讲授同等重要的教学手段，以培养学生通过自主研究掌握抽象概念的意识与能力。

3. 社会调查与公众参与

针对常规设计教学中由虚拟现实（即学生的图和模型）获取直接经验的客观标准缺失问题，作为社会规划的常规方法，社会调查和公众参与被引入本课程教学训练中，以现实世界中来自普通管理者与使用者的需求与经验引导、检测和评估方案设计。

4. 绘图建模与成果汇报

作为学生完成行为实验的主要手段，绘图建模在本课程中得到沿用。同时，为了培养学生自主发现问题、分析问题、解决问题的能力，训练其图示化问题的能力、提高表述的逻辑性与精炼性，本课程将成果汇报作为绘图建模工作展示的必要手段。

5. 集体讨论与头脑风暴

本课程采用集体讨论代替传统设计教学中的个别辅导或对话评图，以鼓励学生相互观察、相互质疑、相互支持，并将个别方案问题转化为共性问题。为了避免集体思维对批判精神与创造力的削弱，头脑风暴被作为集体讨论过程的必要环节，以激发新观念、新设想。

四、任务设置

本课程依据以下原则编制设计任务书。

第一，选择颇具普遍性的新建项目、采用较为宽泛的框架条件、提出较自由的功能要求，以便尽量为各类绿色建筑技术的运用与发展提供可能性。

第二，基于对公众、环境、子孙后代利益的考虑，以高水准生活环境、高质量城市公共空间塑造为设计目标，鼓励将城市设计方法运用到城市综合体设计当中、创造不同于现行商业性方案的设计理念。

第三，为了提高学生发现问题、分析问题、解决问题的能力，鼓励植于场地调研与社会调查的、有针对性、合乎逻辑且具独创性的思维方式与创作理念，鼓励概念性、学术性的设计训练。

五、教学过程

与个人化设计方法相比，整合设计方法更加注重对问题的深入研究、目标与措施的对应性、设计过程的重要性、评估与反馈的作用、分概念间的相互制约与协调。据此，教学过程设计分：准备阶段（含理论认知）、构思阶段（含场地调研、案例分析、设计构思、概念整合）、反馈阶段（含概念评估）、完善阶段（含修改深化、成果表达）、评图阶段（含表达与评图）。

优秀作业 1：厝华？船韵——厦门小白鹭艺术团剧场设计　设计者：衷毅
优秀作业 2：UNDER THE PARK——厦门表演艺术中心设计　设计者：白旸

作业指导教师：吕韶东 郑豪 韩洁 王伟
教案主持教师：刘姝宇

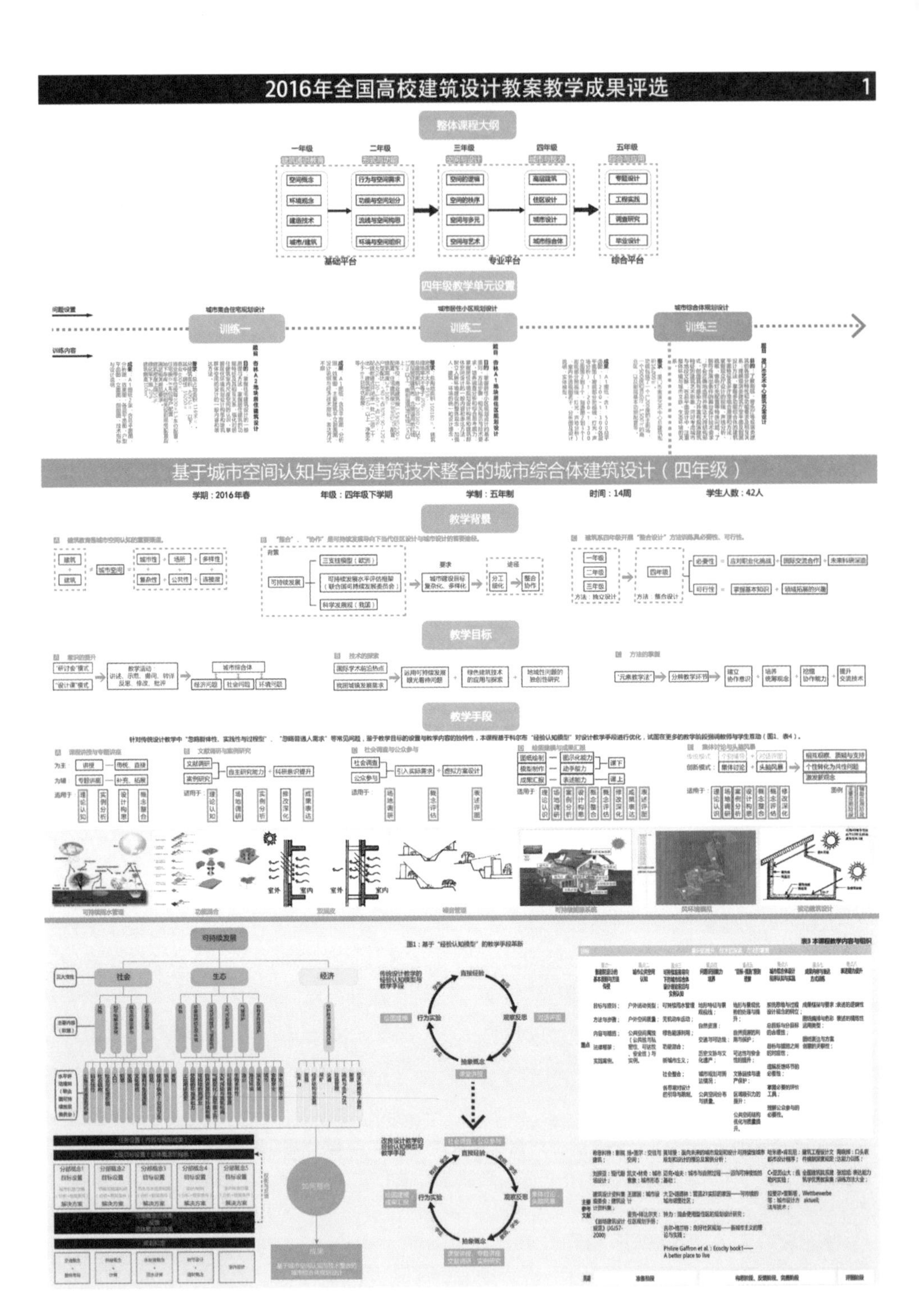

2016年全国高校建筑设计教案教学成果评选
整体课程大纲
一年级
二年级
三年级
四年级
五年级
基础平台
专业平台
综合平台
四年级教学单元设置
训练一
训练二
训练三
基于城市空间认知与绿色建筑技术整合的城市综合体建筑设计（四年级）
学期：2016年春
年级：四年级下学期
学制：五年制
时间：14周
学生人数：42人
教学背景
教学目标
教学手段

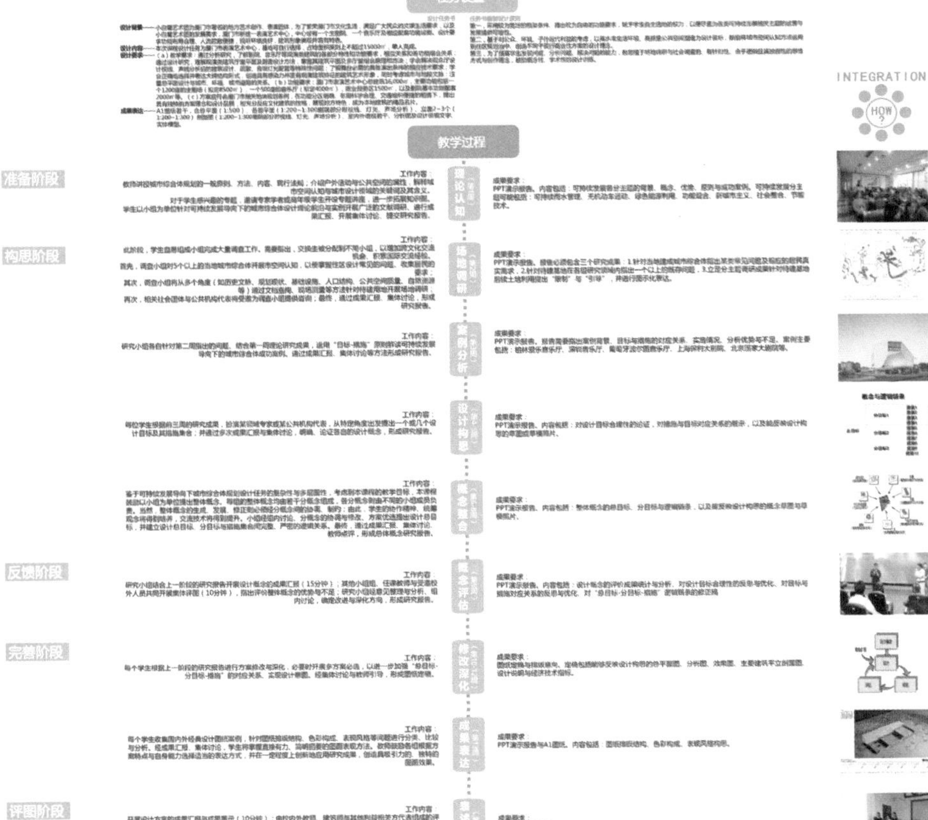

作业点评

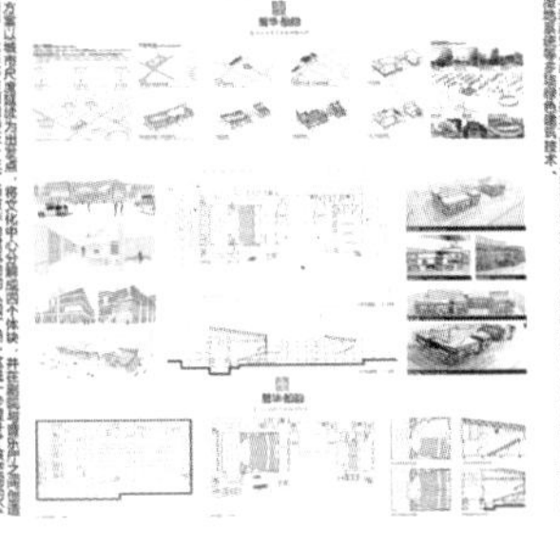

厦门大学

历史环境下的鼓浪屿建筑 - 景观适应性再生设计研究（五年级）

鼓浪屿作为近代中国东、西方文化交汇地之一承载着重要的历史文化，每年吸引了大量游客到此观光。在提升鼓浪屿世界知名度的同时，鼓浪屿在被各地游客“占领”的同时，城市文化逐渐消失，一些重要的历史建筑因各种原因得不到适当再生而逐渐荒废、毁坏。本项目在鼓浪屿申报世界文化遗产名录的大背景下，试图选取鼓浪屿的三处区域，从建筑学的角度对城市环境整饬和文化遗产保护和利用问题进行研究。通过对现有城市环境、建筑条件、使用方式的问题分析，探讨解决途径，试图对历史建筑和街道进行保护与提升。

课题要点

设计课题的场所 - 适应性要素

通过对历史场景进行文献考察和实地勘测，结合建筑环境所呈现的具体特征，提出与历史建筑相适应的设计及改造策略，以期使历史建筑在其物质 - 文化环境中展现新的活力。

设计课题的历史 - 文化要素

与新建项目不同的是，本课题需要关注近代闽南地区特有的城市文化，及其呈现的特定的建筑样式。在城市环境的整饬和更新中，分析和挖掘建筑遗存的历史、文化、科学价值，并将其展现在新的功能和环境设计中。

设计课题的环境 - 行为要素

历史环境依然需要满足人们的现代生活需求。尤其是在游客众多的城市环境中。因此，以民众的日常行为出发，通过观察、统计、访谈等手段，将考察结果进行定性分析，尝试为其提供一处灵活、高效、人性化的室外环境。

设计课题的保护 - 利用要素

历史建筑的再生既有赖于对其进行有效的保护，也有赖于合理的利用。以何种手段使历史建筑从旧貌换以新颜，又如何对其植入新的功能。在城市环境的更新中，新功能与旧肌体又以何种方式进行和谐的对话，是本设计研究需要探索的重要内容。

优秀作业 1：历史环境下的鼓浪屿建筑——景观适应性再生设计研究　设计者：高健桐 彭舒晨 吕祎昕

优秀作业 2：历史环境下的鼓浪屿建筑——景观适应性再生设计研究　设计者：郑通 张艺凡 盛田璞月

作业指导教师：严何

教案主持教师：严何

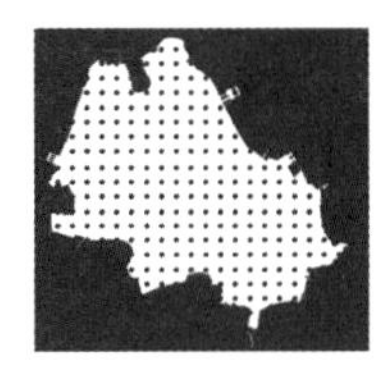

历史环境下的鼓浪屿建筑－景观适应性再生设计

肌体整饬

鹿礁路 99 号保护修缮设计

功能更新

鼓浪屿原日本领事馆再生设计

环境提升

鼓浪屿龙头路游客中心设计

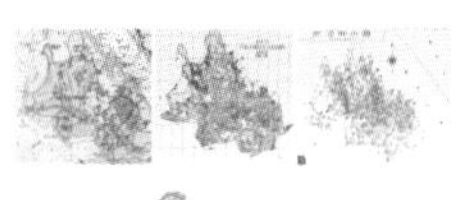

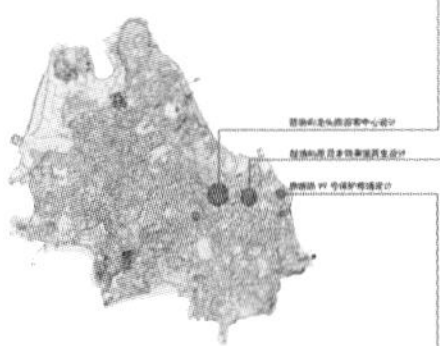

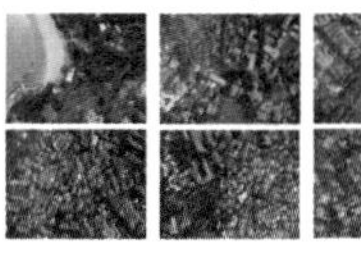

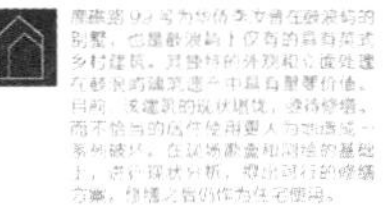

课题：历史环境下的鼓浪屿建筑－景观适应性再生设计

教学目的：

成果要求：

主要设计指标：

教学进度：

第 01-02 周

第 03-04 周

第 05-06 周

第 07-08 周

第 09-12 周

第 13-14 周

第 15-16 周

目标设定

设计课题的场所－适应性要素

设计课题的历史－文化要素

设计课题的环境－行为要素

设计课题的保护－利用要素

街巷 鼓浪屿主要的城市公共空间

游客 鼓浪屿主要的活动人群

居民 人数上占少数，但形成鼓浪屿独特的城市文化

历史地标 包括领事馆、教堂、庙宇、学校等，共同形成城市空间中的文化记忆节点

华侨别墅 构成鼓浪屿城市肌理和风貌的基本要素

山体－海岸 鼓浪屿地理环境的基本要素，形成其独特的自然景观景观

历史环境下的鼓浪屿建筑－景观适应性再生设计

教学过程：适应性再生研究

历史环境中建筑的适应性再生既包括对于历史文脉的适应、功能需求的适应、经济效益的适应，也包括对社会环境和技术条件的适应。因此，本设计并没有设定一个固定的设计途径和具体的面积指标，而是引导学生进行相关的讨论。通过对某一历史环境中的建筑及环境要素进行物质环境和使用方式的分析，提出相关的保护和再生策略，且这一策略应与具体的社会及物质条件相适应。鼓浪屿作为中国近代城市现代化转型的典型案例，是探讨地域文化与西方殖民城市特征相交融的特征。因此本设计试图在建筑与景观环境的再生设计中创造既体现当地文脉和历史文化价值、又适应当下市民生活的新的建筑－城市空间。

基地调研

阶段一要求：

阶段成果：

阶段二要求：

阶段成果：

策略分析

阶段一要求：

阶段成果：

阶段二要求：

阶段成果：

方案生成

阶段一要求：

阶段成果：

阶段二要求：

阶段成果：

阶段要求：

阶段成果：

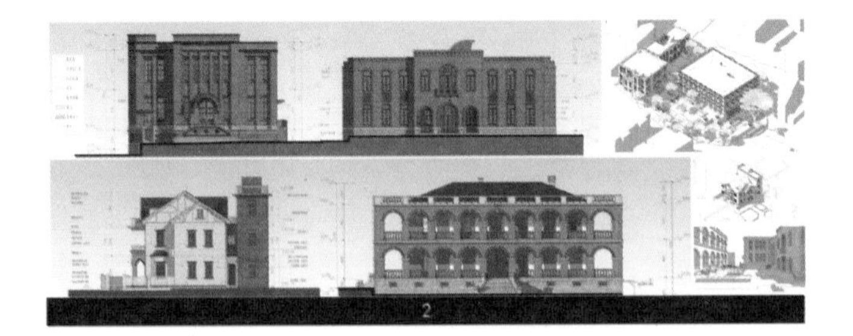

2

南京大学

身体与空间（一年级）

设计基础是建筑学科的基础课。它的教学目的是使学生通过本课程的学习，掌握运用理性思维进行造型和表现的习惯和能力，提高学生运用视觉语言和物质材料进行记录、表达和思考的能力，使学生既具有基本的造型能力，又掌握现代艺术的基本理念和表达方法，为学生学好建筑学打下一个良好的视觉设计基础。本课程通过一系列实践型作业，从对身体动作的分析与图示，到利用折纸对身体的包裹，到建造一个覆盖大尺度空间的结构，让学生逐步建立身体意识和环境意识，学会观察、分析和表达问题，掌握通过二维表现进行三维想象的方法，并通过贯穿整个课程系列作业的理性思维更全面地理解身体与空间之间的关系。

本课程共包括3个部分的练习。练习一“动作－空间分析”通过分析被空间限定的身体动作，训练学生认知身体、尺度与环境的关系。练习二利用折纸操作对身体进行包裹，训练学生形成建筑学形式操作的基本思维与方法。练习三“互承的艺术”通过真实搭建身体能够进入或通过的空间结构，建立学生对建筑结构的初步认识。

优秀作业1：身体与空间　设计者：卞秋怡
优秀作业2：身体与空间　设计者：罗紫璇

作业指导教师：丁沃沃　鲁安东　唐莲
教案主持教师：丁沃沃

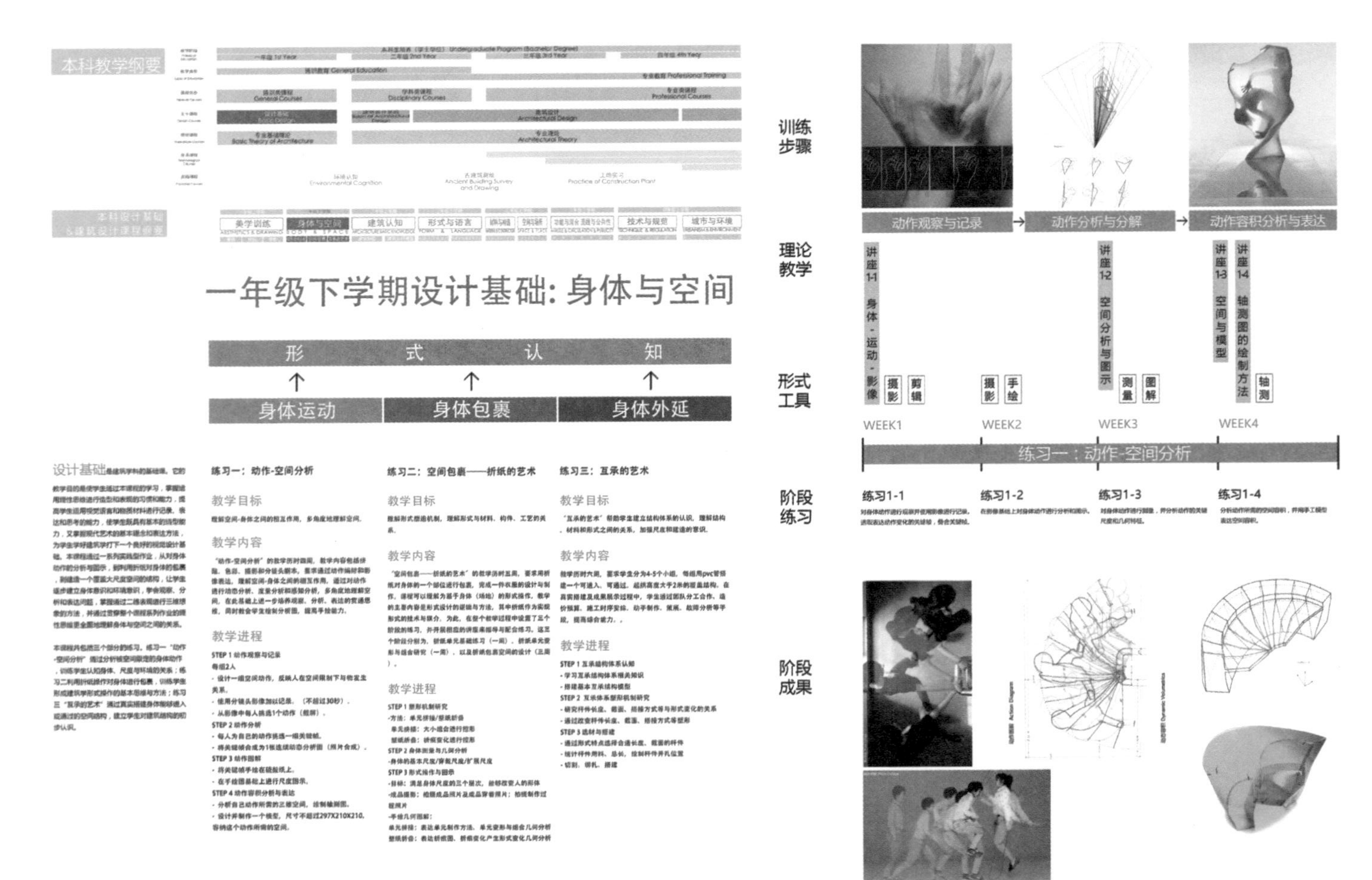
本科教学纲要
本科设计基础&建筑设计课程纲要
美学训练
身体与空间
建筑认知
形式与语言
技术与规范
城市与环境
一年级下学期设计基础：身体与空间
形
式
认
知
身体运动
身体包裹
身体外延
设计基础
练习一：动作-空间分析
教学目标
教学内容
教学进程
练习二：空间包裹——折纸的艺术
教学目标
教学内容
教学进程
练习三：互承的艺术
教学目标
教学内容
教学进程
训练步骤
理论教学
形式工具
阶段练习
阶段成果
动作观察与记录
动作分析与分解
动作容积分析与表达
讲座1-1 身体·运动·影像
讲座1-2 空间分析与图示
讲座1-3 空间与模型
讲座1-4 轴测图的绘制方法
摄影
剪辑
手绘
测量
图解
轴测
WEEK1
WEEK2
WEEK3
WEEK4
练习一：动作-空间分析
练习1-1
练习1-2
练习1-3
练习1-4

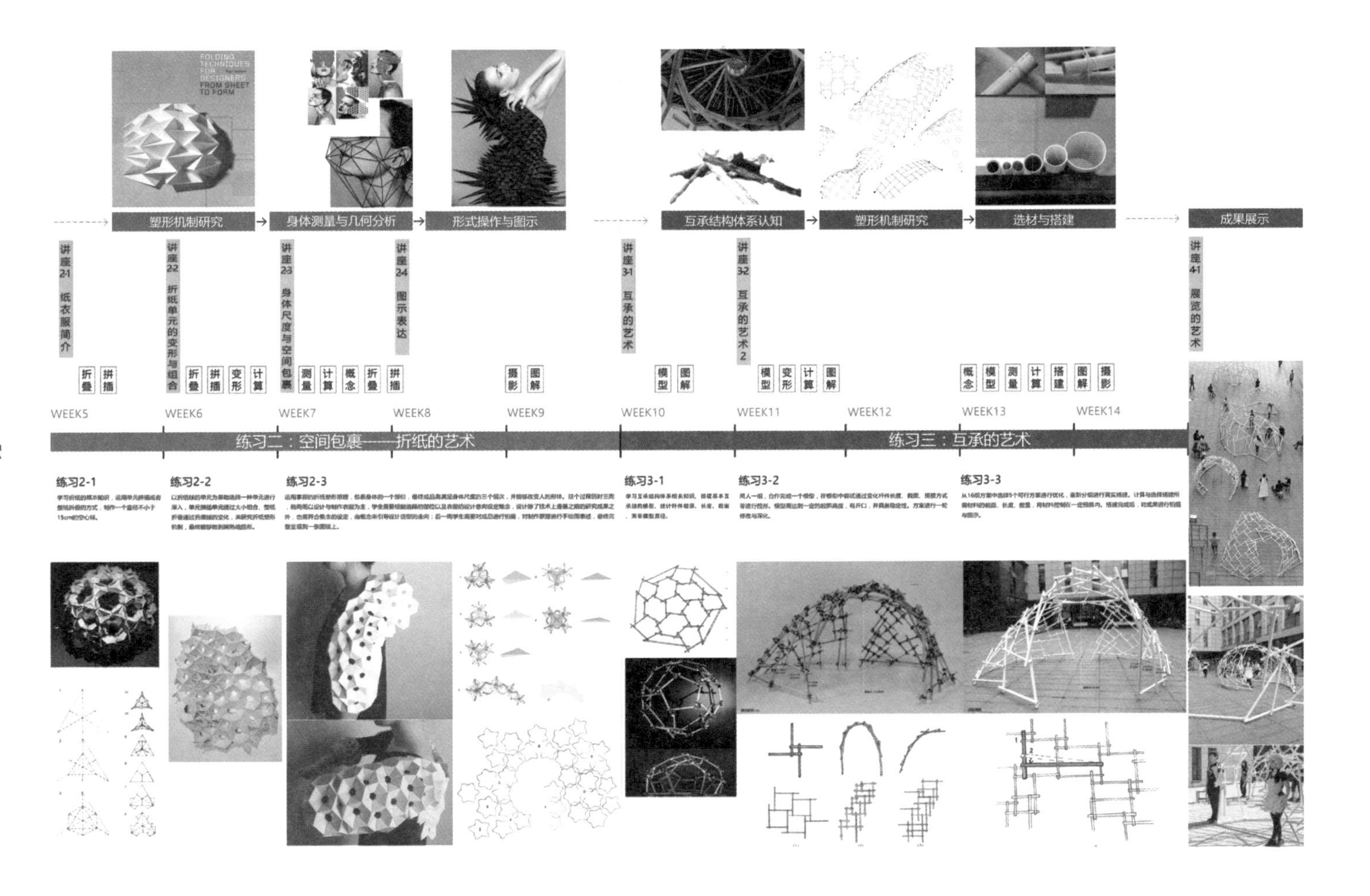
FOLDING TECHNIQUES FOR DESIGNERS FROM SHEET TO FORM
塑形机制研究
身体测量与几何分析
形式操作与图示
互承结构体系认知
塑形机制研究
选材与搭建
成果展示
讲座21 纸衣服简介
折叠 拼插
讲座22 折纸单元的变形与组合
折叠 拼插 变形 计算
讲座23 身体尺度与空间包裹
测量 计算 概念 折叠 拼插
讲座24 图示表达
摄影 图解
讲座31 互承的艺术
模型 图解
讲座32 互承的艺术2
模型 变形 计算 图解
概念 模型 测量 计算 搭建 图解 摄影
讲座41 展览的艺术
WEEK5
WEEK6
WEEK7
WEEK8
WEEK9
WEEK10
WEEK11
WEEK12
WEEK13
WEEK14
练习二：空间包裹——折纸的艺术
练习三：互承的艺术
练习2-1
练习2-2
练习2-3
练习3-1
练习3-2
练习3-3

南京大学

地形操作
——风景区坡地茶室设计（二年级）

在低年级设计教学阶段，除了建筑的功能空间组织训练，也必须让学生理解作为基本建筑问题的“场地”和作为基本设计工具的“形式”在推动建筑生成过程中的重要性。低年级学生对各种设计要素的提取和组织能力是十分有限的，因此，教案需要进行简化、抽象与限定。二年级头两个设计练习首先将建筑的外部空间——真实场地环境抽象为两种基本界面条件，即垂面和坡面；其次，训练将建筑内部空间的功能要求设置的较为简单，规模控制在 300m^2 以下，着重于对基本空间尺度的掌握。本训练命题是在学生掌握了基本的建筑专业知识与表达技巧的基础训练之后进行的第二个建筑设计训练，选择了以坡面为主要环境限定界面的场地，功能是一个 300m^2 的风景区茶室。这个训练的重点在于学生需要初步体验用建筑的形式语言和逻辑来组织建筑设计基础课程中的各个知识点，特别是地形与内部空间关系的连接，体会设计操作的过程。在研究和表达工具上特别强化了工作模型的重要性。

优秀作业 1：地形操作——风景区坡地茶室设计　设计者：章太雷
优秀作业 2：地形操作——风景区坡地茶室设计　设计者：曹舒琪

作业指导教师：王丹丹 冷天
教案主持教师：刘铨

整体教学纲要

本科常规建筑设计课程纲要

二年级下学期

形式与语言 FORM & LANGUAGE | 材料与构造 MATERIAL & CONSTRUCTION | 空间与场所 SPACE & PLACE | 功能与混合 PROGRAM & MIXUSE | 流线与公共性 CIRCULATION & PUBLICITY | 技术与规范 TECHNIQUE & REGULATION | 城市与环境 URBANISM & ENVIRONMENT

地形操作——风景区坡地茶室设计

在低年级设计教学阶段，除了建筑的功能空间组织训练，也必须让学生理解作为基本建筑问题的“场地”和作为基本设计工具的“形式”在推动建筑生成过程中的重要性。低年级学生对各种设计要素的提取和组织能力是十分有限的，因此，教案需要进行简化、抽象与限定。二年级头两个设计练习首先将建筑的外部空间——真实场地环境抽象为两种基本界面条件，即垂面和坡面；其次，训练将建筑内部空间的功能要求设置的较为简单，规模控制在 300 ㎡以下，着重于对基本空间尺度的掌握。本训练命题是在学生掌握了基本的建筑专业知识与表达技巧的基础训练之后进行的第二个建筑设计训练，选择了以坡面为主要环境限定界面的场地，功能是一个 300 ㎡的风景区茶室。这个训练的重点在于学生需要初步体验用建筑的形式语言和逻辑来组织建筑设计基础课程中的各个知识点，特别是地形与内部空间关系的连接，体会设计操作的过程。在研究和表达工具上特别强化了工作模型的重要性。

1 场地的形式化

在以往的坡地建筑课程设计题目中，斜面场地引发了对建筑内部空间标高变化和场地竖向设计是其训练的重点，但对坡地场地条件的理解也多仅限于此。但从近年来的景观建筑学、地形学等等领域的讨论来看，在创造建筑内外空间的连续性方面，自然地形提供了更多的形态解读可能性。在城市环境中，人工化的环境条件，特别是垂直界面的对建筑形态的提示要比自然地形强很多，形态的限定性也就更加大。但自然地形中要植入建筑，建筑师就必须重新将自然地形予以人工化的解读，即“赋形于场地”。

场地：坡地风景区

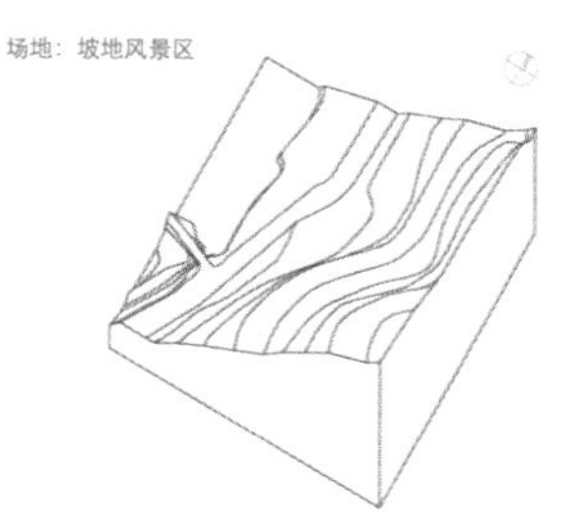

习惯上使用的等高线表达，不论是图，还是模型，实际上限制了对自然地形的多样化理解。因此，在本教案中，为了让学生更容易地找到设计工具，我们设定了几个不同的地形表达形式的切入途径——堆叠、阵列、切片、覆盖、编织等，引导学生对场地进行创造性的解读。

形式化设定

↑堆叠

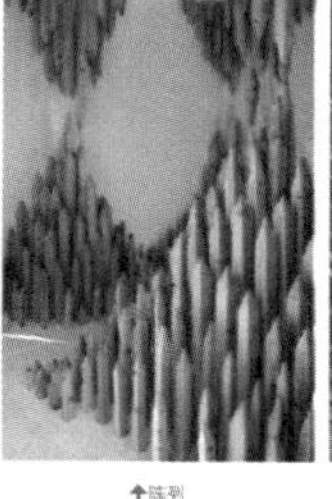

↑阵列

↑切片

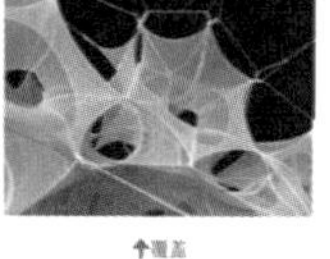

↑覆盖

阶段一：探索地形表达的形式秩序、材料与可操作性，剔除无秩序的表达

课程共 8 周，第 1 周除了看场地，学生要再选定的地形表达方向上做一个 A3 底板尺寸、1:50 的局部地形模型。这一周的成果好坏参差，最主要的问题在于有些学生的形式表达缺乏秩序与尺度的考虑，在材料运用上也缺少想象力。

有秩序 →

无秩序或秩序较为混乱 →

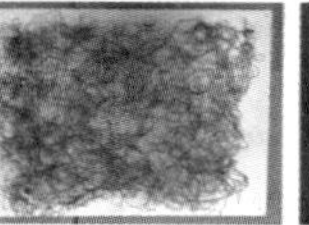

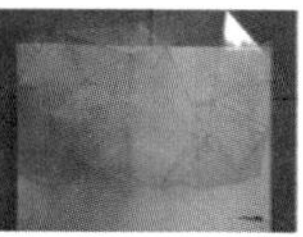

2 地形形态操作

形式化解读提高了设计过程的可操作性。以往的等高线实体模型（包括计算机模拟地形），在设计过程中的挖、填等操作都十分的复杂、费时，使得学生难以真正借助三维模型工具辅助思考设计方案。新的地形表达除了赋予场地形式秩序，还要求学生充分考虑材料、制作的特性，使设计过程中地形的改变更加地易于操作，例如堆叠单元的推、拉，阵列单元的升、降，覆盖单元的伸缩、折叠等。这不仅激发出学生对材料表达可能性的极大兴趣，也引发他们对形式作为设计工具推动设计过程的实实在在的体验。

第 2-3 周通过修改调整，基本上完成了对地形的调整。这一阶段教师必须对这些形式表达在后续对建筑生成的可能性上进行把控，对形式秩序进行符合建筑需求的调整。例如，调整地形表达单元的尺度，使之适应于建筑内部空间的功能使用要求；调整地形表达单元的方向，以增加景观面、减小体量感使之适应于风景区建筑的内外景观需要等。

阶段二：根据建筑的景观朝向、体量尺度要求对形式化地形进行修正

↑ 调整阵列单元的方向以更好地适应景观面

↑ 调整堆叠材料的尺度以形成更好的操作要素

3 建筑形态生成

形式化的场地为建筑形态的生成提供了有效的提示。原有的教学中多运用等高线模型、剖面图等传统手段进行设计训练，因此对于低年级学生来说，很难从场地上直接提取到对建筑空间形态生成的有效提示。但是形式化了的地形表达，不仅重新诠释和再现了场地，而且产生了形式的秩序，有了这一设计的工具，从场地解读到建筑空间生成的链接就自然形成了。在这一过程中，要强调的是场地形式再现中秩序、尺度、方向等需要根据建筑功能要求进行调整、改进的反馈链条。

建筑方案推敲就都基于前三周形成的地形表达模型之上，方案的修改和推进就有了十分明确清晰的可操作性。教案将建筑红线设置于山坡上，因此从山下道路到达建主入口必须进行室外场地和景观的设计。这就使学生必须在原有地形表达基础上考虑室外场地的景观设计，从而进一步用形式原则统一室内外空间。

阶段三：通过在形式化地上的提、压、推、拉等操作，形成基本的建筑空间和形体

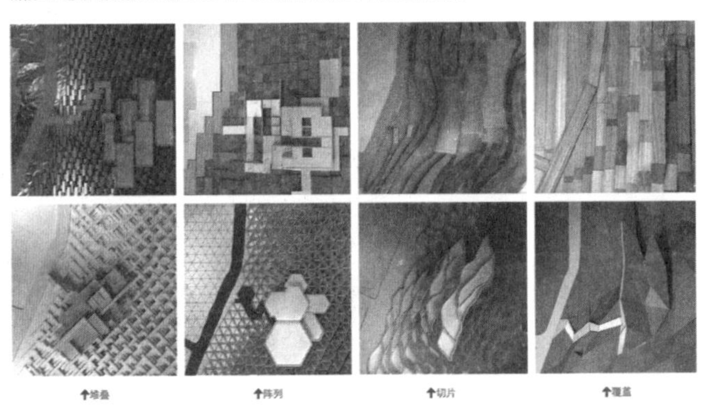

↑堆叠　　↑阵列　　↑切片　　↑覆盖

4 深化设计与表达

设计最后阶段，基本的结构构造要求加入，学生要通过更大比例的模型和图纸加以推敲和表达。学生在提高表达技巧的同时，学习不同的图纸、模型工具在推进设计过程和表达不同设计内容时的作用。

教案最终成果阶段，每个设计除了提交一个 60X60X5cm 底盘的 1:100 整体模型，一个 1:50 剖面模型，还需要提交 2 张 A1 图纸，并注意图纸内容表达的叙事性，以形成图面秩序。

阶段四：借助更大比例模型、图纸进行建筑空间和场地环境的深化设计

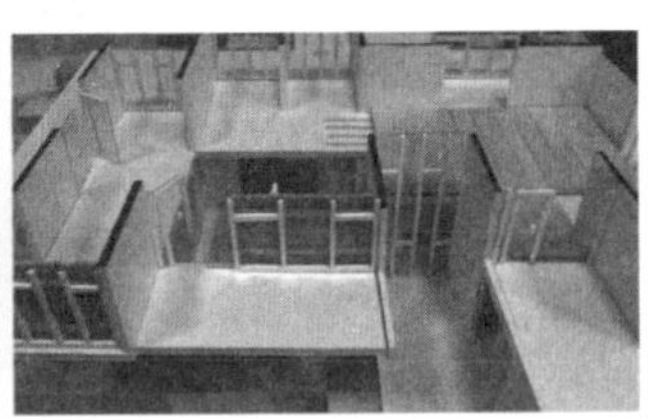

南京大学

福建长汀历史文化名城
——城市更新与建筑设计（四年级）

教学目的：作为基于历史文化名城保护与更新的城市设计的真实项目，本毕业设计涵盖了历史文化知识、典型民居类型、建筑设计与建造和城市设计方法的等训练计划，旨在通过训练学习科学有效的调研与分析方法、多重限定下的建筑设计、面向建造的真实问题和城市设计的现实意义。在将本科所学知识融会贯通的基础上，理解设计与研究的关系和研究对于设计的价值。

题目简述：长汀县位于福建省西南部闽赣边境，依卧龙山而傍汀江，城内保存了众多的寺庙、祠堂和传统大宅院，既有众多的传统木构建筑和夯土建筑，又有民国时期的闽南洋房，1994年被评为国家历史文化名城。历史上，长汀县被称为客家首府，是客家文化重要的聚集地。同时，长汀又是重要的红色根据地，共和国建国时期的主要领导人都曾在此地逗留或小住，古城内保留着多处红色文化遗址。古城周围群山环绕，所以又被评为国家级生态名城。虽然古城拥有独特的旅游资源，但是近年来经济发展的诉求使古城面临着巨大的压力，保护古城和古建筑早已不只是技术的问题，单纯的保护早已使城市不堪重负，以保护为目的的城市设计被认为是在保护的基础上给城市带来活力的有效途径，而建筑设计是完成目标的最终手段。

本课题以长汀古城历史街区为设计范围，通过调研和访谈理解设计问题。通过测绘和分析学习传统建筑的类型和优势，以及地方建造的工法。阅读文献资料相关理论，并通过具体的设计研究与实验将所学转化为理学层面的知识和设计方法。

优秀作业1：福建长汀城市更新——红色记忆中的生活　设计者：季惠敏
优秀作业2：super connection 交汇．共生——长汀古城城市更新　设计者：丛彬

作业指导教师：丁沃沃　胡友培
教案主持教师：丁沃沃　胡友培

本科常规建筑设计
教　学　纲　要

二年级下学期	三年级上学期	三年级上学期	三年级下学期	三年级下学期	四年级上学期	四年级上学期	四年级下学期
形式与语言	材料与构造	空间与场所	功能与混合	流线与公共性	规范与技术	城市与环境	综合与提高
小住宅设计、茶室设计	[illegible]	[illegible]	社区中心设计	社区中心设计	高层办公楼设计	[illegible]	毕业设计

NO.1

福建长汀历史文化名城：城市更新与建筑设计

教学目的：

基于历史文化名城保护与更新的城市设计的真实项目，本毕业设计了涵盖历史文化知识、典型民居类型、建筑设计与建造和城市设计方法的等训练计划，旨在通过训练学习科学有效的调研与分析方法、多重限定下的建筑设计、面向建造的真实问题和城市设计的现实意义。在将本科所学知识融会贯通的基础上，理解设计与研究的关系和研究对于设计的价值。

课题背景

长汀县位于福建省西南部闽赣边境，依卧龙山而傍汀江，城内保存了众多的寺庙、祠堂和传统大宅院，既有众多的传统木构建筑和夯土建筑，又有民国时期的闽南洋房，1994年被评为国家历史文化名城。历史上，长汀县被称为客家首府，是客家文化重要的聚集地。同时，长汀又是重要的红色根据地，共和国建国时期的主要的领导人都曾在此地逗留或小住，古城内保留着多处红色文化遗址。古城周围群山环绕，所以又被评为国家级生态名城。虽然古城拥有独特的旅游资源，但是近年来经济发展的诉求使古城面临着巨大的压力，保护古城和古建筑早已不只是技术的问题，单纯的保护早已使城市不堪重负，以保护为目的的城市设计被认为为在保护的基础上给城市带来活力的有效途径，而建筑设计是完成目标的最终手段。

本课题以长汀古城历史街区为设计范围，通过调研和访谈理解设计问题。通过测绘和分析学习传统建筑的类型和优势，以及地方建造的工法。阅读文献资料相关理论，并通过具体的设计研究与实验将所学转化为学理层面的知识和设计方法。

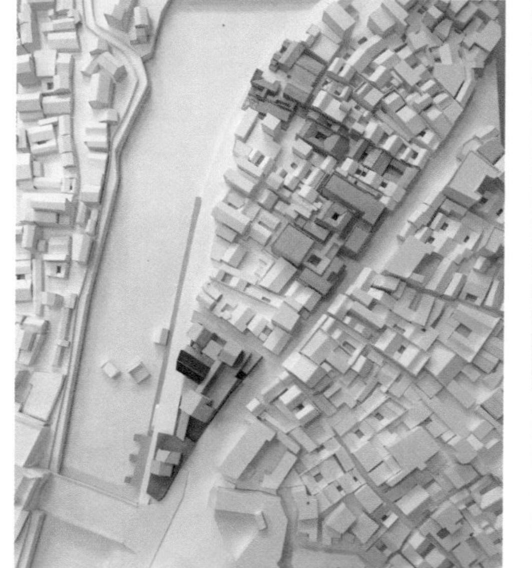

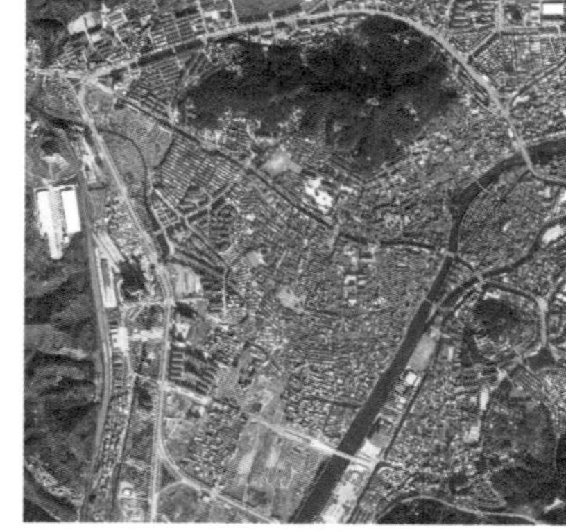

长汀县卫星图

长汀县隶属于福建省龙岩市，地处福建西南部，武夷山脉南段，于1994年被评为国家历史文化名城，既作为客家首府，又被称为“红色之乡”、“生态之乡”。

客家母亲雕像

登科楼

古城墙和汀江

三元阁

场地与设计问题

1、 如何调研方能挖掘真正的问题？ Methodology of Survey
2、 如何将繁杂的民居归类？ Classification and Building Typology
3、 如何理解当地材料和工法？ Local Building Materials and Techniques
4、 如何理解保护更新建筑设计的问题？ Protection and Re-intervention
5、 如何理解建筑设计与设计方法？ Design and Design Methodology

1 号场地：公产权，包含多处文保建筑、宗教浇筑、以及杂院。代表历史街区中，常见的文保与普通民居错综纠缠的地段。需要探讨在保护文保的前提下，活化地段的问题。

2 号场地：公产权，临街商铺地块，原建筑质量风貌差。需探讨拆除现有建筑后，新建建筑如何协调环境，提升环境，以及保证一定容积率的问题。

3 号场地：公产权，节点地段商业地块，原有建筑质量风貌差，需探讨拆除原有建筑后，新建建筑在城市系统层级所可能具有的潜力，需保证风貌，提升公共空间品质，以及保证建设容量。

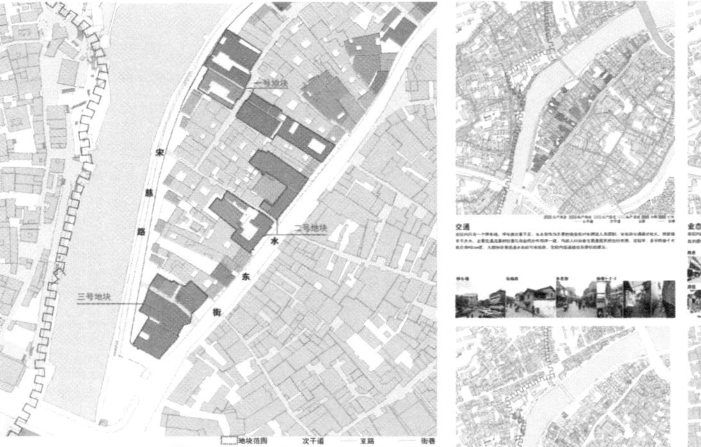

课程进度

1-4 周：调研、测绘

第 1 周相关课程学习和资料研读；
第 2、3 周赴长汀实地调研，在当地完成部分图纸；
第 4 周返宁完成上述两类图纸及文本。（合作）

5-6 周：分析、研究

相关理论及案例学习，本案城市问题研究、本案设计问题研究，并完成分析图。（合作）

7-12 周：设计、研究

第 7 周：场地研究与设计可行性建议（1-3 个方案 / 人）
第 8 周：设计研讨、分析与比较，理解城市空间与建筑界面的关系，确立方案。
第 9 周：确立方案并优化建筑空间。
第 10 周：建造设计与方案深化，
第 11、12 周：方案整体优化：从城市空间到内部空间整体考量，功能分配与效能优化，完成相关分析图。

13-16 周：制作、表现

必要的图纸表达和模型表达。个人完成，4 周。

成果要求：调研文本、测绘文本、设计文本、设计展板（6 张 A0）

同济大学

“行为－空间”逻辑导向的研究型建筑设计基础教学序列（一年级）

一、课程关键词

研究型、价值观、回应性、“问题－解答”学科意识、“行为－空间”逻辑导向、“空间－社会”多维视野

二、课程基本信息

班级：同济大学建筑与城市规划学院2015级本科生

周期：一年级第二学期（6周）

学生人数：254人

教师人数：23人

课程历史：5届

课程形式：任课教师讲座及评图、外聘专家讲座、一对一辅导

公开形式：上海城市规划展示馆公开展览

三、教学目标

当今的时代与社会需求，对于建筑学教学提出了全新的挑战。

建筑师需要越来越多地在城市建成环境中，面对实际而具体的场地与人解决复杂问题。之所以这里用“人”而不是“使用者”，因为在设计过程中建筑师所服务的对象并不仅仅是使用者，而是包括管理者、投资者、服务机构、社会组织等在内的众多群体，单一项目建设与使用的负外部性甚至影响到城市的利益相关者。建筑师的角色与职责，正从仅仅做出好的设计就可以，向着“利益相关者协调人”的方向演变。此时建筑师所需要持有的价值观以及掌握的复合知识，将不仅限于能够驾驭传统建筑学意义上的空间、功能与形式，拥有一定的独立研究能力是其执业立身之本。

因此，建筑学教育中的基本空间形式语言的训练固然重要，与此同时，更重要的是纵向关注形式背后的机制与逻辑、横向关注空间所包容的人与社会。独立的研究、思考能力在此作为重点被提出，以替代并规避学生容易出现的注重形式、模仿作品、问题建构与解决能力差、长于表现但不明所以等问题。

由于教学的对象是一年级学生，对这个年级的学生而言，学习的目的不是进行多么高深的技巧训练，更应避免形式主义的错误价值导向，主要是要着重解决几个基本问题：

1.思考形式表象形成背后的逻辑；

2.空间为身体与行为服务的本质；

3.基于在地空间与社会的建筑学发问与思考；

4.空间塑造的“循环可持续”意识；

5.建立关于“设计”本身的基本认知与价值观。

四、课程框架

基于以上考虑，本课程设置“认知—设问—回应—解决”的教学逻辑框架，并通过以下 3 个教学模块加以实施。

1. 人居环境原型逻辑研究

关键词：历史、气候、文化、逻辑

研究在民居范式采集模块中，同学需要通过基本的文献检索与阅读建立关于原生人居环境“由表及里”的观察、分析与思考逻辑。

2. 人居环境现时状态研究

关键词：现状、功能、需求、伦理

在里弄空间实录模块中，同学需要通过对上海地方传统民居类型现场的调研与观察建立关于在地传统聚居地“空间 – 社会”二元耦合的真实体会与认知，帮助其建筑学知识体系储备城市视野的背景。

3. 人居环境发展进路研究

关键词：未来、人本、创新、策略

在微更新项目策划模块中，要求同学基于此前调研的一手资料，找出在地社区与居民遇到的问题与居住需求，以此形成“一人一题”的研究课题，提出“缜思畅想”并重的里弄空间更新策划方案。

优秀作业 1：合院住宅对比分析 – 上海里弄调研 – 大胜胡同微更新　设计者：王小语（模块 1 合作者：陈子瑶、邹雨新、陈奇；模块 2 合作者：曾文靖、郝行、郭兴达）

优秀作业 2：陕北窑洞空间类型及建构方式分析 – 上海里弄调研 – 装置微更新　设计者：李梓铭（模块 1 合作者：章玥、潘妍涵、庄子毅、张修宁、夏小懿、付尚文；模块 2 合作者：刘嘉棣、夏小懿、林恬）

作业指导教师：陆地　周芃　李彦伯　龚华

教案主持教师：李彦伯

“行为-空间”逻辑导向的研究型建筑设计基础教学序列

概述与框架

课程关键词

研究型、价值观、回应性、“问题-解答”学科意识、“行为-空间”逻辑导向、“空间-社会”多维视野

教学阶段

一年级第二学期（春季）

教学目标

当今的时代与社会需求，对于建筑学教学提出了全新的挑战。

建筑师需要越来越多地在城市建成环境中，面对实际而具体的场地与人解决复杂问题。之所以这里用“人”而不是“使用者”，因为在设计过程中建筑师所服务的对象并不仅仅是使用者，而是包括管理者、投资者、服务机构、社会组织等在内的众多群体，单一项目建设与使用的负外部性甚至影响到城市的利益相关者。建筑师的角色与职责，正从仅仅做出好的设计就可以，向着“利益相关者协调人”演变。此时建筑师所需要持有的价值观以及掌握的复合知识，将不仅限于能够驾驭传统建筑学意义上的空间、功能与形式，拥有一定的独立研究能力是其执业立身之本。

因此，建筑学教育中的基本空间形式语言的训练固然重要，与此同时，更重要的是纵向关注形式背后的机制与逻辑、横向关注空间所包容的人与社会。独立的研究、思考能力在此作为重点被提出，以替代并规避学生容易出现的注重形式、模仿作品、问题建构与解决能力差、长于表现但不明所以等问题。

由于教学的对象是一年级学生，对这个年级的学生而言，学习的目的不是进行多么高深的技巧训练，更应避免形式主义的错误价值导向，而是要着重解决几个基本问题：

1. 思考形式表象形成背后的逻辑；
2. 空间为身体与行为服务的本质；
3. 基于在地空间与社会的建筑学发问与思考；
4. 空间塑造的“循环可持续”意识；
5. 建立关于“设计”本身的基本认知与价值观。

思考形式表象形成背后的逻辑

空间为身体与行为服务的本质

基于在地空间与社会的建筑学发问与思考

空间塑造的“循环可持续”意识

建立关于“设计”本身的基本认知与价值观

课程框架

基于以上考虑，本课程设置“认知——设问——回应——解决”的教学逻辑框架，并通过以下3个教学模块加以实施。

1.人居环境原型逻辑研究

关键词：历史、气候、文化、逻辑

研究在民居范式采集模块中，同学需要通过基本的文献检索与阅读建立关于原生人居环境“由表及里”的观察、分析与思考逻辑。

2.人居环境现时状态研究

关键词：现状、功能、需求、伦理

在里弄空间实录模块中，同学需要通过对上海地方传统民居类型现场的调研与观察建立关于在地传统聚居地“空间-社会”二元耦合的真实体会与认知，帮助其建筑学知识体系储备城市视野的背景。

3.人居环境发展进路研究

关键词：未来、人本、创新、策略

在微更新项目策划模块中，要求同学基于此前调研的一手资料，找出在地社区与居民遇到的问题与居住需求，以此形成“一人一题”的研究课题，提出“填思畅想”并重的里弄空间更新策划方案。

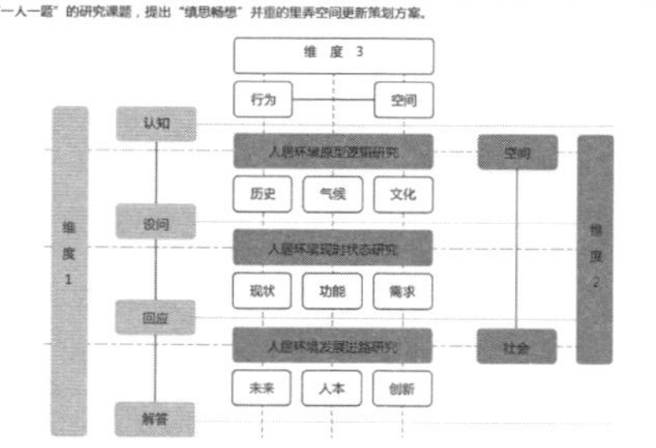

与前后课程的衔接关系

前

一年级上（1~17周）：经典建筑测绘与认知、空间构成基本方法、20平方米茶室设计，是训练一年级学生关于空间与形式基本认知与技巧的系列。在这一训练阶段，学生会逐渐建立初步的空间感知与想象力、空间形式及其表达、简单建筑设计中的系统与逻辑概念。在一年级下转入深化的建筑设计基础训练之时，以空间与行为的逻辑关系入手，是从思想上进阶的必要阶段。

后

一年级下（7~17周）：里弄外挂空间、联排式小住宅单元建筑设计。作为同一学期教学中的后两个模块，该两个作业不仅继续共享此前模块2、3所调研与使用的场地，在训练内容上也作为模块3的后继环节，在项目策划后，先是跟着一个强调材料与建构的极小空间的设计，再是一套加建于里弄之内的有虚拟使用者的完整居住单元的建筑设计。

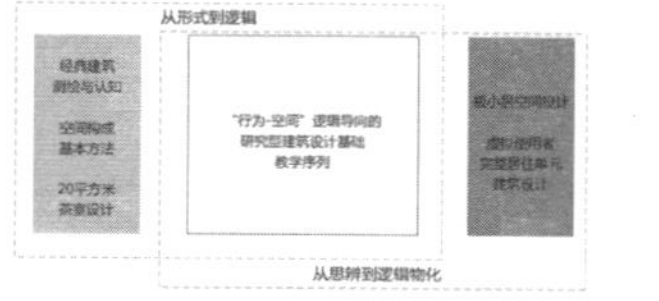

分课题介绍

1、民居范式采集——基于风土下的行为关联逻辑（2周）

教学重点：

去除技术的遮蔽，让学生通过考察民居中的空间、建构与材料使用方式，理解民居作为人的最基本生存环境，其空间样式与风貌型制是为了满足最基本功能服务，不仅建立在人的基本生存使用需求与自然气候的调和的目标之上，也建立在社会组织特征与地方文化特质之上。通过研究分析，建立“行为-空间”的基本逻辑。

教学过程中，学生需要搜集查阅文献资料，研究合院住宅的地理状况、空间特征、建构方式、材料分析等。

时间进度：2周（讲课1学时，作业15学时）

周次	日期	课堂内容	教学形式
01	0229 周一	13:30 空间原型解析	合班讲课
		14:00 合院住宅案例分析、色彩采集布置题目	
		15:00 中国古典住宅空间及其建构	
	0303 周四	08:00合院住宅案例分析、材料空间色彩采集	小班交流
02	0307 周一	13:30 色彩构成原理	合班讲课
		15:00合院住宅案例分析、材料空间色彩采集	小班交流
	0310 周四	08:00合院住宅案例分析、材料空间色彩采集	小班讲评
	0314 周一	13:30交图，年级评分	

2、里弄空间社会实录——基于居民行为的人居空间调查（2周）

教学重点：

在模块1的基础上，结合上海地方传统民居类型——里弄，学生分组进行实地调查研究。调查对象不仅限于特色的街巷与建筑等物理空间层面，更被要求对这些空间之中承载的社会与人进行关注。在一年级便接触真实具体的社会，对学生而言是难得的实战机会，课程避免凭借任何形式的假想预设为学生“降低难度”，而恰恰鼓励学生通过研究发现具体问题。通过研究分析，建立“空间-社会”的多维视野。

时间进度：2周（讲课1学时，作业15学时）

周次	日期	课堂内容	教学形式
03	0314 周一	13:30 栖居•此时此地——上海里弄街区的历史与现状	合班讲课
		15:00 任务书发布	
	0317 周四	08:00现场考察交流（测绘、拍照、访谈、问卷）	小班交流
04	0321 周一	13:30数据整理与补充、草图绘制、SketchUp建模	小班交流
		15:00数据整理与补充、草图绘制、SketchUp建模	
	0324 周四	08:00正图绘制、SketchUp建模、个人改造节点采集模型制作	小班讲评
	0328 周一	13:30交图，汇报	

3、微更新项目策划——基于问题导向的使用需求满足（2周）

教学重点：

基于模块2所解读的里弄街区中的某项问题，学生被要求提出自己的改善计划，“尺度”在此不被设限。无论拟解决的问题存在于宏观或是微观层面，都需要体现出对社会具体现实的关照以及策略上的回应性特征。通过建构一个策划提案，引导学生关注到设计行为的起因与目的。学生被鼓励进行创新性思维，但同时通过材料与工程造价估算等条款提示其关注设计的可行性。其通过研究分析，建立“问题-解答”的思考习惯。

时间进度：2周（作业16学时）

周次	日期	课堂内容	教学形式
05	0328周一	13:30微更新问题点陈述、概念确定与发展	小班交流
	0331 周四	08:00微更新方案设计	小班交流
06	0404 周一	13:30微更新方案设计	小班交流
	0407 周四	08:00文本制作、文件汇总制做	小班讲评
	0411 周一	13:30 交图、汇报	

“行为-空间”逻辑导向的研究型建筑设计基础教学序列

任务书

模块一：民居范式采集——基于风土下的行为关联逻辑

教学阶段

一年级第二学期第1课题

教学目的

建筑空间为人而存在。在空间的形成动机中，既包含相对主观的个人需求，也包含相对客观的人类共同需求。传统合院住宅容纳大家庭或多户家庭，因此它融合了两种空间类型：“个体性空间”及“社会性空间”，以满足个人生活及与他人互动的生活需要。不同地区的合院住宅显示出不同的特点，同一地区的合院住宅则具备一些共同的特征。这些共同的特征超越个人的主观差异，而反映出该地区人类所共有的生活方式。

通过对不同地区传统合院住宅（中国、日本、阿拉伯、南美等）的形成动机、空间类型及建构方式的分析，理解“空间的目的是满足人的生活方式的需要”，以及“如何通过适当的物质性手段实现空间的目的”。即：空间是人类根据各种自然或社会的动机，通过物质性手段加以建构的产物。

通过材料空间色彩采集练习，掌握色彩分析方法和色彩构成基本原理，了解以表达场地环境氛围为目的的建筑材料色彩配色理念。

教学内容

1) 空间及建构分析

选择同一地区同一类型的两个传统合院住宅案例，归纳该类型的空间动机及建构方式的共同特点，并对两案例之间的差异及原因做简要分析。

具体包括以下部分：

- 从人的社会动机方面：文化、风俗、伦理及行为方式等所建构的空间类型及其主要特征。
- 从人的自然动机方面：地域、气候、地理因素对建构空间类型的影响（炎热地区、寒冷地区、平原地区、沙漠地区等）
- 物质性的建构要素及其建构方式的分析（选择屋顶、墙体、基台等要素来进行建构方式的研究）
- 共性与差异归纳

2) 材料空间色彩采集

- 根据建筑案例的背景资料和个人理解，感受场地环境氛围，凝练为一个“词汇”，作为本作品的副标题。
- 搜集建筑本身（墙体、屋顶等主体材料以及窗框、把手、铺地等细部材料）以及场地环境材料（天空、草木等自然环境以及建筑、街道设施等人工环境）的色彩，分析出其中与空间氛围有关的一组色彩（色彩种类、色彩面积和色彩相邻方式），种类限于3-10种。
- 运用所分析出的色彩，设计一个色彩构成作品，表达场地环境氛围。构图要求：以直线正交方式对画面进行分割。

成果方式

1) 空间及建构分析

- 描述性图纸：两个案例的总平面、各层平面图、剖面图1个、轴测图（或剖轴测图）1个，总平面比例1:500，其余图纸比例不限，但两案例比例须一致，并附比例尺。
- 分析性图纸：人的社会动机、人的自然动机、建构要素及建构方式、共性与差异。
- A1横版打印稿一张，并提供图纸pdf格式电子文件一份，像素不低于3500*4930dpi，图纸需标注：班级/学号/指导教师/完成日期/分工作者。
- 以4个学生为一组，共同完成合作成果。

2) 材料空间色彩采集

- 四张实景照片，表达具有场地环境氛围的建筑及环境材料色彩，每张打印为75mm*50mm。采用水粉颜料在水彩纸上绘制色彩序列以及一幅150mm*150mm大小的色彩构成。对建筑地点、功能、环境氛围、材料特点作简要设计说明。上述内容按附图要求粘贴在360mm*250mm的卡纸上。除现场照片打印部分，色彩构成作品须手工绘制，标题、个人信息、说明文字须徒手书写，字体和尺寸要求见附图。
- 每个学生完成一份成果。

参考书目

- 空间设计理论：《建筑空间组合论》 彭一刚 中国建筑工业出版社
- 空间设计理论：《建筑形态设计基础》同济大学 中国建筑工业出版社
- 当代合院住宅类型：《Courtyard Houses》Gunter Pfeifer & Per Brauneck, Birkhauser
- 材料空间色彩：《建筑氛围》辛姆托 中国建筑工业出版社

模块二：里弄空间社会实录——基于居民行为的人居空间调查

模块三：微更新项目策划——基于问题导向的使用需求满足

教学阶段

一年级第二学期第2.3课题

教学目的

1) 认识里弄建筑住宅，从空间、结构、尺度、材料等方面对其产生具体实感；
2) 了解居民的日常生活现状，对人的行为及空间的占据与使用有基本了解；
3) 建筑的历史变迁与多层叠加信息的认识、甄别；
4) 地域性建筑及其文化特色，了解所在城市的历史、文化与空间样式；
5) 建筑空间与城市的关系，作为承载社会的最小单元与城市神经末梢的建筑；
6) 通过对比，发现居民自发空间改造行为，分析居民的居住需求；
7) 养成“观察空间-发现问题-分析问题-解决问题”的专业逻辑；
8) 基于现实社会条件的限制，创造性地提出解决方案；
9) 记录重要的城市历史街区空间信息，养成基本的档案资料整理习惯。

教学内容

“空间社会实录+微更新项目策划”——里弄的建筑空间-社会行为学

关键词

“空间”：城市、街区、建筑

“生活”：社会、家庭、个人

“创新”：畅想、策划、提案

从抽象的空间想象与体认走出，进入现时状态下的现实社会、进入具体的本地传统民居空间。以指定调查的上海里弄街区为研究对象，通过对其中生活模式与空间流变进行实地调研、考察、测绘、访谈、拍摄等方式，了解上海里弄的街区空间模式与建筑基本型制；结合文献阅读，接触里弄街区与家庭的空间生活场景，并感受在当下城市社会背景下一个普通里弄街区相较于原初状态，在空间与社会层面发生的戏剧性转变；发现居民自组织的空间改造，了解其居住需求与民间智慧，并能基于具体问题发挥想象，提出兼顾创意及一定可行性的微更新方案。

成果要求

1) 班级成果

街巷建筑SketchUp简模（原初状态-通过甄别除去加建部分/免贴图/弄墙顶地院门窗烟囱楼梯/可各组合作）

2) 小组成果（每组4名同学）

A3竖版文本一套，包括以下内容：

a) 街区总平面图（含城市区位环境）-1:1000；【手绘】
b) 单建筑（或开间）含有地面及两个相邻墙面的正等剖轴测，要求表现室内陈设；（单幅A3、附比例尺、注明具体门牌号）【手绘】
c) 单开间各层平面一点剖透视，要求表现室内陈设；（单幅A3、附比例尺）【手绘】
d) 石库门现状写实立面图（图幅可加长、附比例尺）；【手绘】
e) 典型单元剖面图（带楼梯）-1:100；【手绘】
f) 巷弄空间钢笔画（不少于4个场景）；
g) 居室内景二点透视摄影3户*2张（相机保持水平）
h) 家庭访谈与居民日常生活记录。

3) 个人成果

a) 居民自主改造节点现状采集1：20模型一件，模型底板20*20cm，40cm高，至少有一面靠墙。模型需表达现场实际情况，采用白色材料制作。（材料做法*/要求在实录阶段完成）
b) 微更新方案一套（强调策略、概念、需新颖、合理，尺度大小不限），A2竖版手绘一张（扫描后排版），包括以下内容：
i) 想法标题；
ii) 问题阐述及图解；
iii) 微更新方案手绘（剖）轴测图、方案平立剖面、图解，比例自定；
iv) 设计说明（少于200字）；
v) 微更新SketchUp简模（图解化/基于班级成果）；
vi) 材料与造价估算。

所有成果整理成光盘档案一张，含A3文本所有图纸（.pdf）、SketchUp模型（.skp）、文字（.doc）、照片（.jpg），按文件类型整理进不同文件夹，注明小组编号。

所有电子文件名应注明作者。

参考书目

- 上海市房产管理局，沈华.上海里弄民居.北京：中国建筑工业出版社，1993.
- 王绍周，陈志敏.里弄建筑.上海：上海社会科学技术文献出版社，1987.
- 罗小未，伍江.上海弄堂.上海：上海人民美术出版社，1997.
- 范文兵.上海里弄的保护与更新.上海：上海科学技术出版社，2004.
- 李彦伯.上海里弄街区的价值.上海：同济大学出版社，2014.

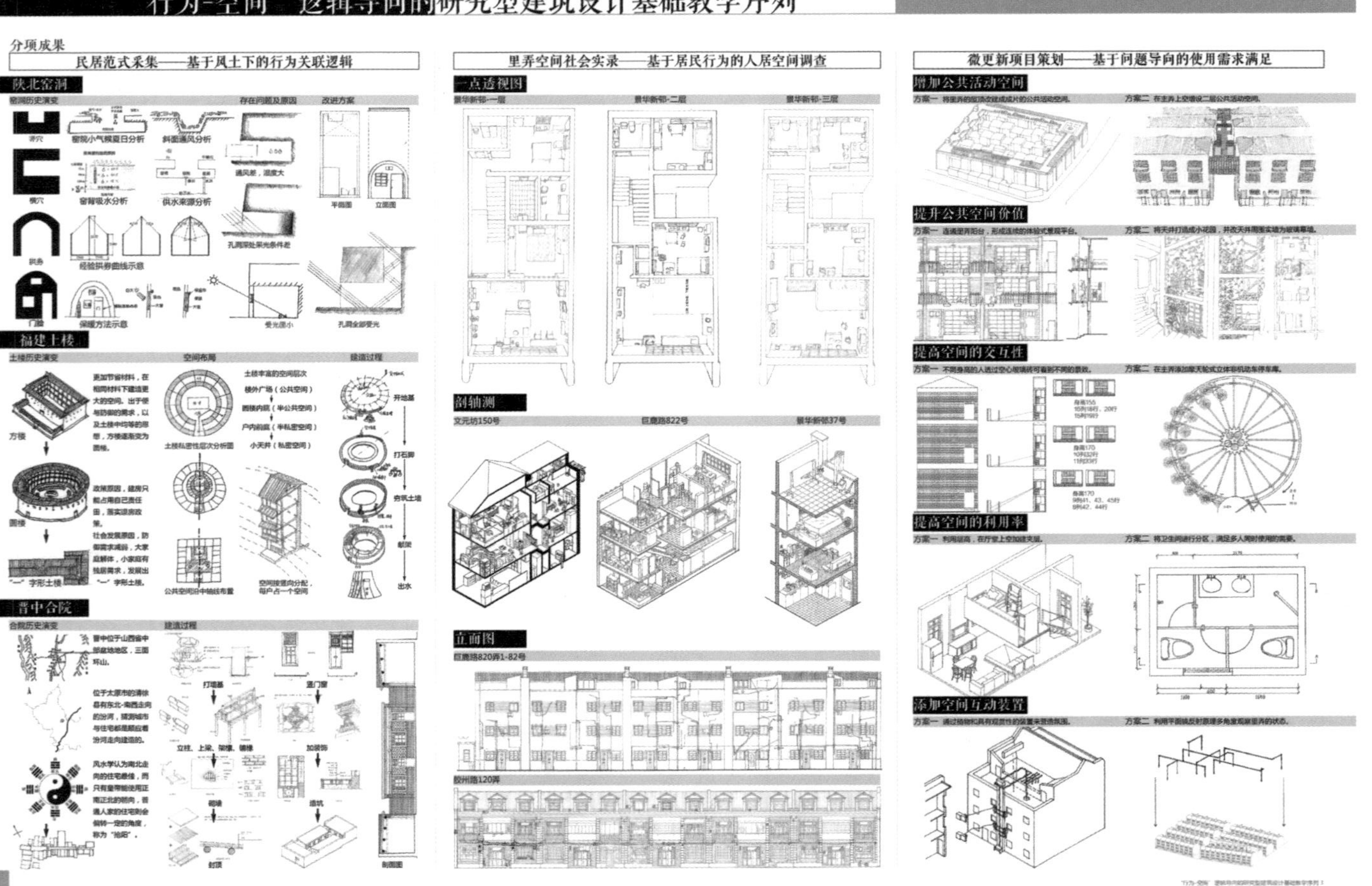
“行为-空间”逻辑导向的研究型建筑设计基础教学序列
分项成果
民居范式采集——基于风土下的行为关联逻辑
陕北窑洞
窑洞历史演变
存在问题及原因
改进方案
窑院小气候夏日分析
斜面通风分析
窑背吸水分析
供水来源分析
通风差，湿度大
平面图
立面图
经验拱券曲线示意
孔洞深处采光条件差
保暖方法示意
受光面小
孔洞全部受光
福建土楼
土楼历史演变
空间布局
建造过程
方楼
圆楼
“一”字形土楼
土楼私密性层次分析图
公共空间沿中轴线布置
空间按盟向分配，每户占一个空间
楼外广场（公共空间）
圆楼内院（半公共空间）
户内前庭（半私密空间）
小天井（私密空间）
开地基
打石脚
夯筑土墙
献架
出水
晋中合院
合院历史演变
建造过程
打墙基
垒门窗
立柱、上梁、架檩、铺椽
加装饰
砌墙
造坑
封顶
剖面图
里弄空间社会实录——基于居民行为的人居空间调查
一点透视图
景华新邨-一层
景华新邨-二层
景华新邨-三层
剖轴测
文元坊150号
巨鹿路822号
景华新邨37号
立面图
巨鹿路820弄1-82号
胶州路120弄
微更新项目策划——基于问题导向的使用需求满足
增加公共活动空间
提升公共空间价值
提高空间的交互性
提高空间的利用率
添加空间互动装置
方案一
方案二

同济大学

城市综合体设计（三年级）

1.课程背景

1.1　应对卓越人才培养目标　自2010年以来，围绕我国“卓越人才”培养的战略目标和现实需求，以及同济大学建筑与城市规划学院多学科、重实践和国际化的办学特色，建筑学专业结合自身“知识+能力+人格”为目标的专业培养标准进行课程组织。

1.2　面向本硕贯通培养需求　与此同时，围绕“4+2本硕贯通”的培养要求，结合学科发展趋势，建筑系开始逐步开展以“四增强”（增强基础、理论、实践、英语教学比重）和“一减少”（减少课程门数）为特征的课程调整。课程调整的抓手之一，即是系列核心设计课程中的“长题”课程设计。

2.历史经验

2.1　提升深化能力作为目标　自2012-2013学年起，我们开始将三年级下2个原有8.5周的课程设计“商业综合体设计”及“高层建筑设计”合并，形成17周的“城市综合体长题”。在确保2个课程模块的基本教学目标和要求的基础上，以提升设计深化能力为目标，探讨学期内课程贯通性和专题性相结合的教学成效。

2.2　总结经验形成教学共识　在过去三年的教学中，我们通过多方探索，结合学生反馈和教学研讨，总结经验并逐渐形成共识：在城市环境方面，选择适宜密度的城市环境；在任务要求方面，给予任课教师和学生一定弹性；在教学组织方面，建议授课教师在组内聚焦一块基地。

2.3　反思教学训练意义价值　此外，我们也对“城市综合体”作为专题型设计教学主体的训练意义和价值进行反思：从“城市综合体”包含的学科内涵来看，其教学应注重学生对大型综合建筑复杂系统组织的整体性和系统性训练，并融入城市设计视野。从“城市综合体”展现的学科外延来看，我们还应充分思考其面向我国高密度城市环境公交导向和立体化开发的现实意义和特殊价值，融入经济和社会维度的相关知识。基于上述经验及思考，我们在2015-2016学年的“长题”教学中，对原有教学体系进行优化。

3.具体措施

3.1　互动的问卷调查作为认知起点　在设计准备阶段，通过互联网问卷调研的方式，在课前为学生补充背景知识并提出问题，引发思考和兴趣，培养学生自主学习能力。对问卷进行回收分析，结合相应知识点帮助学生建立从个人到整体的认知。通过亲身参与调研，以及在课堂中的互动和讨论，让学生切身认识我国现阶段城市综合体存在的问题和未来发展的契机。

3.2　分组的案例认知发现总结问题

在设计准备阶段，采用案例认知的方式，鼓励学生通过实地观察发现和总结问题。要求在寒假期间，以班级为单位3～4人一组，在上海选取一处人气旺盛的城市综合体，通过实地观察、拍照摄像、绘图记录、问卷访谈、跟踪观测等方法对其进行调研和分析，并整理成认知报告。

3.3　合理的调研模式推进设计策划

在设计准备阶段，采用案例认知的方式，鼓励学生通过实地观察发现和总结问题，并整理成认知报告。在设计前期阶段，通过大课对学生进行调研方法系统培训，由任课教师指导小组内学生合作进行基地所在城市环境的实地调研及相关案例的使用后评价。通过基地调研和案例研究，以设计策划的思路进行SWOT分析总结，帮助学生有效完成逻辑整理阶段工作。

3.4　恰当的推进方法落实教学目标

为更好地实现教学目标，本次教学确立了以实体模型为核心，辅以空间剧本及轴测分析的推进模式。

（1）实体模型：直观呈现立体空间实体模型最大的优势是直观，既便于复杂系统的立体呈现，也利于师生间的互动交流和学生间的学习比较。在不同阶段，根据研究重点，选取1：1000（设计前期），1：500（设计发展）和1：300（设计深化）比例的工作模型作为研究基础。

（2）空间剧本：互动讨论协同效应空间剧本是对经济和社会维度回应的载体，通过这一媒介，来具体化未来建筑及周边环境中计划营造的城市生活。通过空间剧本的推进，讨论建筑中不同时空间的城市生活对建筑内各功能间协同效应的促进作用。

（3）轴测分析：分层研究系统关联轴测分析则是对技术维度的深入梳理。以三维数字模型作为工具，可进行从整体分析和形体生成等宏观视角，到流线组织和功能组合等中观视角，再到结构推敲和场所刻画等微观视角的系统操作和梳理。学生通过数字模型进行不同层次的分解和建构，深入理解和研究不同系统的关联。

优秀作业1：上城高街　设计者：肖佳蓉 李淑一
优秀作业2：繁都叠市　设计者：唐垲鑫 翁子健
优秀作业3：闹市游廊　设计者：姚冠杰 周锡晖

作业指导教师：冯宏 孙光临 陈宏 汪浩 王桢栋 戴松茁
教案主持教师：谢振宇

以认知拓展和设计深化为导向的长题设计

三年级城市综合体设计教案（一）

1. 课程背景

1.1 应对卓越人才培养目标

自2010年以来，围绕我国“卓越人才”培养的战略目标和现实需求，以及同济大学建筑与城市规划学院多学科、重实践和国际化的办学特色，建筑学专业结合自身“知识+能力+人格”为目标的专业培养标准进行课程组织。

1.2 面向本硕贯通培养需求

与此同时，围绕“4+2本硕贯通”的培养要求，结合学科发展趋势，建筑系开始逐步开展以“四增强”（增强基础、理论、实践、英语教学比重）和“一减少”（减少课程门数）为特征的课程调整。课程调整的抓手之一，即是系列核心设计课程中的“长题”课程设计。

2. 历史经验

2.1 提升深化能力作为目标

自2012-2013学年起，我们开始将三年级下两个原有8.5周的课程设计“商业综合体设计”及“高层建筑设计”合并，形成17周的“城市综合体长题”。在确保两个课程模块的基本教学目标和要求的基础上，以提升设计深化能力为目标，探讨学期内课程贯通性和专题性相结合的教学成效。

2.2 总结经验形成教学共识

在过去三年的教学中，我们通过多方探索，结合学生反馈和教学研讨，总结经验并逐渐形成共识：

在城市环境方面，选择适宜密度的城市环境；

在任务要求方面，给予任课教师和学生一定弹性；

在教学组织方面，建议授课教师在组内聚焦一块基地。

2.3 反思教学训练意义价值

此外，我们也对“城市综合体”作为专题型设计教学主体的训练意义和价值进行反思：

从“城市综合体”包含的学科内涵来看，其教学应注重学生对大型综合建筑复杂系统组织的整体性和系统性训练，并融入城市设计视野。

从“城市综合体”展现的学科外延来看，我们还应充分思考其面向我国高密度城市环境公交导向和立体化开发的现实意义和特殊价值，融入经济和社会维度的相关知识。

基于上述经验及思考，我们在2015-2016学年的“长题”教学中，对原有教学体系进行优化。

3. 优化目标

3.1 强调建筑设计基本方法

在“卓越人才”培养的背景下，日益强调教案设计以训练方法为基础：方法训练是对学生自主学习、终身学习的意识和能力的一种修炼，它不是以建筑类型的设计训练为基础的，而是强调建筑设计中基本方法的掌握。

3.2 符合实际项目阶段划分

基于上述目标，我们对课程教学大纲、教学进度表、教学任务书和执行计划进行了系统修订、梳理和调整，并对教学模块进行了重新组织。我们将教学阶段调整为更符合实际项目操作的“设计准备-设计前期-设计初步-设计发展-设计深化”阶段化划分方式。

3.3 关注学科内涵外延平衡

在教学体系调整的过程中着重关注学科内涵及外延知识模块的平衡和与教学进度的匹配，并将课程组织模式的系统性和完整性有效提升。在注重建筑与群体设计基本技能培养的同时，有意识地强化学生的社会和文化意识以及对综合型建筑策划和运营模式的了解。

3.4 内涵强化技术维度模块

在内涵方面，强化技术维度的模块，让学生在课程设计中认识到建筑技术对于实现设计目标的作用和价值，提高运用技术的能力和自觉性。充分利用校企合作资源，邀请资深设计师主讲，内容涉及建筑设备、结构选型、建筑幕墙等多个方面。

3.5 外延融入经济社会维度

在外延方面，融入经济和社会维度的模块，补充学生在建筑策划和场所营造方面的知识空白。通过全英语课程“当代大型公共建筑综述”的特邀讲座，邀请国际著名设计和地产运营机构的专家为学生进行认知视野拓展。

3.6 认知拓展塑造卓越人才

本次教学体系优化的预期，即是让学生基于这一平台，提升设计能力，扩充知识储备，拓展学科认知，从而实现“知识+能力+人格”的卓越人才培养目标。

【教学体系背景】

图1：同济大学建筑系“4+2本硕贯通”培养各阶段教学制度及与核心课程的关系示意图

本科一年级　本科二年级　本科三年级　本科四年级　硕士一年级　硕士二年级

知识　核心课程　能力　认知

城市综合体设计

外延　内涵　外延　内涵　外延

通识 → 长题 → 长题 → 长题 → 长题 → 论文

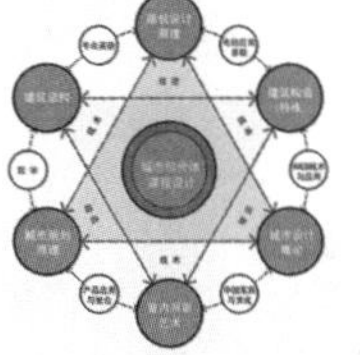

表1：同济大学建筑系建筑学专业“4+2本硕贯通”系列核心设计课程

年级		课程名称	教学关键点	选题	题型
本科一年级	上	设计基础	空间感知与材料构成	空间感知	短题
	下	建筑设计基础	行为模式和空间设计	空间设计	短题
本科二年级	上	建筑生成设计	空间生成与结构设计	建筑生成设计	短题
	下	建筑设计	建筑空间与环境设计	校友之家	长题
本科三年级	上	建筑与人文环境	功能、流线、形式、空间	民俗博物馆	短题
		建筑与自然环境	地形、景观、剖面设计	山地俱乐部	短题
	下	建筑与城市环境	复杂系统组织综合设计	城市综合体	长题
本科四年级	上	住区规划设计	修建性详规、居住建筑、建筑规范	城市住区规划	短题
		城市设计	城市空间、景观、交通及开发基本概念与方法	城市设计	短题
	下	毕业设计	综合设计能力	多样化选题	长题
研一	上	研究生设计（一）	实践和设计能力	多样化选题	随导师
	下	研究生设计（二）	研究和设计能力	研究型设计	长题
研二		硕士学位论文	实践和研究综合能力	多样化选题	随导师

【教学基地选择】

○ 基地一 西江湾路花园路地块

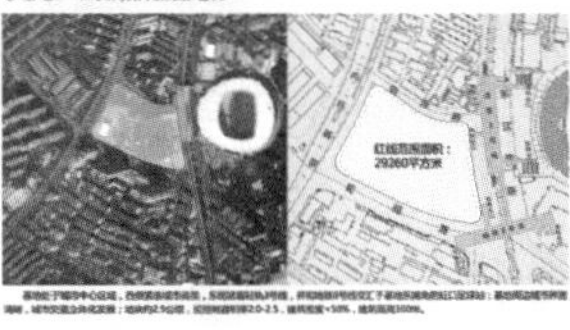

○ 基地二 东宝兴路四川北路地块

红线范围面积：35915平方米

[illegible]

【教学体系框架】

【原理模块】　【教学内容】　【认知方法】　【教学节点】

知识 相关概念释义 — 自主学习 — 课外阅读

技能 常用认知方法 — 案例认知 — 网络问卷

设计前期 2周
观念 综合体与城市 — 知识梳理 — 实地调研
知识 商业建筑概述
技能 环境行为调研 — 基地研究 — 用后评价
实体模型 1:1000

设计初步 4.5周
知识 商业建筑原理 — 初步概念
知识 高层建筑概述 — 空间剧本 初步 / 轴测分析 环境 → 年级交流 设计初步 阶段成果
技能 商业空间组合 — 概念发展
观念 策划开发运营 — 实体模型 1:500 → 班级评图 设计初步 阶段成果

设计发展 6.5周
知识 高层设计原理 — 专题发展
知识 旅馆设计原理 — 空间剧本 发展 / 轴测分析 群体 → 年级交流 设计发展 阶段成果
观念 结构综合选型 — 专题深化
技能 建筑形态设计 — 实体模型 1:300 → 公开评图 设计发展 阶段成果

设计深化 4周
知识 设备系统设计 — 系统整合
知识 幕墙系统设计 — 空间剧本 深化 / 轴测分析 单体
技能 设计实现表达 — 设计表达 → 公开展览 最终成果 集体评价

【教学任务书】

[illegible]

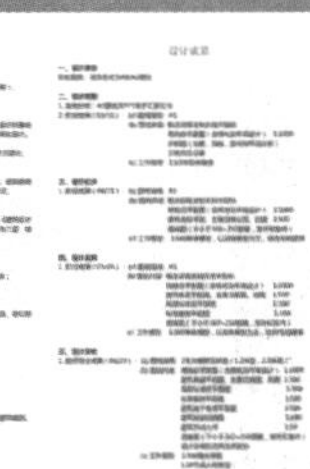

以认知拓展和设计深化为导向的长题设计

三年级城市综合体设计教案（二）

4. 具体措施

4.1 互动的问卷调查作为认知起点

在设计准备阶段，通过互联网问卷调研的方式，在课前为学生补充背景知识并提出问题，引发思考和兴趣，培养学生自主学习能力。对问卷进行回收分析，结合相应知识点帮助学生建立从个人到整体的认知。通过亲身参与调研，以及在课堂中的互动和讨论，让学生切身认识我国现阶段城市综合体存在的问题和未来发展的契机。

4.2 分组的案例认知发现总结问题

在设计准备阶段，采用案例认知的方式，鼓励学生通过实地观察发现和总结问题。要求在寒假期间，以班级为单位3-4人一组，在上海选取一处人气旺盛的城市综合体，通过实地观察、拍照摄像、绘图记录、问卷访谈、跟踪观测等方法对其进行调研和分析，并整理成认知报告。

作业点评：

组一对上海K11内部各区域活动人群的社会属性以及各层业态分布进行相关性分析，并通过使用者的停留行为及行为链对不同人群的行为特征进行挖掘，从而获得了使用者停留行为的特征分布和停留行为与空间尺度及氛围相关等发现。

组二对上海IAPM各时段的人流分布情况及各层业态构成进行研究，分析各时段的业态利用率及不同人群的典型流线，记录各类公共空间内使用者的偶发性行为和社会性行为分布情况，较好地解释了城市综合体内不同使用者的时空间行为。

4.3 合理的调研模式推进设计策划

在设计准备阶段，采用案例认知的方式，鼓励学生通过实地观察发现和总结问题，并整理成认知报告。在设计前期阶段，通过大课对学生进行调研方法系统培训，由任课教师指导小组内学生合作进行基地所在城市环境的实地调研及相关案例的使用后评价。通过基地调研和案例研究，以设计策划的思路进行SWOT分析总结，帮助学生有效完成逻辑整理阶段工作。

作业点评：

学生通过合作，结合基地周边城市空间特征，分析10分钟步行、公交及地铁可达范围内的城市环境；并通过对基地现有虹口龙之梦的使用后评价，包括业态构成及组合、公共空间界面及活动、不同时段的人流分布等，来客观分析现有建筑及城市环境的问题，为设计提供依据。

4.4 恰当的推进方法落实教学目标

为更好地实现教学目标，本次教学确立了以实体模型为核心，辅以空间剧本及轴测分析的推进模式。

1）实体模型：直观呈现立体空间

实体模型最大的优势是直观，既便于复杂系统的立体呈现，也利于师生间的互动交流和学生间的学习比较。在不同阶段，根据研究重点，选取1:1000（设计前期），1:500（设计发展）和1:300（设计深化）比例的工作模型作为研究基础。

作业点评：

本组学生利用不同比例的工作模型对城市立体交通空间进行从宏观到微观的系统研究，进而总结出“交汇”的设计概念，并较好梳理了各类流线、公共空间、建筑功能及换乘需求之间的关系。

2）空间剧本：互动讨论协同效应

空间剧本是对经济和社会维度回应的载体，通过这一媒介，来具体化未来建筑及周边环境中计划营造的城市生活。通过空间剧本的推进，讨论建筑中不同时空间的城市生活对建筑内各功能间协同效应的促进作用。

作业点评：

本组学生以空间剧本作为推进设计的重要工具，讨论建筑内主要功能在不同时间和空间层面上可能发生的协同效应，结合建筑剖面及轴测模型层面的流线研究推进和实现了“漫游”的设计概念。

3）轴测分析：分层研究系统关联

轴测分析则是对技术维度的深入梳理。以三维数字模型作为工具，可进行从整体分析和形体生成等宏观视角，到流线组织和功能组合等中观视角，再到结构推敲和场所刻画等微观视角的系统操作和梳理。学生通过数字模型进行不同层次的分解和建构，深入理解和研究不同系统的关联。

作业点评：

本组学生以轴测模型为抓手，对建筑的空间组合和流线组织进行系统研究和设计，提出“汇聚”的设计概念，较好实现了城市街道扩展、立体交通换乘以及公共空间活力营造的设计目标。

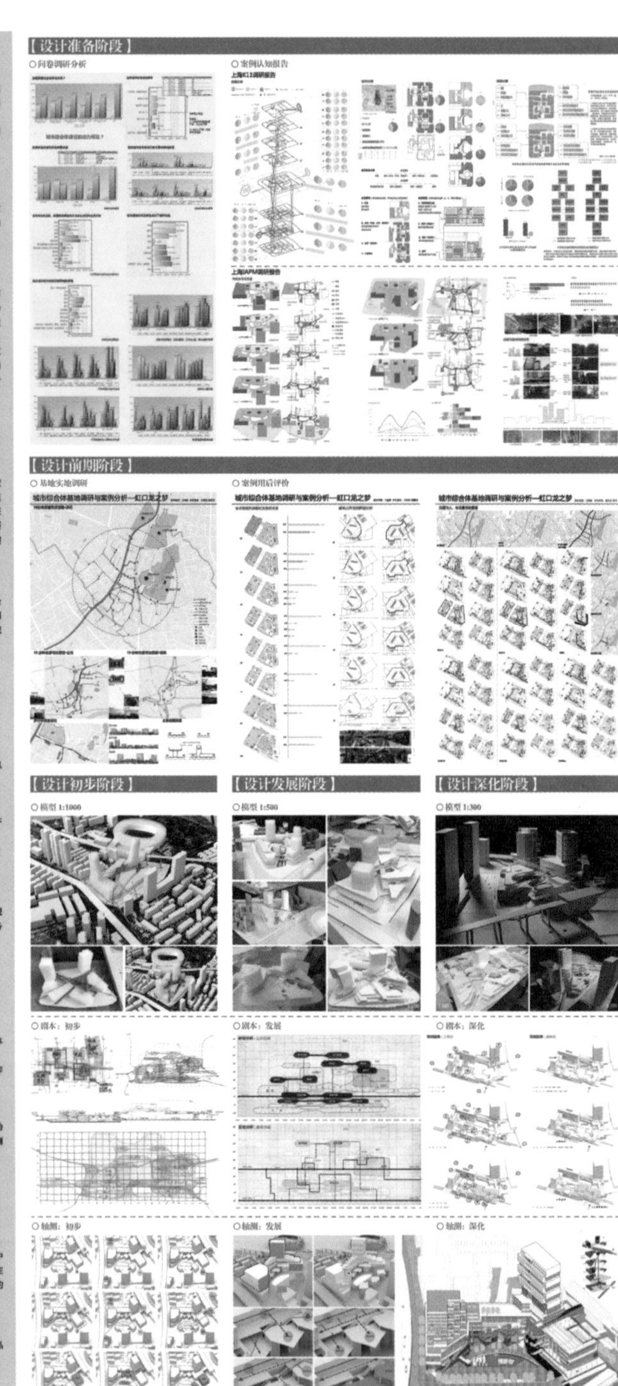

苏州科技大学

空间分析及演绎（一年级）

1. 空间基本概念的建立需要一个较为完整过程，本课题从空间分析入手，引入对比性的空间情绪，进而分析空间塑造要素，然后在一定范围的空间内通过空间序列演绎特定气质的空间并进行一定的解读。

2. 空间是建筑设计基础不可回避的话题，空间感的建立是本次课题的重要目的。回避了材料色彩及质感，摈弃部分功能，意在尽可能地接近空间体验的本质，从尺度、围合、形态、光影等要素出发理解空间气质的塑造及不同空间情绪的表达。

3. 通过模型方案的实践利用要素塑造对比气质的空间序列更有利于理解空间的本质。通过实例分析空间，找出空间气质较为强烈的案例进行对比分析，并总结出塑造空间气质的要素特征，同时图表化分析要素的原理及概念。

优秀作业 1：空间分析及演绎　设计者：李鹏程 徐洁 宫一帆 邵梓超
优秀作业 2：空间分析及演绎　设计者：钱小玮 翁尉华 周佳欣

作业指导教师：黎继超 董志国 王秀慧 黄莹
教案主持教师：董志国

建筑设计基础课程教案——空间分析及演绎

PLANS OF ARCHITECTURAL DESIGN BASIS——SPACE ANALYSIS AND DEDUCTION

■ 本课题是我院建筑学专业一年级下学期的第三个设计课题，教学周期为6周，周课时为7学时。

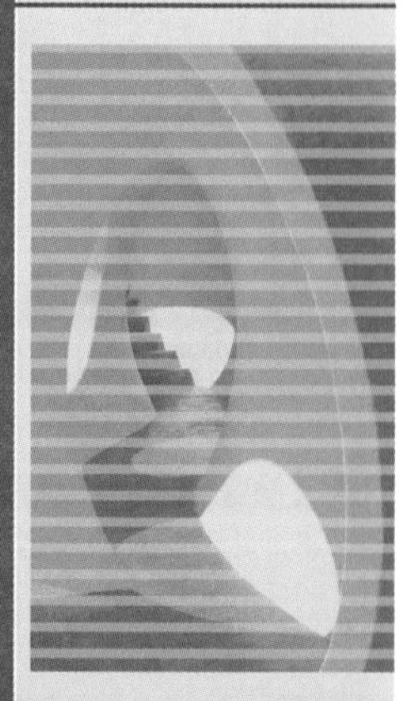

前后衔接

	一年级	二年级	三年级	四年级	五年级
阶段定位	设计认知与启蒙	设计入门与方法	设计深入与强化	设计综合与拓展	设计研究与实践
教学定位	初步理解建筑设计及其要素	空间训练为主的小型建筑设计	基本要素限定下的建筑设计	综合建筑设计及城市视角的设计	研究性建筑设计及建筑设计实践
教学组织	通用工作坊	通用工作坊	工作室	工作研究室	企业+工作研究室

一年级教学内容框架

	阶段Ⅰ	阶段Ⅱ	阶段Ⅲ	阶段Ⅳ
教学阶段	制图表达	建构体验	建筑解析	分析演绎
能力要点	表达整理	逻辑与动手	归纳与总结	总结与应用
知识要点	制图规范	尺度材料	文献与认知	空间要素
教学要点	维度转换	形式与功能	建筑要素	组织及塑造

教学过程

	时间	教学重点	教学过程组织：内容	教学过程组织：学时	成果要求	课外要求
阶段一空间属性分析	第1周共7课时	1引导学生从经典空间案例出发探讨影响空间属性的相关要素。 2 引导学生对空间属性相关要素进行分析、分类、归纳和总结。 3引导学生用建筑语汇和图解的方式，对分析总结和归纳的内容进行完整、准确及合理的表达和阐述。	讲课一：课题和基本设计方法介绍（学生分组合作）	3学时	案例分析PPT口头汇报	案例收集及提纲式汇总 分析报告及ppt口头汇报
			讨论一：分组交流空间属性，案例分析，分组讨论归纳相关要素。	4学时	分类、归纳、阐述要素，每小组提供1-2套分析概念草图。	提纲及图解式分析 分析草图及汇报

	时间	教学重点	教学过程组织：内容	教学过程组织：学时	成果要求	课外要求
阶段二空间情绪分析	第2周共7课时	1引导学生选取一组相对的空间情绪，查找相关空间案例。 2 引导学生，从空间属性相关要素出发，结合案例多角度对该组空间情绪进行分析和比较，提取空间情绪的影响要素。 3 引导学生对比分析、归纳、总结及阐述该组空间情绪的影响要素。	指导一：空间情绪的诠释与分析，分组选取一组空间情绪	3学时	空间情绪选取及案例搜集	简图、提纲、案例及口头汇报
			讨论二：分析讨论，解析该组相对空间情绪。	4学时	对比分析该组空间情绪	分析草图汇总

	时间	教学重点	教学过程组织：内容	教学过程组织：学时	成果要求	课外要求
阶段三序列空间演绎	第3-4周共14课时	1引导学生在前两阶段基础上，对空间情绪进行演绎。 2引导学生建立内部空间划分和流线组织的概念，权衡及运用相关影响要素建构空间情绪组织对应的序列空间。 3引导学生合理运用色彩进行空间划分的推敲和深化。 4引导学生对于行为尺度和空间尺度的合理把握。 5 细化空间设计，确定演绎方案。	指导二：情绪以序列空间演绎空间情绪。 讨论三：分组讨论，方案点评。	7学时	手工工作模型1：30，铅笔分析草图	空间组织及序列体验
			指导三：方案推敲细化，完善深化。	7学时	深化工作模型	

	时间	教学重点	教学过程组织：内容	教学过程组织：学时	成果要求	课外要求
阶段四方案分析表达	第5-6周共14课时	1空间演绎正式模型组的制作，空间分析与演绎的图纸绘制。 2 评图：不同年级、专业、班级教师参与集体评图 3评图后集体讲解与总结，讲评本设计优秀作业，分析其存在的问题和解决问题的意见和建议。	指导四：制作正稿，模型摄影，光及氛围的营造。	7学时	1：30空间模型正形及负型，20张以上照片	模型摄影
			讨论四：绘制正图集体评作业，课内讲评、讨论。	7学时	A1图纸每组3张分析、演绎及对比成果表达	构图排版

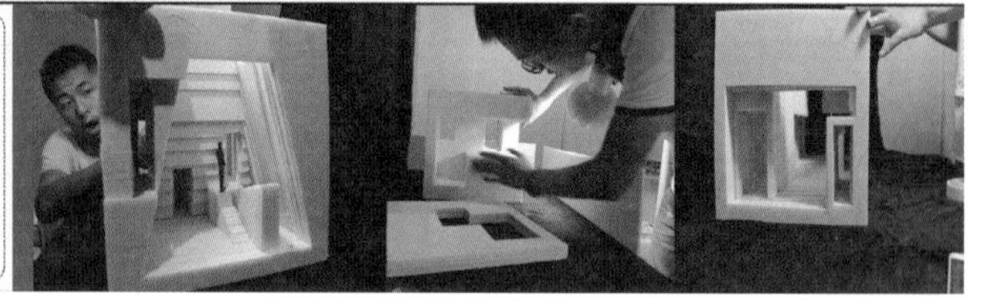

02

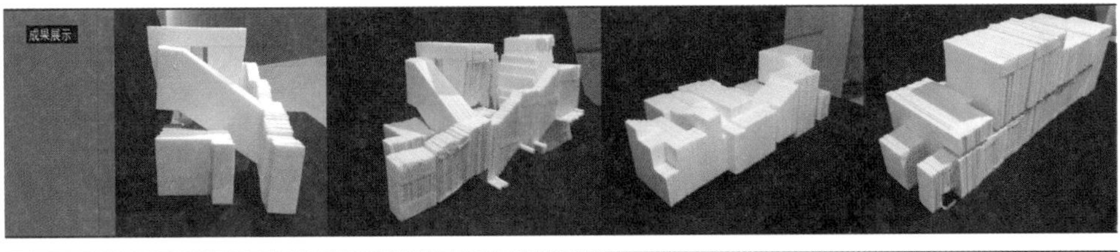

课题名称　空间分析及演绎

课题概况　空间基本概念的建立需要一个较为完整过程，本课题从空间分析入手，引入对比性的空间情绪，进而分析空间塑造要素，然后在一定范围的空间内通过空间序列演绎特定气质的空间并进行一定的解读。

教学目的　空间是建筑设计基础不可回避的话题，空间感的建立是本次课题的重要目的。
回避了材料色彩及质感，摈弃部分功能，意在尽可能的接近空间体验的本质，从尺度、围合、形态、光影等要素出发理解空间气质的塑造及不同空间情绪的表达。
通过模型方案的实践，利用要素塑造对比气质的空间序列更有利于理解空间的本质。

设计内容　1、通过实例分析空间，找出空间气质较为强烈的案例进行对比分析，并总结出塑造空间气质的要素特征，同时图表化分析要素的原理及概念。
2、在6*6*18米的空间范围内塑造一个空间序列并表达一定的空间气质，同时完成对比气质的设计。
3、对设计的空间进行对比分析，通过多方位剖面及序列分析解读影响空间气质的要素。

设计要求　1、以组为单位进行空间属性的分析及空间情绪的比较分析，完成分析草图及小组汇报以组为单位进行空间属性的分析及空间情绪的比较分析，完成分析草图及小组汇报。
2、模型制作为对应两组，每组包括切片式正形及负形。
3、每组绘制A1图纸2-3张，包括情绪空间的分析、演绎设计平面图、主要剖面图，模型照片和设计说明

华南理工大学

建筑设计初步
——景观建筑小品设计（一年级）

景观建筑小品设计是一年级建筑设计基础学习的总结，目的是让学生学以致用，综合运用所学建筑认知、建筑构成知识、建筑设计知识与建筑表达技法进行设计。设计任务是设计一个供人们休憩、观景、集会交流的场所，以及符合场地需求的某个特定功能。地点位于华南农业大学湿地公园岸边。建筑规模 $100m^2$ ~ $200m^2$（可上下浮动10%）。层数控制：1 ~ 2层（屋顶可上人或不上人活动）。任务要求考虑停留、休憩以及观景的基本功能要求，并提供可进行室内外小型集会交流的场所（面积不小于 $50m^2$），满足行、站、坐或者卧的空间行为；同时，进行室外场地设计（面积不小于 $50m^2$ 的室外集会场所，带铺装）。要求考虑空间的开放性和半私密性。本设计强调设计步骤，分为“场地分析－形体组合－空间限定－材料区分－成果表达”五个步骤，目的是让学生掌握建筑设计的一般方法，有秩序地引导学生运用一年级以来所学习的建筑设计基础知识，真正达到学以致用。

优秀作业1：景观建筑小品设计——折　设计者：朱瑞琳
优秀作业2：景观建筑小品设计　设计者：郑竣元

指导教师：冷天翔 张颖
教案主持教师：冷天翔 张小星

壹 课程的总体情况

景观建筑小品是一年级建筑基础教育的最后一个课程，引导学生把建筑形态构成策略运用到实际建筑场地的第一个完整的训练，是链接低年级基础训练和高年级设计训练的重要课程。课程设置基于建筑学院一年级建筑基础的整体教学思路和体系，逐步培养学生的建筑设计素养。

贰 教学目的

1.一年级建筑设计基础学习的总结，学以致用，综合运用所学建筑认知、建筑构成知识、建筑设计知识与建筑表达技法进行设计。

2.系统了解建筑设计的一般过程，初步掌握建筑设计的基本方法。

3.培养建筑设计的环境意识，并满足使用功能要求。

4.对建筑功能与形式二者的关系有初步的认识。确立"建筑为人所用"的思想，考虑人的行为，结合人体尺度，注意空间建立的可行性、合理性与安全性，还应注意满足人追求美的精神需求，创造优美的空间形态。

5.了解建筑设计方案图纸表现的基本内容及适用范围，学习针对不同设计阶段选用恰当的表现方法。

6.进一步强化训练建筑绘图的规范化，以及学习建筑设计展示、分析图表达和建筑效果图表现技法。

叁 设计任务与场地

1. 设计任务：

使用功能：供人们休憩、观景、集会交流的场所。

地点：某大学校园内湿地公园岸边。场地位于南方某城市

建筑规模：总建筑面积 150－200 m（可上下浮动10%）。

层数控制：1－2层，（屋顶可上人或不上人活动）。

交通联系：考虑基地周边道路与建筑出入口的步行联系方式。

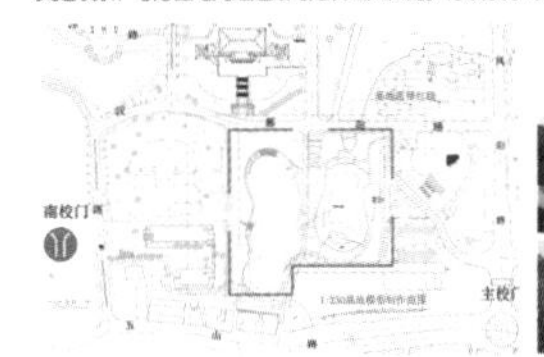

2. 任务说明：

* 考虑停留休憩以及观景的基本功能要求，提供可进行室内外小型集会交流的场所(面积不小于50平米)，满足行、站、坐或者卧的空间行为；同时，进行室外场地设计（面积不小于50平米的室外铺装设计）。要求考虑空间的开放性和半私密性。

* 着重基于场地分析的空间序列、内部空间和外部空间组合及建筑形体造型的创作过程；

* 建筑主体（有顶盖的部分）不得占用水面面积（平台可以伸出水面）。

3. 调研问题参考（参观及踏勘地形时思考，并以图形图示分析表达）

* 建筑设计应考虑哪些自然环境因素？（气候条件：日照、朝向、温度、光线、自然通风等；景观条件：地形、地貌、植被、水域等）考虑建筑设计如何与自然环境因素的协调与对比？

* 如何思考既要满足建筑的使用功能要求，又要满足园林景观的造景要求，并与周围环境密切结合，与自然融为一体的建筑类型？

* 建筑外部通道交通，人流流线与建筑对接的关系？

考虑建筑室内交通流线组织与外部景观的关系，建筑的空间如何融入渗透于自然环境环境中？（造景手法：框景、借景、对景、步移景迁等手法）

* 建筑类型、场地位置、规模标准等的确定对设计的前期准备有何影响？考虑建筑空间如何组织和划分？建筑组成的基本内容是什么？各组成空间之间关系如何？各组合空间设计特点是什么？

* 建筑中的家具，门窗位置大小结合人体尺度设计并考虑赏景的要求？它们的基本尺寸有哪些？具体表现在哪些方面？

肆 设计步骤

场地分析

形体组合

空间限定

材料区分

成果表达

本科一年级教学计划导图

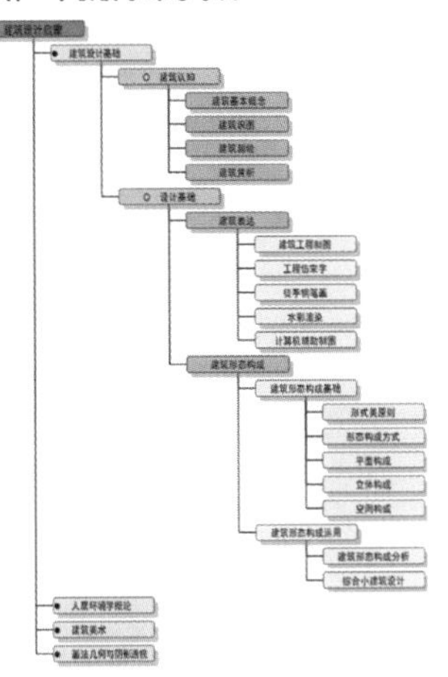

基于建筑学之形态构成基础与运用系列课程

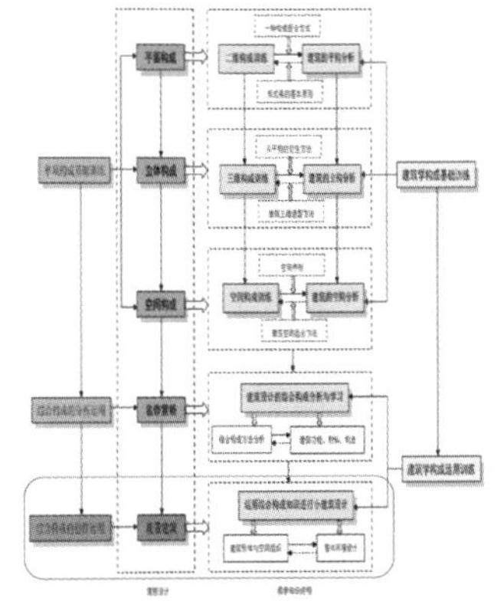

壹 步骤一：场地分析

分析场地基本条件和任务基本功能要求如朝向（日照，景观）、与水面的关系（尤其是岸线）、与道路的关系、与场地树木的关系、与周边学生宿舍的关系、与周边生活氛围的关系（人流、人群主要活动内容、活动所需要的空间、活动使用空间的频率）；进行初步方案构思。

- 成果内容要求：分别绘制各类现状分析图；通过现状场地分析图，绘制方案构思图（两个以上方案），包括形体和空间组织的骨格线（可参考上学期平面构成设计），并进行初步的二维形体平面构成设计；整个小组制作场地模型，个人制作体量模型（把握建筑体量和环境的关系）。
- 成果形式要求：A3（草图纸或硫酸纸），手绘（徒手或尺规），按比例绘制，图纸数量不限；场地模型比例1:250（整个小组一起制作一起使用），非硬质地面为黑色卡纸，硬质地面（道路、铺地）为灰色卡纸，体量模型材质为非灰色单色材料（泡沫板或卡纸等均可），水面为透明胶片，树木尽量简化。

贰 步骤二：形体组合

在第一阶段的成果的基础上，不考虑材质和肌理，通过模型和图纸，进行三维形体的立体构成以及内部、外部空间限定；形体可进行叠加、穿插、切削、挖取与分割，建议操作方式尽量简洁，空间进行内外的区分（外部空间、灰空间、内部空间）（可参考以往立体构成设计和空间构成设计）。

- 成果内容要求：按比例绘制方案草图，包括总平面图、各层平面图、立面图（两个以上）、剖面图（两个以上）；形体构成分析图；透视图（至少有一个表达完整全貌的低点或鸟瞰透视图或轴测图）；以人视点的室外透视图（可拍摄模型后进行描绘）；个人制作方案模型。
- 成果形式要求：A3（草图纸或硫酸纸）；手绘（徒手或尺规）；图纸数量不限；模型比例1:100（2个以上对比组合方案，基地应为同一个），非硬质地面为黑色卡纸，硬质地面（道路、铺地）为灰色卡纸，方案模型材质为非灰色单色材料（泡沫板或卡纸等均可），水面为透明胶片，树木尽量简化。

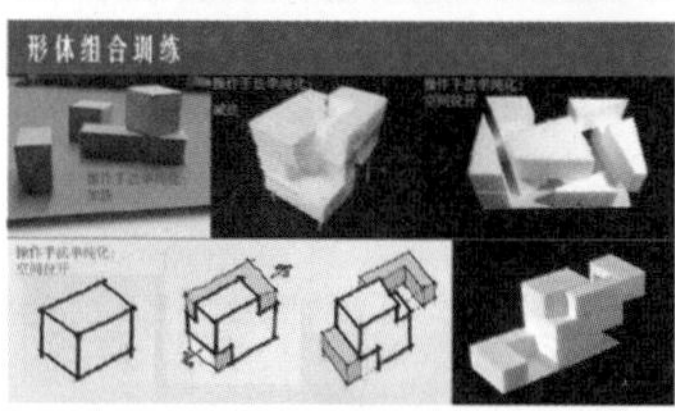

叁 步骤三：空间限定

在第二阶段的成果的基础上，通过进一步深化模型和图纸，对室内外空间进行限定，对形体进行虚与实区分比较研究，以及对空间的物理透明性进行比较研究，（玻璃—透而不通，洞口—完全通透，磨砂玻璃、格栅—半通透）；

- 成果内容要求：按比例绘制方案草图，包括总平面图、各层平面图、立面图（两个以上）、剖面图（两个以上）；形体构成分析图（对第一阶段和第二阶段的平面构成和立体构成进行修正）；空间构成分析图；透视图（至少有一个表达完整全貌的低点或鸟瞰透视图或轴测图）；个人制作方案模型（室内外空间较为完整的模型）。
- 成果形式要求：A1（硫酸纸）；尺规制图；图纸数量不限；模型比例1:100，非硬质地面为黑色卡纸，硬质地面（道路、铺地）为灰色卡纸，方案模型材质不限，单一材质+透明胶片，水面为透明胶片，树木尽量简化。

肆 步骤四：材料对比

在第三阶段基础上，材质和肌理（色彩、粗糙、光滑、纹理和质感）可手绘，或者拼贴方式表达，也可利用Su+Artlantis等电脑辅助手段进行研究；同时可以关注特定材料局部的构造特点。

- 成果内容要求：按比例绘制（1:100—1:150）深化方案修正图，包括总平面图、各层平面图、立面图（两个以上）、剖面图（两个以上）；各类现状分析图；各类设计分析图如平面构成分析图；形体构成分析图；空间构成分析图（要区分透明、半透明、开敞）；材质肌理构成分析图；交通分析图；功能分区图等；透视图（至少有一个表达完整全貌的低点或鸟瞰透视图或轴测图）；以人视点的室内外透视图（可拍摄模型后进行描绘）；重点空间不同材质运用对比效果图；说明文字（300字以内）。个人制作方案模型（两个以上不同材质和透明性比较的模型）；或者草图手绘；或者Su+Artlantis等电脑辅助手段进行研究。
- 成果形式要求：A1（硫酸纸）；尺规制图；图纸数量不限；模型比例1:100、非硬质地面为黑色卡纸，硬质地面（道路、铺地）为灰色卡纸，方案模型材质不限（不必利用建筑材质贴纸来真实表现建筑材质，可利用模型材料本身的材质特性如粗糙程度、色彩、纹理方向等来示意建筑材质区分），水面为透明胶片，树木尽量简化。

伍 步骤伍：成果表达

在第四阶段修正草图的基础上，深化方案细节，综合正确规范的表达设计方案。

- 成果内容要求：按比例绘制（1:100—1:150）深化方案修正图，包括总平面图、各层平面图、立面图（两个以上）、剖面图（两个以上）；各类现状分析图；各类设计分析图如平面构成分析图；形体构成分析图；空间构成分析图（要区分透明、半透明、开敞）；材质肌理构成分析图；交通分析图；功能分区图等；透视图（至少有一个表达完整全貌的低点或鸟瞰透视图或轴测图）；以人视点的室内外透视图（可拍摄模型后进行描绘）；重点空间不同材质运用对比效果图；说明文字（300字以内）。个人制作方案模型（两个以上不同材质和透明性比较的模型）；或者草图手绘；或者Su+Artlantis等电脑辅助手段进行研究。
- 成果形式要求：A1（非透明纸）；尺规制图；图纸数量不限；表现形式不限；图纸背面盖统一图签章；记录每个阶段的成果，最终汇总到设计回顾ppt中。

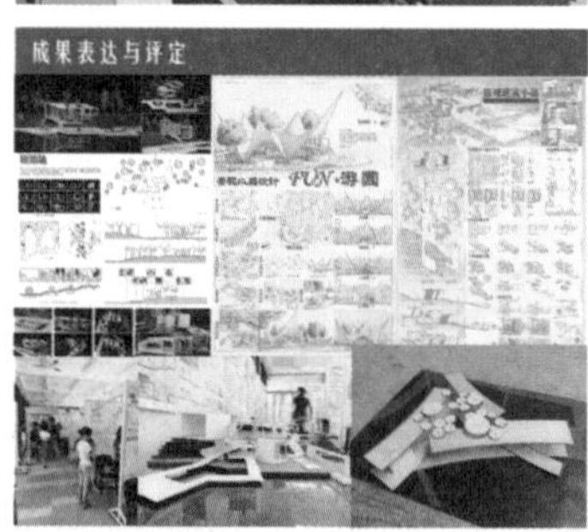

华南理工大学

城市设计专门化方向教案设计（四年级）

自 2014 年秋季学期起，华南理工大学建筑学院在建筑学系本科 4、5 年级启动“城市设计专门化”教学改革项目，由学院院长孙一民教授、美国密歇根大学著名学者 ROY STRICKLAND 教授分别担任国内及国际学术主持人，建立教研经验丰富、梯队层级完备的双语教学团队，照国际先进教学理念构建面向国际化的城市设计教学和研究模式，逐步提升学科教育水平。创新设立的“城市设计专门化”教学机制，依托现有建筑学专业教学体系，强化专业优势的教学特色；针对城市设计的学科交叉特征，在毕业设计环节设立跨学科的“城市设计板块”教学模式，推动复合型设计人才培育；优化学研产一体的设计教学模式，以城市设计教学为核心，开展多层次、高水平的国际教育与研究合作。

优秀作业 1：广州琶洲岛东端城市设计　设计者：姜祯怡 李祉仪 谢飞 张舒瑶

作业指导教师：孙一民 张春阳 苏平 周毅刚 李敏稚

教案主持教师：孙一民 苏平

[课程总体情况]

城市设计专门化是建筑学院建筑学专业近年开始建设的从低年级到高年级连贯的核心主干课程方向之一。课程设置基于建筑学院整体的教学思路和体系，其中通过从低年级开始每学年设置与城市设计相关的基础课程，逐步培养和建立学生的城市设计素养。

■ 城市设计专门化方向教学体系

	一年级	二年级	三年级	四年级	五年级
城市设计方向主干课				■ 城市设计方向设计课； ■ 城市设计理论和方法	■ 城市设计项目实践； ■ 毕业设计
城市设计方向相关课程				■ 城市设计基础阅读训练； ■ 城市空间与形态认知训练； ■ 城市空间调研与分析训练； ■ 城市设计讲座课程Seminar	
	建构从城市基础认知到综合能力培养、从城市设计训练到管理控制思维的动态关联教学体系				
城市设计相关实践活动				■ 国际联合设计Workshop； ■ 国（内）外城市Study Trip； ■ 大师评图Review	
	各类以城市设计为主题的工作坊和教学交流活动等				
城市设计相关基础课程	■ 建筑史纲	■ 外国建筑史； ■ 中国建筑史； ■ 建筑设计原理	■ 城市规划原理； ■ 景观设计原理（一）； ■ 当代建筑思潮； ■ 场地设计； ■ 城市设计概论	■ 居住区规划原理； ■ 文化遗产保护概论； ■ 环境心里与行为学； ■ 岭南城建发展史	

[在整体教学体系中的地位和作用]

城市设计专门化课程（方向）在建筑学系本科四、五年级设置，是城市设计专门化学生的设计主干课程。本课程在四年级阶段对应建筑学系《建筑设计（五）》和《建筑设计（六）》的教学内容。五年级阶段对应建筑学系《建筑设计实习》以及《毕业设计》的教学内容。

[教学目标和要求]

[目标]

培养学生正确认知和理解城市的能力、团队协作精神，以及综合运用多学科知识进行城市分析并实践多种尺度下的城市设计的素质。

[要求]（一）深化并扩展相关知识.

（二）建立城市设计价值观和培养专业能力.

（三）面向职业素养培养的教学模式.

■ 城市设计专门化本科与研究生教学关系

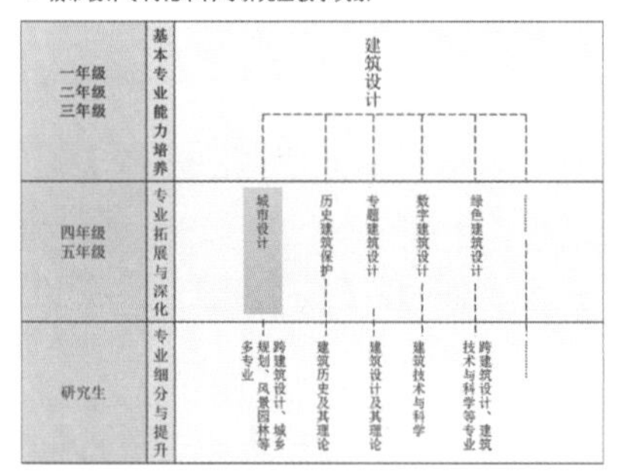

[教学方法]

■ 城市设计专门化教学方法

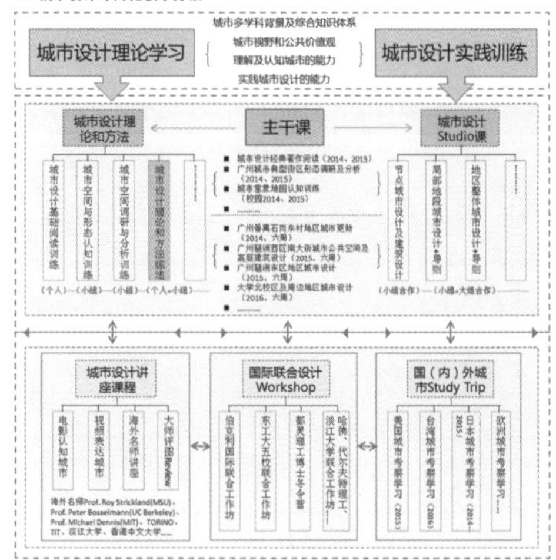

[教学内容体系]

一．理论教学与实践训练紧密结合：

（一）引导学生形成完整的城市认知过程。

（二）课程内容体系灵活开放。

（三）理论教学中融入专题性实践训练。

（四）拓展国际化视野和搭建国际化联合教学平台。

■ 城市设计课题组织模式

（3-4weeks） 3-4周 1-Topic Research 1. 主题研究

（6-8weeks） 6-8周 2-Studio Practice 2. 工作坊训练

结合 Combined Holiday Practice 假期训练

（4-6weeks） 4-6周 3-Topic Research 3. 主题研究

（4-6weeks） 4-6周 4-Studio Practice 4. 工作坊训练

5- 6-

二．强调全过程的城市设计课题教学模式（见下图）；

三．城市设计课题训练内容：

从形态训练（四上）到综合训练（四下），从实践锻炼（五上）到综合检验（五下），课题训练始终贯彻整体性和系统性思维，循序渐进地从形态设计过渡到系统设计。

■ 城市设计课题教学全过程模式

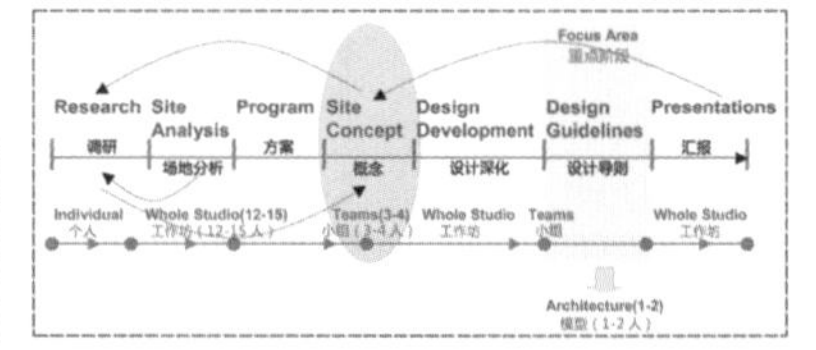

URBAN DESIGN

城市设计专门化方向教案设计

TEACHING PROGRAM IN SPECIALIZED DIRECTION OF URBAN DESIGN

[基础练习]

基础练习主要结合城市空间认知实习、城市空间调研分析和基础理论指导等课题进行，引导学生形成完整的城市认知过程：①从阅读、研究与城市相关的理论和现象入手，了解认知城市的各种途径和方法，为掌握城市设计方法奠定基础；②通过现场考察、案例解读等方式对构成城市的各个系统及其要素进行认知和体验，强调行为参与和角色代入；③理解城市空间形态中格网、街区、建筑、道路、景观等的类型学研究意义和方法，解读其背后蕴含的复杂的历史、地域、人文等因素。

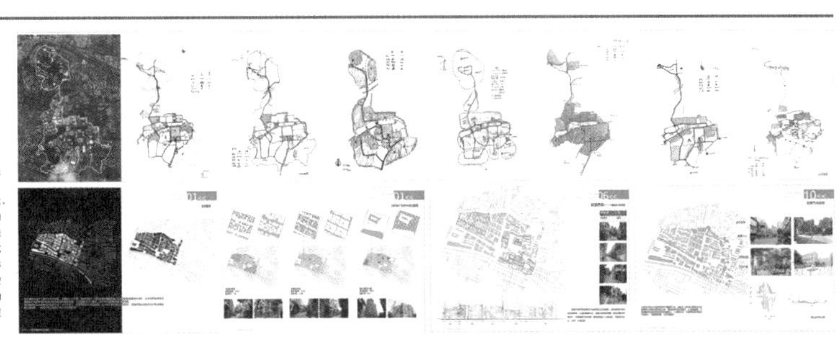

[外专理论讲授]

理论教学以多样化、多目标、综合能力为根本方向，突出知识体系的广泛性和开放性。从城市设计理论讲授开始，帮助学生感知、体验和认识城市各系统（如土地、交通、街区、建筑、景观等）运行的基本原理。依托海外名师计划引进国际著名城市设计专家、教授的教学，包括美国密歇根大学城市设计专业负责人ROY STRICKLAND 教授、荷兰代尔夫特大学Vincent Nadin 教授等进行定期的理论课程讲授和讨论；邀请美国、欧洲、澳洲、日本及港澳台等地的著名学者举办学术讲座，结合相关主题教学，帮助学生建立起整体的城市设计视野和公共价值导向的城市设计观。

[国际工作坊]

通过与国外多所知名高校常态化、定期化的城市设计工作坊平台，以多专业参与的模式强化学生正确认知和理解城市的能力，增强团队协作精神，以及提升综合运用多学科知识进行城市分析并实践多种尺度下的城市设计的素质。主要包括伯克利加州大学Peter Bosselmann教授与本校每年定期举办的联合教学工作坊，以及东京工业大学、意大利都灵理工大学等联合设计工作坊，通过选择国内不同类型的热点项目进行城市设计的联合教学和学术交流，并邀请不同行业以及规划管理部门的官员及专家参与学术论坛与联合评图，工作坊成果得到了广泛的好评。

[境外访学交流]

通过搭建与国外多所知名高校城市设计专业的多方合作平台，每年定期前往境外（北美、欧洲、日本、台湾等）有代表性的城市区域和高校进行实地的调研学习，由国际著名院校的知名教授（MIT、伯克利加州大学、密歇根大学等）带队进行参观和考察，通过实地体验国内外优秀城市空间，在国际著名学府、设计公司及专业机构进行参观和交流，让学生更深入地了解重要城市设计项目的运作与发展，并形成专题的研究报告，从而增加国际化城市设计体验和拓展城市设计视野，逐步形成城市设计专门化方向的发展特色和优势。

URBAN DESIGN 1

城市设计专门化方向教案设计

TEACHING PROGRAM IN SPECIALIZED DIRECTION OF URBAN DESIGN

[基地调研]

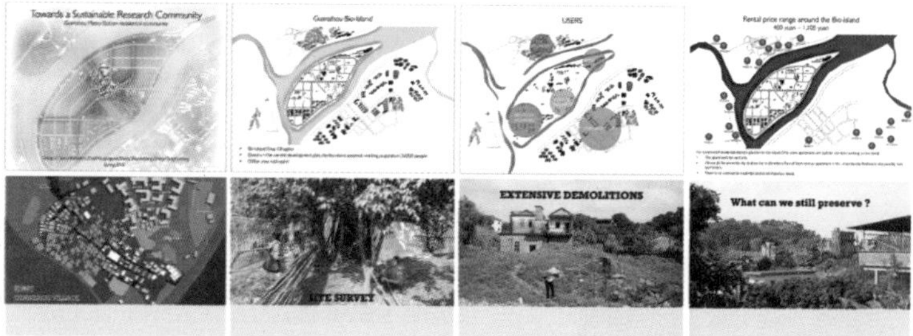

对项目基地进行详细调研，结合基础理论的阅读和思考，深入认知城市形态及其背后的形成机制，锻炼城市形态调研和城市形态分析的能力。通过深入调研，完成详细的调研和分析报告。要点包括：空间结构、形态特征、人文特征、经济产业特征、社会社区发展特征、公共空间体系等。使学生基本掌握城市设计的调研方法和城市空间的分析方法。

[项目策划]

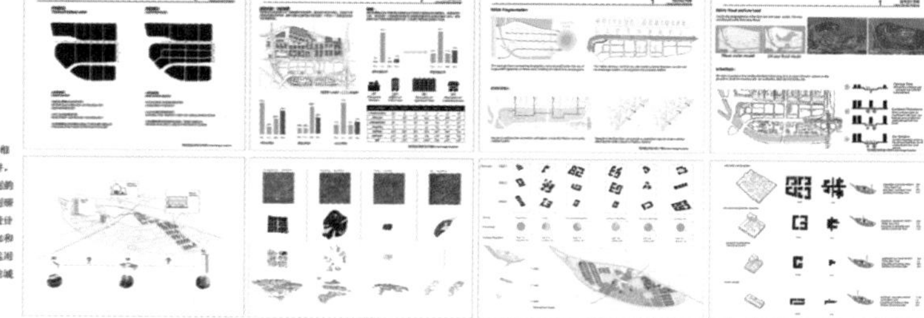

通过认识城市设计的形态成果及其与城市相关背景的内在关系，分析地段发展的驱动条件，提出地段发展定位，梳理城市设计与城市规划的关系，及两者之间的成果衔接等问题。在策划研究基础上，基于发展定位提出较完善的城市设计总体控制结构及要素关系。培养学生正确认知和理解城市的能力、团队协作精神，以及综合运用多学科知识进行城市分析并实践多种尺度下的城市设计的素质。

[方案设计]

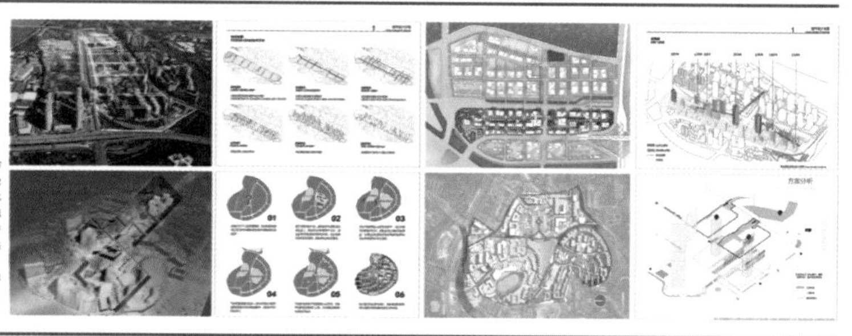

在前期研究基础上，进行总体的城市设计方案设计。基于地段发展分析提出较完善的城市设计总体控制结构及要素关系，并在此基础上深化完成各局部地段的形态设计。具体包括：总体城市空间结构、混合功能使用、公共交通系统、停车系统、公共空间体系、景观体系等，其中公共空间体系作为重点。设计内容包括：步行系统、慢行系统、街道空间、地下公共空间、天际轮廓线以及历史风貌、滨水景观等特色专题。

[导则编制]

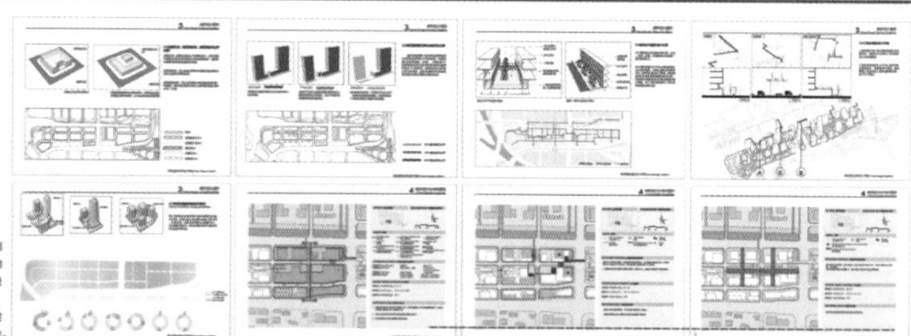

在空间结构和相互关系进行优化的基础上，学习通过设计指引对空间优化实质进行刚性控制的实施和管理策略，正确理解城市设计导则，初步具备城市设计导则的编写能力。训练从城市设计的角度理解建筑设计与城市公共空间的关系，重点体会城市设计控制之下的建筑设计，并从建筑设计过程反思城市设计导则的控制力度及操作。

URBAN DESIGN

城市设计专门化方向教案设计

TEACHING PROGRAM IN SPECIALIZED DIRECTION OF URBAN DESIGN

山东建筑大学

建筑学一年级教案:建筑师工作室设计(一年级)

1. 建筑学一年级“建筑设计基础”课程总体教学思路

1.1 总体原则:根据二、三年级的教学需求,围绕空间、功能、建构三个核心内容构建“建筑设计基础”课程整体教学框架,强调建筑相关基本概念的认知,为高年级学习奠定正确的专业基础;

1.2 多层面:从专业知识和基本技能两个层面进行基础训练,专业知识各有侧重,技能训练贯穿始终。在掌握必要的基本知识同时,形成端正的学习态度和良好的专业习惯;

1.3 专题化:以单元化的方式进行专题强化训练,各单元训练目标明确,重点突出,对外延相关问题结合阶段教学目标进行适当取舍;

1.4 递进式:专业知识的深度和广度设定结合单元化逐步递进,新元素依次增加,各单元新加知识点不超过两个;

1.5 理性设计:弱化设计中的感性成分,强调对设计理性分析和逻辑判断方面的引导,推动学生以思考问题的方式逐步深化完成设计。

2. 本单元知识点构成

2.1 尺度认知:以实际测量结合绘图的方式,从人体工程学的角度进行基本空间尺度的认知,作为从抽象空间转向功能空间认知的必要基础;

2.2 功能认知:从人的使用方式入手,对空间的功能做出理想化设定,强调对空间使用方面的深入理解,避免程式化的功能设计。在此基础上进行功能分区与流线组织的设计;

2.3 空间与使用:以前期功能设定与使用方式作为空间设计的依据,强调基于功能理解的理性空间设计,空间的划分和限定能够与使用方式高度吻合;

2.4 结构认知:结构的介入导致功能与空间设计的调整,通过结构与空间、功能的相互协调,认知三者之间的相互制约与互动。

优秀作业 1:建筑师工作室设计　设计者:徐明月
优秀作业 2:建筑师工作室设计　设计者:于子涵
优秀作业 3:建筑师工作室设计　设计者:刘玉洁

作业指导教师:侯世荣 黄春华 王宇 许艳 张雅丽 赵斌
教案主持教师:侯世荣 黄春华

一·年级
教·案

01

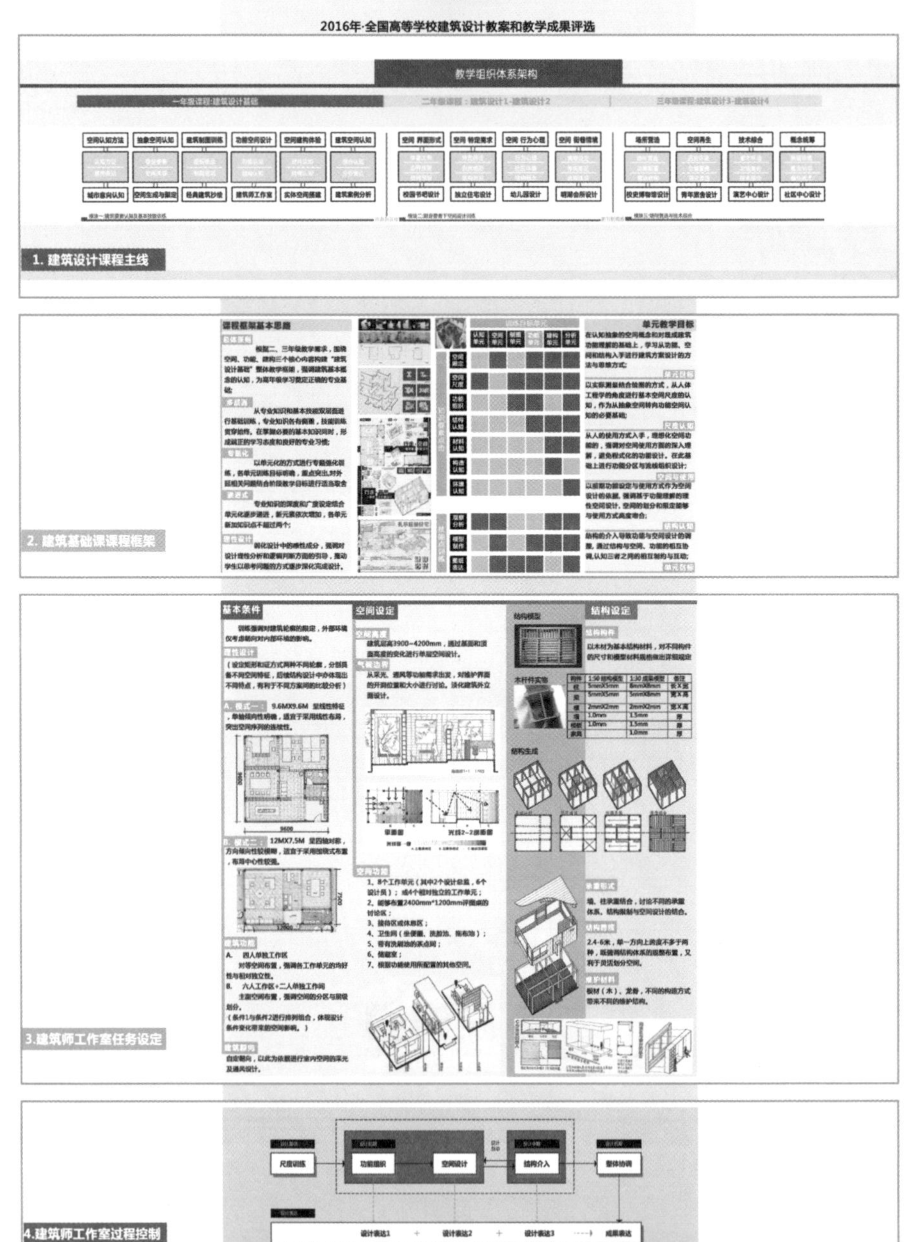
2016年·全国高等学校建筑设计教案和教学成果评选
教学组织体系架构
1. 建筑设计课程主线
2. 建筑基础课课程框架
课程框架基本思路
单元教学目标
3.建筑师工作室任务设定
基本条件
空间设定
结构设定
4.建筑师工作室过程控制
尺度训练
功能组织
空间设计
结构介入
整体协调
设计表达1
设计表达2
设计表达3
成果表达

一·年·级
教·案
02

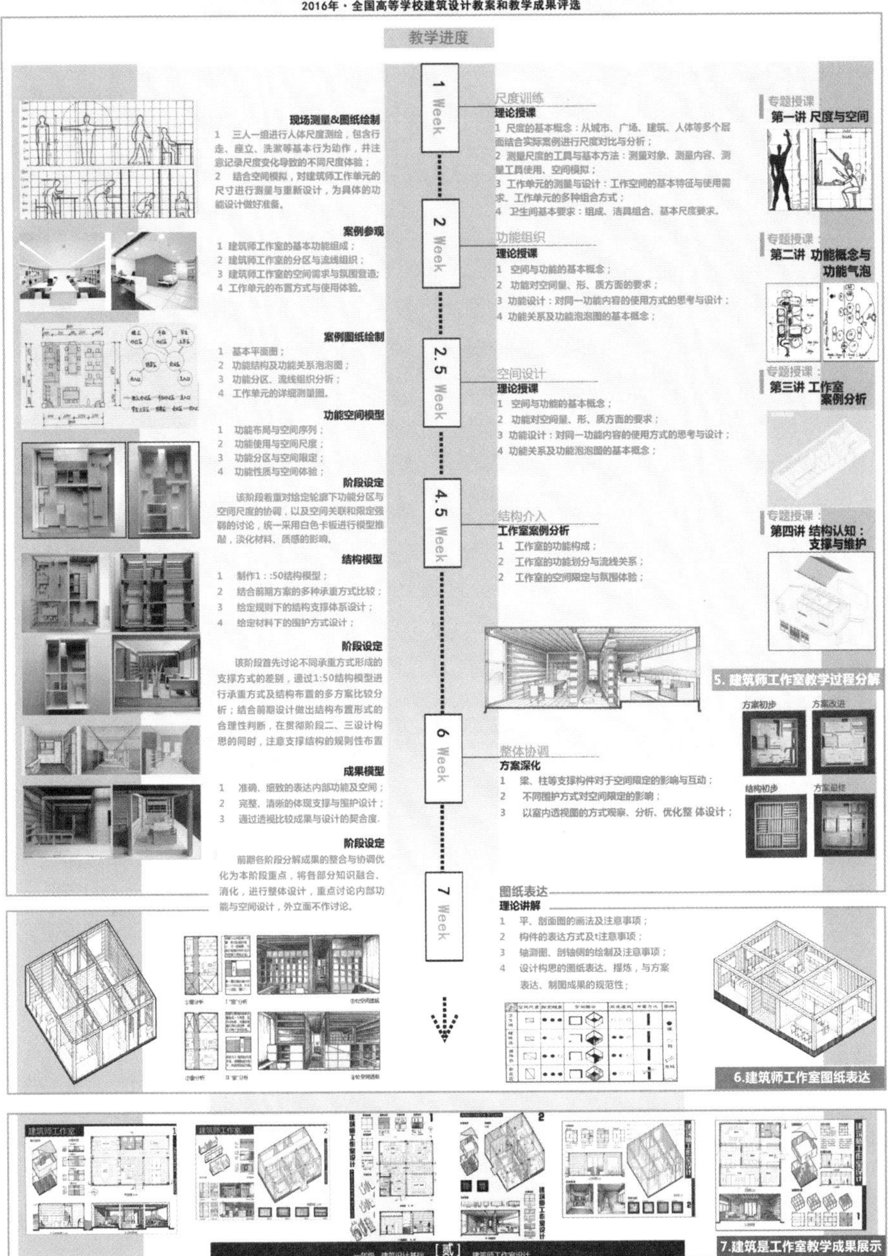

教学进度
现场测量&图纸绘制
1　三人一组进行人体尺度测绘，包含行走、座立、洗漱等基本行为动作，并注意记录尺度变化导致的不同尺度体验；
2　结合空间模拟，对建筑师工作单元的尺寸进行测量与重新设计，为具体的功能设计做好准备。
案例参观
1 建筑师工作室的基本功能组成；
2 建筑师工作室的分区与流线组织；
3 建筑师工作室的空间需求与氛围营造；
4 工作单元的布置方式与使用体验。
案例图纸绘制
1 基本平面图；
2 功能结构及功能关系泡泡图；
3 功能分区、流线组织分析；
4 工作单元的详细测量图。
功能空间模型
1 功能布局与空间序列；
2 功能使用与空间尺度；
3 功能分区与空间限定；
4 功能性质与空间体验；
阶段设定
该阶段着重对给定轮廓下功能分区与空间尺度的协调，以及空间关联和限定强弱的讨论，统一采用白色卡板进行模型推敲，淡化材料、质感的影响。
结构模型
1　制作1：50结构模型；
2　结合前期方案的多种承重方式比较；
3　给定规则下的结构支撑体系设计；
4　给定材料下的围护方式设计；
阶段设定
该阶段首先讨论不同承重方式形成的支撑方式的差别，通过1:50结构模型进行承重方式及结构布置的多方案比较分析；结合前期设计做出结构布置形式的合理性判断，在贯彻阶段二、三设计构思的同时，注意支撑结构的规则性布置
成果模型
1　准确、细致的表达内部功能及空间；
2　完整、清晰的体现支撑与围护设计；
3　通过透视比较成果与设计的契合度.
阶段设定
前期各阶段分解成果的整合与协调优化为本阶段重点，将各部分知识融合、消化，进行整体设计，重点讨论内部功能与空间设计，外立面不作讨论。
1 Week
2 Week
2.5 Week
4.5 Week
6 Week
7 Week
尺度训练
理论授课
1 尺度的基本概念：从城市、广场、建筑、人体等多个层面结合实际案例进行尺度对比与分析；
2 测量尺度的工具与基本方法：测量对象、测量内容、测量工具使用、空间模拟；
3 工作单元的测量与设计：工作空间的基本特征与使用需求、工作单元的多种组合方式；
4 卫生间基本要求：组成、洁具组合、基本尺度要求。
功能组织
理论授课
1 空间与功能的基本概念；
2 功能对空间量、形、质方面的要求；
3 功能设计：对同一功能内容的使用方式的思考与设计；
4 功能关系及功能泡泡图的基本概念；
空间设计
理论授课
1 空间与功能的基本概念；
2 功能对空间量、形、质方面的要求；
3 功能设计：对同一功能内容的使用方式的思考与设计；
4 功能关系及功能泡泡图的基本概念；
结构介入
工作室案例分析
1 工作室的功能构成；
2 工作室的功能划分与流线关系；
2 工作室的空间限定与氛围体验；
整体协调
方案深化
1　梁、柱等支撑构件对于空间限定的影响与互动；
2　不同围护方式对空间限定的影响；
3　以室内透视图的方式观察、分析、优化整体设计；
图纸表达
理论讲解
1　平、剖面图的画法及注意事项；
2　构件的表达方式及注意事项；
3　轴测图、剖轴侧的绘制及注意事项；
4　设计构思的图纸表达。提炼，与方案表达、制图成果的规范性；
专题授课
第一讲 尺度与空间
专题授课
第二讲 功能概念与功能气泡
专题授课
第三讲 工作室案例分析
专题授课
第四讲 结构认知：支撑与维护
5.建筑师工作室教学过程分解
方案初步
方案改进
结构初步
方案最终
6.建筑师工作室图纸表达
建筑师工作室
7.建筑是工作室教学成果展示
一年级　建筑设计基础　[贰]　建筑师工作室设计

山东建筑大学

概念统筹
——城市边缘区社区活动中心设计（三年级）

本次课程设计的选题，以位于城市边缘区的社区活动中心设计为主要内容。通过前期授课、调查与资料收集以及设计训练全过程，以期达到如下目的：

1.了解本次设计背景，即“树立尊重自然、顺应自然、保护自然的生态文明理念，把生态文明建设放在突出地位”的全新理念，“引导生态节能建筑的发展”将成为我国未来发展的主要方向。倡导适用、经济、美观的建筑设计理念，探索地域、文化、环境、生态与建筑的有机结合，综合考虑与建筑紧密联系的社会因素、生态因素、人文因素、历史因素，努力实践建筑与人的和谐、建筑与城市的和谐、建筑与自然的和谐。

2.引导学生全面认识生态节能建筑的特点，促进建筑设计走“科技含量高、资源消耗少、环境负荷小”的新路子，创建绿色、生态、节能省地型建筑，推动建筑创作理论的持续更新。

3.了解城市边缘区社区活动中心建筑设计的概况和趋势，了解国内外已建成的相关案例，初步掌握这类公共建筑的基本设计规律。具体包括场域景观要素调研、基地选址可行性分析和评价、功能布局、交通流线组织、空间形态凝练等，应特别关注具有地域特征与生态特征双重属性的案例。

4.进一步熟悉公共建筑设计基本原理，加强方案构思的创新能力；强化消防规范意识；培养空间尺度感；加强制图的规范性；选择与运用恰当的表现方式表达设计意图，并由此增进图面表达能力。

优秀作业1：概念统筹——城市边缘区社区活动中心设计　设计者：张宝方
优秀作业2：概念统筹——城市边缘区社区活动中心设计　设计者：熊健
优秀作业3：概念统筹——城市边缘区社区活动中心设计　设计者：蒋一民

作业指导教师：魏琰琰 贾颖颖 李晓东 郭逢利
教案主持教师：刘伟波

01

2016年·全国高等学校建筑设计教案和教学成果评选

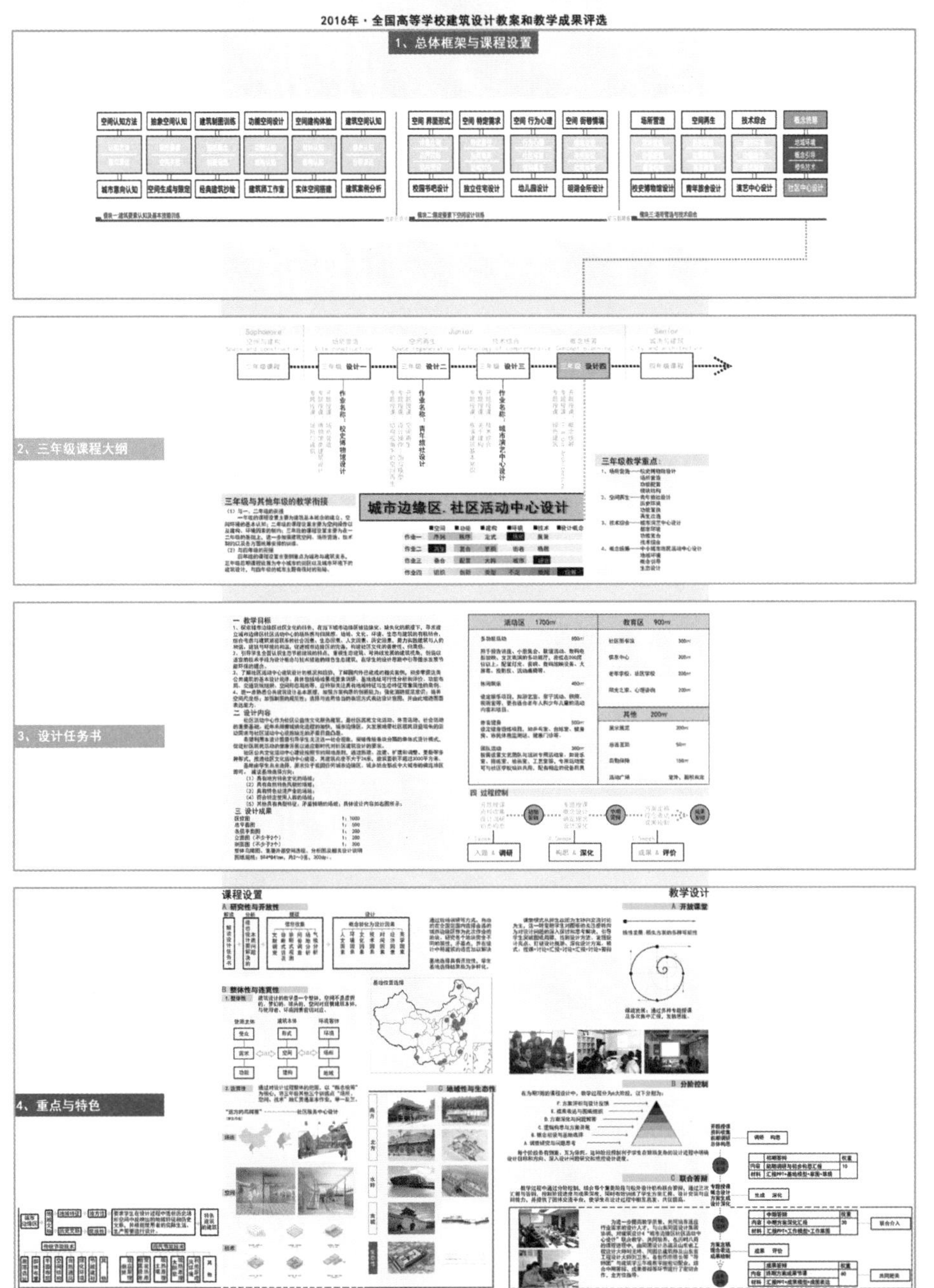

02

2016年·全国高等学校建筑设计教案和教学成果评选

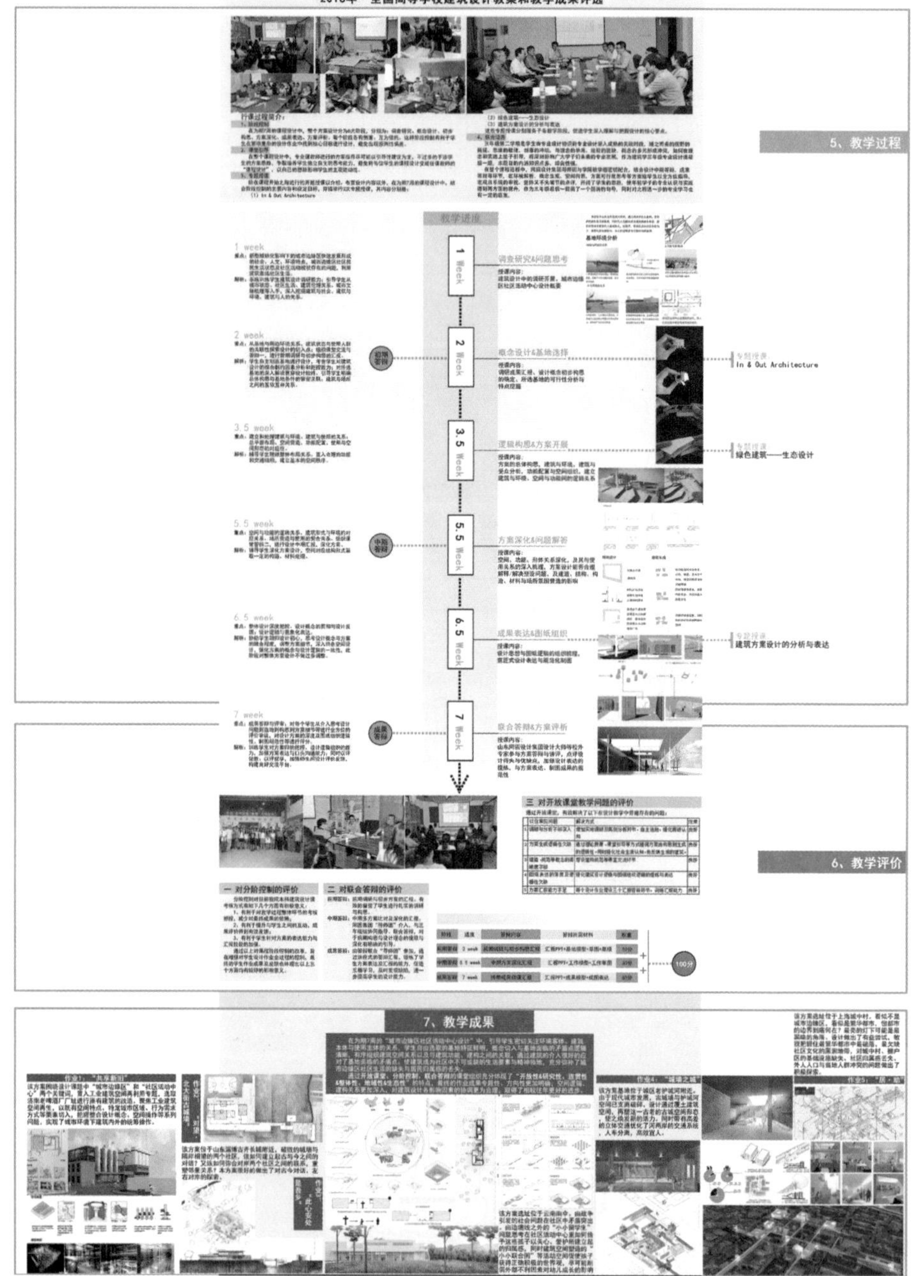

清华大学

建成环境再造
——照澜院街区整治（二年级）

本设计课程的教学目的是使学生建立"建成环境"（Built Environment）的基本概念，训练学生在较为复杂的现状条件下进行设计的能力。

本设计地段位于清华大学照澜院街区。设计前期学生须对场地进行实地调研，在功能、交通和景观方面对现状环境进行分析；在空间、形体和结构方面对现状建筑进行分析。设计中学生应合理巧妙地利用原有建筑结构，进行适宜性的再利用。通过改建和扩建，为旧建筑置入新的使用功能。同时对建筑周边的场地进行设计，使街区的环境得以改善和提升。

优秀作业 1：建成环境再造：照澜院整治　设计者：江昊
优秀作业 2：建成环境再造：照澜院旧建筑再利用　设计者：董姝辰

作业指导教师：王毅 饶戎 王辉
教案主持教师：王毅

建成环境再造设计课程教案 ——照澜院街道整治 1

A 课程改革要点

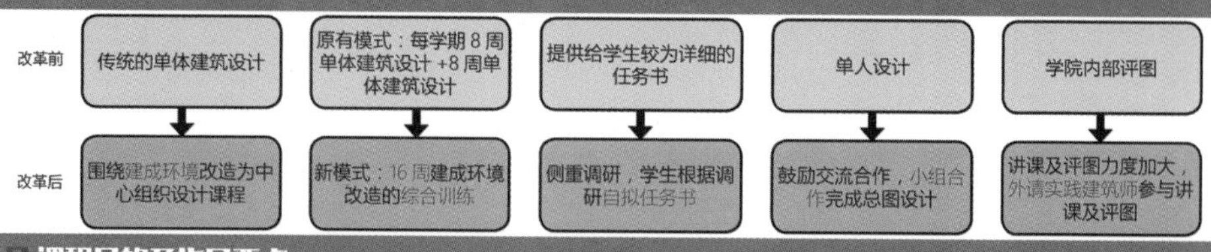

B 课程目的及指导要点

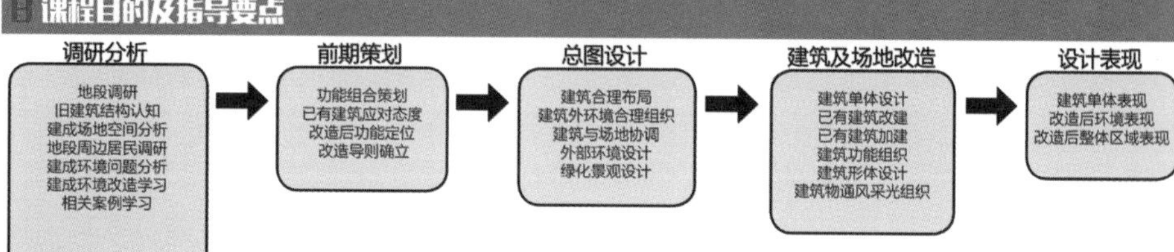

调研分析
地段调研
旧建筑结构认知
建成场地空间分析
地段周边居民调研
建成环境问题分析
建成环境改造学习
相关案例学习
前期策划
功能组合策划
已有建筑应对态度
改造后功能定位
改造导则确立
总图设计
建筑合理布局
建筑外环境合理组织
建筑与场地协调
外部环境设计
绿化景观设计
建筑及场地改造
建筑单体设计
已有建筑改建
已有建筑加建
建筑功能组织
建筑形体设计
建筑物通风采光组织
设计表现
建筑单体表现
改造后环境表现
改造后整体区域表现

B-1 课程目的

1. 本教学单元要求对"建成环境"（Built Environment）进行改造整治，通过加建或改建使环境的空间品质得以提升。本单元使学生初步建立"建成环境"的概念，并初步具备应对复杂的现状条件的能力。

2. 本教学单元强调对建成环境的空间和形体的再塑造。空间是现代建筑的灵魂，是对内满足功能、对外塑造形体的关键。本教学单元培养学生在严格的约束条件下，进行建筑空间形体塑造的能力。

3. 本教学单元强调理性的分析和逻辑的手段。学生应在对原有建筑空间、形体和结构的充分分析和理解的基础上，对其进行整合、完善和再利用，避免商业化的、非逻辑、夸张、堆砌的设计手法。

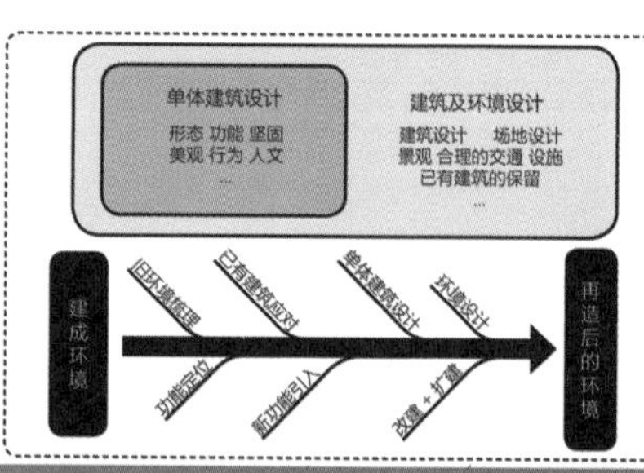

B-2 指导要点

1. 在实地调研的基础上，对现状较为混杂的环境问题进行梳理，整治现状环境的不足。重点营造良好的室外公共场所和步行环境，提升建成环境的整体环境品质。

2. 充分利用原有建筑，通过改建和扩建，置入新的使用功能，并使建筑周边的环境得以改善和提升。改扩建提倡合理巧妙地利用原有建筑结构，进行适宜性的再利用。

C 课程设计要求

C-1 总图设计

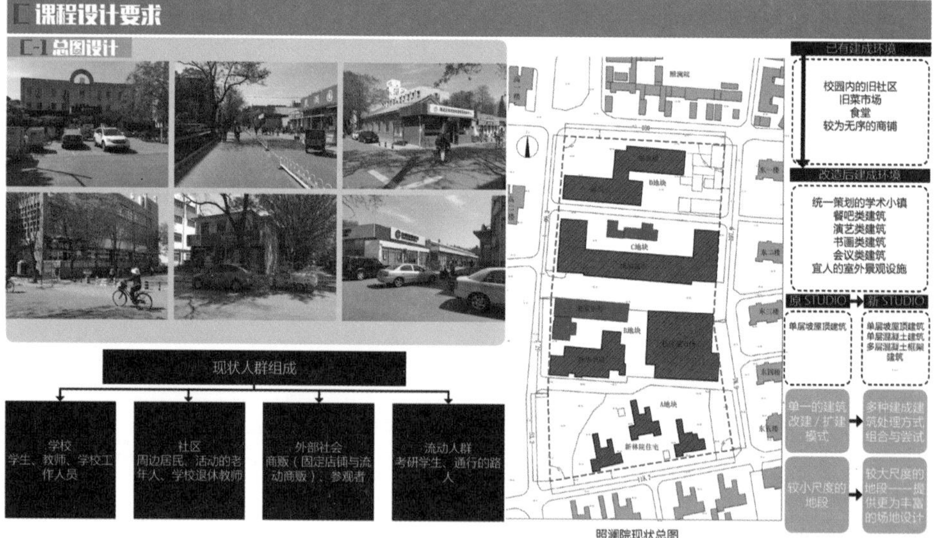

照澜院现状总图

C-2 场地设计

1. 本设计地段选在清华大学校园内照澜院社区 4 块相邻地块。同学自选其中 1 个地块进行设计。鼓励同学间自行合作，对 4 个地块进行整体总图设计。

2. 本设计功能定位为"学术小镇"。同学在调研的基础上，可对现状设施的使用功能进行适当调整和增减。如果对 4 个地块进行整体设计，总体上要满足 4 类功能需求（餐吧类、演艺类、书画类和会议类（详见单体建筑设计要求））。如果只对 1 个地块进行设计，仅满足其中的 1-2 类即可。

3. 在总图设计上，要考虑室外游览、小憩、交往等功能需求，可与绿地园林景观相结合，形成舒适的室外环境。

4. 4 块地段全部为步行区域，除了供货车辆外，其他机动车不得入内。总图设计需在地段南北两端设置机动车停车场，同时要考虑自行车、助步车的停放场地。

改造前功能现状

	建筑名称	层数	面积	现状功能
1	新林院住宅 3 栋	1 层	3x 约 220m2	住宅
2	澜园超市	1 层	约 1700m2	超市 + 银行 + 药店
3	新华书店	2 层	约 1400m2	书店 + 理发店
4	邮局	3 层	约 1700m2	邮局 + 银行 + 小商品
5	社区菜市场	地下 1 层地上 3 层	约 6400m2	菜市场 + 餐厅 + 小商品
6	服务楼	5 层	约 2600m2	办公 + 旅馆

C-3 建筑改造设计

1. 在总图设计的基础上，同学自行挑选 4 类功能需求（餐吧类、演艺类、书画类和会议类）中的 1-2 类，进行单体建筑设计。改扩建后的单体建筑总面积控制在 1000-3000m2。

2. 单体建筑设计上应该充分利用原有建筑结构，在原建筑结构内部或外部适当改扩建。对于原有建筑结构无法满足的功能空间（如大跨度演艺空间），可进行适当规模的加建，但要处理好新旧建筑之间的匹配关系。

3. 单体建筑设计上提倡尽可能采用自然采光和通风。部分房间可以考虑夏季使用分体空调，在建筑平、立面需适当预留空调机位。

餐吧类

空间名称	功能要求	面积
门厅	分主次门厅	面积根据需要自定
餐厅 + 厨房	独立经营，没有独立的对外出入口，可采用桌餐、自助餐、快餐等不同形式。注意防止餐厨空间气味对其他空间的影响	共 500 ㎡ 餐厨面积比例 1:0.6
咖啡厅	餐饮休息空间，兼售品饮料等，可提供简餐，需附设制作间	共 120 ㎡ 制作间 15 ㎡
休闲图书室	图书室可做部分开放，也可与咖啡厅合并设置，提供 24 小时自习室功能	120 ㎡
纪念品商店	出售文具和清华纪念品等	60 ㎡
打印复印室		40 ㎡
卫生间、开水间	各层设置	开水间约 4 ㎡，卫生间厕位根据使用人数推算

演艺类

空间名称	功能要求	面积
门厅	分主次门厅	面积根据需要自定
排练教室	音乐类社团排练活动使用，有隔声要求配设钢琴	2 间，每间 60 ㎡ -90 ㎡
琴房	个人可租用，需考虑隔音要求	10 间，每间 6 ㎡
观演厅	演出活动观众席总容 150 人，专设舞台上下口，排距 800mm，地面起坡，设 2 个以上安全出口，内设声光控制室，舞台净深不小于 8 米，台口宽度不小于 12 米，舞台净空不低于 6 米，后台化妆室等不另设，可与其它用房结合使用	300 ㎡
管理办公室	行政管理用房	2 间，每间 12 ㎡
卫生间、开水间	各层设置	开水间约 4 ㎡，卫生间厕位根据使用人数推算

书画类

空间名称	功能要求	面积
门厅	分主次门厅	面积根据需要自定
展览空间	可与门厅结合，灵活布置，净高不小于 6m	120 ㎡
公共画室	避开直射光线，北向采光或天窗采光	2 间，每间 60 ㎡ -90 ㎡
个人工作室	个人可租用，有自然采光	10 间，每间 12 ㎡
自助工坊	防噪声，方便搬运，靠近室外场地，可分设木工工坊、陶艺工坊等，也可合并设置	200 ㎡
管理办公室	行政管理用房	2 间，每间 12 ㎡
卫生间、开水间	各层设置	开水间约 4 ㎡，卫生间厕位根据使用人数推算

会议类

空间名称	功能要求	面积
门厅	分主次门厅	面积根据需要自定
大型社团活动室	满足 60-90 人讲座、培训等活动需要，桌椅可灵活布置	共 2 间，每间 90-120 ㎡
中型社团活动室	满足 30-60 人讲座、培训等活动需要，桌椅可灵活布置	共 4 间，每间 60 ㎡ -90 ㎡
沙龙会议室	小型会议、沙龙用，设会议投影设备	8 间，每间 30 ㎡
管理办公室	行政管理用房，每层设计一间，或按分区管理每区设置一间，其他集中设置	2 间，每间 12 ㎡
卫生间、开水间	各层设置	开水间约 4 ㎡，卫生间厕位根据使用人数推算

改造后的功能组合

D 阶段安排及成果要求

D-1 阶段安排

阶段	周	内容	
讲座及调研	第 1 周	讲座：1. 课程综述 2. 建成环境再造概论	1. 地段调研 2. 案例分析
讲座及调研	第 2 周	讲座：1. 校园建筑设计	1. 案例分析 2. 功能策划
概念方案设计阶段	第 3 周	总图设计：1. 分区及路网 2. 步行系统及广场	1. 总图设计：绿化景观 2. 确认可利用的旧建筑物
概念方案设计阶段	第 4 周	1. 旧建筑物利用初步：设想	1. 旧建筑物改造初步设计
概念方案设计阶段	第 5 周	1. 细节交流评图	1. 完善概念方案
概念方案设计阶段	第 6 周	1. 旧建筑物利用初步设想	1. 旧建筑物改造初步设计
概念方案设计阶段	第 7 周	1. 完善概念方案	1. 准备期中评图草图 + 工作模型
期中评图	第 8 周	期中评图	
深化设计阶段	第 9 周	1. 研究旧结构框架，提倡制作框架模型	1. 研究如何利用旧结构，加建新结构
深化设计阶段	第 10 周	1. 深化建筑单体设计	
深化设计阶段	第 11 周	1. 对核心空间进行室内设计	
深化设计阶段	第 12 周	1. 深化核心空间的采光设计，如采光或通风构造	1. 深化核心空间设计，提倡制作剖面模型
深化设计阶段	第 13 周	1. 完善各项设计内容 2. 上板准备	
设计表现阶段	第 14 周	1. 上板表现	
设计表现阶段	第 15 周	1. 上板表现	1. 交图布展 2. 教师评图
总结评图	第 16 周	总结评图	

D-2 成果要求

1. 图纸及构思表达及图解：规格必须统一，尺寸为 A1。表达方式：手绘、电脑绘制、模型照片均可

2. 总图：比例 1:500　1) 包括周边道路、主入口、硬质铺地、园林绿化景观等 2) 如有新建和加建部分，须在总图上区别表示原建筑部分和新加建部分

3. 各层平、立、剖面图：比例 1:300　1) 绘出各层房间布局，以及楼梯、台阶上下方向等 2) 首层标明主次入口，注明剖切线位置，绘出道路、台阶、铺地、绿化等 3) 上层平面应绘出下层屋顶平面可见线

4. 透视图及模型：内外景透视图各 1 幅；提倡制作模型，模型须拍成照片贴在图纸上，大比例模型照片可替代透视图

成绩考核
- 设计过程
- 课堂表现
- 设计任务完成质量
- 图纸表达水平

D-3 评图现场

合肥工业大学

从行为到空间：以“功能”问题切入的建筑设计逻辑思维培养
——《公共建筑设计 I》课程教案（二年级）

一、教学目标

1. 初步掌握公共建筑的分析、综合、设计和评价的方法，学习形象思维和逻辑思维融贯的整体化思维方法，培养综合分析问题、解决问题的能力，掌握相应的建筑方案设计技巧。

2. 学习收集、分析和利用相关建筑设计资料的方法。

3. 掌握建筑平、立、剖的正确表达方法，掌握透视的表现方法。

4. 培养严谨、有序、准确、求精的科学工作态度。

二、教学方法

1. 启发式教学

引导学生从认识身边环境入手，理解空间组织的基本规律，并思考其存在的问题，推动自主学习。

2. 开放式教学

运用专题讲座、互动式讨论、公开评图等方法推动课程，拓展学生知识背景、培养合作、协作的能力，锻炼沟通和表达的技巧。

3. 研究式教学

强化资料收集准备工作要求；强化案例分析工作；强调自主寻找并解决问题的教学过程，培养学生创造性解决问题的能力。

三、设计题目的任务书

3.1　课程设计一任务书

3.1.1　“社区幼儿园”设计任务书

某市一大学校园居住区内，拟建全日制 6 班幼儿园，主要解决本区内幼儿入园问题，并适当考虑为临近区域服务，用地面积 4225m^2。

3.1.2　设计要求：

（1）紧密结合地形、地貌和周围环境进行总体设计，做到分区明确，布局合理。在满足使用功能前提下，将儿童生理、心理、行为学渗透于建筑设计之中，从多角度、全方位进行幼儿园的总体设计构思，使平面布局活泼多变，建筑形象趣味性浓郁，给幼儿创造了安全、舒适、合理的物质环境和精神环境。

（2）能抓住活动单元这个核心来布置其他用房，确保活动单元的最佳位置、朝向、日照、采光通风和开阔的视野。

（3）对建筑进行具有新意的探索，借鉴有益的创作手法，创作出亲切、活泼、多变的娱乐教育空间环境。

（4）着重分析教与学的空间需求，创造丰富的、亲切的教学和生活场所，使玩耍与学习，室内与室外形成一个连续的整体。

（5）基地内原有树木保留，建筑密度

不大于30%，绿地率不小于35%。

3.1.3 设计成果要求

总平面图，1∶500要求：画出准确的屋顶平面并注明层数，注明各建筑出入口的性质和位置；画出详细的室外环境布置（包括道路、活动场地、30m跑道、绿化小品等），正确表现建筑环境与道路的交接关系；注指北针。

各层平面图，1∶200要求：应注明各房间名称（禁用编号表示），首层平面图应表现局部室外环境，画剖切标志。

立面图（不少于2个），1∶200要求：制图要求区分粗细线来表达建筑立面各部分的关系。

剖面图，1∶200要求：应选在具有代表性之处。

活动单元放大图，1∶100要求：详细家具布置。

设计说明，技术经济指标（总建筑面积、总用地面积、建筑密度、建筑容积率、绿地率等）

分析图，室内外空间局部透视图

效果图（表现方法不限）

3.1.4 设计进度及课程计划

（1）第1周：讲授幼儿园建筑设计的基本设计原理；参观、调研

（2）第2～3周：阶段草图一（功能、环境分析与方案初步构思）

正确理解幼儿园设计要求，分析任务书给的条件；进行多方案构思比较，选出较优良者作出初步方案。

1）了解各房间的使用情况，所需面积，各房间之间的关系。

2）分析地段条件，确定出入口的位置，朝向。

3）对设计对象进行功能分区。

4）合理组织人流流线。

5）建筑形象符合建筑性格和地段要求，建筑物的体量组合符合功能要求，主次关系不违反基本构图规律。

（3）第4周：阶段草图二（平面组合与空间构思，造型研究）

1）进行总图细节设计，考虑室外台阶、铺地、绿化及户外活动设施布置

2）根据功能和美观要求处理平面布局及空间组合的细节，如妥善处理楼梯设计，卫生间设计等。

3）确定结构布置方式，根据功能及技术要求确定开间和进深尺寸，通过设计了解建筑设计与结构布置关系。

4）研究建筑造型，推敲立面细部，根据具体环境适当表现建筑的个性特点。

（4）第5周：阶段草图三（功能完善，空间造型比例推敲）

（5）第6周：定稿图

（6）第7周：设计周（图纸成果表达）

优秀作业1：“穿园遇友”——南方六班幼儿园设计　设计者：于海洋
优秀作业2：“屋檐下的共享空间”——民俗展览馆设计　设计者：应晓亮

作业指导教师：任舒雅 严敏 刘阳 宣晓东
教案主持教师：曹海婴 郑先友

公共建筑设计I教案

从行为到空间 Space-Making Based on Behavier Research

Pedagogy for Architectural Design I

01 课程概况

以“功能”（Program）问题为切入的建筑设计逻辑思维培养

教学体系

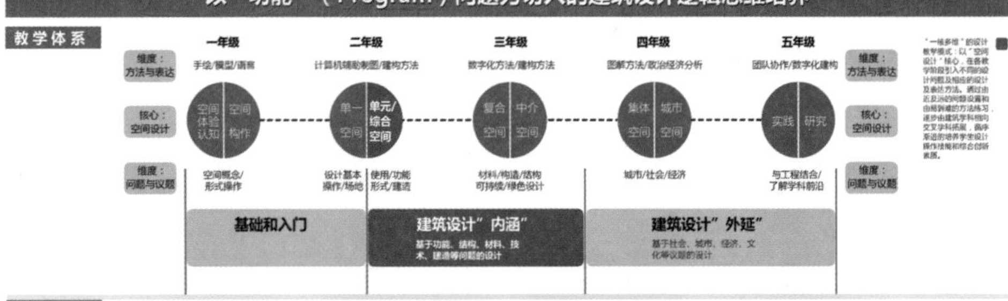

“一核多维”的设计教学模式：以“空间设计”核心，在各教学阶段引入不同的设计问题及相应的设计及表达方法。通过由近及远的问题设置和由易到难的方法练习，逐步由建筑学科向交叉学科拓展，循序渐进的培养学生设计操作技能和综合创新素质。

课程衔接

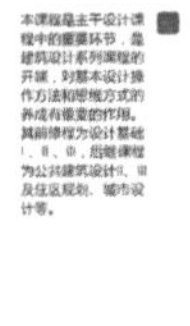

本课程是主干设计课程中的重要环节，是建筑设计系列课程的开端，对基本设计操作方法和思维方式的养成有着重要的作用。其前修课程为设计基础Ⅰ、Ⅱ、Ⅲ，后续课程为公共建筑设计Ⅱ、Ⅲ及住区规划、城市设计等。

教学目标

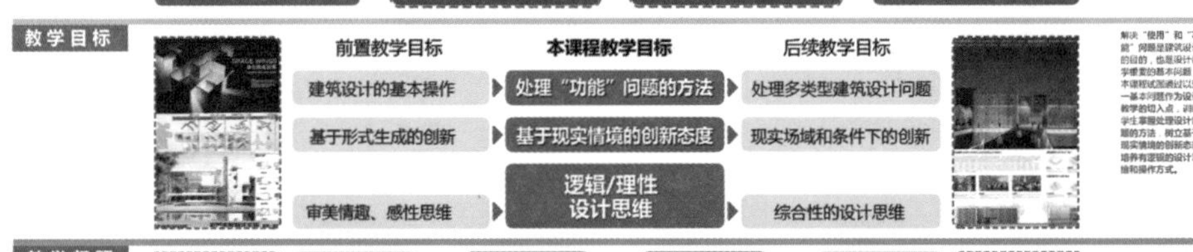

解决“使用”和“功能”问题是建筑设计的目的，也是设计教学最重要的基本问题，本课程试图通过以这一基本问题作为设计教学的切入点，训练学生掌握处理设计问题的方法，树立基于现实情境的创新态度，培养有逻辑的设计思维和操作方式。

教学问题

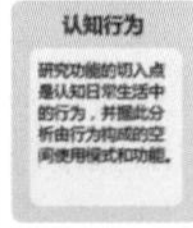

认知行为
研究功能的切入点是认知日常生活中的行为，并据此分析由行为构成的空间使用模式和功能。

如何研究功能？

如何实现功能？

如何设计功能？

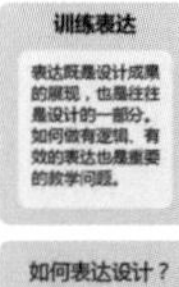

如何表达设计？

对于缺乏相关学科知识基础和生活阅历的低年级学生，如何启发和引导学生理解功能与建筑空间的关联，并在此基础上运用恰当的方法创造性的处理建筑与功能、使用和行为的关系，是重要的教学问题。

教学难点

场地和行为研究

行为研究方法

行为研究的内容

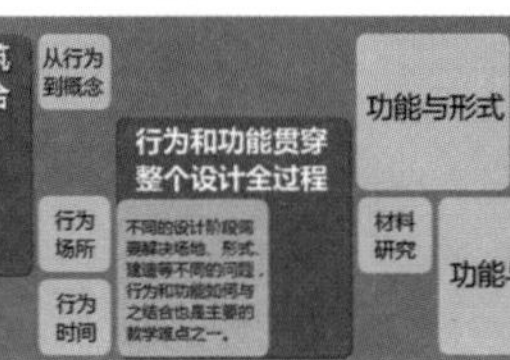

功能与形式

案例研究

材料研究

功能与建造

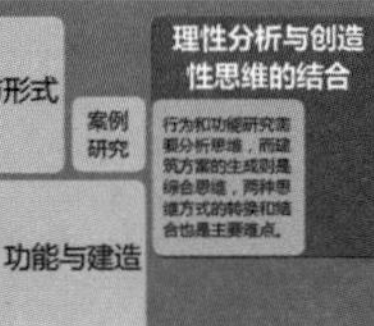

创新思维方式

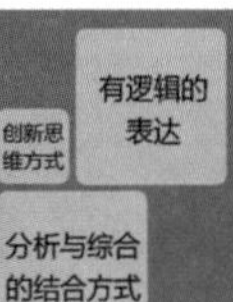

引入行为研究是理解功能的关键。不过这一新生的学科研究范式和内容的引入，也带来一系列教学难点，主要的难点体现在三个方面：

行为研究与建筑设计结合；

将行为研究贯穿在解决其他问题的整个设计过程中；

分析式的行为研究与综合式的建筑设计创新结合。

从行为到空间 Space-Making Based on Behavier Research

公共建筑设计 I 教案 Pedagogy for Architectural Design I

02 课程内容

以“功能”（Program）问题为切入的建筑设计逻辑思维培养

教学方案

教学问题	认知行为	理解功能	掌握方法	练习表达	题目界定	题目
解决方案	行为观察；行为体验 → 空间感知	行为特征分析；行为与空间 → 空间功能	行为特征、图式、材料技术；功能 → 形式 → 建造 → 空间生成	图纸及模型；语言表达	基于行为主体的空间：儿童 → 游习/单元空间；基于行为类型的空间：参观 → 步行/线形空间	幼儿园设计；民艺馆设计
能力要求	感性思维能力	分析思维能力	综合创造性思维能力		图解设计方法	综合表达技能

“功能”问题的复杂性和重要性，使其成为贯穿本课程两个中长周期作业——幼儿保育类建筑和小型展示类建筑设计——的主线，两个设计教学都强调以“行为”、“使用”、“功能”作为切入点，但各有不同侧重并前后衔接。

任务设置

幼儿园设计任务书

幼儿园调研要求

近2年社区幼儿园设计练习地形

近2年校史陈列馆/民俗艺术馆设计练习地形

民俗艺术陈列馆设计任务书

艺术/历史陈列馆调研要求

幼儿园设计侧重从空间行为主体的特征出发，陈列馆设计则从空间行为的类型出发。设计作业选择校园周边住区，以及校园内、城市风景区内等真实、且具有较鲜明特征的基地，较易进行场地和行为调研，适合低年级学生操作。任务设置也every强调的组织、方法和重点，引导学生从调研开始切入设计。

教学重点

“幼儿园设计”教学重点

区位　地形　地物　活动　｜　场地

主体　类型　时间　场所　｜　行为

尺度　比例　形状　方向　｜　形式

材料　细部　构造　结构　｜　建造

“民艺馆设计”教学重点

建筑的“功能”来自于人的行为需求，最终需要通过建筑的形式和建构特征来体现。在本课程教学的两个设计作业中，分别重点从“功能”与形式、“功能”与建造两个方面来逐步深入的培养对“功能”问题的解决能力。

	提出问题	探索多种可能	限定边界	探索形式和建造	界定形式和建造	综合表达	
基于综合的分析	解析任务书、调研场地、研究分析行为	依据调研指出问题，并提出概念方案	针对方案分析概念方案提出的问题	深化方案，明确形式；深化方案，思考材料建造	分析并评价方案形式；分析并评价方案建造	整理方案生成的逻辑链条，形成有条理、可理解的表达	综合与分析的往复
	分析	综合	分析	综合	分析	综合	

建筑设计的基本思维方式既非纯粹的分析，也非纯粹的综合，而是在不同的设计阶段，分别以分析或综合为主导。因此，建筑设计的逻辑方法主要体现为“基于综合的分析”即：在有限条件下的综合设计方案，再对方案进行再分析。通过往复的“分析-综合-分析”，寻找关键问题，发现任务的边界，探索设计的topic，尝试不同的构想，最终提出合理的解决方案。

教学方法

启发式教学： 引导学生从认识身边环境入手，理解空间组织的基本规律，并思考其存在的问题，推动自主学习。

开放式教学： 运用专题讲座、互动式讨论、公开评图等方法推动课程，拓展学生知识背景、培养合作、协作的能力，锻炼沟通和表达的技巧。

研究式教学： 强化资料收集准备工作要求；强化案例分析工作；强调自主寻找并解决问题的教学过程，培养学生创造性解决问题的能力。

启发式教学　开放式教学　研究性教学

原理讲授　专题讨论　资料调研　社会调查　方案制作　个别辅导　小组合作　汇报讨论　公开评图

启发式教学、开放式教学、研究式教学等多种教学方法的运用在于提高教学效率，最大化地利用教学资源，培养学生的兴趣和主动学习的能力。

教学日历（单个设计）

第一周	第二周	第三周	第四周	第五周（幼儿园设计）	第五周（民艺馆设计）	第六周	设计集中周	大评图周
讲课：任务布置，原理、调研方法讲授。（4课时）课后场地行为调研。	辅导：概念方案概念分析，案例分析。（4课时）	辅导：提出问题，明确设计概念。（4课时）	组内评图：重点：模型、平、剖面。形式与功能的关系。（4课时）	辅导：平、立、剖面纸表达。（4课时）	组内评图：重点：完整图纸，结构模型，功能空间的建造实现。（4课时）	辅导：建造分析，细部分析，节点分析。（4课时）	辅导：设计表达	公开评图+展览
汇报及讨论：场地研究，行为研究。（4课时）	组内评图：重点：概念模型，总平面行为、环境、概念（4课时）	辅导：方案深入，从功能到形式。（4课时）	专题讨论及辅导：形式的功能涵义。（4课时）	组内评图：重点：完整图纸，结构模型，功能空间的建造实现。（4课时）	专题讨论及辅导：实现功能的建造手段。（4课时）	辅导：定稿图，作业分析，表达方法。	辅导：设计表达	

“幼儿园设计”中有关功能与形式关系的教学时数可适当延长；“民艺馆设计”中有关功能与建造的教学可适当缩短。教学中注重公开评图……推动各阶段教学和检验教学成果……

以“功能（Program）”问题为切入的建筑设计逻辑思维培养

授课内容 | **学习内容**

场地和行为（第1周-第2周）

讲授设计原理
布置设计任务
讲解调研方法
安排调研任务

行为研究法及设计原理

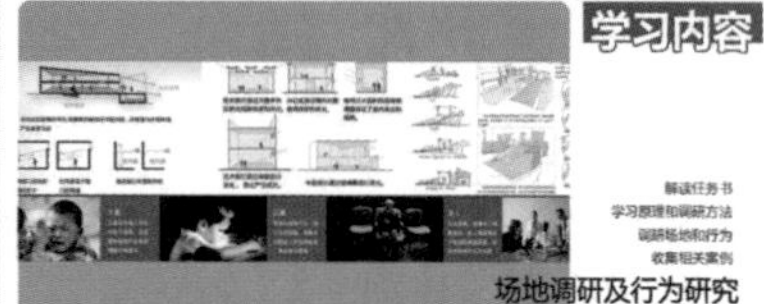

解读任务书
学习原理和调研方法
调研场地和行为
收集相关案例

场地调研及行为研究

行为和概念（第2周-第3周）

分析评价调研成果
分析评价设计概念
解析析经典案例
启发构思

概念分析及案例分析

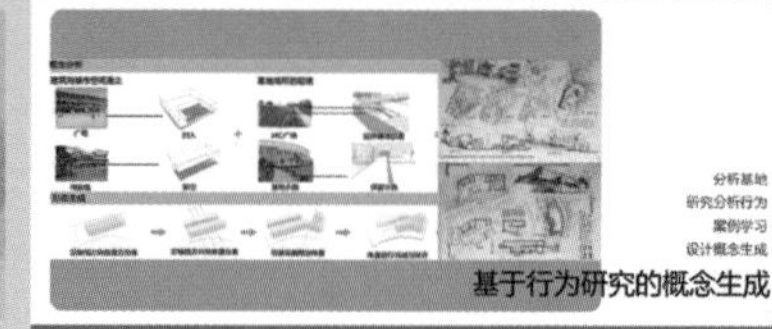

分析基地
研究分析行为
案例学习
设计概念生成

基于行为研究的概念生成

分析形式构图略
分析形式与场地的关系
分析形式与行为的关联
分析形式与空间的关联

基于行为的形式分析

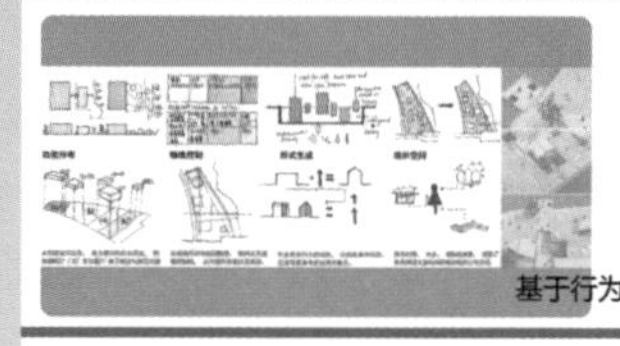

比较优选方案
确立构思
组织功能
生成形式

基于行为的形式生成

讲授结构、构造措施
解析方案中的建造问题
分析行为与建造的关系
分析建造与空间的关系

基于行为的建造分析

比较选择结构方案
行为与建造的匹配
形式调整
细节优化

基于行为的材料和建造

提出表达建议
组织公开评图
评价教学效果

设计评价

分析比较表达方案
制作最终成果
成果交流

成果表达

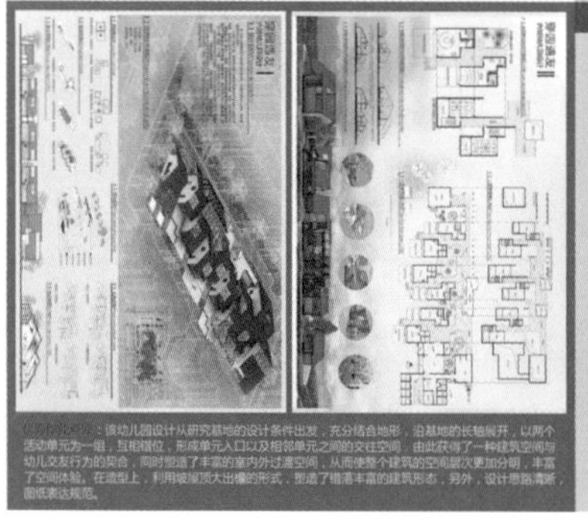

：该幼儿园设计从研究基地的设计条件出发，充分结合地形，沿基地的长轴展开，以两个活动单元为一组，互相错位，形成单元入口以及相邻单元之间的交往空间，由此获得了一种建筑空间与幼儿交友行为的契合，同时塑造了丰富的室内外过渡空间，从而使整个建筑的空间层次更加分明，丰富了空间体验。在造型上，利用坡屋顶大出檐的形式，塑造了错落丰富的建筑形态，另外，设计思路清晰，图纸表达规范。

教学思考

近几年在《公共建筑设计》课程中有关“从行为到空间”的教学模式的探索，使该课程获得了较好的效果，历年均有数份课程作业入选全国建筑新人赛。该模式在应对新常态下的人才需求上有以下特征：

1. **“深”专业素质培养**

理性的逻辑思维是未来建筑师的基本素质。通过“从行为到空间”的课程设计练习，培养学生从研究入手的设计操作习惯。能帮助学生建立起理性的、有逻辑的发现并解决建筑设计问题的习惯。

2. **“实”创新能力培养**

使用和功能问题作为基本的建筑问题，是中低年级设计教学的重要内容。本教学通过强调探究使用和功能这一建筑基本问题的形成过程，推动学生从日常行为与建筑空间关联入手，从理解实际使用功能入手，探寻行为需求与建筑空间之间新的联系可能，培养学生基于真实的生活情景的创新能力。

3. **“宽”出口人才培养**

社会需求的变化导致人才培养应以扎实的专业基础、宽广的视野和较强适应能力的为目标，理性的逻辑思维能力与感性的艺术素养同样重要。“从行为到空间”教案强调设计过程中的研究、分析、逻辑和表达，将促进人才培养向综合素质的提高转变，以适应人才需求的变化。

：该民俗艺术馆设计选址位于开放型市民休闲场地内，设计力图探求建筑、环境、人的行为三者的关系。建筑背坡面水，以方体为主，并以多片双坡屋顶覆盖建筑，规矩中富有变化。水平方向上进退丰富了平面，垂直方向上进退减少对水面的压力并产生面水的观景露台。内部功能分区合理：展厅空间大小对比、高低变化、天桥联系，增加了空间趣味。建筑的屋顶设有茶座，由外均可进入并不影响展览的功能。于是，民俗展览馆不只有展览，大屋檐下成了不同人群休闲的场所，共享时光的美好。

合肥工业大学

概念 + 空间 + 建构
——新常态背景下的短周期开放式综合训练（三年级）

一、教学目标

1. 提高建筑设计的基本能力。在掌握建筑设计原理和方法的基础上，进一步学习和掌握公共建筑的设计方法；提高综合把握影响建筑的社会、环境、经济、技术、文化、功能等诸多因素的能力。

2. 强调建筑设计的概念的逻辑生成训练。人们在认识过程中借助于概念、判断、推理等思维形式，能动地反映客观现实的理性认识过程。它是作为对认识过程的思维及其结构以及起作用的规律的分析而产生和发展起来的。只有经过逻辑思维，人们才能达到对具体对象本质规定的把握，进而认识客观世界。强调建筑设计从概念、形式、空间等的逻辑生成训练。

3. 培养建筑设计的创意能力。广义的创造贯穿设计的始终，设计的任何前提条件，都有可能成为创造的契机。希望在设计中考量人的行为模式、环境的特征、可持续要求或地域文化传承，综合运用形态和空间设计方法，设计出具有创意的建筑。

二、教学方法

1. 教学过程采用“讨论式”。教学过程专题讲座与学生汇报相结合，教学相长。

2. 概念生成强调“逻辑性”。逻辑研究能够提高人的理解、分析、评价和构造论证的能力。强调各阶段设计成果与前期调查研究的因果关系。

3. 成果评讲呈现“多元化”阶段成果展示及评讲形式多种多样，图纸、模型兼有；评讲者身份多种。

三、教学过程

相应的学生作业及教师对其简单点评

1. 作业一教师点评：徐怡然的环湖旅游驿站建筑设计方案的灵感来自于初次调研时场地的风声和水声带来的心灵触动，因而作者希望创造一个和声音有关的纯粹空间，强化体验者多方面的感官体验。通过对于听觉、空间等的深入研究分析，方案打破惯常思维模式，尝试用声音来限定空间，同时在声音空间中提炼出音乐这一活动主题，增加参与性和互动性，从音乐声和自然声两方面塑造出生动的场所氛围。

从声音的形式出发更像是用抽象的语言去表达建筑，在这个场所里，听觉作为对视觉以外的补充，拓展了人们对于空间在某些层面上的感知的维度。在作者创作的场所空间里，河岸线和崖岸线是天然的五线谱，传递最真实的音乐情绪，引领人们换一种方式去体验世界，从一种感官通向另一种感官。

2.作业二教师点评：王与纯的文化休闲服务配套设施设计是一个自定选址的设计，作者选取了自己的家乡——杭州梅家坞，那里自然环境优美宜人，茶叶地连绵起伏，当地人的生活与茶关系密切。因此决定以此为切入点进行设计，为茶农、品茶者和背包客提供一个与自然融合的交流、休憩场所。

设计者认为建筑作为人与自然间的媒介，应提供场景使人产生对自然的向往。方案尝试通过这两种关系去引发空间，设计中以树木作为主角去衍生周遭的建筑，将建筑作为道路的延伸来衍生，用风的流动来刻画建筑的成型，并强化坡地形成垂直空间的互相交融。屋顶围护结构、模拟树木的竖向杆件，延续了将室外自然环境融入建筑内部的意图。作者希望人们在其中游走时，可以用所有的器官强烈的感知到周遭的自然环境，仿若置身森林。

优秀作业 1：Blowing in the Wind——环湖旅游驿站设计　设计者：徐怡然
优秀作业 2：The Forest——社区文化配套设施设计　设计者：王与纯

作业指导教师：刘阳　陈丽华
教案主持教师：刘阳 陈丽华

三年级 / 公共建筑设计 DESIGN OF PUBLIC BUILDING

概念 + 空间 + 建构

新常态背景下的短周期开放式综合训练

CONCEPT + SPACE + CONSTRUCTION

01 教学特点及课程安排 CHARACTERISTICS

01 课程概述 INTRODUCTION

课程衔接

一年级 建筑通识教育	二年级 形式与功能	三年级 空间功能与建构	四年级 群体设计与城市设计	五年级 综合训练
理解建筑 认识设计 表达设计	基本空间 单一空间 线性空间	复合空间 群体空间	集体空间 介入空间	空间实践
空间概念和形式操作		空间组织、结构造型、材料运用、绿色设计、建造方式	社区规划、城市社会学、建筑文化研究、建筑策划	
基础和入门：建筑与建筑学基本问题	建筑设计"内涵"：基于功能、结构材料、技术、建造等问题		建筑设计"外延"：基于社会、城市、经济、文化等问题	

课程特点

教学问题	功能问题	环境问题	技术问题	空间类型	教学周期
环境+功能+技术 综合的建筑设计问题	复合功能	自选环境	结构构造	复合空间	长周期
	群体行为	多选环境	改造技术	群体空间	短周期
	城市效应	限制环境	可持续技术		
能力要求	综合解决建筑设计"内涵"问题的能力			图解、建构团队合作	计算机辅助表达

长周期（9周） + 短周期（5周）

长周期：社区图书馆；城市旅馆；……

短周期：海外旗舰店；创客空间；社区中心；环湖驿站；……；文化自信；互联网+；开放街区；生态文明；……

新常态背景下的社会热点

短周期特点：灵活性——题目灵活多变，教学方法灵活；开放性——关注社会热点，培养社会情怀；衔接性——强化内涵基础，培养外延情怀

短周期作用：增加学生对设计的兴趣点；提高学生自主学习的主动性；及时调整长周期教学中出现的问题

02 教学内容 CHARACTERISTICS

教学特色

重：重视拓宽基础知识面与加强基础能力的训练，重视全面的素质的培养。

放：以开放式的教学，培养学生创造性思维与设计能力，与创新精神培养紧密结合。

强：强化专业训练中的理想与现实，空间与政策，经济与环境，艺术与技术等有效平衡

综：联系实际，立足培养学生的综合设计能力及职业建筑师的基本素质。

建构主义教学模式

	传统的教学模式	建构主义教学模式
教学目标	强调技术学习	呈现整体性任务，让学生尝试解决
教学内容	固定的通用教材	根据学生的兴趣和问题
教学信息	充分准备	引导学生发现、分析
教学过程	重"练"轻"想"重"会"轻"懂"	师生互动，生生协作
教学方法	讲授、示范	安架式、抛锚式、随机通达式、情境化教学
教师角色	知识的灌输者	引导、帮助、指导
学生角色	知识的接受者	建构者、信息加工的主体、教与学的中心
成绩评定	集锦式评图	开放式评图评图

过程建构

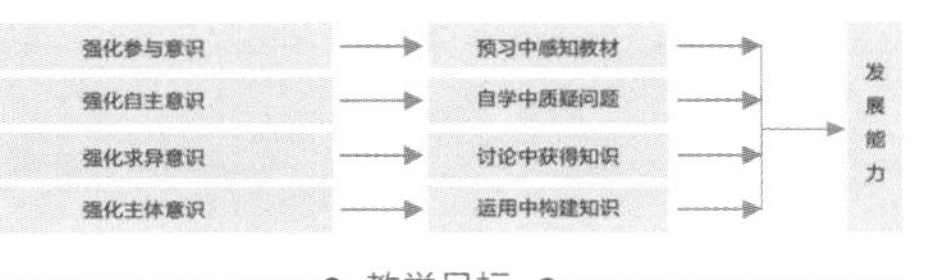

强化参与意识	→	预习中感知教材	→ 发展能力
强化自主意识	→	自学中质疑问题	→ 发展能力
强化求异意识	→	讨论中获得知识	→ 发展能力
强化主体意识	→	运用中构建知识	→ 发展能力

教学目标

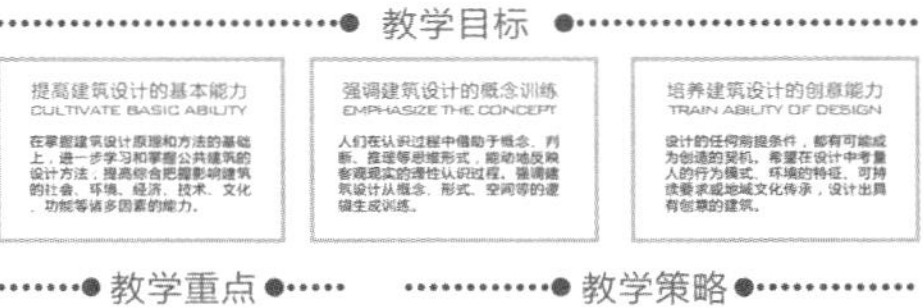

提高建筑设计的基本能力 CULTIVATE BASIC ABILITY

在掌握建筑设计原理和方法的基础上，进一步学习和掌握公共建筑的设计方法，提高综合把握影响建筑的社会、环境、经济、技术、文化、功能等诸多因素的能力。

强调建筑设计的概念训练 EMPHASIZE THE CONCEPT

人们在认识过程中借助于概念、判断、推理等思维形式，能动地反映客观现实的理性认识过程。强调建筑设计从概念、形式、空间等的逻辑生成训练。

培养建筑设计的创意能力 TRAIN ABILITY OF DESIGN

设计的任何前提条件，都有可能成为创造的契机。希望在设计中考量人的行为模式、环境的特征、可持续要求或地域文化传承，设计出具有创意的建筑。

教学重点

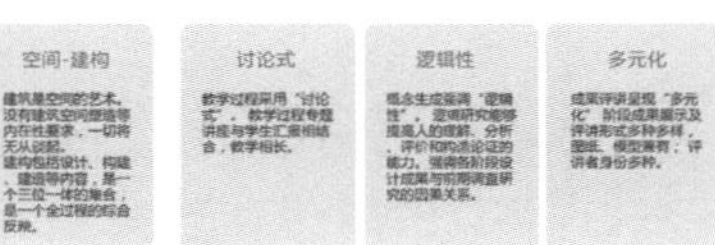

概念-逻辑：掌握和运用概念、判断、推理等思维形式和比较、分析、综合、抽象、概括等方法，从概念、形式、空间等方面培养前后一贯的，有条理、有根据的思维。

空间-建构：建筑是空间的艺术，没有建筑空间塑造等内在性要求，一切将无从谈起。建构包括设计、构建、建造等内容，是一个三位一体的集合，是一个全过程的综合反映。

教学策略

讨论式：教学过程采用"讨论式"，教学过程专题讲座与学生汇报相结合，教学相长。

逻辑性：概念生成强调"逻辑性"，逻辑研究能够提高人的理解、分析、评价和构造论证的能力。强调各阶段设计成果与前期调查研究的因果关系。

多元化：成果评讲呈现"多元化"阶段成果展示及评讲形式多种多样，图纸、模型兼有；评讲者身份多种。

03 任务设置 ASSIGNMENT

社区文化配套设施

一、设计题目 二、设计内容 三、设计要求 四、教学计划 五、图纸要求

环湖旅游驿站

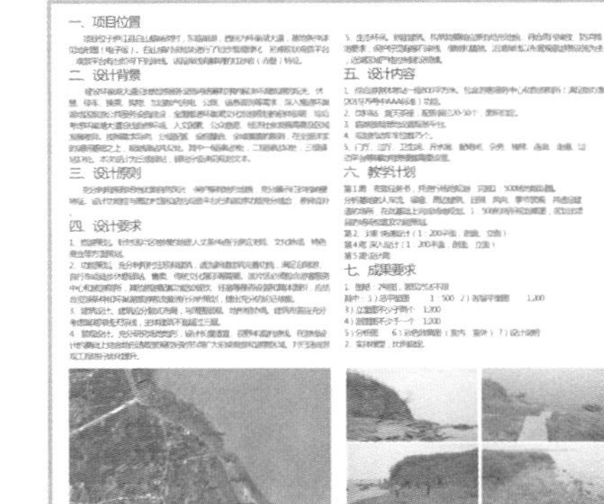

一、项目位置 二、设计背景 三、设计原则 四、设计要求 五、设计内容 六、教学计划 七、成果要求

三年级 / 公共建筑设计 DESIGN OF PUBLIC BUILDING

概念 + 空间 + 建构 新常态背景下的短周期开放式综合训练

CONCEPT +SPACE+CONSTRUCTION

02 教学过程及课程核心

PROCESS & CORE

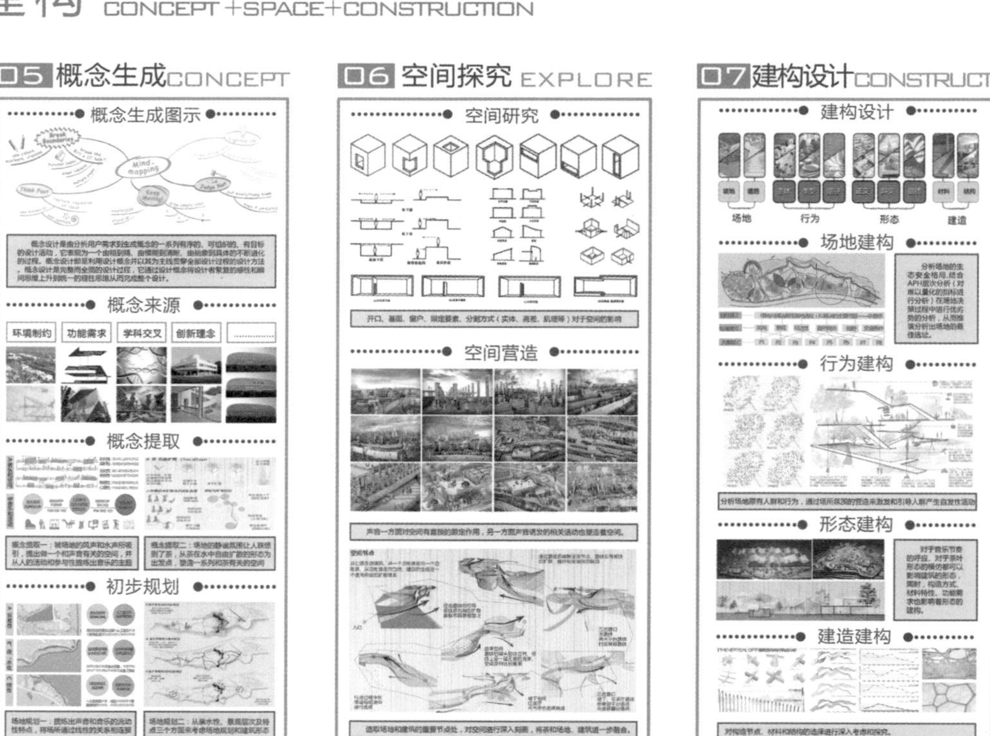

过程导向：
了解设计任务的性质、规模、场地等基本问题
发挥学生主动学习能力，进行多角度调研
学会运用原始资料进行分析、比较以及多方向解读
研究设计任务的规律性

作业形式：
ppt汇报 调研报告

过程导向：
重点探讨建筑与环境的关系
从内到外与从外到内相结合
范示研究与多方案比较
设计概念形成

作业形式：
图纸 模型

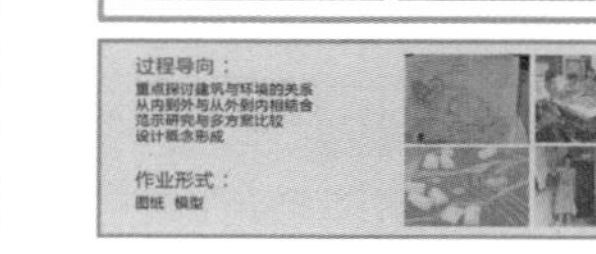

过程导向：
重点探讨人与建筑的关系
引入建筑体系概念，包括功能、交通、结构、景观、表皮体系等形式、空间、逻辑的生成与演绎
空间序列与流线的组合，内外空间的感知与体验

作业形式：
图纸 模型

过程导向：
重点探讨建构关系
方案框架内的填充式优化
关注空间尺度、构造做法、建筑材料以及舒适性、一致性、完整性、合理性等问题，满足规范等

作业形式：
图纸 模型

三年级 / 公共建筑设计 DESIGN OF PUBLIC BUILDING

概念 + 空间 + 建构 新常态背景下的短周期开放式综合训练 CONCEPT +SPACE+CONSTRUCTION

08 教学成果展示 DISPLAY OF TEACHING ACHIEVEMENTS

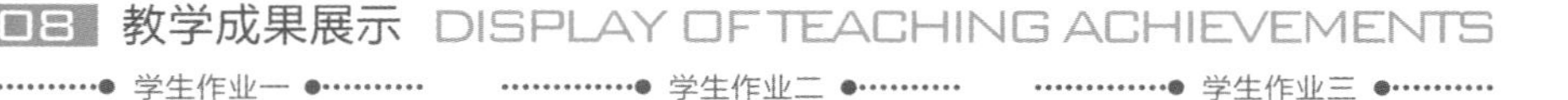

学生作业一

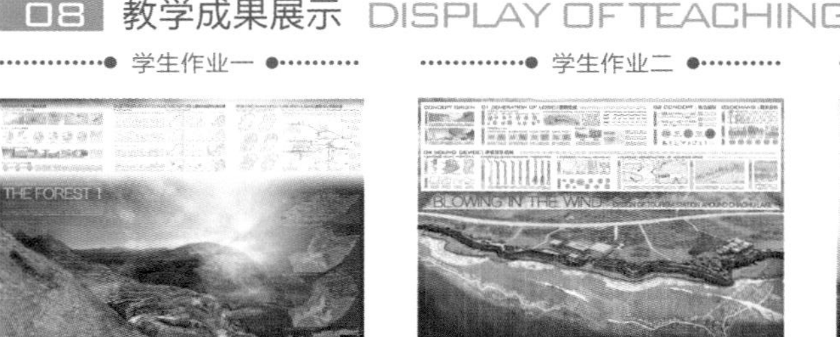

学生作业二

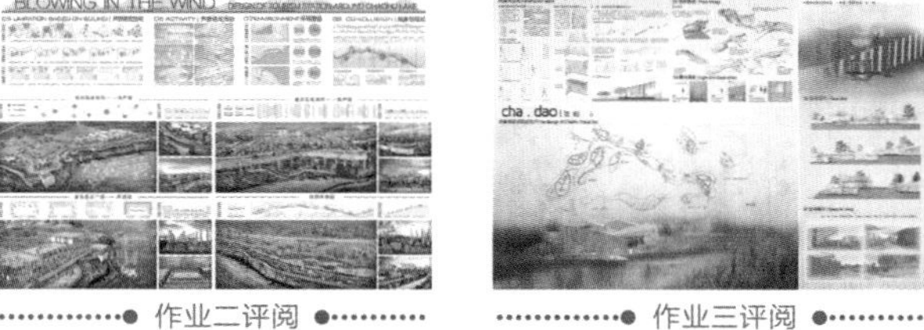

学生作业三

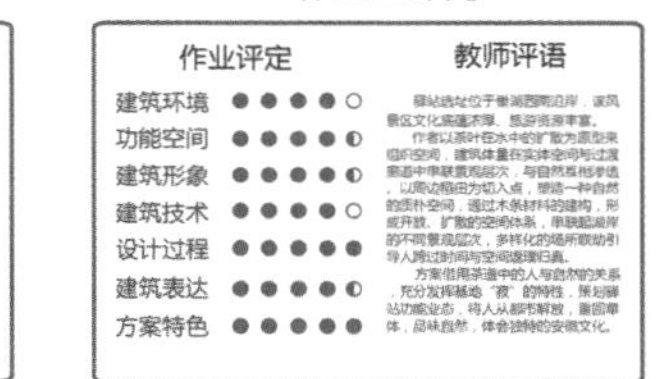

作业一评阅

作业评定	
建筑环境	●●●●◐
功能空间	●●●●●
建筑形象	●●●●◐
建筑技术	●●●●◐
设计过程	●●●●●
建筑表达	●●●●◐
方案特色	●●●●●

教师评语

作业二评阅

作业评定	
建筑环境	●●●●◐
功能空间	●●●●●
建筑形象	●●●●◐
建筑技术	●●●●○
设计过程	●●●●
建筑表达	●●●●●
方案特色	●●●●●

教师评语

作业三评阅

作业评定	
建筑环境	●●●●○
功能空间	●●●●◐
建筑形象	●●●●◐
建筑技术	●●●●◐
设计过程	●●●●
建筑表达	●●●●◐
方案特色	●●●●●

教师评语

03 教学成果及后期评价 RESULT&REFLECTION

09 后期评价 EVALUATION

学生反馈

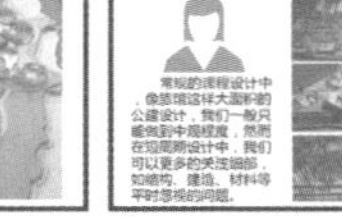

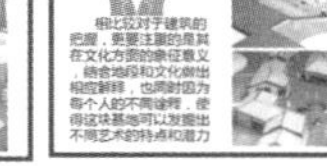

教学反思

教学内容 TEACHING CONTENT

教学过程 TEACHING ROCESS

教学手段 TEACHING MEANS

教学方法 TEACHING METHODS

上海交通大学

实践性，理论性，研究性相结合的空间教案（二年级）

本教案在本科二年级上半学期实施，属于建筑学四个基本议题“形态、空间、建构、基地”中的一个，是上海交大建筑学设计课程的重要基石之一。

本教案为期16周，分为2个阶段，共7个步骤进行，连续进行。

阶段1－空间认识：步骤1.1，空间范例分析与表达；步骤1.2，空间体验认知与再现；

阶段二－空间设计：步骤2.1，空间构成秩序的设计；步骤2.2，入口及路径设计；步骤2.3，结构逻辑与空间秩序；步骤2.4，材料细部与空间设计；步骤2.5，空间设计与空间内容

学生作业成果为步骤2.5《空间设计与空间内容》，任务书如下。

作业简介

我们在“空间认知”阶段（1），通过“空间体验”、“范例分析”，获得了对空间的初步认识。在“空间设计”阶段（2），通过“空间构成逻辑（秩序）的设计”、“入口与通道设计”、“空间与结构”、“空间与材料、细部”，借助“叙事逻辑”的控制，学习了空间设计的初步知识与方法，形成了一个相对完整的、有一定气氛与质量的建筑空间。现在，我们赋予该空间一个特定功能——别墅，进入“空间设计与空间内容的互动”。

作业目的

1）研究空间设计与空间内容的互动关系，学习从空间角度入手解决（激发）空间内容的拟定；

2）学习功能泡泡图的分析方法，了解其价值与局限性，学习用“问题”方法对其进行解析；

3）学习从生活出发，从自身出发，对空间内容进行个性化、建筑化的理解，及其再创造。

总体要求

1）将“空间设计”阶段完成的结果（9.6m×9.6m×6m），变化范围扩大到12m×12m×7m（局部最高不超过8m）（可通过放大比例，或空间出挑、延伸extension等手段达到扩充目的），必须包含2层空间（要有楼梯设计），并设置相应空间内容，要有明确家具配置（固定与非固定的）。在此基础上，完成一个别墅设计。

2）别墅的基本内容（功能）大致应包括：入口空间、起居室（娱乐室）、工作室（书房）、厕所、浴室、盥洗间、卧室（主人房、客房）、储藏室、厨房等。提请注意：内容（功能）≠房间。

3）空间具体形状可发生变化，具体想法可发生变化（比如讲课中提到的ETH充气建筑），但空间“构成逻辑（秩序）”与“基本空间品质、氛围”须基本保持与前期作业一致，并在此基础上找到最适合你已有空间的居住人。可以是实际中某人（家庭），可以是自己，可以是想象中、文学、电影、漫画等里面的某人，甚至是未来世界的某人。

4）根据居住人口数目、性质，根据生活习惯、使用（use）模式，进一步细致确定相应的空间内容。不允许重新设计，但可以加隔墙、重新开窗、重新设计材料与细部、重新设置出入口、重新调整具体形态等……

5）每个人根据上述要求，在本任务书及你前期空间设计的基础上，拟定出你自己的具体设计任务书，明确具体的居住人，具体的使用方式，各空间内容（功能）的面积指标。

具体要求

（1）总体设计

1）基地上的功能安排：如人流、车流的布置，停车位的设置，道路的设置（宽窄、拐弯半径……）；

2）结合进入室内空间的路径空间，以及内部空间效果，由内而外，推演出外部空间环境的设计。

（2）单体设计

1）“公共圈”部分，要充分考虑人在其中的活动展开，学习将家具作为空间中次要限定手段的运用；

2）“个人圈”、“公共圈”、“劳动圈”之间，要有明确的过渡与区分。

3）可以增加隔墙，重新开窗，材料重新设计……进一步细致划分空间；

4）可以重新调整建筑的出入口，具体数目自定；

5）建筑结构：要考虑承重墙或梁柱体系的结构布置，并以此为基础，进一步调整、深化空间分隔；考虑屋面板建造的可实施性；

6）建筑构造大样考虑（可以实际、可以生态、可以未来……，但都必须有踏实的依据）：结合《建筑构造课》，考虑窗户与墙体、屋顶与墙体、地板与墙体……的构造处理，并将其转化为立面设计依据。

优秀作业1：剖面之宅——心理医生的家　设计者：周铭迪
优秀作业2：向心构筑——法官心灵之宅　设计者：邱宇
优秀作业3：错动空间——年轻人的“微社区”　设计者：张小霞

作业指导教师：范文兵　宣湟　赵冬梅　刘小凯　王浩娱
教案主持教师：范文兵

实践性，理论性，研究性相结合的空间教案

Space Teaching Plan based on Integration of Practice, Theory and Research

1

空间作为建筑学四个基本议题之一

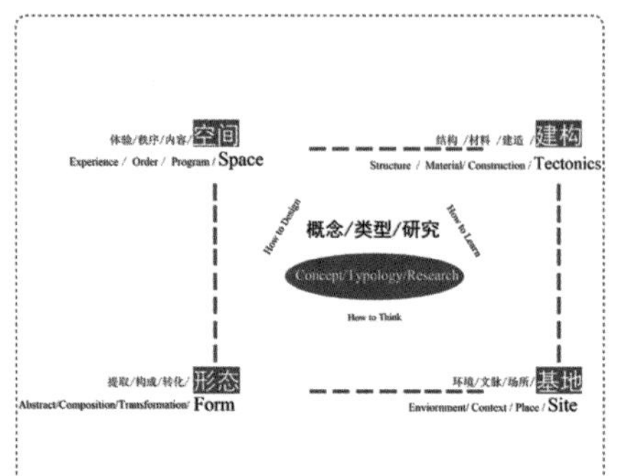

教案在设计教学大纲中的位置

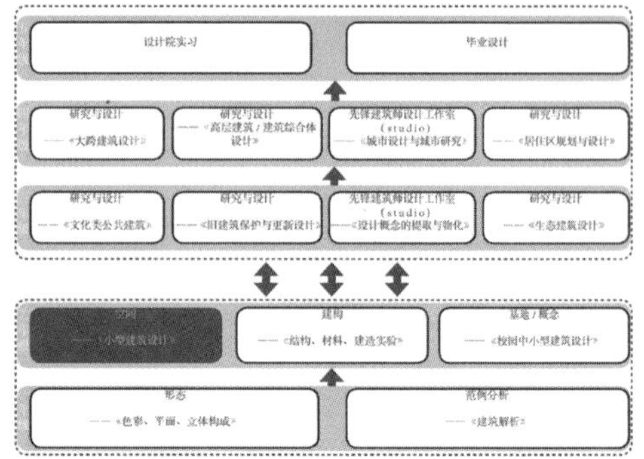

教案的理论基础

学习方法——学科基础、理论基础、案例研究 How to Learn: Subjects, Theories, Case Studies				设计与表达方法——辅助性设计 How to Design: Design Tools and Methods		教学方法——如何控制设计学习过程 How to Teach: From Program to Design	
关键建筑理论、概念（早期的）Key architectural Theories, Concepts	关键建筑理论、概念（当代的）Key architectural Theories, Concepts	相关知识背景 Knowledge Background	代表性作品、建筑师、作品 Key Architects and Works	主导思路	具体方法	主导思路	具体方法
空间体积规划 Raumplan［Plan-of-Volumes］ Adolf Loos : Müller House, Prague, Czech Republic, 1929 — 30; 多米诺体系 (Maison Dom-ino［Dom-ino System］ Le Corbusier. 1915; 自由平面（Plan Libre［free Plan］） Le Corbusier. The Five Points of a New Architecture, Vers une Architecture［Towards a New Architecture］，1923; 漫步式建筑 (Promenade Architecturale) Le Corbusier : Villa Savoye , Poissy , France, 1928 — 29; 时间与空间的统一体 Sigfried Giedion. Space, Time and Architecture — The Growth of a New Tradition. Cambridge, MASS: Harvard University Press, 1941; 比例、数、秩序 Colin Rowe. "The Mathematics of Ideal Villas."，in The Architectural Review, 1947; 模度（数） Modular，Le Modulor（The Modulo），1948，Le Corbusier; 对古典主义的分析，帕拉迪奥的比例 Classicism，Palladian Proportions，Architectural Principles in the Age of Humanism，1949，Rudolf Wittkower 空间结构，空间序列 Strutture e Sequenze de Spazi (Structures and Sequences of Space)，in《Spazio》，IV, (1952-1953), 7, pp. 9-20, 107-108，Luigi Moretti; 被服务空间，服务空间 Served(positive)Spaces,servant (negative) Spaces，1954Moretti; 透明性 Transparency，Transparency，1964，Colin Rowe，Bernhard Hoesli;	场所，场所精神（Place, Genius Loci） Christian Norberg-Schulz. Existence, Space and Architecture.（London: Praeger Publishers，1971） Genius Loci: Towards a Phenomenology of Architecture.（New York: Rizzoli, 1980） 空间与事件 Spaces and Events，Bernard Tschumi，1983 空间句法 Space Syntax Bill Hillier，1970-80） 自由剖面（free section） Rem Koolhaas 电影与建筑 概念引导设计 研究引导设计 建筑空间	透视学 文艺复兴：一点透视 绘画学 心理学 社会学 人类学 现象学 海德格尔（Martin Heidegger），《筑、居、思》（Building,Dwelling,Thinking），1954 哲学 艺术 荷兰风格派 (De Stijl) 杜斯伯格（Theo van Doesburg） 全新的塑形表现（new plastic expression） 俄国构成主义 (Russian Constructivism) 立体主义 (Cubism) 纯粹主义 (Purism，1920-25，又称 Post Cubism，柯布 Le corbusier 及奥占 Ozenfant 方创立）; 巨构（Megastructure）	围合 (enclose) 桂离宫（Katsura Rikyu，Katsura Imperial Villa），日本，17 世纪; Ludwig Mies van der Rohe: German Pavilion at the International Exhibition in Barcelona, Spain, 1929; 挖洞穴 (hollow)/ 充囊式 (poche/ 涵盖法) Adolf Loos: Müller House, Prague, Czech Republic, 1929 — 30; Peter Zumthor: Theme Vals (Thermal Bath Vals), Graubünden , Switzerland, 1990-1996; 叠加、穿插、折叠…… …… 空间构成 Andrea Palladio: Villa Capra "La Rotonda"，Vicenza, Italy. 1566 — 85, (completed in 1585 by Vincenzo Scamozzi after Palladio's death)， 空间与内容（program） Louis I. Kahn: Richards Medical Research Laboratories, University of Pennsylvania, Philadelphia, US, 1957-65; Rem Koolhaas 功能泡泡图 (Bubble Diagrams) 漫步式建筑 Le Corbusier：Villa Savoye，Poissy，France，1928 — 29; 概念控制设计法 叙事法（Narrative） Giuseppe Terragni：Danteum（但丁纪念堂，方案），Rome，Italy，1938;	概念设计法（叙事法） 通过讲一个故事，控制空间的构成逻辑、空间秩序，六个面的交接，光影效果，空间氛围 空间构成基本要素 空间限定；空间序列；流动空间；负实体 (Negative Object)；透明性；空间秩序；模数 / 尺度 / 比例；光感（反射性、吸光性、透光性……） 结构与空间 实体（砌体）结构；杆系（构架）结构 Andrea Deplazes, Christoph Wieser．Constructing Architecture: Materials Process Structure, A Handbook. Basel: Birkhäuser, 2005; 空间与内容（问题）的互动 空间与人 基本感官：视觉的，感知的(Tactile)、活动（控制、引导）的；心理影响；场所、场所感；社会学影响，人类学影响;	整体控制方法 概念控制设计（叙事法）自圆其说; 空间调性（氛围）性格鲜明; 空间特征（挖洞穴 / 围合）性格鲜明; 结构逻辑的配合（挖洞穴 / 围合）精准诚实; 内容（功能 / 问题）的互动合理自圆其说; 空间秩序（order）要明确; ………… 局部控制方法 光与影; 尺度与比例; 结构; 材料; 肌理; 建构细部; ………… 辅助设计与表达工具 手工模型; 电脑模型; 草图; 剖面与空间及人的尺度关系; 平面与流线 / 秩序的关系; 立面与尺度，建构（详图）的关系 图表（Diagram）与内容的关系; 装置；模型；渲染图	九宫格 Nine square，Texas Rangers，1950s，John Hejduk; 挖洞穴与围合 两线索平行展开 分阶段训练 1）认知阶段， 2）设计阶段; 分目标专项训练 总结性综合训练	七个训练步骤

教案训练步骤

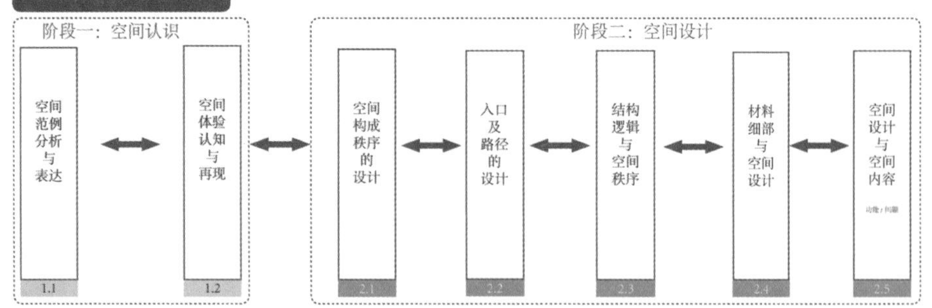

实践性，理论性，研究性相结合的空间教案 2

Space Teaching Plan based on Integration of Practice, Theory and Research

教案进度与成果

STEP 1.1

空间范例（Procedure）分析与表达

作业要求： 设计空间，从形态（form）角度切入，大致可分为两类：加法、减法。从基本操作（handle）动作看，大致有两种手段：挖洞穴（光囊式 poche、减洞式）、围合（enclose）。选取范例列表中一个案例，以小组（3-4人一组）为单位，分析模型及图纸，展开研究。

1、首先，要尽量回到"历史情境"中，分析建筑设计与建造该建筑的全过程，包括设计概念的生成、演变，建造过程中的调整，[illegible]。然后，再进行有"自己观点"的、有理有据的梳理与分析；
2、建议从整体层面和局部层面两个层面入手分析；
3、图纸的整体叙述逻辑，分析图的角度、比例，模型制作的选择，展示手段的选择，应明确表达出你的分析主题；
4、模型要清楚表达出建筑的结构体系，并同时要有一定的周边环境表达。

成果要求： 1、模型有两部分：1）、建筑实体模型（可拆解，或剖面可打开），单体住宅比例不小于1：40，公共建筑比例不小于1：50；2）、分析模型1～2个。
2、不少于三张A1（720mm×500mm）手绘图纸，说明文字不超过150字。1）、建筑的平、立、剖面图，比例自定；2）、设计过程解析；3）、不少于三个角度，对空间模型的分析图；4）、不少于一个、人体不同视角的透视图。

日程安排：

第一周（09.14）
讲课1：《空间概念的初步认知》；《找到学习的角度——课程计划介绍》

第一周（09.17）
分组讨论1
讲课2：《分析表达方法（图示、模型）提示与早期优秀作业分析》，《相关问题提示——数学笔记》

第二周（09.21）
分组讨论2

第二周（09.24）
公开评图

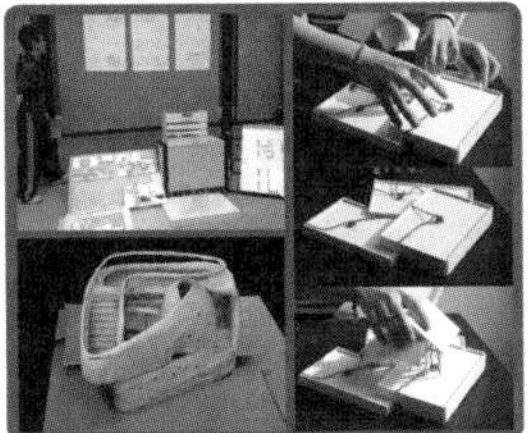

STEP 1.2

空间体验（experience）、认知（cognitive）与表达

作业要求： 在校园或城市环境中，按照第一个范例分析作业所学到的挖洞穴（poche 光囊、冲囊，减洞式）、围合（enclose）、叙事法等空间做法，寻找你作为一个具体个人或群体团队，通过亲身体验，最能与你分析过的空间做法对应上的建筑、建筑局部或景观设计。

1、亲身体验——是指个人或团队在生理、心理、社会学、人类学、专业学习、个人成长经历等多方面因素影响下的第一手感受；
2、亲身体验的过程——要包含时间、时段、次数、强度等方面的设定；
3、体验的对象——要从建筑群体、单体、街巷等具体的城镇环境（built environment）中，落实到单个或两个空间构成要素，或是个具体（完整的）的空间，进行深入分析。

成果要求： 1、2～4张A1（720mm×500mm）绘图纸，手绘，其中文字不超过100字，内容自定，分析方法自定；
2、模型；
3、能说明探讨主题的装置或视频

日程安排：

第三周（09.26）：
作业任务书讲解；
现场参观

第三周（09.28）：
讲课1：《空间体验与分析方法提示》；
《表达——图纸的主题性与叙事性》；
分组讨论1：研究对象的选取、观察和体验的角度及方法

十一假期中间：
返回实地范例参观，反复参观体验思考及反思，并在最后作业成果中有所体现。

第五周（10.08）：
讲课2：《新表达手段的学习与应用》
分组讨论2：重点讨论对分析对象的理解，及如何表达你的理解。

第五周（10.12）：
公开答辩

STEP 2.1

空间构成秩序（Order）的设计

作业要求： 在一个9.6×9.6×6.4（高）米的空间范围中，构成一个产生特定体验、望发特定行为事件发生的空间。通过流线设置，引导人体对该空间进行围绕叙事主题的空间旅行和事件活动，[illegible]的五种感知，可以某1个或2个感觉为主。

1、挖洞穴：在确定空间体块内，挖掉300～450m³的体积，构成一个虚体积的空间，挖的动作应在0.6×0.6×0.6米的网格中进行。
2、围合：在指定范围内进行围合，围合应在0.6×0.6×0.6米的网格中进行。基本围合构件的尺寸：0.6米×0.6米×200毫米。

成果要求： 1、草模型1：50，要表达出墙厚（200mm），展开（或剖开）方式的选择，要有照相记录；
2、2张A1图纸（构、构思），根据"空间体验"顺序，或"空间构成逻辑"（故事主题的展开）进行图纸表达，手段可用透明纸，可草图拼贴；
3、至少一张A3大小的主体内部空间徒手素描，视点选择要表达出最重要的主体空间逻辑（应该有一个反过来调整设计的过程），视角要有到室外，透视要尽可能真实准确，要完整表达出空间构成、空间层次感、体量感，注意光环境、空间气氛的细致表达。

日程安排：

第六周（10.15）：
讲课1：《作业学术背景介绍》
讲课2：《空间/问题（恐惧、日常）》
讲课3：《叙事法与空间设计》

第六节（10.17）：
PSA 参观静态日全展览，两岸艺术中心空间季主展，建筑师聚落

第六周（10.19）：
分组讨论1：空间构成秩序与叙事
讲课4：《剖面与空间设计》
讲课5：《光与空间设计》

第七周（10.22）：
分组讨论2：空间构成秩序与叙事调整，流线与空间、尺度、剖面、光线。
讲课6：《透明性与空间设计》
讲课7：《学生讲座》

第七周（10.26）：
分组讨论3：空间构成秩序与叙事调整，透明性的空间关系，空间整体设计

第八周（10.29）： 分组讨论4——综合调整，成果设想讨论
第八周（11.02）： 公开评图

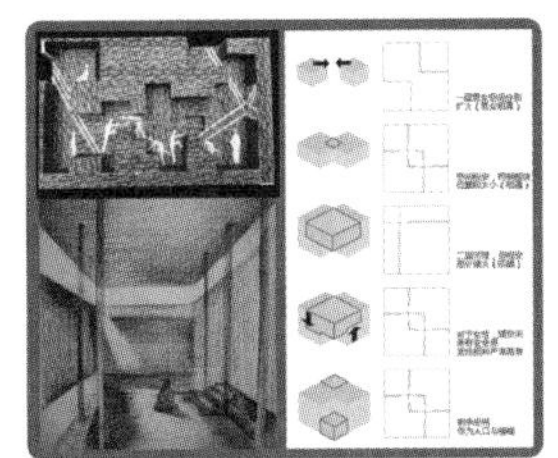

STEP 2.2

通向建筑的通路（Approach）与入口（Entrance）两者之间（In — Between）的空间设计

作业要求： 基地为一块南北宽24米，东西长24米的基地，基地北外侧设3米宽步行道，5米宽东西向车行道。将你前期设计的体验空间置于基地中，人们通过步行从外界通达该建筑空间。

1、入口空间设计：除本身设计要求外，必须与你的叙事发生互动关系。
2、通向建筑的通道设计：除本身要求外，必须与你的叙事发生互动关系。
3、深入与调整1：借助入口及路径的设计，对前叙事逻辑、完善叙事逻辑与空间逻辑之间的转换，强化空间主体构成逻辑的清晰、完整与力度。
4、深入与调整2：在基本完成"空间主体构成逻辑"的基础上，借助过渡空间、尺度、比例、界面限定等手段，深化对空间品质的推敲。
5、结构初步考虑：开始考虑结构与建造的可行性。"挖洞穴"作业要考虑墙体本身作为结构构件，考虑承重墙、非承重墙；"围合"作业要考虑以框架柱体起支撑作用。

成果要求： 1、徒手绘A1图纸，张数不限：1）平面，每层一个；剖、立面（各至少一个），1：50～1：80（手绘）；2）总平面，要有基地与通道表达，1：80（手绘）；3）再制作揭示空间构成逻辑的轴测图，其中要有结构；4）SK透视图，不少于4张（表达出空间的视觉序列）；5）分析图，分析内容自定。
2、模型：分数比例 [illegible] 总体小模型，用以表达总体，[illegible]；2）入口空间的主模型，1：20（要考虑门的样式、墙面材质及细部处理）

日程安排：

第九周（11.05）：
讲课1：《任务书介绍》
讲课2：《入口与通道（1）》，实地体验作业范例解析
分组讨论1：空间塑造的更多调整

第九周（11.09）：
讲课3：《尺度、比例、界面限定的细致设计》
集体评图1：[illegible]
分组讨论2：空间逻辑的清晰与深入，入口及通道设计

第十周（11.12）：
讲课4：《入口与通道（2）》，或案例提示、集体答疑；
分组讨论3：深入设计

第十周（11.16）：
集体评图2

STEP 2.3

结构（Structure）秩序与空间秩序

作业要求： 1、结构体系的确定与空间体系的再调整。
"挖洞穴"空间的结构，应采取承重墙体系（实体结构）；
"围合"空间的结构，应采取框架结构（杆系结构）。
2、建筑与地面关系的确定与空间逻辑的再调整。
3、空间中路径（path）的调整与空间逻辑的再调整（动与静）。
4、注意："调整"绝不仅仅是"深化"，而是在空间过程逻辑、叙事等方面，真正与前述影响的三要素，尤其是结构因素，发生深层次互动。

成果要求： 1、打印图纸，张数不限，但自己要做一（CAD绘制，或SK 模拟绘制）
2、结构体系模型（1：30～1：50，手工草模型），要有地面表达。
3、空间体系模型（与结构体系模型采用同一比例），用以表达经过结构与空间互动设计后，空间的整体特征

日程安排：

第十一周（11.19）：
讲课1：《MIT课程初步介绍》，《空间与结构的互动关系》，[illegible]

第十一周（11.23）
讲课2：《建筑与地面》，《现代建筑中关于结构与空间的探索》
分组讨论1：更进一步讨论结构与空间的逻辑关系

第十二周（11.26）
分组讨论2

第十二周（11.30）
前两节各组间评审教师选择2～3个有代表性的案例，进行点评。
后两节为进行下个作业——材料（Materials）、细部与空间设计的布置和讲课

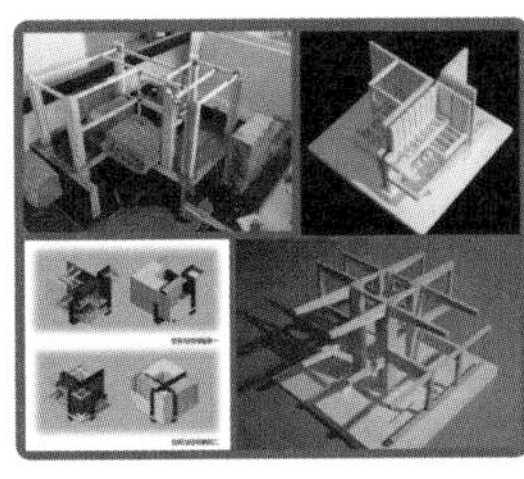

实践性，理论性，研究性相结合的空间教案

Space Teaching plan based on integration of practicality, theory and research

3

STEP 2.4

材料（Materials）与空间设计

作业要求： 围绕深化空间叙事主题与创造空间趣性（叙限）特征两个相辅相成的目标，选择不超过两种材料，进行相关细部设计，在"二维肌理层面"探讨整体"知觉效果"，以此完善、调整、确定空间的最终效果。

1、材料、细部影响空间"知觉效果"的具体途径。1）材料必须要有具体实物为依据。2）按照设计意图及实际建造的可行性，进行真实的尺度划分与表达。3）重点考虑材料与材料的交接与转换。4）材料与建筑形态、空间形态特征的关系，要有基于明确意图的控制表达。

2、借助材料、细部的介入，对前期工作，进行综合全面地完善、调整。

成果要求：

1、可打开式模型1:30。1）要做出墙的真实厚度，具体材料可自选。2）模型应是可揭示的，揭示或剖切方式，根据设计构思自定。3）必须表现出相应材质，要加入结构的表达。4）要有部分的基地环境表达，至少入口空间部分，要表达清晰完整。

2、局部放大模型，1:10，模型实际尺寸不得小于15cmx15cmx15cm。

3、1）、一张A2：电脑透视渲染图。2）、四张A1：包括设计说明，空间叙事、各基本图纸等。

日程安排：

第十二周（11.30）

1）点评前期作业＋前期作业分析；

2）讲课1：《材料、细部与空间设计》

3）布置任务书

第十三周（12.03）

讲课2：《优秀学生作业分析》

分组讨论1：结构基本确定，草图打印或画出来，进行调整

第十三周（12.07）

分组讨论2：材质基本确定，细部设计讨论（尺度划分、材质建造方式、肌理效果、与空间开敞的关系……）。

第十四周（1210）

公开评图

第十四周（1214）

分组自评及汇报：以组为单位完成自评，12月14日以小组为单位，挑选本组所评的有代表性的2～3个作品，进行PPT汇报，每组时间不超过15分钟。

STEP 2.5

空间设计与空间内容（Space and Program/function/problem）

作业要求：

1、将"空间设计"阶段完成的结果(9.6×9.6×6)，变化范围扩大到12×12×7米，必须包含2层空间，并设置相应空间内容，要有明确家具配置，在此基础上，完成一个别墅设计。

2、别墅的基本内容（功能）要满足要求。

3、空间具体形状可发生变化，具体想法可发生变化，但空间"构成逻辑（秩序）"与"基本空间品质、氛围"须基本保持与前期作业一致。

4、根据家庭人口数目、性格、生活习惯等，进一步细致确定别墅的空间内容。

5、每个人根据上述要求拟定自己的设计任务书。

成果要求：

1、图纸（3张A1绘制图纸，总字数不得超过80字），内容包括：表达设计意图的分析图解，设计说明，各基本图纸，承重体系轴测图，空间构成逻辑（含家具）轴测图，局部详图，局部建构剖轴测，模型照片。

2、室内外透视表现图二张

3、A3文本

4、模型（一个可打开式模型1:30）：1）要做出墙的真实厚度，具体材料自选。2）模型应是可揭示的或剖切。3）必须表现出相应材质。4）要有部份的基地环境表达，至少入口空间部份。

日程安排：

第十四周（1214）

讲课3：《空间设计与空间内容》；讲课4：《别墅1》

任务书布置

第十五周（1217）

讲课5：《别墅2》

分组讨论1：按照你的具体空间内容及用户特征，拟出带有详细任务书。

第十五周（1219）

参观：PSA或本地一流展览，及周边等建筑现场

第十五周（1221）

讲课6：《建筑与天空》；讲课7：《空间与形态，"赖立德"》

分组讨论2：推敲平面布局，调整你的空间逻辑（秩序），入口道路及结构体系。

第十六周（1224）

分组讨论3：结合平面、剖面的调整，讨论立面设计。

第十六周（1228）

分组讨论4：确定平、立、剖面，细部做法讨论，讨论正草图。

第十七周（1231）

提交正草图，各组老师打正草图分数

第十七周（时间待定）： 最终评图

部分作业及点评

西南交通大学

“角色置换”——从旁观配角到亲历介入 二年级幼儿园设计课程教改研究（二年级）

本教改研究在二年级最后一个课程幼儿园设计中，通过选取一个现实中既有艺术创新，又能整合规范、功能、经济等现实条件的优秀作品，如上海青浦夏雨幼儿园，作为深度研究案例，然后让学生虚拟变成该项目的设计师，进行方案的重新思考。

教改目标：对案例研究在设计课程中的角色定位进行拓展性改革，使其与教程进度、学生创作的节奏特点、设计能动性的调动、创新性设计思维的关联性激发等方面，形成实质性推动。

内容：根据具体设计课题的情况，采取“角色置换”策略及其混合体，对教学过程的整合进行拓展性推动："角色置换”是指对单一的案例进行深层次的拓展性解读后，将学生自身转变成该案例的设计者，去完成同样的设计题目，看看自己会怎么做，从而激发学生的对比欲望来促进创作进程的推进。

主要特色：大力拓展设计课教学中案例研究的深度和广度，促进学生发掘案例中潜藏的价值，学习平时易被忽略的设计观念、手法和技巧，形成较为完整的创作内在逻辑的理解。

优秀作业 1：跑向成长 / 我的夏雨幼儿园设计　设计者：曾昱玮
优秀作业 2：内外成长 / 我的夏雨幼儿园　设计者：王子悦
优秀作业 3：森林之家 / 我的夏雨幼儿园　设计者：冯裕铭

作业指导教师：邓敬　詹世鸿　韩效
教案主持教师：邓敬

“角色置换”——从旁观配角到亲历介入

二年级幼儿园设计课程教改研究

1.1 二年级课程安排

1.2 本教案教改体系与任务

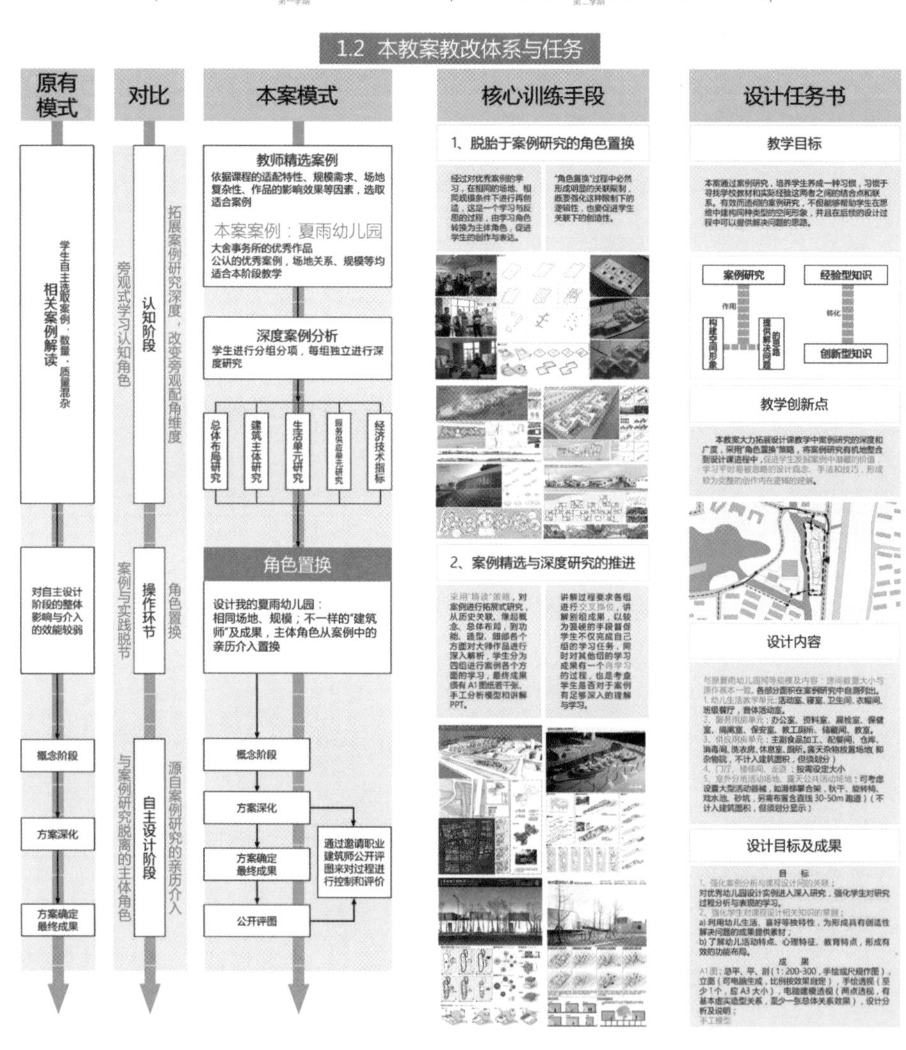

2016 年全国高等学校建筑设计教案及教学成果评选

"角色置换"——从旁观配角到亲历介入

二年级幼儿园设计课程教改研究

2 教改模式 教学流程

2.1 教改模式

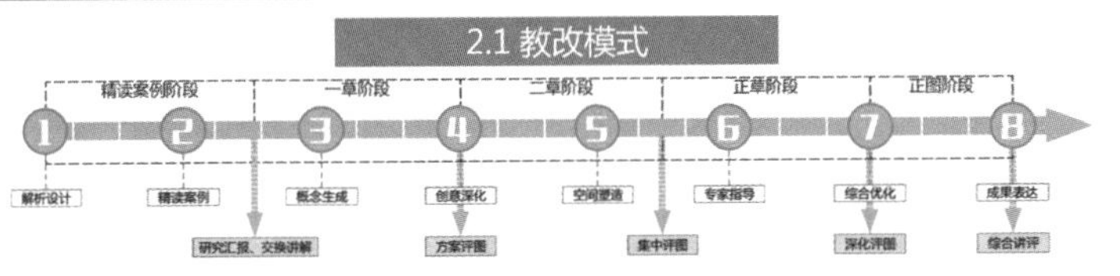

2.2 教学进度流程

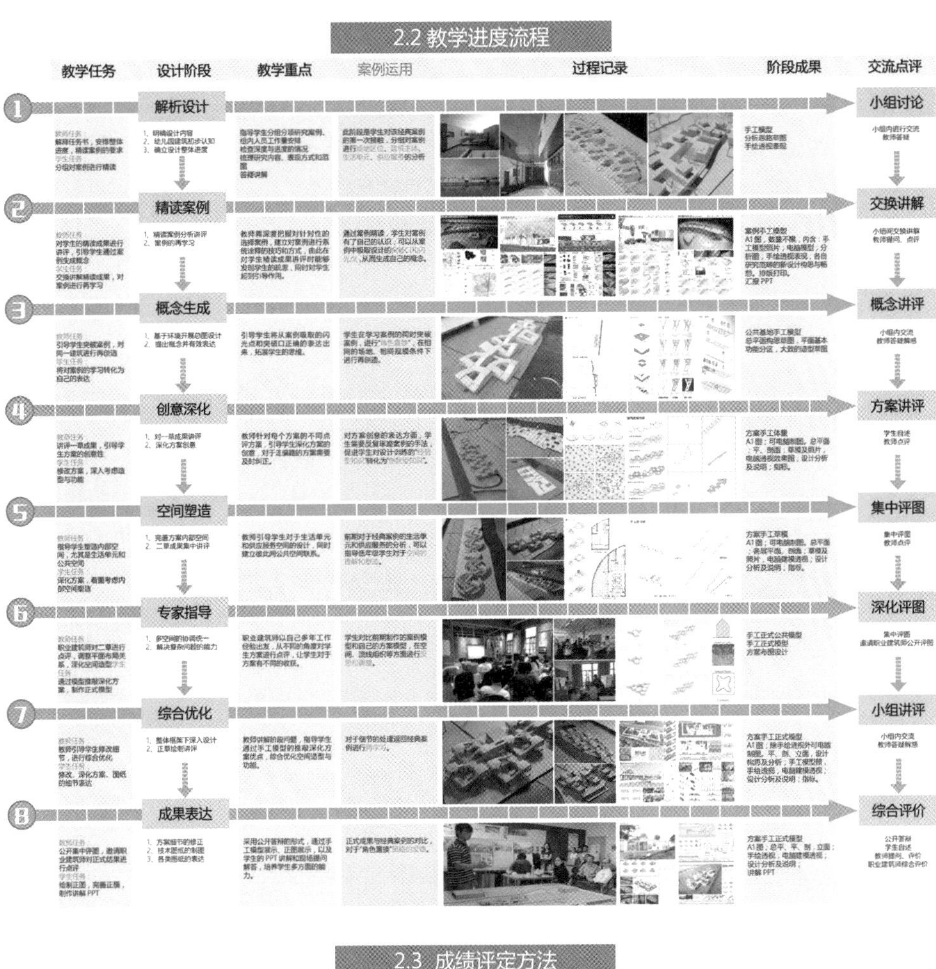

2.3 成绩评定方法

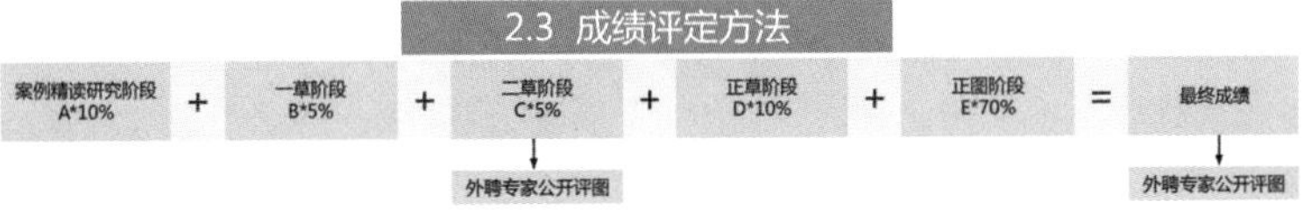

西南交通大学

实态调研 Mapping 空间生成
——三年级居住建筑设计（三年级）

本次设计为三年级下的课程设计。采用了一体化的教学安排，分为 3 个模块，第 1 ~ 2 周为课题第一模块：居住实态调查；第 3 ~ 9 周为课题第二模块：基于目标人群的居住建筑设计；第 10 ~ 11 周为课题第三阶段：Mapping 工作坊。这三个模块成为一个连续递进的设计过程。其教学目标为：强调“文化与环境”的教学重点，体现“数字化”与“国际化”教学路径，突出问题导向，巩固能力培养。在三年级居住建筑设计中更加侧重设计前期调研、分析、可视化与解决问题策略的课程评价体系。在教学方法上引入居住实态调研、社会问题分析研究组织教学，结合中澳合作教学的“Mapping 工作坊”对居住建筑设计成果进行反馈与再思考，并为下阶段住区规划设计寻找切入点和关注点。为学生营造多样化的、以学生为中心的学习环境，培养学生发现问题、解决问题的能力。

三年级居住建筑设计教学任务书

课程主要教学目标

1. 居住实态调研和目标人群分析研究：通过居住实态调研，掌握一系列实态调研的基本方法；学习如何对获得的第一手资料进行归纳、分析、总结、研究，寻求出设计要解决的基本问题，从而找出设计应对措施。

2. 住宅设计原理和设计方法，住宅设计的相关规范：巩固掌握居住建筑设计原理及设计方法，系统地完成从接受设计任务到自主研究、分析、解决问题的完整过程。讲解规范，培养学生严谨设计，规范设计的职业建筑师素养。

3. 国家有关政策法规、技术经济指标及评价标准：相关住宅政策法规更新很快，要求学生了解国家最新的住宅政策、法规，掌握评价体系和评价标准，校正设计思路，明确技术经济指标在建筑设计中的控制作用。

4. 当代居住建筑设计创新思路与技术手段：开拓视野，培养个性化设计思维方式，为创新型人才培养奠定良好基础。

5. Mapping 工作坊的研究方法与设计反思及自我评价：在居住实态调研和居住建筑设计基础上，从小尺度对象或角度开始进行场地 Mapping，关注不同尺度居住环境。Mapping 过程中对前阶段设计成果自我评价与再思考。

教学过程及要求

第 1 ~ 2 周为课题第一模块：居住实态调查（课内 16 学时;课外 16 学时,共 2 周）。

课程要求：本阶段重点为通过授课回顾居住建筑设计原理及相关知识，讲授课题基本要求；学生通过对目标人群、选定场地及市场的调查分析和理解，根据问卷，确定目标人群的居住需求以及住宅套型规模和档次，在师生讨论的基础上撰写调研报告并完善自己的住宅设计任务书。在调研的同时组织考察知名房地产企业代表性的楼盘。课后要求进行文献阅读，阅读重要理论书籍，收集相关设计资料，并完成读书报告；

调查问卷要求：有针对性，对设计目标有实际的指导作用。问卷可以分为 A、B 两部分。

A 部分——对住宅设计对象有关情况的调查：

产品服务对象的年龄、职业、家庭规模、收入、支付能力等。

产品服务对象的生活习惯、生活模式、社会地位等。

B 部分——对住宅设计思路及细部的有关调查：

产品服务对象对于现代住宅设计理念的考虑，如：跃层、房间面积及比例、交往、安全、花园等。

产品服务对象对于住宅设计细部的考虑，如起居室、卧室、厨房、卫生间、交通面积、储藏面积等。

对问卷归纳、分析，同时结合搜集的有关资料，每人撰写调研报告并制作任务书，确定设计所要解决的相关问题。

第 3-9 周为课题第二模块：基于目标人群的居住建筑设计（课内 56 学时；课外 56 学时，共 7 周）

课程要求：本阶段重点为在第一阶段居住实态调研的基础上，掌握住宅设计的基本原理和多层住宅平面组合的基本方法，帮助学生在掌握现有的住宅设计手法的基础上，开拓学生视野，探索适应商品化时代，未来住宅发展新趋势。要求初步掌握住宅套型设计与楼栋设计、环境设计的关系。巩固构造课中所学知识并能将其灵活运用。

本阶段分为四个控制阶段：第一阶段（1.5 周）：学生按照调查结论进行概念构思，运用相关知识探讨解决适应相关居住人群的居住需求的设计手段；探讨针对目标人群可能的套型组合及空间生成设计。第二阶段（2 周）：对第一阶段的工作进行总结评讲，讲解相关政策法规以及规范，深入方案细节，对居住空间进行精细化设计，研究居住空间创新手段，引入技术的概念。强调面积指标和尺寸控制在居住建筑设计中的重要性；第三阶段（1.5 周）：讲授设计中涉及的建筑技术问题，如建筑结构、设备等与空间的关系。讲评第二阶段工作；进一步完善方案，完成细部设计。指导外部空间与场地布局设计；第四阶段（2 周）：调整完成设计方案，绘制图纸，完成相关成果的制作。全年级公开汇报评图。

第 10-11 周为课题第三阶段：Mapping 工作坊。

优秀作业 1：艺术家与普通住户新型混居模式　设计者：高伟哲 尹青智 廖晋
优秀作业 2：三代同堂的住宅——城市别院　设计者：潘一峰 吴思汗 刘征涛

作业指导教师：曹勇 何晓川 祝莹 赵晓亮
教案主持教师：王俊

建筑学本科整体培养框架

建筑学培养框架

建筑学专业教学体系图

建筑设计教学主线框架

本科三年级的课程架构

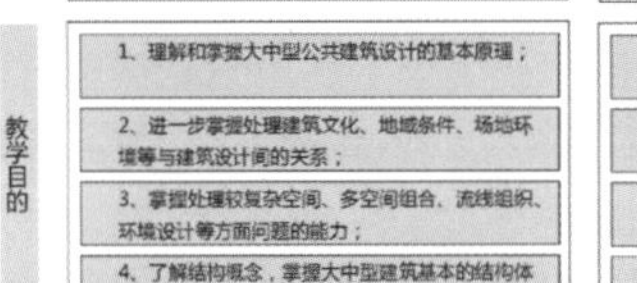

	文化与环境	
	三年级上学期	三年级下学期
教学目的	1、理解和掌握大中型公共建筑设计的基本原理； 2、进一步掌握处理建筑文化、地域条件、场地环境等与建筑设计间的关系； 3、掌握处理较复杂空间、多空间组合、流线组织、环境设计等方面问题的能力； 4、了解结构概念，掌握大中型建筑基本的结构体系选用基本方法；掌握该阶段建筑物的构造设计方法。	1、理解掌握可持续发展下人居环境创造重要意义，培养人、建筑、环境的整体观念； 2、正确处理住区布局、建筑群组织、环境设计、场地规划以及居住建筑设计的能力； 3、熟悉国家现行政策与法规，了解相应的建筑规范，掌握该阶段建筑的构造要求； 4、关注住宅建筑设计的社会性，掌握综合考虑人的需求以及社会、经济、政策等因素作用下的住宅建筑设计方法。
能力培养	大中型公共建筑设计能力、手工制图、模型制作、计算机辅助设计、综合表现能力、语言表达与沟通能力等。	居住建筑及环境设计规划、实证实态调研、计算机辅助设计、设计综合表达能力、团队合作及设计交流能力等。
设计课题	大中型公共建筑设计：博物馆建筑设计、旅馆建筑设计	居住空间环境设计：居住建筑设计、住区规划

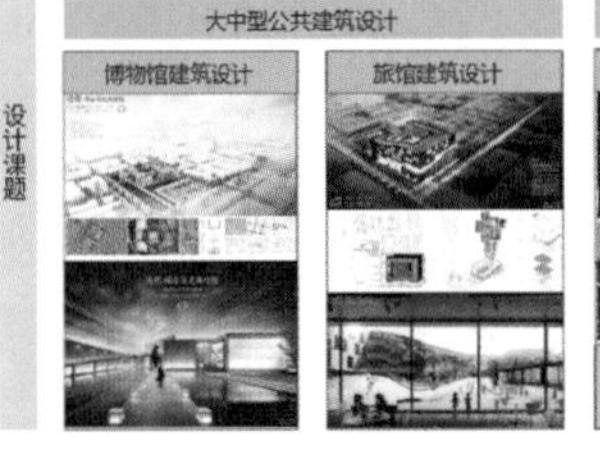

Mapping工作坊

“三位一体”的培养框架

理论教学、实践教学和素质拓展“三位一体”的培养框架。以学生的专业素养、实践能力、创新能力培养为重点，通过强化学科基础，凝练专业主干，形成了“理论教学、实践教学、自主研学”相结合的培养模式，构建了“2+2+1”阶段性培养框架，构建了以设计实践课程为主线、理论与原理、工程与技术、人文与修养为支撑的教学体系。教学理念与内容注重时代性，办学方法强调开放性与国际化。

教学目标

三年级建筑设计课程在教学体系中起着承上启下的重要作用。其教学目标为：引导学生开始关注诸如建筑与城市环境、历史文脉、生态环境、材料构造等问题；通过复杂交通流线组织、多空间组合、环境及场地等训练，结合结构、构造等相关知识，逐渐提高学生设计能力；训练设计思维与方法，培养创造力。近年来，三年级课程设计教学进一步加大专题教学改革力度，强调“文化与环境”的教学重点，体现“数字化”与“国际化”教学路径，突出问题导向，巩固能力培养。在三年级居住建筑设计中更加侧重设计前期调研、分析、可视化与解决问题策略的课程评价体系。在教学方法上引入居住实态调研、社会问题分析研究组织教学，结合中澳合作教学的“Mapping工作坊”对居住建筑设计成果进行反馈与再思考，并以为下阶段住区规划设计寻找切入点和关注点。为学生营造多样化的、以学生为中心的学习环境，培养学生发现问题、解决问题的能力。

教学过程

在三年级设计课程教学环节中，强调全过程教学法，通过现场调查踏勘测绘、参观调研、现场教学等方式，让学生从课堂的灌输式教学中走出来，增强了学生对设计条件、环境的感性认识，分析拟定详细设计任务计划，并以此为依据深化设计方案。在教学过程中强调阶段讲评与讨论，倡导学生自评、互评及老师点评，提高学生认识问题、分析问题的能力。

三年级居住建筑设计课程的改革路径

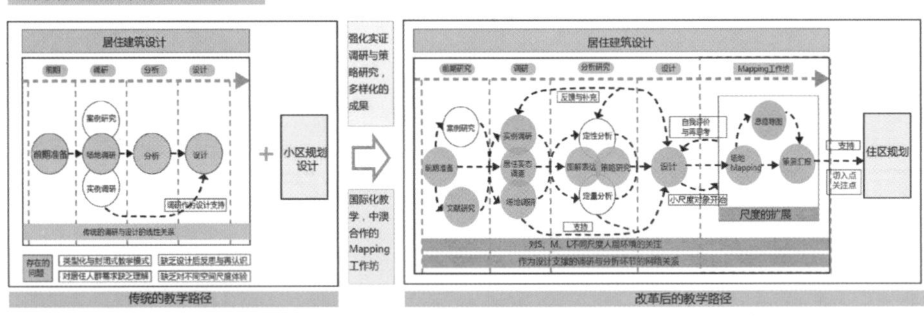

传统的教学路径　　改革后的教学路径

实态调研·Mapping·空间生成　三年级居住建筑设计

三年级居住建筑设计课程任务书

课题第一模块

第1-2周为训练第一模块：居住实态调查（课内16学时，共2周）。

课程要求：

本阶段任务为学生通过授课回顾居住建筑设计原理及相关知识，了解规范基本要求，通过对目标人群、地段场地及市场的调查分析和踏勘，根据问卷，确定目标人群的居住需求以及住宅套型规模和档次，在师生讨论的基础上撰写调研报告并完善自己的住宅设计任务书；在调研的同时组织参观知名房地产企业代表性的楼盘，阅读要求进行文献阅读，收集相关设计资料，并完成读书报告；

问卷问卷要求：有针对性，对设计目标有实际的指导作用。问卷可以分为A、B两部分。

A部分：对住宅设计对象有关情况的调查：

产品服务对象的年龄、职业、家庭规模、收入、支付能力等；产品服务对象的生活习惯、生活模式、社会地位等。

B部分：对住宅设计理念及细部的有关调查：

产品服务对象对于现代住宅设计理念的考虑，如：厨房、房间面积及比例、交往、安全、花园等；产品服务对象对于住宅设计细部的考虑，如起居室、卧室、厨房、卫生间、交通面积、储藏面积等。

在对问卷归纳分析后完成调研数据可视化，同时结合搜集的有关资料每人撰写调研报告并制作任务书，确定设计所要解决的相关问题。

课题第二模块

第3-9周为训练第二模块：基于目标人群的居住建筑设计与空间生成。（课内56学时，共7周）

课程要求：

本阶段重点为在第一阶段居住实态调研的基础上，掌握住宅设计的基本原理和住宅平面组合的基本方法，鼓励学生在掌握既有的住宅设计手法的基础上，开拓学生视野，探索适应信息化时代、未来住宅发展新趋势，要求初步掌握住宅套型设计与楼栋设计、环境设计的关系，巩固和提高中所学知识并能将其灵活运用。

本阶段分四个控制阶段：第一阶段（1.5周）：学生按照任务书进行概念构思，运用相关知识探讨解决适应相关居住人群的居住需求的设计手段；探讨针对目标人群可能的套型组合及空间生成设计。第二阶段（2周）：对第一阶段的工作进行总结评讲，讲解相关政策法规以及规范，深入方案细节，对居住空间进行精细化设计，研究居住空间创新手段，引入技术的概念。强调面积指标和尺寸控制在居住建筑设计中的重要性；第三阶段（1.5周）：讲授设计中涉及的建筑技术问题，如建筑结构、设备等与空间的关系。讲评第二阶段工作；进一步完善方案，完成细部设计。指导外部空间与场地环境设计；第四阶段（2周）：调整完成设计方案，绘制图纸，完成相关成果的制作。全年级公开汇报评图。

课题第三模块

第10-11周为训练第三模块：Mapping工作坊。（集中时间安排）

课程要求：

工作坊的教学重点为图形解析、参与式观察、阅读城市、多尺度转换和制图、策展。Mapping是一个连续观察和发现的过程。它记录了设计者在一个或多个不同场地内如何发现或者创造各种离散元素之间隐藏的关系，然后把这些关系带到设计过程中，最终产生出更为人性、包容和灵活的空间模式。和至上而下主导的map不一样的是，自下而上Mapping的过程经常是在人的尺度上操作完成的。

Mapping 工作坊为紧接居住建筑设计与空间生成模块的中澳合作教学的教学模块，采用工作坊形式，重点训练学生以下几个方面的能力：思考能力，创新能力和动手能力。前期场地观察，中期的构图思考和后期策展是Mapping 工作坊的三个重要组成部分。工作坊通过对这三个部分的重点训练来锻炼学生的生活观察能力，从一个不一样角度对居住环境进行观察和思考。学生在居住实态调研和居住建筑设计基础上，从小尺度对象或角度开始进行场地Mapping；调研过程中，要求学生对不同尺度的居住环境展开关注；通过新的角度对前阶段的居住建筑设计与空间生成设计成果进行自我评价与再思考，同时寻找下阶段住区规划设计的切入点和关注点。

成果要求

住宅设计部分图纸及成果：

1. 套型各层平面图，其中主要套型为1：50-1：100，并布置家具及设备，周边尺寸，标明房间净面积数。其他套型平面为1：100，可不布置家具及设备，但需标明房间名称及使用面积，注明墙线尺寸；
2. 住宅单元平面图1：100（单元式住宅），或楼栋（即组合体）平面1：200（通廊式住宅）；
3. 组合体示意平面图1：200-1：500；
4. 主要组合体立面图、剖面图1：100-1：200；
5. 厨房、卫生间放大平面图，立剖面图；
6. 组合体效果图；
7. 主要技术经济指标；

Mapping工作坊成果：

1. 采取展览和汇报的方式呈现最终工作成果。
2. 不采用传统设计的答辩方式：即若干张A0或 A1 图纸按顺序挂在墙上答辩。
3. 在工作坊最终展览里，学生在给定的三维空间中布置展览：鼓励学生采用多样性的布展元素，如编辑的纸质成品，投影仪，各种尺度材料模型，各种尺度地图，放大镜，剪贴照片，三维路径图，小录像，人物模型，灯光，声音，现场安装，即兴表演等。

三年级居住建筑设计教学特色

开放式办学模式

中澳合作的工作坊教学
知名企业楼盘参观学习
外聘专家参与最终评图

丰富化教学手段

师生讨论交互式教学
多专业教师技术指导
相关的专题学术讲座

实态化调研分析

针对性现场实态调研
学生团队协同与合作
目标人群的深入了解

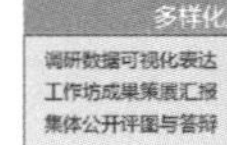

多样化成果展示

调研数据可视化表达
工作坊成果策展汇报
集体公开评图与答辩

三年级居住建筑设计主要教学目标

居住实态调研和目标人群分析研究	通过居住实态调研，掌握一系列实态调研的基本方法；学习如何对获得的第一手资料进行归纳、分析、总结、研究，寻求出设计要解决的基本问题，从而找出设计突破点。
住宅设计原理和设计方法，住宅设计的相关规范	巩固掌握居住建筑设计原理及设计方法，系统地完成从接受设计任务到自主研究、分析、解决问题的完整过程。讲解规范，培养学生严谨设计，规范设计的职业建筑师素养。
国家有关政策法规、技术经济指标及评价标准	相关住宅政策法规更新很快，要求学生了解国家最新的住宅政策、法规，掌握评价体系和评价标准，校正设计思路，明确技术经济指标在建筑设计中的控制作用。
当代居住建筑设计创新思路与技术手段	开拓视野，培养个性化设计思维方式，为创新型人才培养奠定良好基础。
Mapping工作坊的研究方法与设计反思及自我评价	在居住实态调研和居住建筑设计基础上，从小尺度对象或角度开始进行场地Mapping，关注不同尺度居住环境。Mapping过程中对前阶段设计成果自我评价与再思考。

三年级居住建筑设计教学要点控制

教学要点	实态调研和目标人群分析研究	套型组合及空间生成	居住空间创新与精细设计	建筑技术及空间设计	建筑表达与成果汇报	Mapping工作坊
培养能力	问题导向的意识和调查研究的能力	分析问题解决问题的能力	个性化以及创新性思维的能力	解决技术问题严谨设计规范设计	建筑表达和汇报沟通的能力	观察发现和策展表达及自我评价

实证化　国际化　社会化　创新化　多样化　数字化

中澳合作教学的Mapping工作坊

"Mapping曹家巷"工作坊

Mapping简介

传统场地调查：传统的场地调查是在一个特定的时间来到指定的场地去纪录建筑物、地形、道路、景观元素等物理元素和其它一些可见的场地条件。然后把这些信息变成一系列静止的场地分析图表（map）。这个类型的map其实就是场地现有元素的汇总。它没有反映和纪录场地内发生的故事，不同时间段人的活动和个人的空间经历。

Mapping：Mapping是一个连续观察和发现的过程。它记录了设计者在一个或多个不同场地内如何发现或者创造各种离散元素之间隐藏的关系，然后把这些关系带到设计过程中，最终产生出更为人性、包容和灵活的空间模式。和至上而下主导的map不一样的是，自下而上Mapping的过程经常是在人的尺度上操作完成的。

与其它教学模块关系：
- 在居住实态调研和居住建筑设计基础上，从小尺度对象或角度开始进行场地Mapping
- 调研过程中，对S、M、L不同尺度居住环境的关注
- Mapping过程中对前阶段设计成果的自我评价与再思考
- 以Mapping思考方式，寻找下阶段住区规划设计的切入点和关注点

工作坊简介

场地：成都市曹家巷工人村及周边区域

分组：曹家巷的篮　曹家巷的墩子　曹家巷的孩子　曹家巷的"床"　曹家巷的花格　曹家巷的货架

目的：通过对成都市曹家巷工人村及周边区域进行调查研究，观察和记录居住其中的人以及那里发生的行为活动，用mapping的方式去理解和发掘其背后不为人知的故事和隐形的逻辑。

工作节点

课题讲座 → 场地Mapping → 现场指导 → 思维导图 → 组织策展 → 公开答辩

以展览呈现的工作坊成果

曹家巷的篮　曹家巷的墩子　曹家巷的孩子　曹家巷的"床"　曹家巷的花格　曹家巷的货架

实态调研·Mapping·空间生成　三年级居住建筑设计

教学过程与安排

	教学任务	时间阶段	教师工作内容	学生工作内容	阶段展示
居住实态调查	回顾理论知识，讲授课题基本要求；分小组确定设计研究对象，文献阅读，课后阅读重要理论书籍，收集相关设计资料； 制作调研问卷，针对选定的目标人群，选择不同方式按小组进行调研；参观知名地产开发企业的住宅项目。 研究分析并可视化调研结果，得出结论，完成调研报告；针对研究的目标人群拟出任务书，确定设计所要解决的相关问题。	模块一 第 1-2 周 0.5周：明确任务 文献研究 1周：现场调研 0.5周：结果汇报	上课讲授：回顾居住建筑设计原理及相关知识，讲授课题基本要求，明确阶段任务。提供文献阅读书目 任务推进：现场指导调研过程，讨论完成调查问卷。联系落实参观代表性的楼盘。协助撰写调研报告并完善住宅设计任务书。 指导评价：听取学生小组实态调研成果汇报，提出改进意见，共同讨论完善。批阅读书报告并反馈学生	编制问卷：确定目标人群，编写有实际的指导作用的调查问卷 调查参观：对目标人群的居住需求进行调查，参观房产楼盘。 文献阅读：阅读指定理论书籍，收集设计资料，完成读书报告。 调研总结：对调查结果归纳分析，可视化表达，结合资料撰写调研报告，制作PPT，制作针对目标人群任务书，交流汇报。	 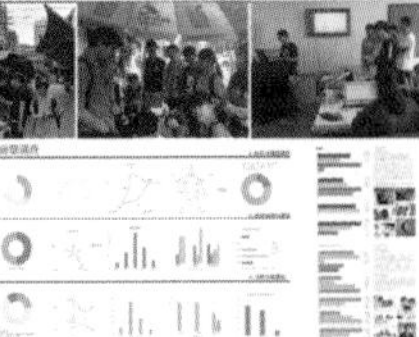
基于目标人群的居住建筑设计与空间生成	第一阶段： 按照调查结论进行概念构思，运用相关知识探讨解决适应相关居住人群的居住需求的设计手段；探讨针对目标人群可能的套型组合及空间生成设计。 第二阶段： 对第一阶段的工作进行总结评讲，讲解相关政策法规以及规范，深入方案细节，对居住空间进行精细化设计，研究居住空间创新手段，引入技术的概念。强调面积指标和尺寸控制在居住建筑设计中的重要性； 第三阶段： 讲授设计中涉及的建筑技术问题，如建筑结构、设备等与空间的关系。讲评第二阶段工作；进一步完善方案，完成细部设计。指导外部空间与场地布局设计； 第四阶段： 调整完成设计方案，绘制图纸，完成相关成果的制作。全年级公开汇报评图。	模块二 第3-9周 第一阶段（1.5周）套型组合及空间生成 第二阶段（2周）居住空间创新与精细设计 第三阶段（1.5周）建筑技术与空间设计 外部空间与场地布局 第四阶段（2周）建筑表达与成果汇报	课堂讲授：讲授课题要求，讲授住宅设计的基本原理和住宅平面组合的基本方法。明确阶段任务。开拓学生视野，介绍住宅发展趋势 任务推进：分阶段、按时间和计划推进、组织设计教学。 指导设计：指导学生设计，构建以学生为中心的学习环境，调动学生积极性，以问题式教学促进学生能力培养。 技术问题：讲授、解决设计中涉及的建筑技术问题，如建筑结构、设备等与空间的关系。安排结构和设备多教师介入设计过程，共同指导学生。 指导评价：按阶段指导设计，听取学生的阶段成果汇报，提出改进意见，共同讨论发展方案设计、交图后组织公开汇报评图。	概念构思：按照调查结论，针对目标人群的居住需求和市场现状进行概念构思。 空间生成：探讨针对目标人群可能的套型平面、单元组合及空间生成设计。 深化方案：深入方案细节，对居住空间进行精细化设计，研究居住空间创新手段，考虑结构等技术问题。注意面积指标。 完善方案：进一步完善方案，在教师指导下解决结构和形体的深化设计，完成细部设计 完成方案：完成设计方案，绘制图纸，完成相关成果的制作。 汇报交流：在各阶段和教师充分交流，完善设计。交图后准备全年级公开汇报评图。	
Mapping 工作坊	讲授“Mapping”概念要求；分小组确定各组的研究对象，补充收集场地和研究对象相关背景资料；文献阅读，理解“Mapping”概念； 至选定的场地进行调查研究，在不同尺度上观察和记录居住者及活动，用mapping的方式去理解和发现各种元素之间隐藏的关系和逻辑。 研究分析调研结果，完成选定场地研究对象的逻辑导图；对自己的居住建筑设计成果进行总结和反思。分组策展，以展览的方式完成研究并汇报调研结果。	模块三 第10-11周 0.5周：讲授概念 确定分组 文献阅读 1周：现场Mapping 0.5周：逻辑导图 策展汇报	授课讲座：介绍工作坊课题任务，Mapping的概念、方法、要点 任务推进：现场指导学生调研。进行多尺度变换，发展思维导图和对设计成果的自我评价与再思考。 策展辅导：鼓励学生采用多样性的布展元素布置展览。 成果评价：汇同外校及外籍专家、多专业教师共同听取学生的成果汇报。进行评价。	观察记录：小尺度对象开始，在场地内发现，进行记录，关注不同尺度的居住环境。 思维导图：对场地包含的关系进行图解，思考如何生成更为人性、包容和灵活的空间模式。对前阶段居住建筑设计与空间生成设计成果进行自我评价与再思考。 后期策展：在给定的三维空间中，采用多种元素布展，以展览和汇报的方式呈现最终工作成果。	

图纸最终成果与点评

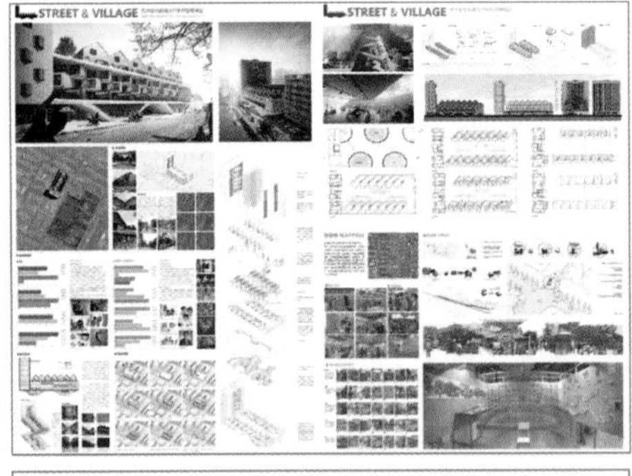

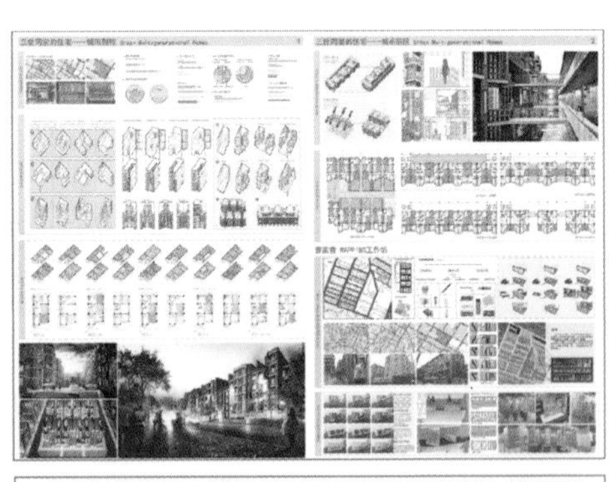

该方案在原本萧条的艺术园区，针对入驻艺术家和原居住群体设计。方案包含多种规格的住宅套型，在设计居住空间的同时兼顾了使用者的社会性需求。在公共空间设计上，提供了使艺术家们和普通居民相互交流互动的空间。Mapping工作坊从住宅设计对交往关注的角度上，选取了篷进行调探究，把“人”的尺度加之于“篷”，其定义维度从构造手段跨越到了一种四维容器，一种容纳三维空间和第四维度——人情的承载容器。学生从小尺度物体出发，扩展到更大尺度，开始探索空间的社会性意义。扩展了住宅设计的思考角度。

该方案设计不同的套型适应三代同堂的要求,各套型可组合成廊式及梯间式等不同的住宅形式。方案试图将传统的合院形式的空间引入住宅中。将原本的合院沿中轴线为轴，向上旋转，住宅变享有一个两层通高的院子，为后续的空间提供更多可变的可能。在住宅设计对砖的材质关注基础上，MAPPING工作坊从砖花格这个非常小的针对点来进行调研和探究，通过实验及大尺度模型来模拟再现其构造特点与真实的使用状态，对住宅设计的采用的砖材的材料特性和构造做法进行了改善与反思。

西南交通大学

城市的可能
——基于城市发展规律认知的城市更新设计
（四年级）

本设计教案围绕“设计立场”、“设计尺度”、“设计方法”三个方向展开，并设计相应的教学过程，强化技术手段的辅助，以建立学生对建筑与城市、行为与空间、社会与文化、效率与公平等等一系列问题的初步认知。

此外，本教案的教学特色还包括：

（1）摒弃传统的设计教学模式对草图大而全的要求，调整优化为基础调研－初步概念—确定方案重点－深化设计－正图

（2）强化学科支撑

（3）拓宽专业视野

（4）加大前期深度

（5）强化技术理念

（6）引入奖励机制

优秀作业 1：都市激活——城市中的大学　设计者：费扬　王依臻

优秀作业 2：万花筒校园——基于新城市主义理论下的未来多功能复合开放校园的探索
设计者：邓勇　宋国晗

作业指导教师：蔡燕歆　付飞　王晓南　袁红

教案主持教师：史劲松　王晓南　蔡燕歆

城市的可能

——基于城市发展规律认知的城市更新设计

四年级教学组
城市设计教案
01

三位一体培养体系

四年级的课程架构

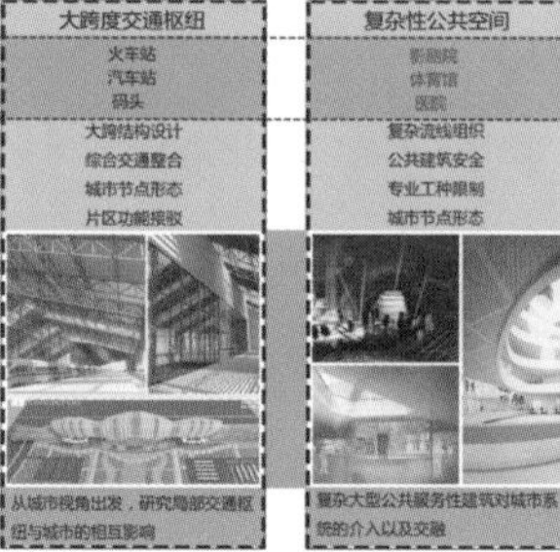

大跨度交通枢纽
火车站
汽车站
码头
大跨结构设计
综合交通整合
城市节点形态
片区功能接驳
从城市视角出发，研究局部交通枢纽与城市的相互影响
复杂性公共空间
影剧院
体育馆
医院
复杂流线组织
公共建筑安全
专业工种限制
城市节点形态
复杂大型公共服务性建筑对城市系统的介入以及交融

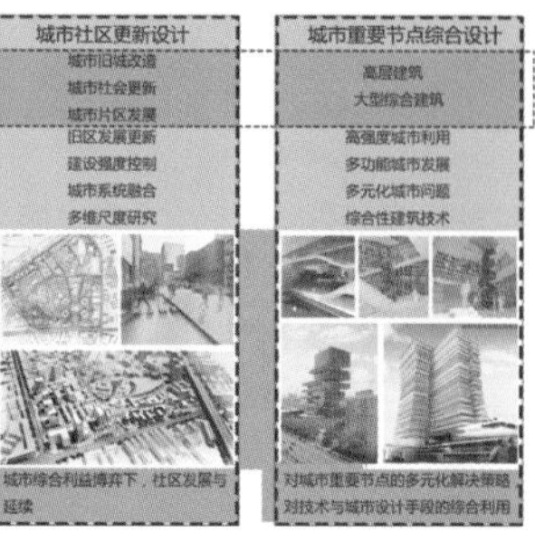

城市社区更新设计
城市旧城改造
城市社会更新
城市片区发展
旧区发展更新
建设强度控制
城市系统融合
多维尺度研究
城市综合利益博弈下，社区发展与延续
城市重要节点综合设计
高层建筑
大型综合建筑
高强度城市利用
多功能城市发展
多元化城市问题
综合性建筑技术
对城市重要节点的多元化解决策略
对技术与城市设计手段的综合利用

学科体系

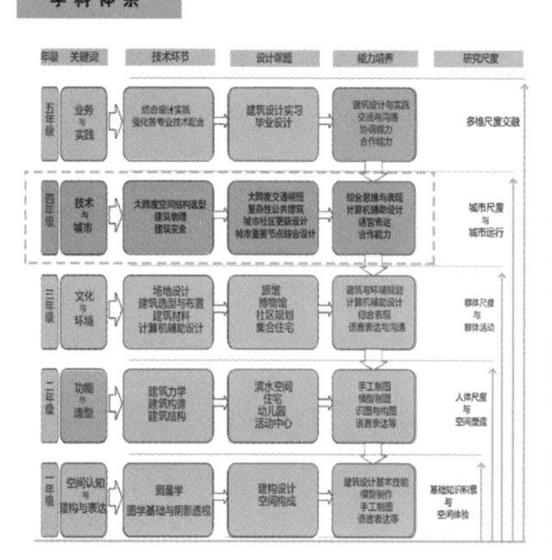

从建筑设计进入城市设计，不仅要适应设计尺度的转化，同时要面对复杂的城市影响要素。在城市设计的教学中，既要强化从调研出发的设计程序，又要避免先入为主的模式化思维。

课程教学组力求引导学生认知城市发展规律，探索城市的无限可能，并从中寻找设计切入点，从而形成了开放式的设计课题，也产生了丰富多彩的设计成果。

教学目的

在建筑学五年教育体系中，四年级设计课程的研究主线围绕“**技术与城市**”展开。这两个主线贯穿于四年级的四个课题整体构架中，通过多方位不同视角的切入，逐渐推动学生的设计思维转型提升。“城市设计”是这一系列中相对最“复杂”的课题，在这一课题中不仅要运用到前期的建筑学知识积累，同时，在**设计立场**上开始从个体主观喜好过渡到城市社会群体趋向；在**设计尺度**上从个体空间、群体空间过渡到城市的宏观考量；在**设计方法**上突出研究型设计的特点，强调调查分析、理论研究与空间设计的结合。

课程教学目标围绕这三个方向展开，并设计相应的教学过程，**强化技术手段**的辅助，以建立学生对建筑与城市、行为与空间、社会与文化、效率与公平等等一系列问题的初步认知。

教学过程

从场地解读到问题分析，从设计策略到形态塑造，课题执行中的难点是城市设计问题的**不确定性和开放性**，因此，教师在教学过程中的引导作用至关重要。对研究型课题而言，重点不是发现问题而是发现什么问题，以及由此类问题引发的一系列应对策略。学生通过**调查——问题——策略——形态**的系统过程，能够初步掌握城市设计的基本程序与研究特征。

可持续性
可达性
多样性
开放空间
兼容性
激励政策
适应性
开发强度
识别性

课题沿革

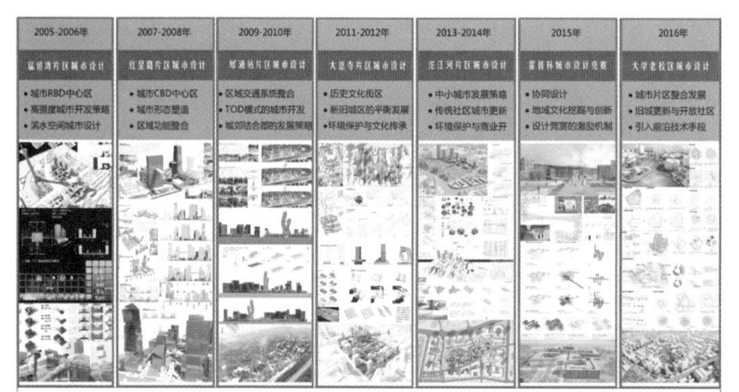

2005-2006年
城市RBD中心区
高强度城市开发策略
滨水空间城市设计
2007-2008年
城市CBD中心区
城市形态塑造
区域功能整合
2009-2010年
区域交通系统整合
TOD模式的城市开发
城郊结合部的发展策略
2011-2012年
历史文化街区
新旧城区的平衡发展
环境保护与文化传承
2013-2014年
中小城市发展策略
传统社区城市更新
环境保护与商业开
2015年
协同设计
地域文化挖掘与创新
设计竞赛的激励机制
2016年
大学老校区城市设计
城市片区整合发展
旧城更新与开放社区
引入前沿技术手段

城市设计课题具有强烈的综合性和现实性，每一个课题的研究都都应基于深入的实际现场调研，才能得出有针对性的可操作的解决策略，并使学生在这一过程中切实地学到城市设计的相关程序与研究方法。因此，自2005年以来城市设计课题与教案始终关注当下城市发展热点，并结合真实课题与实际场地，选择相应的设计内容。经过十多年的设计课程延续与积累，已经形成了较为系统的研究成果。

城市的可能

——基于城市发展规律认知的城市更新设计

四年级教学组

城市设计教案

02

课程任务书

课题内容

※课题名称 某大学老校区局部区域更新设计

※设计内容

本次课题以某大学老校区所在的城市片区更新为契机，综合考虑城市功能需求与校区升级需求，按照人性、多元、可实施的原则，对校园局部片区进行综合城市设计，以达到提升片区城市职能、改善校园内部环境、促进城市有机更新的目的。

※设计范围

设计范围为某大学老校区教职工住宅区及行政楼范围，片区内可根据设计方案对既有建筑进行一定比例的保留，但应综合考虑校区内功能布局、片区交通、城市界面等相关因素。具体的产业定位自行研究确定，其中须包括一栋高层综合楼，初步定位为大学科技学术交流中心(包括会议、餐饮、展示、酒店住宿等功能，占地面积7000-10000㎡，建筑面积30000㎡左右)，选址范围在改造范围内。校园非拆迁范围内建筑原则上予以保留，可以结合设计进行形态和功能的改造，改造手法不限。

※规划指标：

规划净用地面积：154000㎡

平均容积率：3.0~5.0

总建筑密度：≤45%

高层主体建筑密度：≤20%

建筑限高：< 100m。

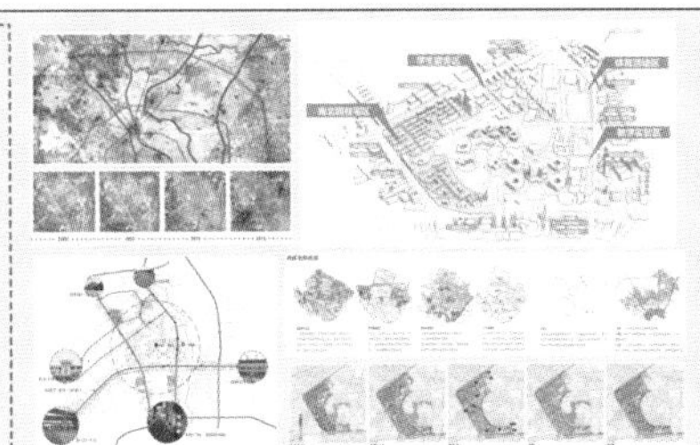

课题目标

通过对城市体型和空间环境的整体构思和布局的训练，使学生初步建立城市空间整体设计思维方法，了解城市设计的一般程序和深度。

※过程目标——掌握正确的城市设计方法

1.面对复杂的城市（校区）环境进行问题解读与现状分析

2.如何确立城市设计的主题和设计概念？

3.设计概念如何通过多方位组织建构和空间形态推导表达出来？

※设计目标——建立全面的城市设计理念

	设计原则	设计重点
环境	促进既有与规划环境的融合	既有环境与设计区域的交接
校区	创造有活力有智慧的校园	不同用地功能的分区和混合
功能	可持续发展的城市功能	规范方案的弹性与兼容性
尺度	城市多维尺度整合	不同等级城市尺度相互影响
经济	具备切实可行的开发策略	建筑规模与强度的控制
形态	具备新型大学校园风貌特质	校园整体风貌的提升与融合
管理	探索新型校园管理和居住形态	对“开放街区”的理解与把握

教学特色

优化教学过程

改变传统教学模式中对设计各阶段“大而全”的要求，将设计过程调整为“基础调研-初步概念-确定方案重点-深化设计-正图”，减轻了各草图阶段图纸的工作量，每个阶段都把时间花在本阶段应重点解决的问题上。

※优化后

基础调研 → 初步概念 → 深化设计 → 正图

引入奖励机制

在基地模型制作、各阶段草图公共评奖环节中，鼓励学生主动承担任务，并对优秀方案进行评奖加分，激励学生在每个设计阶段都投入极大热情。

奖励加分					
模型制作	前期调研	一草	二草	正草	合作程度
+1	+2	+1	+2	+1	+2

加强学科支撑

除已开设的通用理论课程如建筑结构、建筑结构选型、建筑构造、建筑物理（声、光、热环境）、建筑设备、高层建筑设计原理、场地设计、计算机辅助设计等课程的基础上，另增开设了“建筑前期策划”、“绿色建筑学概论”，鼓励学生在课程设计中更深层次地考虑建筑与社会、建筑与经济的关系，积极引入绿色建筑设计的理念。

拓宽专业视野

在整个设计的全过程同步设置与设计阶段相契合的讲座，邀请校内外设计机构专家举办讲座并参与评图，帮助学生建立融合城市设计、建筑与景观各专业的多维度综合视野。

加大前期深度

将设计的重点放在了前期城市和校园资源的调查和研究上。收集统计大量在城市背景下的校园交通状况、经济产业结构、人文环境氛围、建筑群体关系等数据，并对其进行梳理。依托前期对城市（校园）背景的深入解读来进行后期的设计。

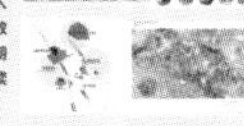

强化技术理念

在前期调研分析及方案深化推导阶段，引导学生运用相关软件获取开放数据和空间句法、建筑环境分析软件对规划区域交通状况、空间可达性及物理环境进行数值模拟分析，辅助深化设计方案。

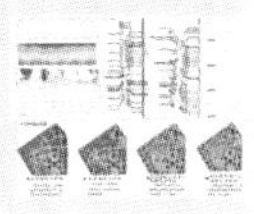

开放式课题 & 个性化专题

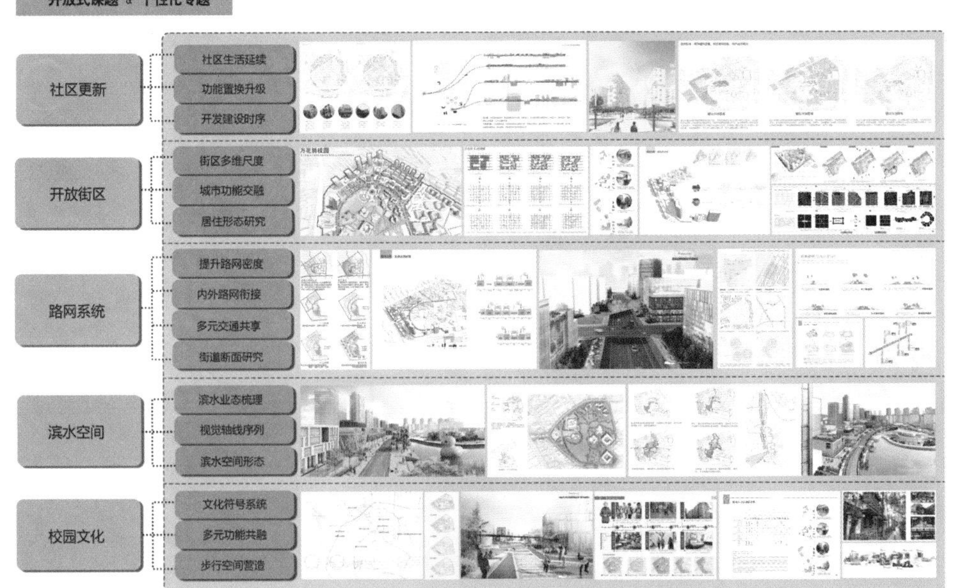

城市的可能

——基于城市发展规律认知的城市更新设计

四年级教学组

城市设计教案

03

教学过程与安排

教学过程	教学任务	进度计划	时间阶段	阶段成果图片
	通过对城市设计理论课程内容进行回顾以及对城市设计的思维和一般设计方法进行介绍，让学生初步了解城市设计的基本流程和深度要求。 通过小组报告和问题研讨，深化学生对任务书和课题背景的理解。	集中授课，讲解任务书及课题背景，进行分组安排。 按照城市研究分项目标进行第一次现场调研，绘制分析图。 分小组提交PPT报告：相关案例研究及场地初步分析；结合现场调研进行分项汇报及问题研讨。	阶段一 城市研究阶段(1~2周) 第1周： 1、理论回顾 2、现场调研 第2周： 1、案例研究 2、场地研究	
	提出针对性系统解决策略 提出整体校区改造初步构想 从不同城市尺度研究设计构想的核心特征	结合第一阶段的研讨分析的问题，对现状问题进行分类分级处理。 综合初步设计构想，提出初步空间系统设计方案，制作快速手工体块模型，进行课堂研讨。	阶段二 概念设计阶段(3~4周) 第3周： 理论研究周 第4周： 概念设计周	
	对城市背景及场地进行分析研究，强调对城市问题的图示语言表达。 强调设计与城市的整体融合，鼓励制作调查问卷。 重点强调在设计概念下对功能结构、空间形态、交通系统、主要节点、重点建筑等城市设计系统的全面展开。 班级评图，小组研讨，强化概念提炼，优化概念表达，梳理空间系统，深入城市空间形态塑造。	一草汇报交流，进行第二次现场调研踏勘，补充调研数据。 结合初步设计方案，建立系统空间模型。 完善确定最终方案，周四交二草汇报交流。	阶段三 深化设计阶段(5~7周) 第5周： 方案优化周 第6周： 方案展开周 第7周： 调整确定阶段	
	借助计算机三维渲染、手绘表现、手工模型等相关手段对方案进行最终特色表达。 组织公开评图，培养学生方案综合表述和认知等相关能力。	形成文本和配套A1图纸，最终公开评图。	阶段四 制图阶段(第8周) 第8周： 制图周	

学生作业点评

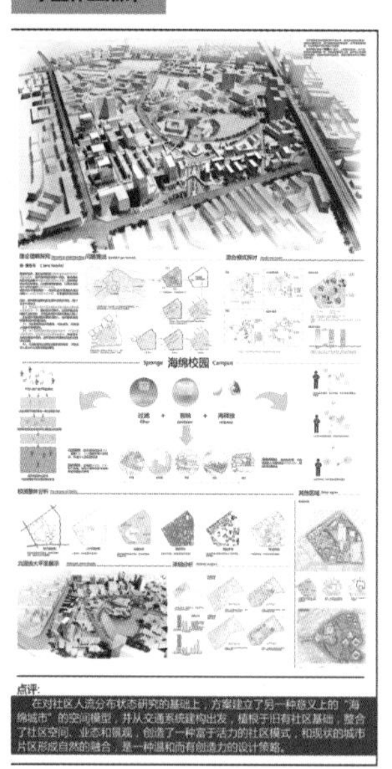

点评：

在对社区人流分布状态研究的基础上，方案建立了另一种意义上的"海绵城市"的空间模型，并从交通系统建构出发，植根于旧有社区基础，整合了社区空间、业态和景观，创造了一种富于活力的社区模式，和现状的城市片区形成自然的融合，是一种温和而有创造力的设计策略。

点评：

该组同学着眼于校园中不同功能分区重构，以及校园与周边社区的连接。通过广场、桥廊、都市农场、居民漫步道、城市景观桥等不同的空间形态和建筑形式，在把校园与周边社区、工业园等有力地串联起来的同时，也让不同群体的生活职能。

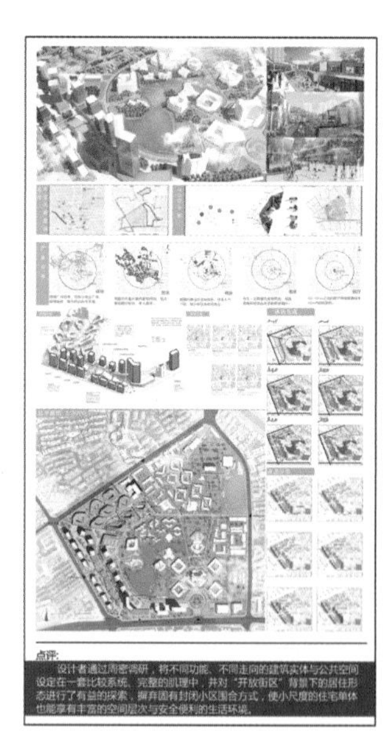

点评：

设计者通过周密调研，将不同功能、不同走向的建筑实体与公共空间设定在一套比较系统、完整的肌理中，并对"开放街区"背景下的居住形态进行了有益的探索，摒弃固有封闭小区围合方式，使小尺度的住宅单体也能享有丰富的空间层次与安全便利的生活环境。

天津大学

3+8 诗意 + 建筑
——建筑的诗意与修辞——自然环境中的住居（二年级）

从场地自然要素，地域材料等方面出发，营造空间体验的诗意美学意境。探讨建筑同自然景观、场地的关系，通过空间、材料的处理营造空间的诗意，以此完成住宅的功能训练。

优秀作业 1：FALLEN　设计者：古子豪 吴韶集
优秀作业 2：废墟博物馆　设计者：吴绍平 王俐雯

作业指导教师：谭立峰 胡一可 赵娜冬 苑思楠
教案主持教师：苑思楠

二零一六年全国高等学校建筑设计教案和教学成果评比

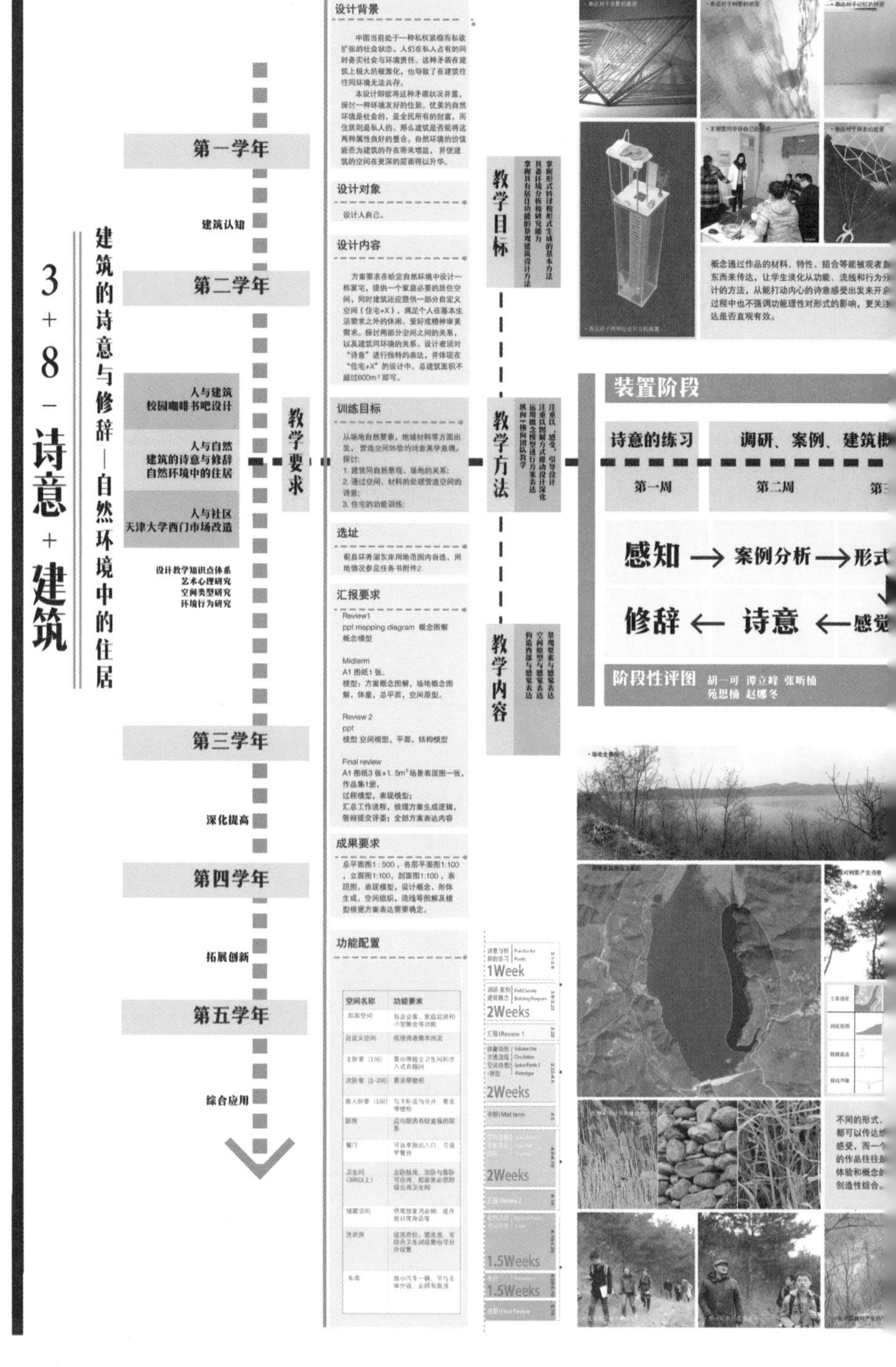

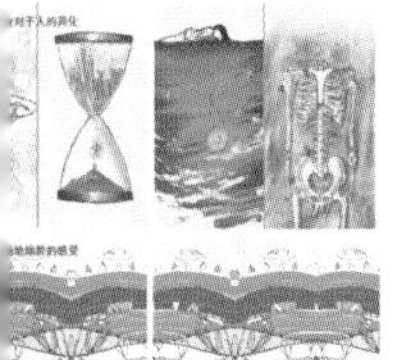

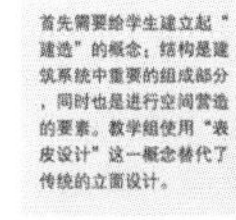

首先需要给学生建立起“建造”的概念：结构是建筑系统中重要的组成部分，同时也是进行空间营造的要素。教学组使用“表皮设计”这一概念替代了传统的立面设计。

模型制作能帮助学生以立体思维思考建筑内部运行的机制，以及不同人群之间发生行为关联的机会。

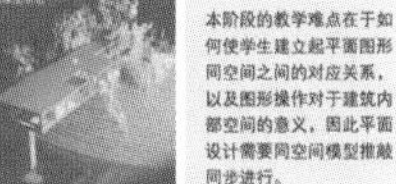

本阶段的教学难点在于如何使学生建立起平面图形同空间之间的对应关系，以及图形操作对于建筑内部空间的意义，因此平面设计需要同空间模型推敲同步进行。

思考表皮系统如何同方案的设计概念以及空间概念相结合，从而形成室内外空间的媒介。

学生还需要建立表皮系统同结构系统的交接关系，使内外两个系统协调构成完整的建筑整体。

平面同空间、体量模型间的互馈修改有利于学生快速理解平面的空间含义。

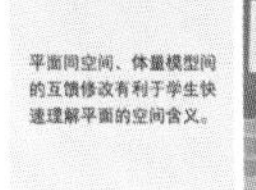

筑阶段Ⅰ 感受表达(二维)	建筑阶段Ⅱ 感受表达(三维)	建筑阶段Ⅲ 空间体量	建筑阶段Ⅳ 成果表达
行为研究、概念生成	功能分区、动静分区与流线规划	空间设计、体量处理与平面设计	结构、节点与表皮系统
第四周　第五周	第六周　第七周	第八周　第九周	第十周　第十一周
体验 → 如何抽象 ↓ 何连续 ← 如何还原	植入 → 行为原型 ↓ 空间原型 ← 结构原型	生成 → 体验序列 ↓ 行为原型 ← 体量控制	生成 → 体验序列 ↓ 体验序列 ← 体验序列
性评图 谭立峰 苑思楠 张昕楠 胡一可 赵娜冬	中期评图 谭立峰 赵建波 张昕楠 苑思楠 胡一可 赵娜冬	阶段性评图 胡一可 谭立峰 赵娜冬 苑思楠 张昕楠	终期评图 金秋野 鲍威 许蓁 谭立峰 胡一可 赵娜冬

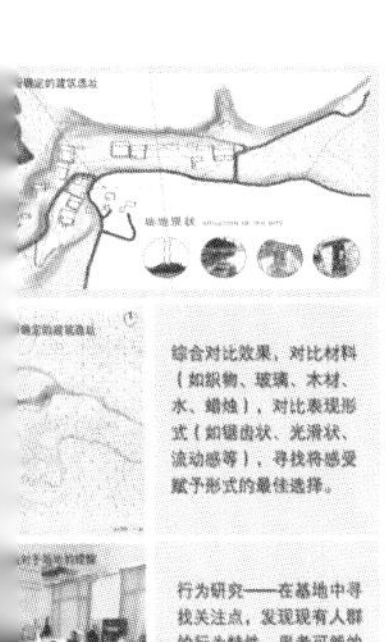

综合对比效果，对比材料（如织物、玻璃、木材、水、蜡烛），对比表现形式（如锯齿状、光滑状、流动感等），寻找将感受赋予形式的最佳选择。

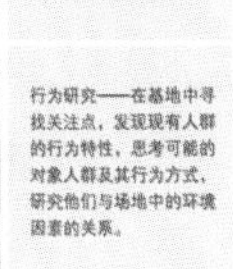

行为研究——在基地中寻找关注点，发现现有人群的行为特性，思考可能的对象人群及其行为方式，研究他们与场地中的环境因素的关系。

——根据场地及确定目标人群，有针对性的应

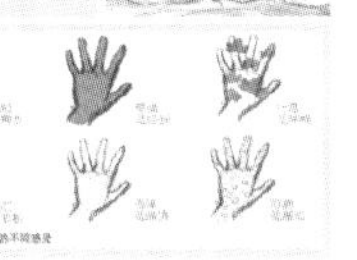
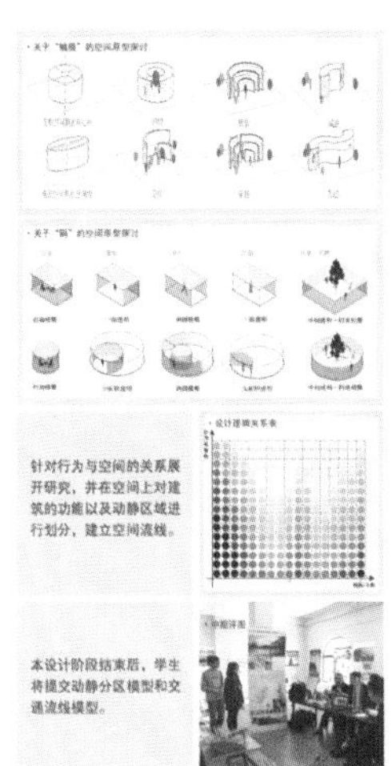

针对行为与空间的关系展开研究，并在空间上对建筑的功能以及动静区域进行划分，建立空间流线。

本设计阶段结束后，学生将提交动静分区模型和交通流线模型。

教学组希望学生将平面作为设计的工具而非目的，用以引导建筑体量与内部空间的推敲。

学生需要根据各自的空间概念，进行相应的结构选型，探讨结构要素在空间塑造中所起到的用，并根据结构设计对平面进行深化调整与修改。

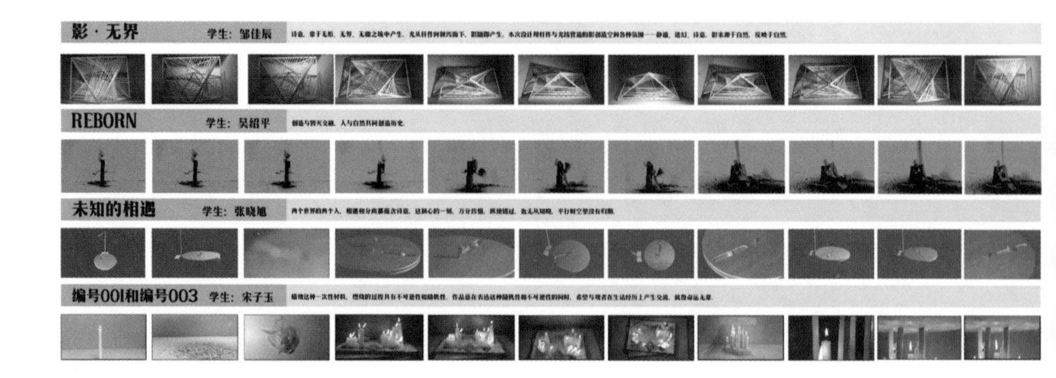

3 诗意

诗意表达和现代艺术是本设计题目的重要切入点，"感受"落实到空间上绝不仅仅在于风格和形式，而更多的则是帮助学生了解一种开放式的，但又不失逻辑性的设计思维方式。重新回到曾经为之动容的"感受"中去是一种久违的体验。装置、构成和影像只是手段，以此方式也许能为建筑带来不同的视角并获得惊喜和震撼。不同的形式、材料、颜色都可以传达给观者特定的感受，而一个能够打动人的作品往往是围绕着核心体验和概念的不同物体的创造性组合。

8 建筑

以感受为出发点，采用非常直接地表达方式，无需过多地讲述作品的概念，概念自然而然地通过作品的材料、特性、空间组合等能被观者直接感受到的东西来传达。"回到感受中去"的目的不是追问作者的初衷，而是作为观者的直觉体验。本设计题目希望训练的也正是这种对概念的专注和对物体自身表现力的运用技巧，对物体自身表现力的强调既体现了作者和观者的退场，也消解了功能对形式的统治地位。"一件不能被直接使用的物体并非没有功能，被看，被感受也是它的功能。"设计过程中也不强调功能理性对形式的影响，更多的集中在对感受的传达是否直接有效的讨论上。

FALLEN　坠落 沉思

诗意在建筑中可能是细腻的感知，也可能是一个让人遐想的空间。透过一个超现实又有些荒诞的装置，我想象到生活水平的广度和纵深度，场地特有的横竖对比特质，让我做一个奇特空间的热情喷涌而出。

废墟博物馆　坍塌 回溯

从两面刻满时间痕迹的老墙上，我看到的是人类和自然间周而复始的斗争和交流，废墟是这一过程创造的复杂交融的产物。通过引入一个分明的新的体系，废墟被引至螺旋的新的阶段。

内湖外海　动静 柔性

四季不定的水位，在场地中留下了印迹，以静止的状态却能展现动态的变化过程，这一场地的特性成为了我诗意的来源。装置的设计即让自然的变化要素可见，通过建筑与水的联系，希望建筑成为人与自然之间友好的介质，柔性地连接人与自然。

时间的住居　短暂 悠长

人么常说时间能改变一切，毕竟沧海桑田，斗转星移间，一切都会发生变化，但我们却很少去思考时间是什么？时间究竟能带给我们什么？我或许究其一生都不能领悟出时间的真谛，但我还是希望我能借助这次作业表达我对时间的粗浅理解。

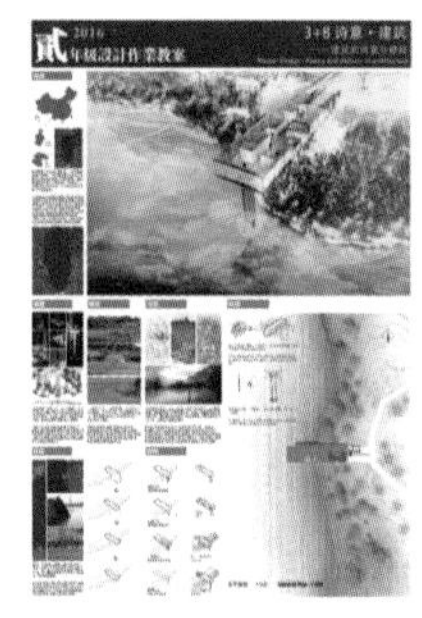

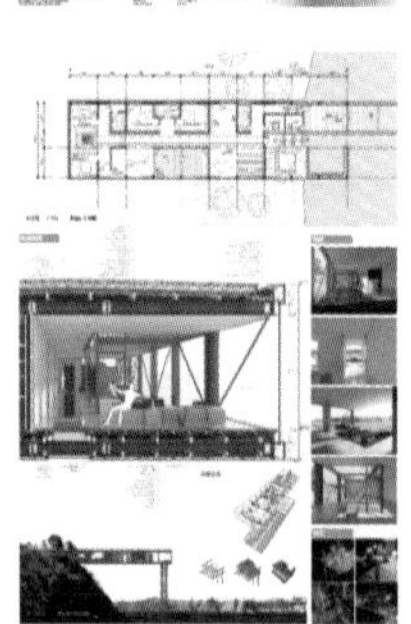

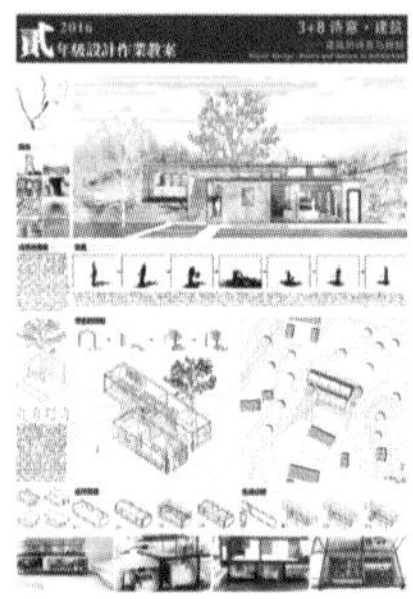

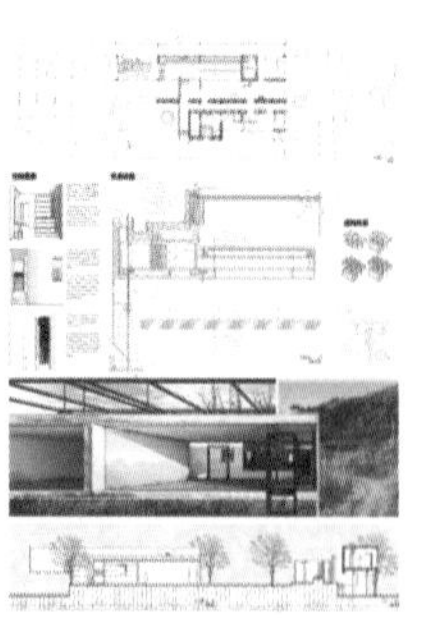

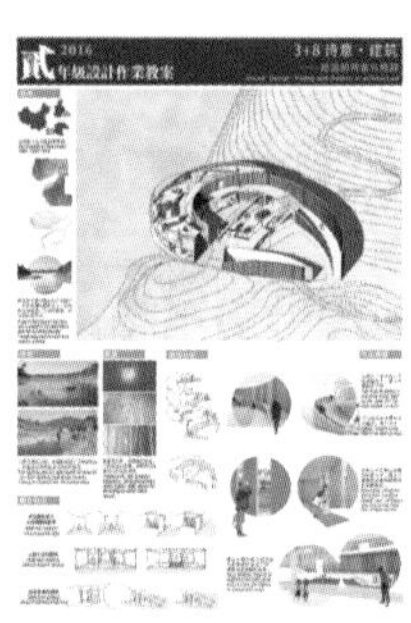

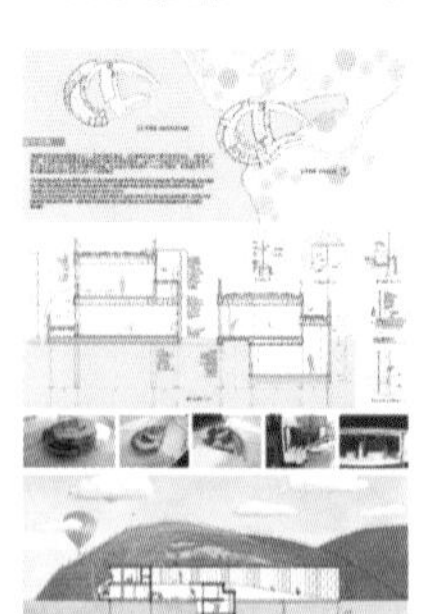

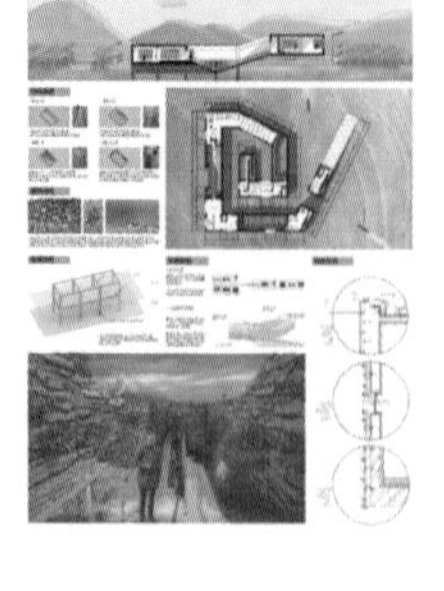

天津大学

主题展览馆设计
——关于艺术与空间的设计研究（三年级）

由内而外：由对艺术的理解推动建筑设计。课题引导学生对某一艺术家的作品、艺术风格、作品特质等进行分析，探索如何使空间成为容纳作品，并表达出作品特质的“评论”，培养其空间创造力。

由外而内：由城市到建筑。根据场地所在的城市区域环境、人群特征和场地所在不同界面的空间特性，将建筑作为城市的有机部分进行设计，对周边予以积极回应。

随附的各优秀作业名称：如影逐塑——贾科梅蒂雕塑展览馆设计；小隐于弄——丰子恺作品展览馆设计

优秀作业 1：如影逐塑——贾科梅蒂雕塑展览馆设计　设计者：宋晶 杨俊宸
优秀作业 2：小隐于弄——丰子恺作品展览馆设计　设计者：刘妍捷 唐源鸿

作业指导教师：王迪 张昕楠 戴路 张昕楠
教案主持教师：张昕楠

叁 2016 年级設計作業教案

主题展览馆设计 壹
——关于艺术与空间的设计研究
Gallery+ Design - Study on Art Work and Space

选题背景与教学定位 Project Background & Orientation

系列课程题目《+》的设置，力图引导学生充分发挥其内在的设计能力和创造的热情。《+》系列题目，有意使任务书处于一种“未完成”的状态，引导学生基于他们对爱好、共居、艺术和宗教文化的理解对任务书进行发展,并融入到他们的设计中。系列题目均以建筑类型后缀以“+”的组合方式出现，类型本身的出现其实直指真实——回应了建筑这一外来语的基本定义，而“+”其后的内容则给予了学生更为开放的机会，允许他们将自身对环境、文化、事物、物件的理解和学习融入设计过程中，并展开想象的世界。在“Gallery+”（即本案“主题展览馆设计”）中，学生将对自己喜爱的艺术家展开解析，并为其作品设计一个主题展廊。

由内而外：由对艺术的理解推动建筑设计。课题引导学生对某一艺术家的作品、艺术风格、作品特质等进行分析，探索如何使空间成为容纳作品、并表达出作品特质的“评论”，培养其空间创造力。

由外而内：由城市到建筑。根据场地所在的城市区域环境、人群特征和场地所在不同界面的空间特性，将建筑作为城市的有机部分进行设计，对周边环境予以积极回应。

艺术作品的美学特质同时由她的创造者和展示、维护者所共享。艺术作品的内涵是其创作者的艺术表达，其外延是世人的诠释、理解以及维护和展示。
Martin Heidegger
展览空间不应该是那些用来盛放艺术品的仓库或厂房，展览空间也更不应该只是一个中性的、仅仅为艺术品提供存放之处的容器，与艺术共生时，空间可以成为一种评论，一种作用在艺术品上的试验。
Carlo Scarpa

教学目标 Target

1. 尝试用艺术影响建筑设计

学习在主题展览设计中，利用设计方法表达艺术作品特质的方法；同时，在分析艺术家及艺术作品的过程中，使作品的特点也对建筑产生积极的促进和影响。

2. 学习展览馆建筑类型设计

从空间形态、空间光环境、空间-观者-作品尺度关系、展览方式和观展动线等方面学习主题展览馆这一建筑类型的设计方法。

3.掌握城市环境分析与研究能力。

分析建筑所处城市环境，将建筑作为城市的有机组成部分进行设计。深入理解周边环境人群对于该区域的使用方式，并将城市环境与建筑环境进行结合设计。

设计教学知识点体系 Knowledge Framework

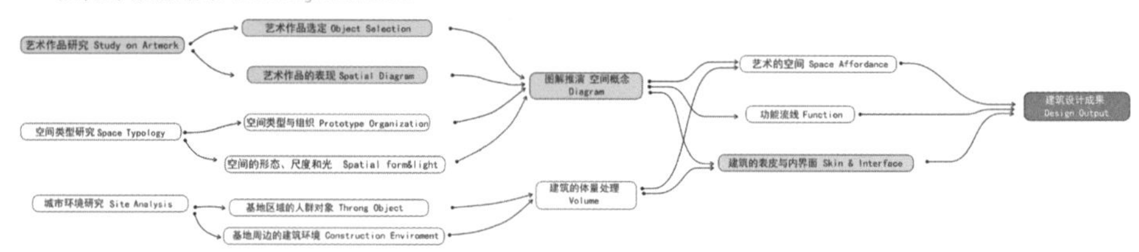

题目设置 Project Assessment

题目设定及功能要求 Project Description & Functional Requirement

该题目为针对特定艺术家作品的主题展览馆设计，以满足作品在空间中的展示等综合功能，总建筑面积为2500平方米。各部分内容如下（具体功能内容及面积可根据方案需要进行调整）：

1. 展厅若干：1200平方米，可根据所选择的艺术家及作品选择布置方式。
2. 入口大厅：不小于200平方米，可考虑以大空间为主。
3. 休闲空间：不小于200平方米，也可根据设计主题调整。
4. 其他空间：不小于300平方米，包括管理用房等。
5. 交通空间：根据需要自行设置。

总建筑面积1500-2000平方米，功能布局根据艺术家及艺术作品的特质自定。

基地介绍 Site Introduction

基地位于天津河北区的旧城区内，毗邻天津美术学院。基地周边是1到2层砖结构传统居民区，伴有商铺集市，街巷生活氛围浓郁，人群相对复杂。

成果要求 Design Output

1.应用图解反映相应的设计概念；
2.总平面图。总平面图包括周边道路、附近建筑肌理；
3.各层平面图，首层平面体现周边场地环境设计；
4.表达设计概念的立面图与剖面图；
5.效果图与手工大模型：包含推敲设计的过程模型，清晰表达空间与设计概念。

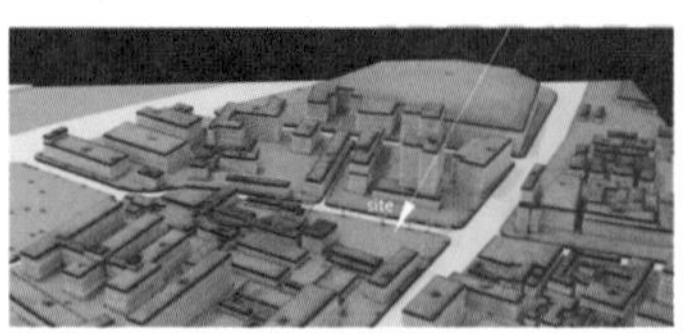

主题展览馆设计 贰
——关于艺术与空间的设计研究
Gallery⁺ Design - Study on Art Work and Space

教学内容与时间安排
Teaching Content and Schedule

时间		教学流程与安排		教学记录
Week1	Mon	任务书讲解	讲座一：主题展览馆案例阅读	
	Tue	案例研究	阅读研讨	
	Wed	基地调研	制作基地模型	
	Thu	汇报展览馆案例研究及调研成果	讲座二：艺术的空间	
	Fri	近现代艺术历史理论及作品	选择主题艺术家	
	Sat	分析所选择艺术家作品的特点		
	Sun	汇报调研结果	确定展览馆设计主题	
Week2	Mon	建筑体量研究与设计	讲座三：Trees & Affordance	
	Tue	建筑体量研究与设计		
	Wed	建筑体量模型提交	小组讨论设计与修改	
	Thu	初步设计	方案修改	
	Fri	初步设计		
	Sat	初步设计		
	Sun	组内一草汇报	中期评图	
Week3-5	Mon	方案评改	深化设计	
	Tue	讲座四：从概念图解到设计生成	深化设计	
	Wed	深化设计		
	Thu	深化设计		
	Fri	深化设计		
	Sat	深化设计		
	Sun	深化设计		
Week 6-8	Mon	组内二草汇报	方案评改	
	Tue	深化设计		
	Wed	深化设计		
	Thu	深化设计		
	Fri	深化设计		
	Sat	深化设计		
	Sun	深化设计		
Week9-10	Mon	绘图制作		
	Tue	讲座五：设计表达的图学	绘图制作	
	Wed	绘图制作		
	Thu	绘图制作		
	Fri	绘图制作		
	Sat	终期评图		
	Sun	组内方案点评		

教学方法与特色
Teaching Method and Special Features

感性和理性相结合的设计过程
Design Process

一方面，教学组鼓励学生在设计初期，通过绘画或雕塑重现的方式再现艺术家的作品，或通过绘画的方式描摹出适合艺术作品气质的抽象空间，从而推动后续的设计。另一方面，教学组也鼓励学生从动线、光的创造、观览方式等角度对解读艺术作品的空间进行创造。

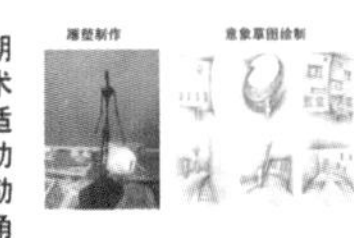

注重以图解方式推动设计深化
Diagram Thinking

利用图解提高学生在学习过程中设计发展的逻辑性与清晰性。图解可以通过草图、模型、PPT等多种方式进行表达。图解的连贯性作为设计过程评价的核心。

团队教学
Team of Teachers

教师根据自身研究方向组成教学团队，从而为学生带来多视角的评价观点，启发学生的逆向思维，鼓励学生探讨设计的更多可能性。

集体评图与客座评审
Guest Reviewer

教学组在整个教学过程中进行多次评图，其中包括组内评图与跨组评图。在终期评图中，聘请知名建筑师作为客座评审参加设计点评，使师生产生更多互动与交流。

优秀作业点评 Evaluation

学生作业一 如影逐塑——贾科梅蒂雕塑展览馆
作业点评

该方案将贾科梅蒂的雕塑作品与“影”联系起来并探讨两者的关系，利用简单的体量操作与元素组合创造出富有特色的展览空间。建筑逻辑清晰，利用大量的场景渲染图与流线图来表达参观过程中的空间序列以及感受。建筑在基地中如同一个厚重雕塑，又不乏与场地的交流。空间表现手法简洁而富有力度，参观者在行进过程中体验着震撼的光影空间。

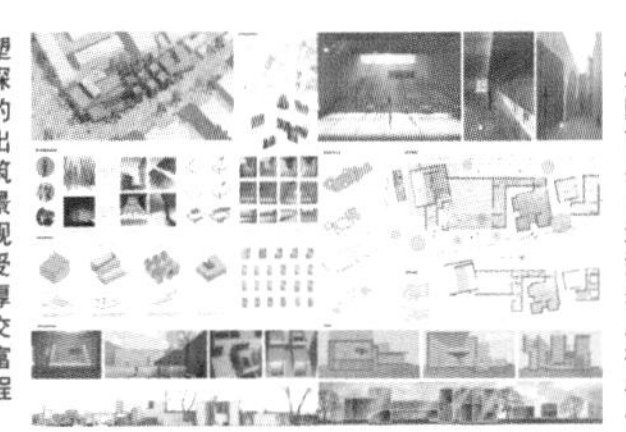

学生作业二 小隐于弄——丰子恺漫画展览馆
作业点评

该方案在延续场地原有生活与艺术相融合气氛的同时，围绕丰子恺漫画中市井生活气息，提取三种典型空间原型：犄角旮旯、屋林踱步、晒台观望，进而结合里弄这一空间原型进行再创造与组织，带来真实的生活气息和丰富层级。方案结合场地中的树与院落、天井及晒台，构建艺术与生的独特漫游体验式展览馆。

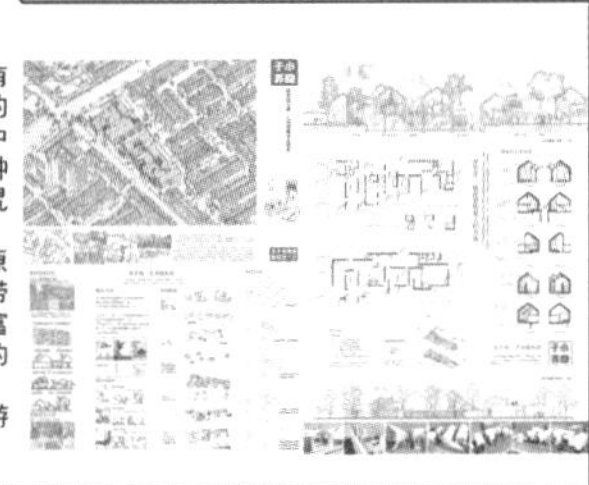

设计作业综述 Summary of Design Results

类型	印象油画	传统国画	雕塑作品	其他作品
侧重点	空间与光	空间类型与功能系统	空间与雕塑的叙事性同构	尺度与关系
设计作业分类	I: 莫德里亚尼作品展览馆 II: 莫内作品展览馆	I: 张大千作品展览馆 II: 丰子恺作品展览馆	I: 苏比拉克作品展览馆 II: 贾科梅蒂作品展览馆	I: 森山大道作品展览馆 II: 宫崎骏作品展览馆

中国矿业大学

邻里共享
——小住宅组合设计（二年级）

教学目标

（1）认识环境、场所要素对于建筑设计思路形成的启示性价值，学习在具体环境限定与引导下进行方案构思；处理好建筑与环境之间的关系；

（2）通过对资料分析、场地分析、空间功能组织和材料技术运用等环节层层递进的综合认识及整合，形成良好的建筑创作的思维模式；

（3）认识建筑材料设置及建构对于建筑构思及表达的深层作用；借助对建筑材料建构方式和逻辑规律的把握，深化设计构思。

训练要点

（1）建立尺度概念，了解人体活动尺寸的要求，合理组织室内空间并布置家具；

（2）注重外部空间设计，以增强邻里之间的交流；

（3）熟悉建筑系统构成；

（4）学习用形式美的构图规律进行立面设计与体型设计，创造有个性特色的建筑造型，为环境增色。

教学方法

在课程设计开始前，集中讲解建筑设计原理和案例分析，课后学生进行实地调研和资料收集，完善设计任务书。在设计过程中，通过数次集体评图和与学生的一对一交流，使学生在有限的时间内扩展知识面、拓宽思路，进而提高分析、比较和判断能力，培养自我学习和提高的能力。最后通过集中评图对学生的最终成果进行评价。课后及时对学生作业进行集中讲解和总结反馈。

设计任务书

设计题目一：宅院设计

拟在中国矿业大学文昌校区建专家宿舍。使用者身份和职业特点由学生自定。结构形式采用框架结构。

空间组成：

起居空间包含会客、家庭起居和小型聚会等功能。（面积自定）

★工作空间视使用者职业特点而定。（面积自定）

主卧室（1间）可考虑做壁柜或衣物间等储藏空间，也可设小化妆间。（面积自定）

★次卧室（1间）可考虑做壁柜等储藏空间。（不小于 $10m^2$）

餐饮空间应与厨房有较直接的联系，可与起居空间组合布置。（面积自定）

厨房可设单独出入口，可设早餐台。（面积不小于 $6m^2$）

卫生间（至少2间）可考虑主卧、次卧分设卫生间。（面积自定）

车库至少停放1辆小汽车（3.6m×6m）

备注带★者为可设可不设，其余房间均应满足

可根据使用者的不同特点自行调整。用地面积控制在22.5m×30m，总建筑面积控制在220～300m^2，平台不计面积，有柱外廊以柱外皮计100%建筑面积，阳台计50%建筑面积。

共享交流空间设计

单体设计完成后，三个同学一组，考虑各宅院共享交流部分设计，以增强邻里之间交流和完善社区公共服务为目的，考虑建筑单体的组团结合与外环境设计。

设计题目二：联立住宅设计

空间限定：面宽4～6m，进深12m，限高12m。可以有地下室，高度不超过4m。

邻居之间可以串联或互换等量空间。

功能：住宅，可兼工作、商店等。其他内容自定。

北侧车行路入口，南侧步行街。

共享交流空间设计

设计时，4个同学为一组，加强交流。考虑空间互换的可能，重点关注共享交流空间的设计；协调完成住宅立面。

作业点评

作业一：方案在城市联排住宅中加入虚体空间，插入读书、健身、儿童游戏3个公共活动空间，以加强邻里之间的交流，也为商住一体的街区更新提供了新的模式。

作业二：方案从外部空间着手，形成了共享空间——庭院空间——室内空间的空间序列，室内外空间联系较好。同时材料选择自然亲切，尺寸适宜，为邻里间的交流提供了便利。

作业三：方案对“中”而“新”的小住宅风格进行了探索。造型上以点线面体等基本要素进行组合，现代感较强；色彩上则以黑白灰为主，清新淡雅，有国画之风。

优秀作业1：宅之间——共享交流型城市联排住宅设计　设计者：王蒙 杨冰洁 赵翰清 黄裕章

优秀作业2：纽带——独栋式住宅组合设计　设计者：杨文艳 黄晓寻 唐学思

作业指导教师：张锐 王栋 陈惠芳 林涛

教案主持教师：林涛

二年级建筑设计教案：邻里共享——小住宅组合设计 ARCHITECTURE DESIGN BASIS 1

课程体系

认知入门 一年级		设计基础 二年级		深化提高 三年级		拓展创新 四年级		综合应用 五年级
空间体验与认知	→	单一行为与空间	→	社区建筑与社会	→	城市设计	→	生产实习
形态构成与分析		复合行为与空间		校园建筑与人文		住区规划		毕业实习
建筑材料与感知		简单环境与行为		博览建筑与地域		高层建筑		毕业设计
小型建筑设计		复杂环境与行为		建筑改造与更新		大型公建		成果展示

教学目的

建筑设计基础（3）~（6）教学目的，是使学生建立整体的建筑观，以建筑的三个基本问题：环境、空间、建构为线索，由浅入深设置若干设计练习，从单一空间发展到综合空间，逐步增强场地限定，同时了解不同类型结构及材质的合理运用。使学生初步基本掌握建筑空间形式与功能使用，场地环境和材料结构之间互动的设计方法。

教学方法

教师	原理讲解	一对一交流	集中评讲	作业总结
⇕	⇕	⇕	⇕	⇕
学生	实地调研	方案生成	方案深入	完善提高

开始真正介入设计，通过安排相应的课程设计题目，注重训练学生的空间认知和造型处理能力，然后学生亲手实践，初步领悟建筑设计，掌握正确的设计思维和设计方法。

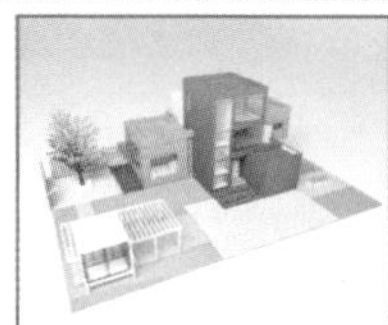
单一空间 独院住宅

单元空间组合 幼儿园

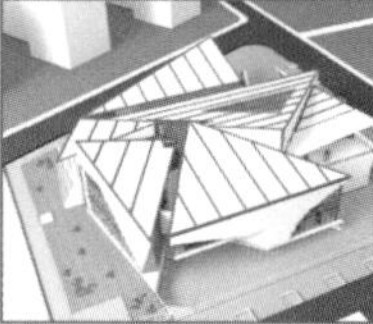
综合空间 社区图书馆

综合空间（场地限定）山地俱乐部

环境 场地与场所

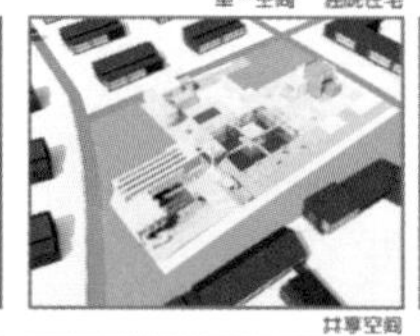
共享空间

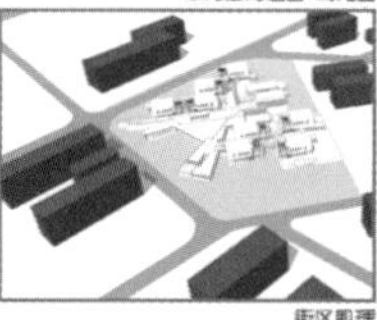
街区肌理

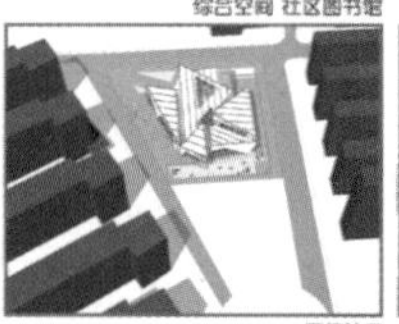
开放社区

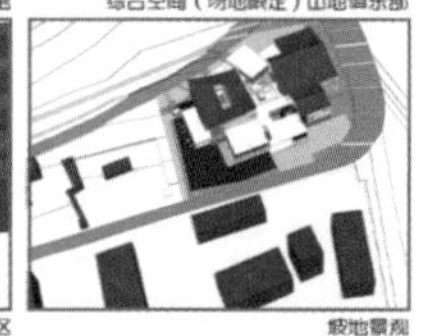
坡地景观

空间 功能与形式

单一空间

单元空间

综合空间

综合空间（场地限定）

建构 材质与构造

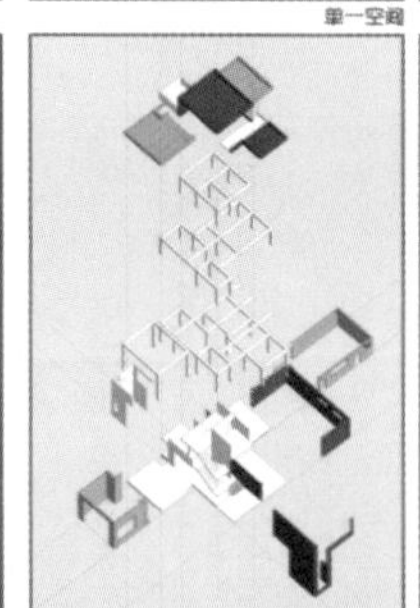
住宅建构分析

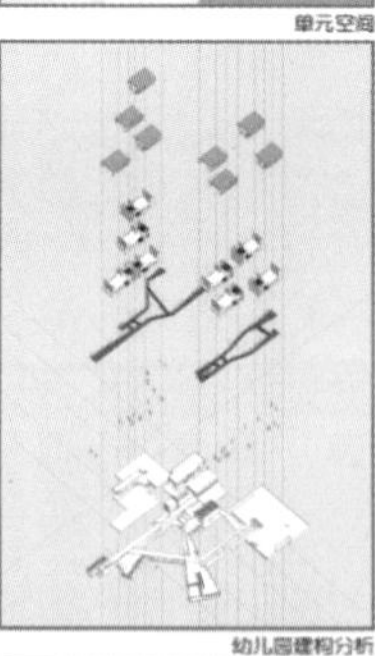
幼儿园建构分析

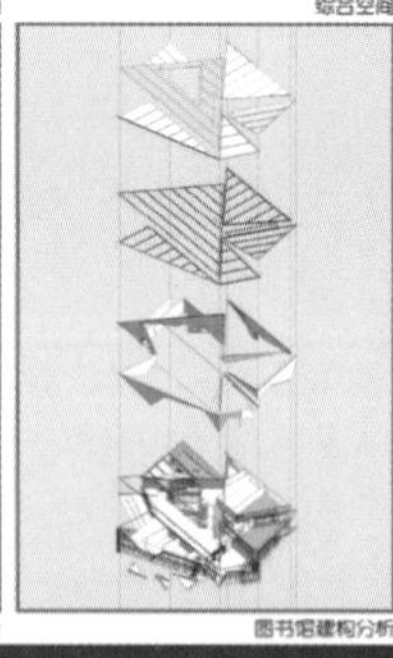
图书馆建构分析

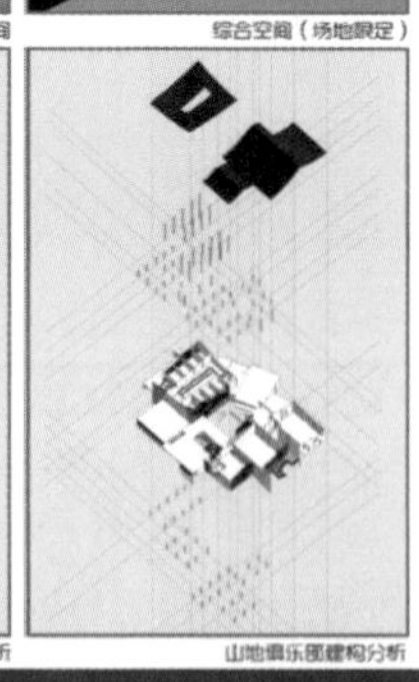
山地俱乐部建构分析

(1) 认识环境、场所要素对于设计思路形成的启示性价值，学习在具体环境限定下进行方案构思；处理好建筑与环境之间的关系；
(2) 通过对资料分析、场地分析、空间功能组织和材料技术运用环节层层递进的综合认识整合，形成良好的建筑创作思维模式；
(3) 认识建筑材料设置及建构对于建筑构思及表达的深层作用；借助对建筑材料建构方式和逻辑规律的把握，深化设计构思。

(1) 建立尺度概念，了解人体活动尺寸的要求，合理组织室内空间并布置家具；
(2) 注重外部空间设计，以增强邻里之间的交流；
(3) 熟悉建筑系统构成；
(4) 学习用形式美的构图规律进行立面设计与体型设计，创造有个性特色的建筑造型，为环境增色。

设计题目一：宅院设计

拟在中国矿业大学文昌校区建专家宿舍
使用者身份和职业特点由学生自定。
结构形式采用框架
空间组成

[illegible]	[illegible]	[illegible]
[illegible]	[illegible]	[illegible]
●工作空间	[illegible]	自定
[illegible]	[illegible]	[illegible]
[illegible]	[illegible]	[illegible]
[illegible]	[illegible]	[illegible]
[illegible]	[illegible]	[illegible]
卫生间（至少2间）	[illegible]	自定
[illegible]	[illegible]	[illegible]
[illegible]	[illegible]	

可根据使用者的不同特点自行调整。
用地面积控制在22.5m*30m，总建筑面积控制在220-300m²，平台不计面积，有柱外廊以柱外皮计100%建筑面积，阳台计50%建筑面积。

共享交流空间设计：

单体设计完成后，三个同学一组，考虑各宅院共享交流部分设计，以增强邻里之间交流和完善社区公共服务为目的，考虑建筑单体的组团结合与外环境设计。

设计题目二：联立住宅设计

空间限定：面宽4~6m，进深12m，限高12m。可以有地下室，高度不超过4m。
邻居之间可以串联或互换等量空间。
功能：住宅，可兼工作、商店等。其他内容自定。
北侧车行路入口，南侧步行街。

共享交流空间设计：

设计时，4个同学为一组，加强交流。考虑空间互换的可能，重点关注共享交流空间的设计；协调完成住宅立面。

何多苓工作室 刘家琨

垂直玻璃宅 张永和

双宅 MVRDV

三连宅 大舍

水边宅 董豫赣

尺度分析

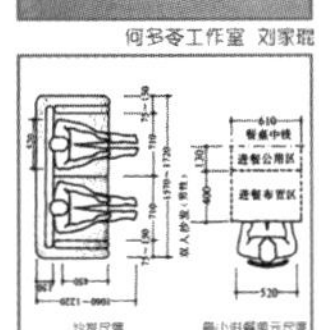

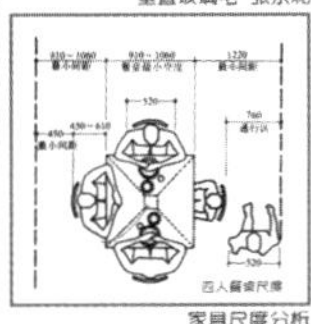

家具尺度分析

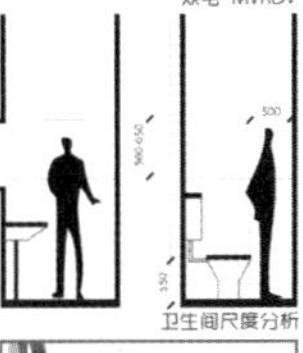
卫生间尺度分析

厨房尺度分析

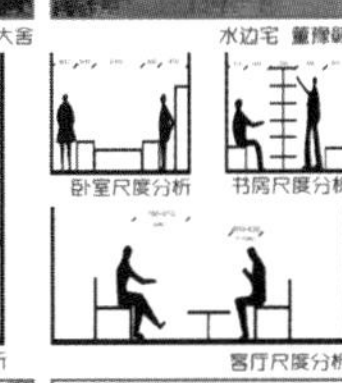

客厅尺度分析

共享空间设计01

共享空间设计02

共享空间设计03

单体建构

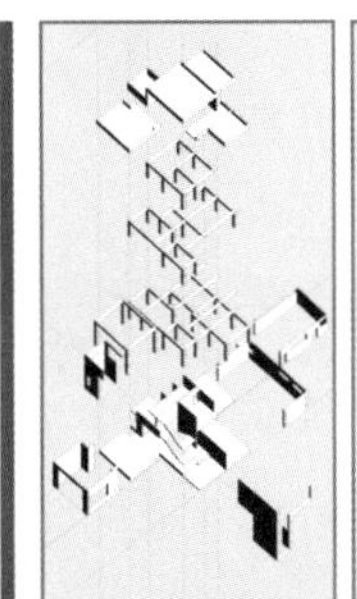
住宅单体建构01

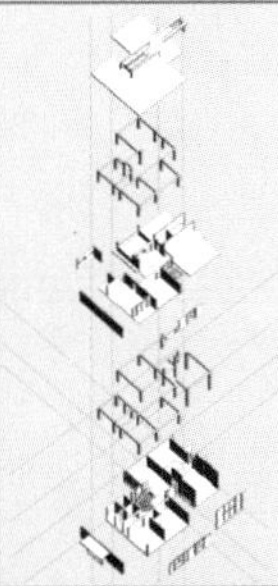
住宅单体建构02

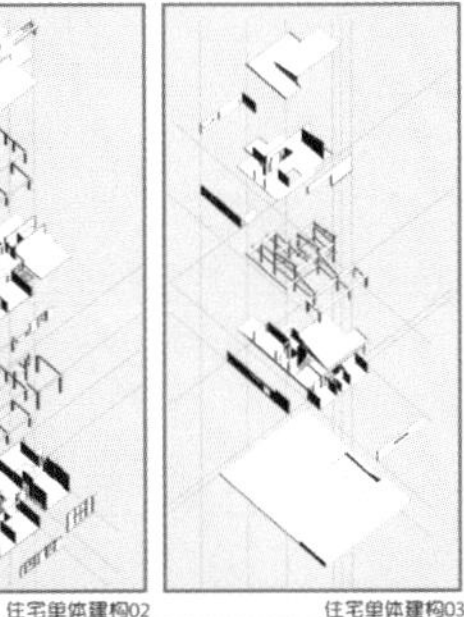
住宅单体建构03

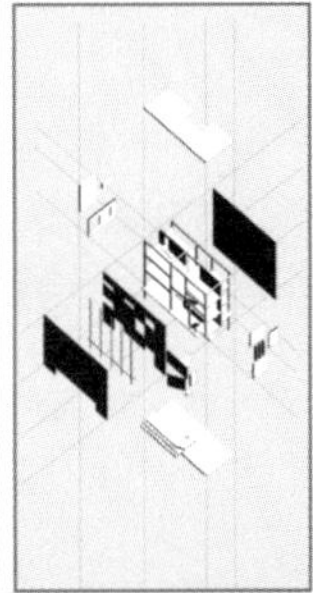
住宅单体建构04

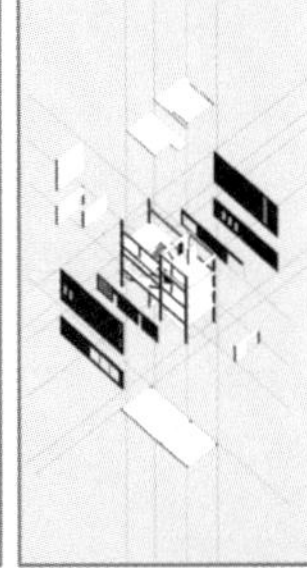
住宅单体建构05

宅之间
共享交流型城市联排住宅设计

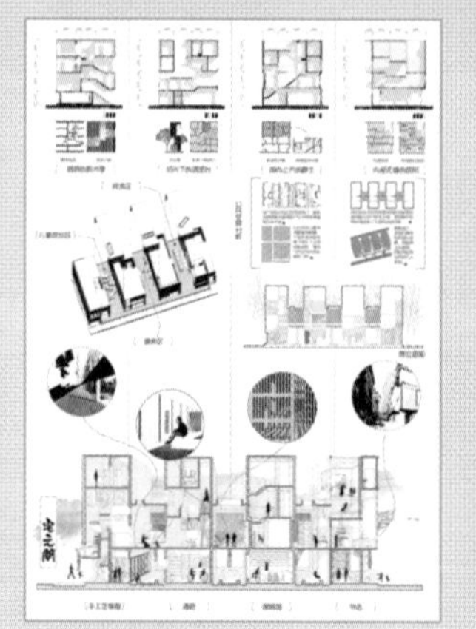

设计点评

方案在城市联排住宅中加入虚体空间，插入读书、健身、儿童游戏三个公共活动空间，以加强邻里之间的交流，也为商住一体的街区更新提供了新的模式。

设计点评

方案从外部空间着手，形成了共享空间——庭院空间——室内空间的空间序列，室内外空间联系较好。同时材料选择自然亲切，尺寸适宜，为邻里间的交流提供了便利。

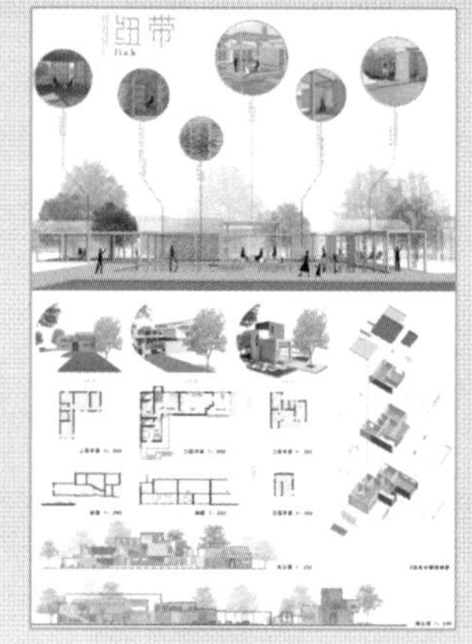

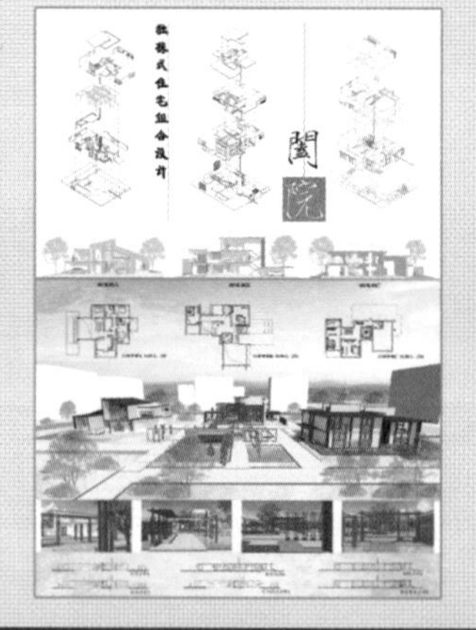

设计点评

方案对"中"而"新"的小住宅风格进行了探索。造型上以点线面体等基本要素进行组合，现代感较强；色彩上则以黑白灰为主，清新淡雅，有国画之风。

东南大学

社区中心 + 健身中心设计 Community Center + Fitness Center（二年级）

社区中心＋健身中心是“空间复合”训练的一个载体，反映了城市环境的限定中建筑空间与周围环境之间协调互动的设计方法，以及其所代表的一般公共建筑中场地、空间、功能和流线的组织方法。在现有“城市社区”环境中,通过合作的方式，展开对于“城市环境”、“社区公众”与“空间复合”的研究。每两位学生在教师的指导下通过城市环境和社区生活的调研对于社区的生活实态和需求进行深入了解合作展开设计，重新理解和定义城市与社区的界面及相互关联，利用和改造原有的泳池，整合周边城市、建筑和景观资源，使这一区域重现生机。每位学生各自完成其中一种建筑类型的设计，每栋建筑要可以独立管理使用。基地位于南京市太平北路和兰园交界处东南大学校东宿舍区原有的游泳池地块。

基地外部城市环境和道路交通状况不断更新，内部社区面临国家对住区的开放性要求，使得游泳池和周边的整个社区都面临重新整合和改造的境遇。

优秀作业 1：城市客厅　设计者：刘博伦 张皓博
优秀作业 2：公园印象　设计者：柏韵树 吴承柔

作业指导教师：吴锦绣 朱渊
教案主持教师：吴锦绣

社区中心+健身中心设计

本科二年级建筑设计 ——— COMMUNITY CENTER + FITNESS CENTER

教学框架
Teaching Program

	院宅	青年公寓	游船码头	社区中心
	PHASE1	PHASE2	PHASE3	PHASE4
由浅入深…				
场地/场所…	院墙围合 Walled enclosure	街区肌理 Block & fabric	坡地景观 Slope & landscape	城市社区 Urban community
功能/空间…	空间限定 Space definition	空间单元 Unit organization	空间接续 Space continuation	空间复合 Complex
使用/对象…	家庭 Family	集体 Group	游客 Tourist	社区公众 Neighbourhood
材料/建构…	要素构成 Components	结构组织 Structure	材料分化 Material differentiation organization	系统叠合 Systems
	空间与生活 space&life	空间与结构 space&structure	空间与地形 space&topography	综合空间 synthetic space

空间与场地
Space & Site

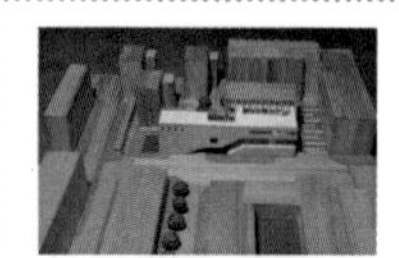

空间与体验
Space & Experience

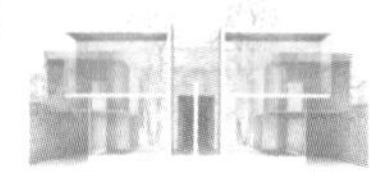
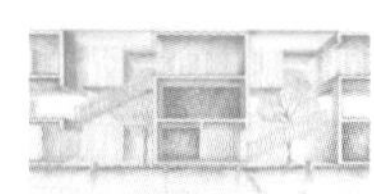

空间与建构
Space & Tectonics

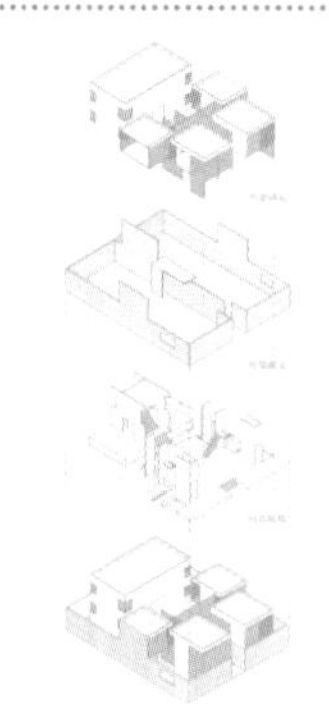
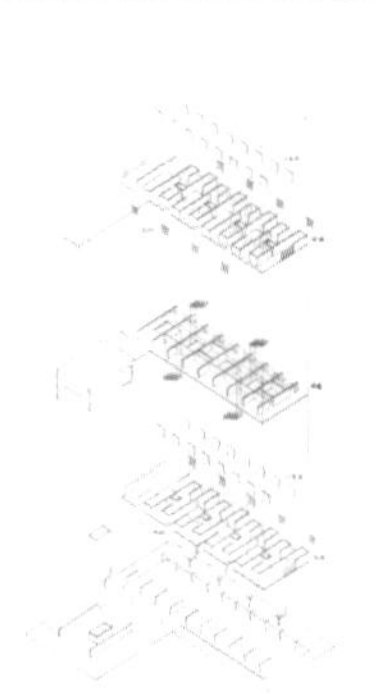
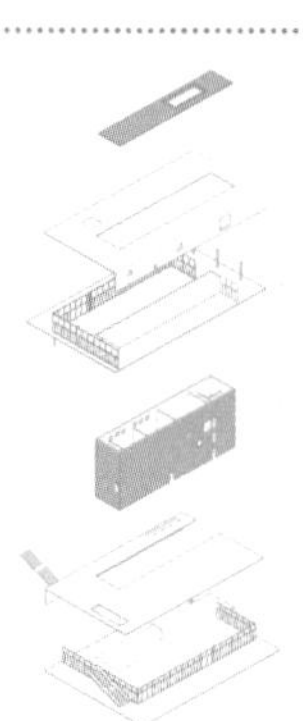
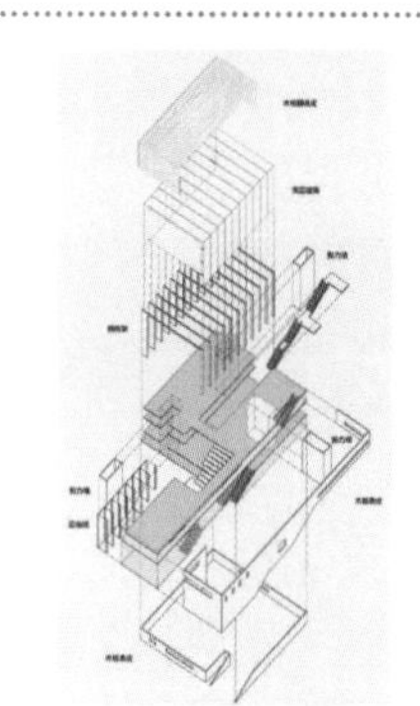

课程概要
Course Summary

社区中心+健身中心是“空间复合”训练的一个载体，反应了城市环境的限定中建筑空间与周围环境之间协调互动的设计方法，以及其所代表的一般公共建筑中场地、空间、功能和流线的组织方法。 在现有“城市社区”环境中，通过合作的方式，展开对于“城市环境”、“社区公众”与“空间复合”的研究。

每两位学生在教师的指导下通过城市环境和社区生活的调研对于社区的生活实态和需求进行深入了解合作展开设计，重新理解和定义城市与社区的界面及相互关联，利用和改造原有的泳池，整合周边城市、建筑和景观资源，使这一区域重现生机。每位学生各自完成其中一种建筑类型的设计，每栋建筑要可以独立管理使用。

基地选择
Site Selection

基地位于南京市太平北路和兰园交界处东南大学校东宿舍区原有的游泳池地块。基地外部城市环境和道路交通状况不断更新，内部社区面临国家对住区的开放性要求，使得游泳池和周边的整个社区都面临重新整合和改造的境遇。

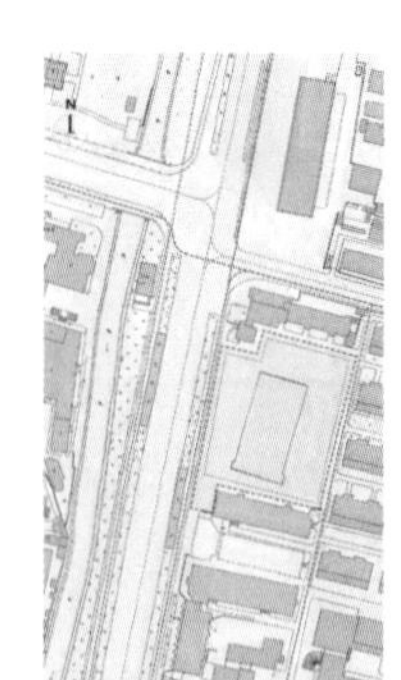

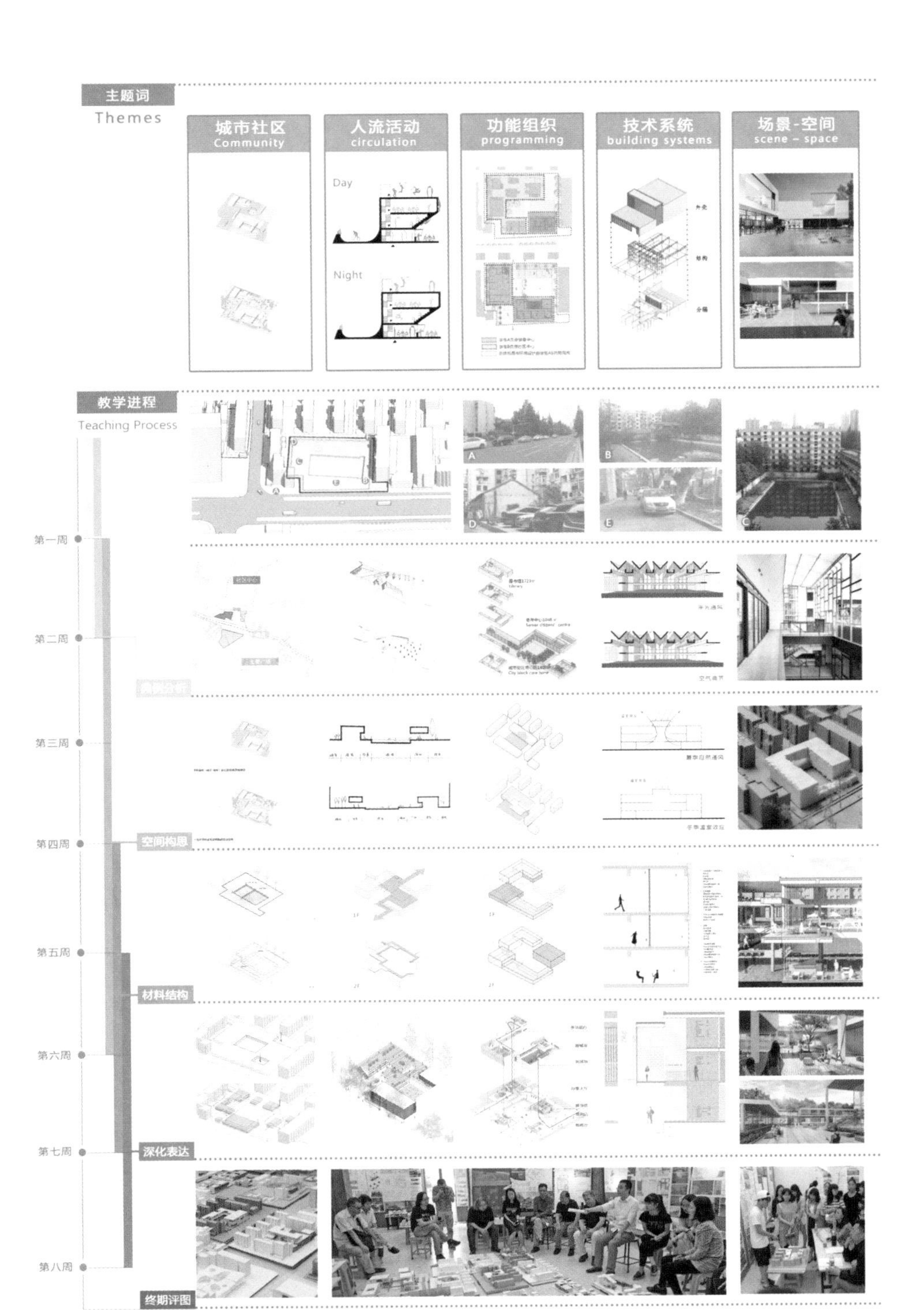
主题词
Themes
城市社区
Community
人流活动
circulation
Day
Night
功能组织
programming
技术系统
building systems
场景-空间
scene - space
教学进程
Teaching Process
第一周
第二周
第三周
第四周
第五周
第六周
第七周
第八周
空间构思
材料结构
深化表达
终期评图

东南大学

复杂建成环境的城市形态更新 | 南京湖南路马台街地块城市设计（四年级）

建筑学专业本科学生的城市设计训练在研究尺度、设计尺度、设计方法和表达方法上与建筑设计训练有较大的跨越和区别，同时建筑学专业与规划专业的本科生在城市设计训练的切入路径和目标也有所区分，针对这样的特殊性，以及设计教学时长的限定，需要在教学目标、教学流程和训练侧重点上予以针对性的响应。本教案以尺度转换、逻辑建构和评价取向为教学核心，按照设计周期的时间序列，沿着认知城市—理解城市—分析城市—组织城市的路线，重点帮助学生厘清城市设计与建筑设计的区别和上下承接的关系，明确城市空间形态的尺度层级序列，掌握基本的城市设计方法，将对建筑形态和建筑空间的单一关注上升为对城市形态和城市空间的综合性考量。

优秀作业 1：重塑记忆 Remembrance　设计者：唐滢 宗袁月
优秀作业 2：活力城市 Dynamic City　设计者：施晴 汪佳琪

作业指导教师：邓浩
教案主持教师：邓浩

四年级城市设计教案

复杂建成环境的城市形态更新 | 南京湖南路马台街地块城市设计

01

四年级整体教学框架

本校建筑学本科设计教学在四年级以教授工作室的方式，设置了四个课题方向供学生选择，分别是城市设计、住区与住宅设计、大型公共建筑和跨学科设计课题，每个设计课题的教学周期一般限定在8周内，每位学生在一个学年内须选满四个方向的课题，顺序自行规划。这四个课题方向均强调研究性内涵，总体来看是在前三年设计训练的基础上朝向"设计研究与研究性设计"的推进。其中，城市设计则在研究尺度、设计尺度、设计方法和表达方法上与之前的设计课题有较大的跨越和区别，同时建筑学专业与规划专业的本科生在城市设计训练的切入路径和目标有所区分，因此需要在教案设定、教学流程和训练侧重点上予以针对性的回应，帮助学生在8周内掌握城市设计的基本理论与方法。

建筑学专业本科四年级课程设计类型

- 大型公建设计
- 城市设计
- 住区规划与住宅设计
- 跨学科课题设计

城市设计教学目标、内容和方式

教学目标1：从建筑思维延展到城市考量。
教学目标2：学习并掌握认知、理解、分析、组织城市空间形态诸要素的基本理论和方法。教学目标3：在城市尺度上重新思考建筑学，从城市中为建筑设计寻求时间与空间的坐标。
教学内容：城市形态调研与分析的基本理论与方法，分辨率概念的学习与应用，城市设计逻辑的生成、组织与构建，城市设计概念与导则的阐释与表达
教学方法：选择具有真实城市设计需求的复杂城市建成环境，以尺度转换开启设计，以架构逻辑展开设计以评价取向引导设计，强调现场感知与理论认知的双向互动，在从城市到建筑的各个尺度层级上给予针对性的理论输入和操作指导，最终帮助学生从单一的建筑学思维模式提升至综合考量的城市建筑学思维模式。

选题背景

基地选址在南京主城区内高度建成环境中一处约23公顷的地块，中山北路、湖南路、马台街、丁家桥、童家巷等历史街道环绕周边，更被马台街分为两部分。基地及周边道路包含了丰富且复杂的历史文化、形态演变、商业开发、政策流转和基础设施建设信息，高度凝聚了南京城自清末至今的城市变迁，对于学生的场地与文献调研、信息提取与梳理、城市形态分析、功能策划、设计逻辑建构和城市空间组织等训练都能提供具有足够深度和广度的场景与背景，有利于学生从对城市抽象的想象转变为真实的具体。

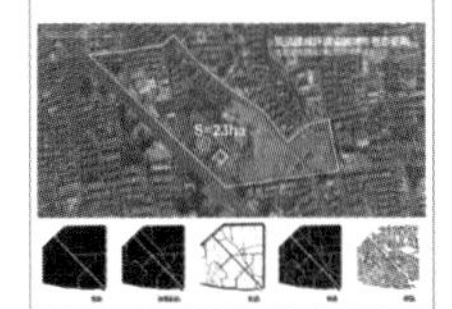

场地状况

该地块在上世纪90年代末和本世纪初曾是南京第二大商圈湖南路商圈的核心区域，交通区位和商业区位优越。地块范围内包含西流湾公园、南京市青少年宫、青春剧场等众多公共场所和建筑，承载了周边居民乃至南京市民的众多的集体记忆。2011年始在强势商业资本的推动下地块进入较为剧烈的形态变迁周期，拆迁量巨大。而后由于政商博弈和公众利益等因素，该地块几易其手，目前地块半数拆迁殆尽，为空置状态，另一半为老旧居民区，亟待环境风貌整治。

学习重点

1. 城市形态学的基本理论和分析方法，"分辨率"和"可操作的历史"等核心概念的理解与应用。
2. 从基地及周边环境、街道与街区、产权地块、建筑及室外场地到建筑首层平面，逐尺度层级进行形态分析、逻辑建构与空间组织，理解并掌握地块级城市设计的目标、内容和基本方法。
3. 理解并学习建构城市设计的形态学逻辑、经济学逻辑和社会学逻辑。
4. 理解并学习城市设计导则的主要内容和表达方法。

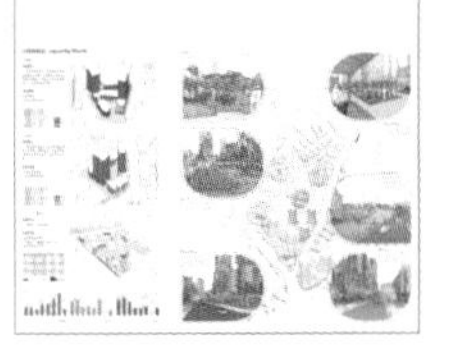

任务要求

1. 调研报告：在区位认识的基础上，展开地块及其周边环境在城市形态、道路交通、功能业态、土地利用、建筑风貌、人群行为特征与分布等的调查研究。
2. 城市设计导则：包含文字性导则和图示性导则两个部分。落实城市设计有关强制性控制要求，明确地块内各项城市设计引导性内容和量化指标。
3. 设计图纸：包括分析类、技术类和表现类图纸。分析类图纸对地块现状、概念生成和设计愿景的逐项分析。技术类图纸反映对各尺度层级的设计引导与示范。表现类图纸反映城市设计概念在城市意象和节点空间上的具体落实。
4. 成果模型：整体地块成果模型（1:1000）和局部城市空间模型（1:500）
5. 答辩汇报PPT和反映整体工作流程和设计推进的工作手册（A4文本）

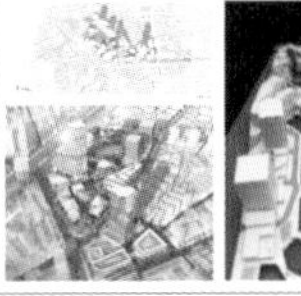

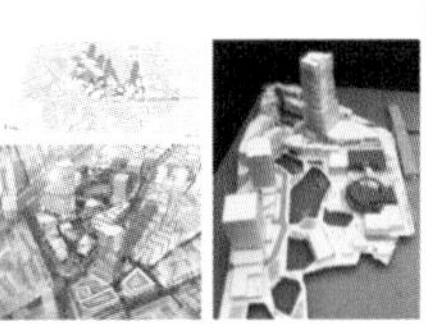

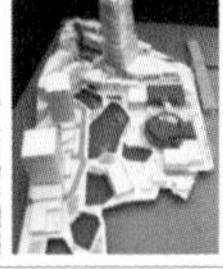

教案研究与设计试做

教案研究的重点在于如何帮助学生厘清城市设计与建筑设计的区别和上下承接的关系，以学生先前的建筑学知识为引导，沿着认知城市——理解城市——分析城市——组织城市的路线，明确城市设计训练的主要目的是：从城市中为建筑设计寻求时间和空间的坐标。
本设计课题取材真实城市设计项目，根据真实环境条件和相应开发建设信息的变化，在设计教学开始前一个月，研究生助教对现场信息进行采集与更新，经过分析与筛选后，适时补充进任务书中，保障学生设计训练过程中真实、持续的现场感。通过设计试做，对教案设定的任务条件、流程进度、工作强度分配和设计成果做出验证和校正，并对设计作业的可能性进行预判，从而对设计条件的约束性与弹性进行调适。

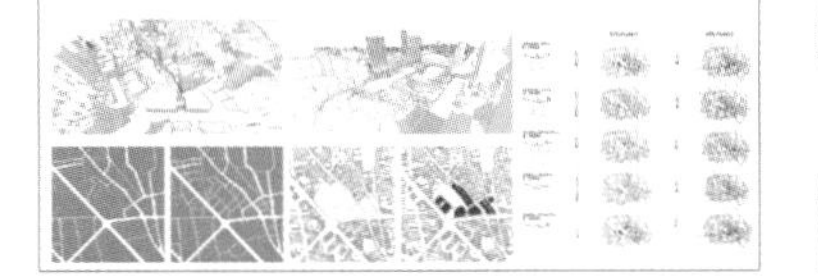

教学 & 设计核心概念

Scale 尺度

- **从建筑到城市**
  尺度转换
- **分辨率**
  尺度层级
- **回归建筑学**
  单体建筑的城市设计

Logic 逻辑

- **形态学逻辑**
  城市形态的共识性与历时性
- **社会学逻辑**
  公共性、日常性和纪念性
- **经济学逻辑**
  资本、功能策划与土地利用

Evaluation 评价

- **超越感性**
  理性分析与可操作性
- **超越空间**
  市民生活与城市活力
- **超越表现**
  重逻辑显现轻渲染表现

教学引导与设计成果的表达

教学流程与设计进度 02

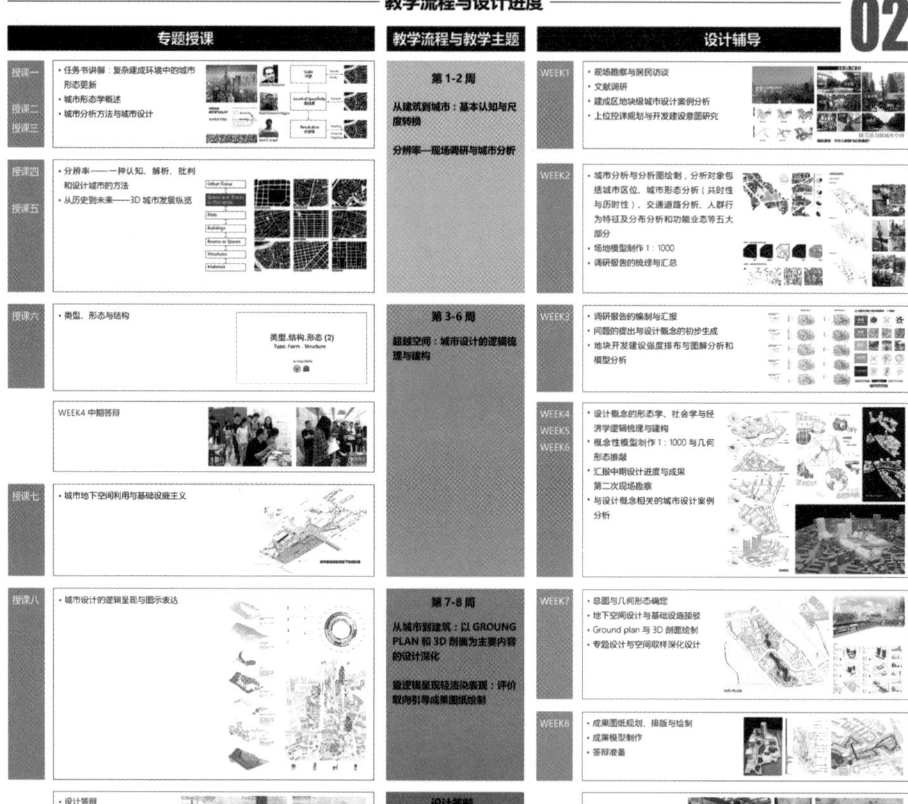

专题授课
教学流程与教学主题
设计辅导
授课一
授课二
授课三
• 任务书讲解：复杂建成环境中的城市形态更新
• 城市形态学概述
• 城市分析方法与城市设计
第 1-2 周
从建筑到城市：基本认知与尺度转换
分辨率—现场调研与城市分析
WEEK1
• 现场踏察与居民访谈
• 文献调研
• 建成区地块级城市设计案例分析
• 上位控详规划与开发建设意图研究
授课四
授课五
• 分辨率——一种认知、解析、批判和设计城市的方法
• 从历史到未来——3D 城市发展纵览
Urban Tissue
Plots
Buildings
Rooms or Spaces
Structures
Materials
WEEK2
• 城市分析与分析图绘制，分析对象包括城市区位、城市形态分析（共时性与历时性）、交通道路分析、人群行为特征及分布分析和功能业态等五大部分
• 场地模型制作 1：1000
• 调研报告的梳理与汇总
授课六
• 类型、形态与结构
类型.结构.形态 (2)
Type . Form . Structure
第 3-6 周
超越空间：城市设计的逻辑梳理与建构
WEEK3
• 调研报告的编制与汇报
• 问题的提出与设计概念的初步生成
• 地块开发建设强度排布与图解分析和模型分析
WEEK4 中期答辩
WEEK4
WEEK5
WEEK6
• 设计概念的形态学、社会学与经济学逻辑梳理与建构
• 概念性模型制作 1：1000 与几何形态推敲
• 汇报中期设计进度与成果
第二次现场踏察
• 与设计概念相关的城市设计案例分析
授课七
• 城市地下空间利用与基础设施主义
授课八
• 城市设计的逻辑呈现与图示表达
第 7-8 周
从城市到建筑：以 GROUNG PLAN 和 3D 剖面为主要内容的设计深化
重逻辑呈现轻渲染表现：评价取向引导成果图纸绘制
WEEK7
• 总图与几何形态确定
• 地下空间设计与基础设施接驳
• Ground plan 与 3D 剖面绘制
• 专题设计与空间取样深化设计
WEEK8
• 成果图纸规划、排版与绘制
• 成果模型制作
• 答辩准备
• 设计答辩
设计答辩
为城市辩护：呈现、阐释与说辩

作业一 活力城市

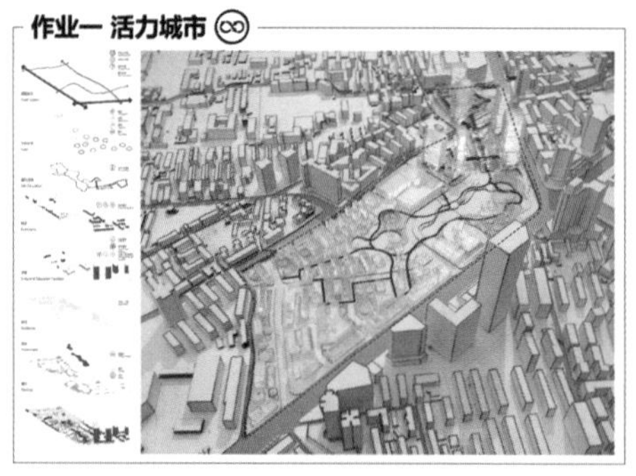

作业二 重塑记忆

指导教师作业点评

从"人场地人群行为和特征分布"调研分析中较准确地把握住了该基地的"活力"问题，较顺利地启动了设计。在尺度转换和逻辑建构中把握到形态空间结构和城市活力间的关系，令人可信地规划和调控了必要性、选择性和社会性活动。成果图纸表述清晰有力，用漫画的方式生动地表现出社会学逻辑和对城市日常性活动和空间的关注。

答辩评委点评

该设计围绕"城市活力"启动并展开设计，最终成果也鲜活地表达出"激活"该地块的设计策略和未来场景。设计者将城市空间和人群行为进行有序的分级，建构出一套令人信服的形态学和社会学逻辑，又生动地将这些逻辑用"日常场景"的方式表现出来，较好地达到了指导教师预设的训练目标。设计图纸表达上乘，信息丰富，工作量大。

指导教师作业点评

以显在的集体记忆为设计概念却是考验设计者在更为理论层面上的逻辑思考和表述能力。设计者运用了诸如城市意象、心智地图等理论方法，不断将设计不推向深入。对街区尺度、街道空间和景观节点的研究更是显示出设计者良好的专业素养。设计成果逻辑清晰、完整有序、绘制精良、表达生动。空间场景的手绘效果令人印象深刻。

答辩评委点评

"集体记忆"的提取和重塑对于主城区历史地段的地块复兴是非常恰当的，但往往流于空泛肤浅，但此作业绝不属此类。设计者的理论思考和设计策略的展开及成果的表达都令人耳目一新、印象深刻，特别是对于街道空间尺度的把握和以人为本的价值观，反映出设计者较好地掌握了城市设计的关键点，是一次成功的城市设计训练。

西安建筑科技大学

基于城市文化背景的地方艺术馆建筑设计（三年级）

陕西地区是中国传统哲学思想、文化艺术与建筑密切结合的大成之地，基于地域文化及城市文脉的地域性建筑设计方法是本次课程的重点。教学目的是要求学生熟悉和掌握中小型公共建筑设计的理念、方法与技巧；树立单位空间与城市相邻环境之间融合共生的整体设计观念以及“以人为本”的人性化行为场所观念；在建筑空间组合及形态处理上要从建筑功能、文化内涵、地域特征、现代技术以及社会生活等多个方面出发，并能反映出文化建筑的性格特征。

基地选址于古城西安重点地段大雁塔以北戏曲大观园旁，选择陕西著名地方艺术皮影、泥塑或秦腔为展览主题设计地方艺术中心。以陕西地区地域文化为背景，深入挖掘民间艺术的特点，综合考虑城市规划格局及大雁塔地段城市设计特点从中提炼设计概念，并结合地域性传统材料就地取材与现代新型材料结合深化设计方案，最终制作成果模型完成建筑设计。

优秀作业 1：以人为影、以情为卷——皮影艺术馆设计　设计者：崔思宇
优秀作业 2：生长——秦腔艺术馆设计　设计者：欧哲宏
优秀作业 3：腔——秦腔地方艺术馆设计　设计者：张书羽

作业指导教师：张群　李涛　周琨　师晓静
教案主持教师：李立敏

基于城市文化背景的地方艺术馆建筑设计

Architectural Design of Local Art Museum Based on Urban Cultural Background

壹 · 教学体系

Teaching System

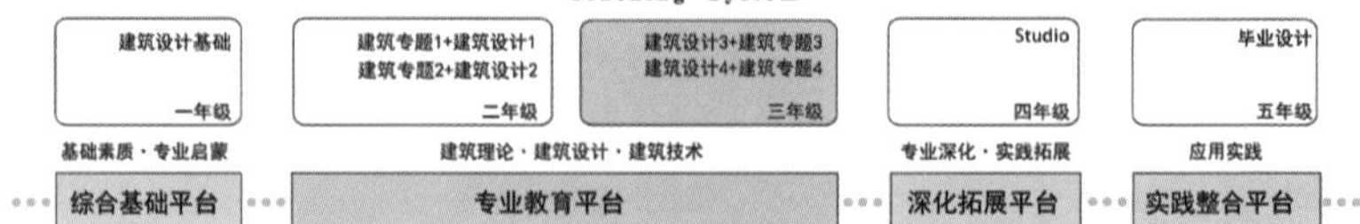

贰 · 课程结构

Curriculum Structure

设计教学模块	建筑专题3 40+k	展示主题认知
		展示空间想象
		展示空间概念设计
	建筑设计3 80+2k	城市设计
		地方艺术馆设计
		材质与建构

理论教学模块	平行开设公共课程	中、外建筑史
		建筑名师名作解析
		建筑空间专论
	设计课程专题讲座	博览类建筑设计原理
		城市设计概论专题讲座
		材质与建构专题讲座

叁 · 教学目标

Teaching Aims

在全球化的大背景下，为弘扬和传播地方艺术，丰富城市的文化生活，加快城市精神文明建设速度， 开创对外文化交流的窗口，拟在西安大雁塔文化休闲景区周边地段修建一座以展示地方艺术为主体的展览类建筑以及文化展示休闲广场。在给定的建设用地范围内，结合设计构思对其进行合理布局，使城市空间与地方艺术馆建筑有机结合。通过中型展览类建筑设计，理解与掌握具有较为复杂的功能要求的中型公共建筑的设计方法和步骤，理解综合解决人、建筑、环境的关系，培养解决功能、形态创造等问题的能力。

肆 · 主题类型

Types of Projects

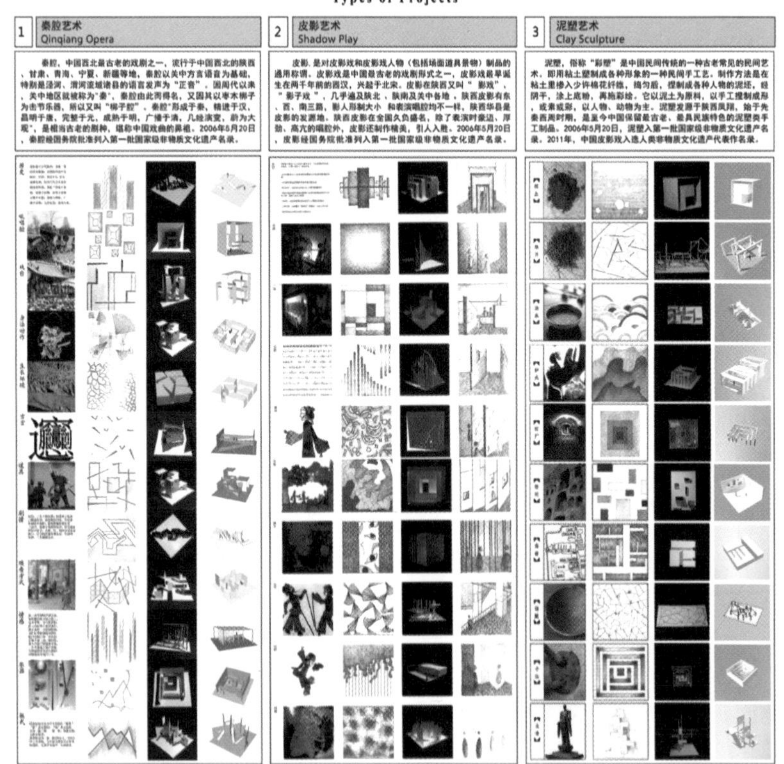

1 秦腔艺术
Qinqiang Opera
秦腔，中国西北最古老的戏剧之一，流行于中国西北的陕西、甘肃、青海、宁夏、新疆等地，秦腔以关中方言语音为基础，特别是泾河、渭河流域诸县的语言发声为“正音”。因周代以来，关中地区就被称为"秦"，秦腔由此而得名，又因其以枣木梆子为击节乐器，所以又叫“梆子腔”。秦腔"形成于秦，精进于汉，昌明于唐，完整于元，成熟于明，广播于清，几经演变，蔚为大观"，是相当古老的剧种，堪称中国戏曲的鼻祖。2006年5月20日，秦腔经国务院批准列入第一批国家级非物质文化遗产名录。
2 皮影艺术
Shadow Play
皮影，是对皮影戏和皮影戏人物（包括场面道具景物）制品的通用称谓。皮影戏是中国最古老的戏剧形式之一，皮影戏最早诞生在两千年前的西汉，兴起于北宋。皮影在陕西又叫“ 影戏”，“ 影子戏 ”，几乎遍及陕北、陕南及关中各地，陕西皮影有东、西、南三路，影人形制大小 和表演唱腔均不一样，陕西华县是皮影的发源地。陕西皮影在全国久负盛名，除了表演时豪迈、厚劲、高亢的唱腔外，皮影还制作精美，引人入胜。2006年5月20日，皮影经国务院批准列入第一批国家级非物质文化遗产名录。
3 泥塑艺术
Clay Sculpture
泥塑，俗称“彩塑”是中国民间传统的一种古老常见的民间艺术，即用粘土塑制成各种形象的一种民间手工艺，制作方法是在粘土里掺入少许棉花纤维，捣匀后，捏制成各种人物的泥坯，经阴干，涂上底粉，再施彩绘。它以泥土为原料，以手工捏制成形，或素或彩，以人物、动物为主。泥塑发源于陕西凤翔，始于先秦西周时期，是至今中国保留最古老、最具民族特色的泥塑类手工制品。2006年5月20日，泥塑入第一批国家级非物质文化遗产名录。2011年，中国皮影戏入选人类非物质文化遗产代表作名录。

伍 · 教学环节

Teaching Link

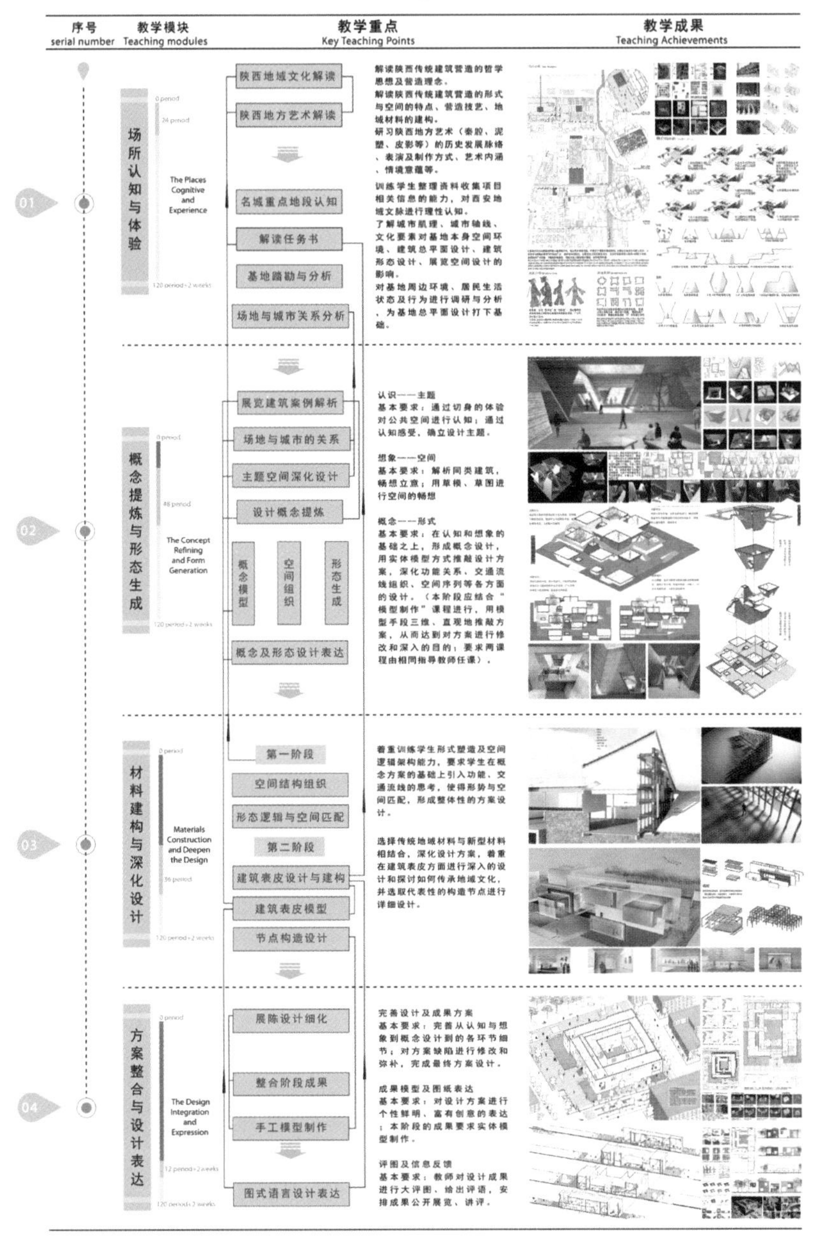

序号
serial number
教学模块
Teaching modules
教学重点
Key Teaching Points
教学成果
Teaching Achievements
01
场所认知与体验
The Places Cognitive and Experience
陕西地域文化解读
陕西地方艺术解读
名城重点地段认知
解读任务书
基地踏勘与分析
场地与城市关系分析
解读陕西传统建筑营造的哲学思想及营造理念。
解读陕西传统建筑营造的形式与空间的特点、营造技艺、地域材料的建构。
研习陕西地方艺术（秦腔、泥塑、皮影等）的历史发展脉络、表演及制作方式、艺术内涵、情境意蕴等。
训练学生整理资料收集项目相关信息的能力，对西安地域文脉进行理性认知。
了解城市肌理、城市轴线、文化要素对基地本身空间环境、建筑总平面设计、建筑形态设计、展览空间设计的影响。
对基地周边环境、居民生活状态及行为进行调研与分析，为基地总平面设计打下基础。
02
概念提炼与形态生成
The Concept Refining and Form Generation
展览建筑案例解析
场地与城市的关系
主题空间深化设计
设计概念提炼
概念模型
空间组织
形态生成
概念及形态设计表达
认识——主题
基本要求：通过切身的体验对公共空间进行认知；通过认知感受，确立设计主题。
想象——空间
基本要求：解析同类建筑，畅想立意；用草模、草图进行空间的畅想
概念——形式
基本要求：在认知和想象的基础之上，形成概念设计，用实体模型方式推敲设计方案，深化功能关系、交通流线组织、空间序列等各方面的设计。（本阶段应结合"模型制作"课程进行，用模型手段三维、直观地推敲方案，从而达到对方案进行修改和深入的目的；要求两课程由相同指导教师任课）。
03
材料建构与深化设计
Materials Construction and Deepen the Design
第一阶段
空间结构组织
形态逻辑与空间匹配
第二阶段
建筑表皮设计与建构
建筑表皮模型
节点构造设计
着重训练学生形式塑造及空间逻辑架构能力，要求学生在概念方案的基础上引入功能、交通流线的思考，使得形势与空间匹配，形成整体性的方案设计。
选择传统地域材料与新型材料相结合，深化设计方案，着重在建筑表皮方面进行深入的设计和探讨如何传承地域文化，并选取代表性的构造节点进行详细设计。
04
方案整合与设计表达
The Design Integration and Expression
展陈设计细化
整合阶段成果
手工模型制作
图式语言设计表达
完善设计及成果方案
基本要求：完善从认知与想象到概念设计到的各环节细节；对方案缺陷进行修改和弥补，完成最终方案设计。
成果模型及图纸表达
基本要求：对设计方案进行个性鲜明、富有创意的表达；本阶段的成果要求实体模型制作。
评图及信息反馈
基本要求：教师对设计成果进行大评图，给出评语，安排成果公开展览、讲评。

基于城市文化背景的地方艺术馆建筑设计

Architectural Design of Local Art Museum Based on Urban Cultural Background

西安建筑科技大学

超越东西方的“院”（四年级）

从20世纪80年代开始至今，文化的自觉成为大国梦的主旋律，“中国式设计”变成一个流行的命题，延续千年的“合院空间”自然成为这个命题的主要形式手段，近期“中国园林”的研究与探讨亦十分火热。但多数方式仍然以“寻找文化自信”的主观热情与过分形式化和抽象化的“似中国”为导向，并未真正建立一种建筑学基本的设计方法和操作方法，仍“只可意会，不可传”……

今天，当我们排除政治、宗教、民族主义等立场后，建筑学的基本点也慢慢浮出水面，“院”这种空间形式也回归到“采光、通风、应对环境、提高空间品质……”等基本问题上来。因此“是东方还是西方”就显得不那么重要了，因为“好就是好”、“妙就是妙”，“真实的体验”永远强过“语言化建筑”的包装。因此本课题希望“超越东西方的时空束缚”、“超越抽象观念的绑架”，针对有价值的对象，用具体的分析方法客观看待它们，以期在教学和设计上能够得到具体化的方法与策略，同时重新审视“院落空间”这一命题。

优秀作业1：曲径通“幽”处——艺术家工作室设计　设计者：屈碧珂 李昂
优秀作业2：回园—村民活动+游客服务中心设计　设计者：吴越 张篪
优秀作业3：东篱南山—采摘园餐厅设计　设计者：孙旖旎 梁仕秋

作业指导教师：吴瑞 王毛真 李少翀 吴瑞
教案主持教师：叶飞

基于空间、建构思维下以“院”为主题的设计方法研究课程

关注四年级学生的建筑设计培养方法

CONCERNED ABOUT TRAINING METHODS OF ARCHITECTURE DESIGN OF THE FOUR GRADE STUDENTS

1.1 建筑学专业本科教育课程体系及该课程所处阶段

综合教育平台	专业教育平台	深化拓展教育平台	实践整合平台
基础素质：理工基础系列课程、人文基础系列课程 专业启蒙：建筑美术系列课程、建筑初步系列课程	建筑理论 / 建筑设计 / 建筑技术：建筑设计理论系列、建筑历史理论系列、建筑设计基础系列、公共建筑设计系列、居住建筑及环境设计系列课程、快速建筑设计系列课程、建筑技术系列课程、生态技术系列课程	专业深化 / 实践拓展：专业深化设计系列课程、专业深化理论系列课程、职业基础理论系列课程、生态技术专门化系列课程、建筑数字化设计系列课程	应用实践：毕业设计
设计基础	建筑设计1、建筑设计2、建筑设计3、建筑设计4	建筑设计5、6 Studio1 城市设计类 Studio2 建筑专题类 Studio3 综合拓展类	毕业实习、毕业设计
1学年	2学年	1学年	1学年
1 2	3 4 5 6	7 8	9 10

1.2 课程教学的基本信息

课程名称：建筑设计5、6
英文名称：Architecture Design 5 & Architecture Design 6——Architecture Design
课程编号：101379、101384
课程类型：专业方向课程
学　时：80/36
学　分：5.0+1.0
适用对象：建筑学专业
先修课程：建筑设计基础系列课程、建筑设计系列1、2、3、4

1.3 教学目的和任务

通过多个方向、多种类型的设计训练，拓展学生的视野，提高学生的设计创新能力，加强对基础知识和技能的综合应用能力。

趋势与动态

使学生了解建筑设计专业前沿领域的发展趋势与设计动态，尝试运用最新的设计观念开展建筑设计工作，培养学生创建性思维的意识和能力。

环境与文脉

使学生了解地域建筑的概念、发展概况、相关理论和建筑实践情况，理解建筑与自然环境、城市环境、地区文脉的文化关联，提高设计理论水平；并使学生掌握地域建筑设计创作手法，用以指导设计实践。

材料与建构

使学生了解构造建构与设计的相互关系，理解建筑材料、建造技术对建筑设计的影响，学习从建构角度出发进行建筑设计的能力，并培养建筑实体搭建能力。

课程任务书

MISSION STATEMENT

2.1 课程背景

[illegible]

2.2 课程选址

本课程选址位于秦岭北麓子午峪口上千年历史的传统村落“南豆角村”，它是从关中进入子午古道的最后一个村庄，在没有公路和铁路的时代，南来北往的商贾们很多都要在这里歇脚。南豆角村至今仍保留着古老的南北城门楼，扫残的千年槐树和社公爷石头证明了这里古老悠久的历史。

2.3 课程目标

这门课的目标点：不再谈论“东方”还是“西方”，只是研究学科本身的问题，我们以“第一关键点”研究和分析问题的方法，并且结合当代语境回应“过去”，以一种“思考态度”代替“表象化建筑学”的泛滥……

1. 理解“院”作为空间手段的内涵 2. 理解“空间与建构”的内涵 3. 理解“空间结构”、“形式秩序”的重要性 4. 理解“场所”与“设计”的内在互为 5. 掌握以“院”为关键词的空间设计方法 6. 利用“院”这个命题，完成在地的植入式设计

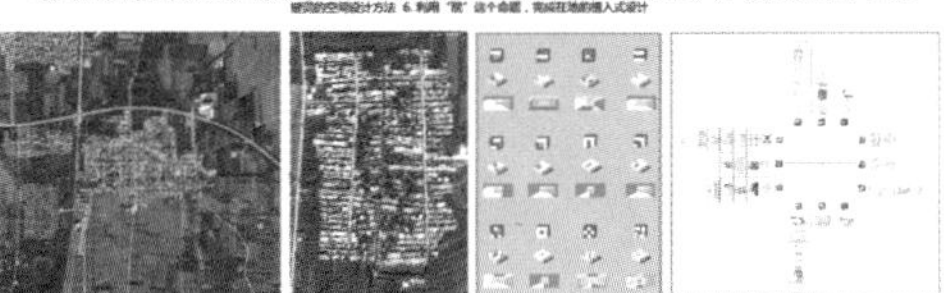

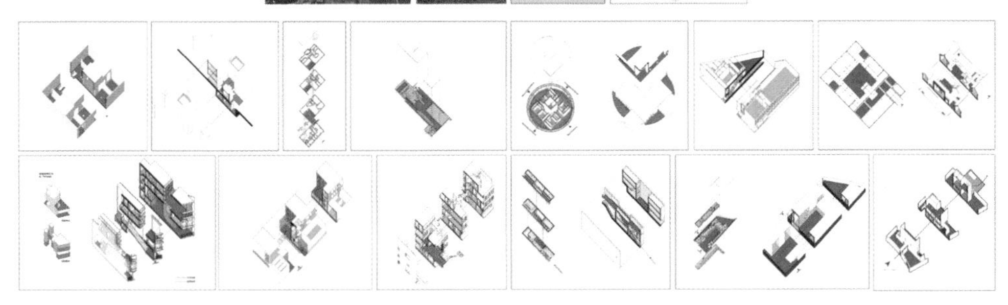

教学过程
TEACHING PROCESS
1.1 课程第一阶段——案例解读
STEP 1
相"院"
STEP 2
择"院"
STEP 3
习"院"第一步——空间认知
STEP 4
习"院"第二步——整合与分解
STEP 5
习"院"第三步——抽象与原型
STEP 6
习"院"第四步——类型归纳
STEP 7
习"院"第五步——空间的定义
STEP 8
习"院"第六步——调节微气候
1.2 课程第二阶段——场所环境
STEP 9
勘"地"
STEP 10
勘"地"

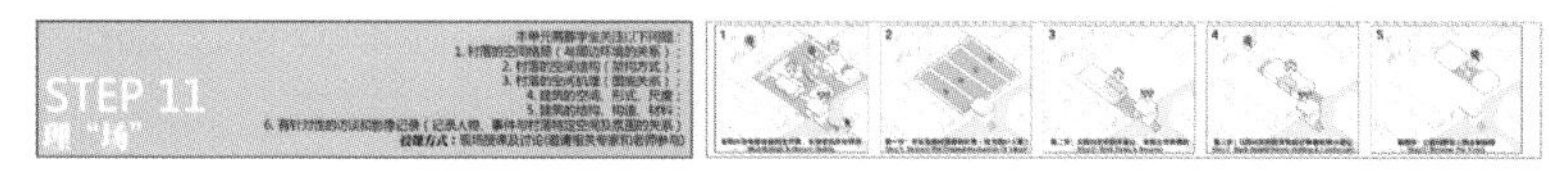

1.3 课程第三阶段——设计 构"院"：2人一组完成设计

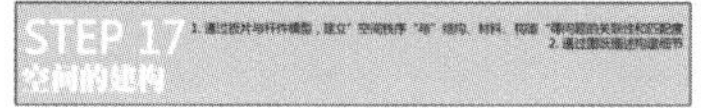

STEP 18
设计表达
完成设计成果
1. 总平面图
2. 各层平面图
3. 剖面图
4. 立面图
5. 效果图
6. 分析图

功能计划
FUNCTION

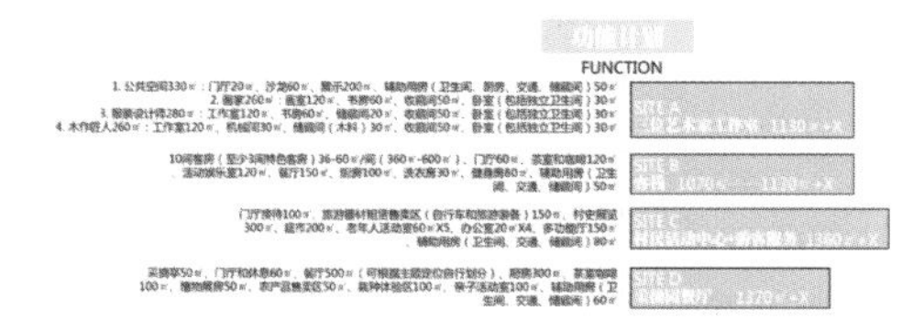

学生成果评析
ACHIEVEMENT COMMENTS

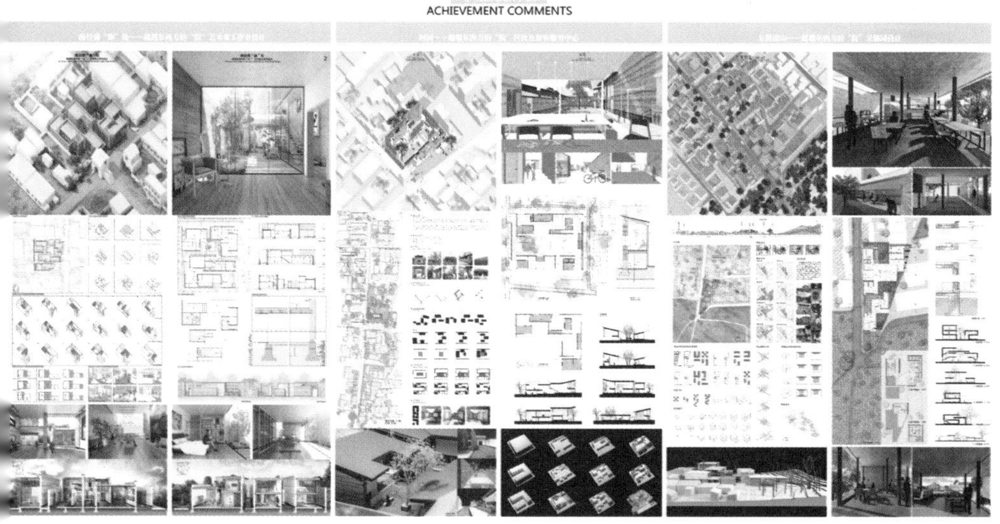

西安建筑科技大学

关中传统村寨文化传承与创新设计（五年级）

在当前我国乡村建设繁荣和历史文化资源日益受到重视的背景下，为了更好地传承我国地域传统建筑文化，本次教学以关中地区传统村寨保护与活化为课题，训练学生综合运用建筑学科相关知识，认知和理解传统建筑文化的特征和价值，探讨传统村寨未来发展模式与规划定位，进行村寨更新设计，有助于训练学生科学面对乡村环境以及历史文化资源，进行有针对性的分析，进而提出解决问题的策略。

设计选择韩城柳村古寨作为具体研究对象，柳村古寨位于韩城市西北部，毗邻著名的国家级历史文化名村“党家村”，区位条件优越，柳村古寨始建于明朝嘉靖年间，选址时考虑防御的需要，四面临沟，形成了完整的防御型边界，村寨内部道路结构清晰，有涝池、关公庙、祠堂等公共节点，村寨内部保留了大量传统合院民居建筑，质朴厚重，装饰精美，具有关中传统民居的典型特征。然而，古寨当前的空废化严重，整个村子只有 6 户居住，闲置院落受到不同程度的损坏。柳村古寨代表了关中传统村寨和建筑的典型，具有较高的历史建筑、艺术价值和科学价值，亟待保护和更新研究。

设计要求学生综合运用文献调查、田野考察、建筑测绘等方法针对柳村古寨进行充分的调查研究的基础上，提出适合古村寨发展的主题定位，然后进行古寨的规划设计和典型民居单体更新，探讨传统村寨更新发展的适宜途径。包含了村寨调查认知、村寨梳理分析、村寨主题定位、村寨规划设计、典型院落更新 5 大研究内容。

优秀作业 1：艺未央·村落拾遗——基于关中传统村寨更新的艺术主题聚落设计　设计者：韦拉

优秀作业 2：静习·儒——基于关中传统村寨更新的传统儒学体验营设计　设计者：黄锶逸

作业指导教师：李立敏 李涛

教案主持教师：李涛

关中传统村寨文化传承与创新设计研究

Culture Inheritance and Innovation Design of Guanzhong Traditional Village

壹·教学目标

Teaching Aims

在当前我国乡村建设繁荣和历史文化资源日益受到重视的背景下，为了更好地传承我国地域传统建筑文化，本次教学以关中地区传统村寨保护与活化为课题，训练学生综合运用建筑学科相关知识，认知和理解传统建筑文化的特征和价值，探讨传统村寨未来发展模式与规划定位，进行村寨更新设计，有助于训练学生科学面对乡村历史环境中的问题进行有针对性的分析，进而提出解决问题的策略。

贰·研究对象

Research Objects

本设计选择韩城柳村古寨作为具体研究对象，柳村古寨位于韩城市西北部，毗邻著名的国家级历史文化名村“党家村”，区位条件优越，柳村古寨始建于明朝嘉靖年间，选址时考虑防御的需要，四面临沟，形成了完整的防御型边界，村寨内部道路结构清晰，有涝池、关公庙、祠堂等公共节点，村寨内部保留了大量传统合院民居建筑，质朴厚重，装饰精美，具有关中传统民居的典型特征。然而，古寨当前的空废化严重，整个村子只有6户居住，闲置院落受到不同程度的损坏。柳村古寨代表了关中传统村寨和建筑的典型，具有较高的历史建筑、艺术价值和科学价值，亟待保护和更新研究。

叁·教学内容

Teaching Contents

设计要求学生综合运用文献调查、田野考察、建筑测绘等方法针对柳村古寨进行充分的调查研究的基础上，提出适合古村寨发展的主题定位，然后进行古寨的规划设计和典型民居单体更新，探讨传统村寨更新发展的适宜途径，教学内容主要包括了以下几个部分：

文献资料的收集与整理

要求学生进行关中传统村寨和民居建筑的文献资料收集和阅读整理，通过文献资料的学习，建立对设计对象的初步认知，为后续的调研打好基础。

村寨与周边环境的踏勘

对柳村古寨及其周边环境进行现场踏勘，记录柳村周边的地形地貌、风土人文、居住人口、交通状况、经济来源村寨特征等，全面了解古寨所处的历史、人文和社会背景，形成空间分析的基本依据。

村寨典型民居测绘调查

选择典型民居驻村一周进行测绘，了解院落的空间布局、结构体系、装饰细节、使用方式等，通过测绘和调查建立院落的空间信息档案，为院落的更新设计提供基础性资料。

2 村寨梳理分析

村落空间与特征分析

从村寨、街巷、院落三个尺度上对柳村古寨空间特征开展分析，梳理古寨的空间结构、空间要素、空间尺度、界面形态等要素，形成古寨的空间特征分析图，最为村寨规划的基础。

建筑与墙体的综合评估

对单体民居从院落格局、建筑风貌、细部装饰、庭院景观等方面进行解读分析，根据建筑的质量和历史风貌等进行主体建筑和墙体的综合评估，建立院落空间信息档案并分级，为院落更新提供判定依据。

设计引导策略

在调查和分析的基础上通过独立思考提出柳村古寨更新的设计引导策略，制定规划原则和目标，形成建筑更新设计的基本策略方法，用以指导村寨规划和典型院落更新设计。

3 村寨主题定位

文脉背景的梳理分析

梳理分析柳村古寨所处的环境和文脉背景，通过对其所在区位、交通、地形地貌、产业、文化资源等的分析明确柳村古寨所具有的优势、机会、问题和挑战。

主题定位分析

在传统村寨认知和解读的基础上分别梳理影响村寨的外部环境因素和内部因素，结合村落特征提出对古寨未来发展的定位和设想，以此作为规划设计和民居更新的基本理念。

目标人群及空间需求分析

根据主题定位对其未来的目标人群进行分析。对目标人群进行分类，分析不同目标人群的特征和空间需求，进行空间内容的设置和匹配，明确空间的风格定位。

4 村寨规划设计

规划理念与设计

分析村寨空间的发展和演变规律，结合主题定位提出规划设计理念。在规划原则和目标约束下进行村寨的整体规划和总平面设计，满足新的主题定位需要，也反映村寨的基本空间特征。

功能区划设计

依据不同人群空间需求的差异进行功能的区划，并按照古寨的空间特征进行功能组团和合理布置，形成不同的功能组团，在不破坏传统村寨空间结构有机性的前提下体现村寨的空间层次。

公共空间节点设计

对村寨中涝池、村寨入口、组团中心等典型公共空间节点进行室外环境设计，通过空间要素和景观的设计体现主题和村寨特征，营造公共交往场所。

5 典型院落更新

院落选择与更新概念

选择两处能够反映主题的典型功能类型进行更新设计，分别采用传承传统和现代植入的建筑策略。从院落空间特征和使用需求出发提出更新概念，明确保留的部分和更新的部分。

功能流线组织

对建筑的内部功能流线进行梳理，在不改变建筑保留要素的前提下，通过增加层数、改变空间属性和空间路径关系重新调整空间，使其满足新的使用要求。

建构设计研究

尽量保留建筑要素进行内部空间的更新，通过局部性的改变满足使用要求，结构体系和材料与传统建筑相协调，在保持基本空间体量的前提下寻求现代结构体系和材料技术的创新性运用。

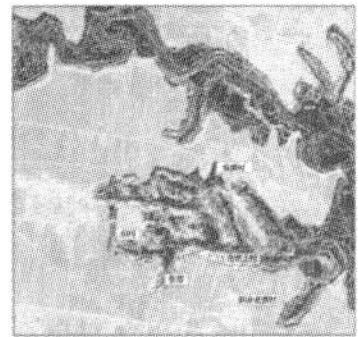

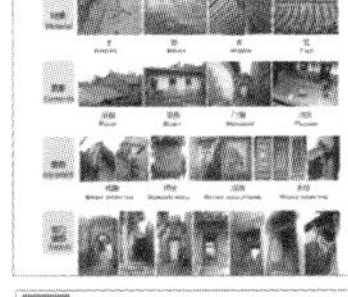

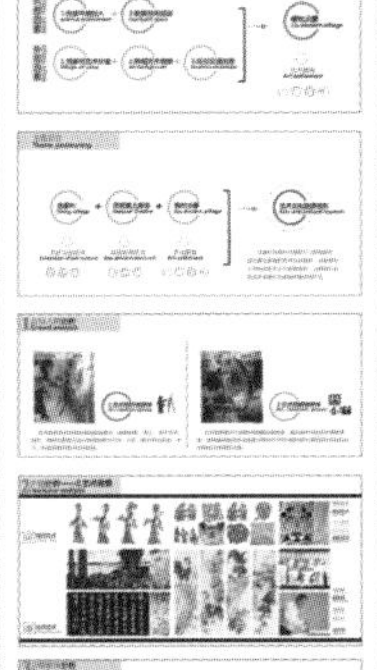

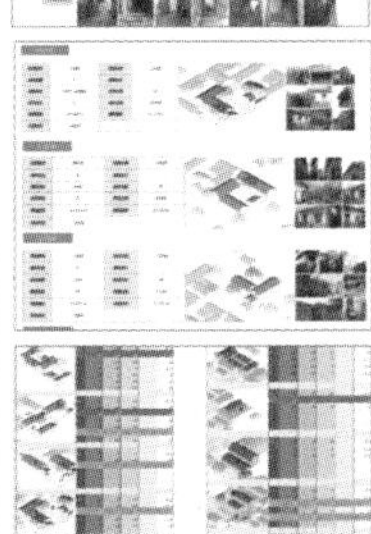

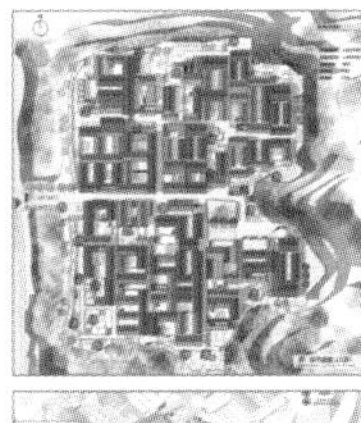

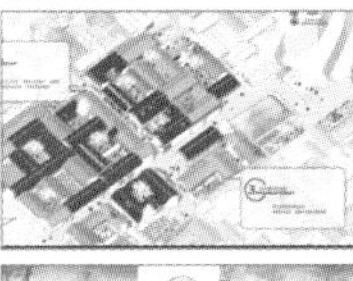

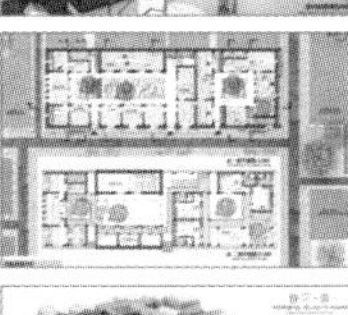

肆 • 教学过程

Teaching Process

序号	教学模块	教学重点	教学过程
1	前期准备与资料收集 -8th week-3rd week	讲解设计任务 关中传统村落与建筑文献资料收集和分析 了解项目背景 制定研究计划	
2	村寨调查与梳理分析 1st week-3rd week	柳村古寨周边环境踏勘与驻村测绘调查 民居建筑质量综合评估 建立院落档案和分级 提出保护与更新策略	
3	主题定位与概念规划 4th week-5th week	SWOT 分析 村寨活化与主题定位案例分析 村寨空间格局特征研究 提出主题定位与规划概念	
4	规划深化与公共空间设计 6th week-7th week	规划总平面设计 规划分区和组团设计 典型公共空间节点设计 准备中期汇报	
	中期汇报 8th week	根据中期建议调整规划方案	
5	单体更新设计与分析 9th week-12th week	建筑遗产保护专题讲座与民居更新案例分析 选择典型民居院落 提出更新设计概念 建筑空间组织和功能流线设计	
6	建构设计与方案完善 13th week-15th week	结构体系设计 材料与构造创新设计 建筑方案修改完善 成果梳理	
	最终答辩 16th week		

伍 • 作业点评

Work Reviews

作业一点评
艺术央 • 村落拾遗——基于关中传统村寨更新的艺术主题聚落设计

该份作业基于柳村古寨良好的区位优势和韩城的地方文化艺术资源，将其定位为艺术家社区及艺术旅游主题聚落，为艺术家提供传统环境下的创作和交往空间，为艺术爱好者和旅游者提供富有文化内涵和深度参与体验的旅游活动目的地，与党家村形成传统文化和现代艺术文化上的资源互补。在此基础上根据村寨特点规划设计，营造了类似“传统村寨中的 798 艺术区”的公共艺术区以及不同主题的艺术工坊，能够提供多元丰富和艺术主题旅游体验。单体更新以“院中院”为核心概念，根据艺术家需求形成“工作盒子”、“居住盒子”、“交流盒子”三种不同属性的空间，结合关中传统民居院落的空间肌理进行合理分析和空间织补，在运用现代结构技术和生态技术的基础上传承了关中传统村寨和民居建筑文化。

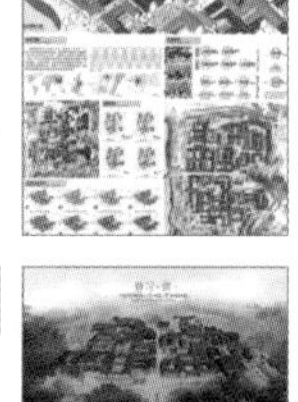

作业二点评
静习 • 儒——基于关中传统村寨更新的传统儒学体验营设计

该份作业在对历史文化资源和周边现状梳理分析的基础上，抓住该地区儒学文化资源的优势，提出将古寨作为儒学文化体验和休闲度假地，营造隐逸安静的休闲体验场所，根据“礼、乐、射、御、书、数”的儒学六艺设定不同的文化主题进行儒学体验园的规划设计，在此基础上形成了德育、乐坊、休闲健身、书画、算数的不同功能体验区，在民居更新中根据院落结构并运用新的材料技术进行了空间和建构的更新设计，建筑设计满足使用者的行为和心理需求并且较好地传承了关中地区的儒学文化。

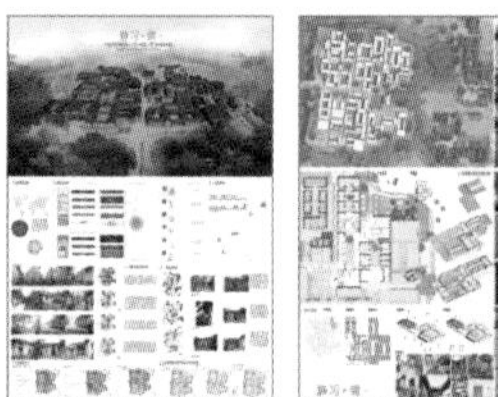

作业三点评
古堡战歌——基于关中传统村寨更新的小型军事体验园设计

该份作业紧紧抓住柳村古寨防御性的典型特征，将其作为一个以古寨堡文化为背景，古代关中地方战争历史为依托的小型军事主题公园。根据关中古寨堡的历史渊源将其功能设定为“守卫”、“求生”、和“战斗”三种，并结合休闲体验需求进行了现代化的演绎，恢复原有的城墙、城门、吊桥等历史构筑，建立了“柳村迷城”、“民宿”、“食坊”等生存性空间、“红拳武馆”、“骑术”、“射击”、“柳村团练”等素质拓展性军事体验空间，在核心区域设计了一个带有休闲、表演和展示柳村历史文化的“柳村古堡博物馆”。以独特的方式诠释了关中传统村寨和建筑文化。

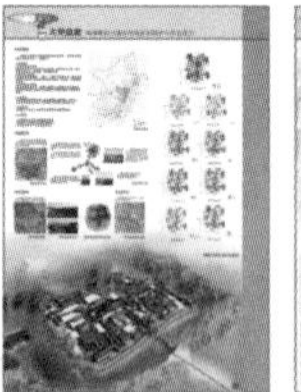

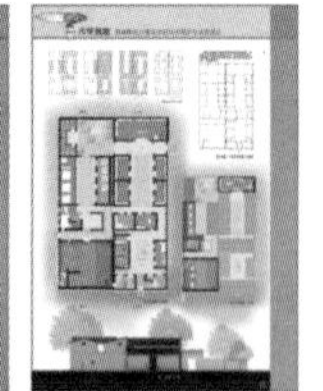

华中科技大学

live project：公众参与的在地设计与建造（三年级）

三年级建筑教育在本科教学中起着承上启下的作用，它是连接低年级的基础训练和高年级的专门化训练的桥梁。三年级将在低年级的基础上，继续深入理解建筑基本概念（空间、功能、环境、技术），初步了解建筑的复杂性。

三年级建筑设计课程分为四个单元，关注城市社区尺度的建筑和公众参与的设计建造，分别为社区养老院、社区图书馆、社区展览馆和谦益农场建筑小品建造。

优秀作业 1：归元禅居——谦益农场 禅修空间营造设计　设计者：孙黄帅安 董昊宇 熊云涛 戎田 梁婧 李一爽 李敏芊 徐慧丹

优秀作业 2：SAMSARA OF SPACE——谦益农场 禅修空间营造设计　设计者：江海华 吕丹妮 杨闻博 郑顺帆 熊煦然 何仕轩 丁诚

作业指导教师：王萍 龚建

教案主持教师：彭雷

LIVE PROJECTS:公众参与的在地设计与建造
——本科三年级建筑设计课程教学

一年级	二年级	三年级	四年级	五年级
基于知觉系统的空间行为与环境认知;基于行为模式的个体性空间设计、形式生成与材料建构	基于生成逻辑的空间设计;基于不同社会群体空间设计与环境设计	基于社会产品的空间的多种可能性及其生成与呈现;基于公众参与的设计与建造	基于专题研究的建筑设计;基于学科交叉的"城市-建筑-技术"的建筑设计	综合建筑的全过程设计（毕业设计）建筑学基础的多出口精细化专业培养
启蒙+基础		综合+拓展	深化+研究	实践+职业

本科设计课程教学体系

	建筑历史	观察感知	城市设计	材料建造	建筑设计	社会调查	生态技术	设计表现	艺术伦理
一年级	建筑史纲 身边的建筑历史	身体感知 自然感知	校园环境	形态构成 材料节点	理论课程	个体生活体验	人居环境 身体感知	建筑识图 图像日记 徒手表达 媒介表达 CAD SU PS 图解思考 模型思考 AI REVIT RHINO 参数化 新媒介 的可能性	艺术史
二年级	西方古代建筑史 西方现代建筑史	社区空间感知	城市（乡村）社区	建筑构造 材料实验	设计方法	社区生活	被动式生态建筑		空间环境伦理
三年级	中国建筑史	行走城市	城市片区	足尺空间建造	设计表达	城市文化与生活	建筑物理 主动技术		当代艺术 文化遗产
四年级	建筑·城市史专题	身体与城市	城市综合研究	建构与空间创新	创新实验	城市问题	城市生态		市民社会与城市
五年级	文化遗产方向		城市设计方向		整体运用		绿色建筑方向		专业实习

建筑设计为核心、历史、技术、艺术并重

课程结构

年级	课题	课题	核心	课题	课题
一年级	上上下下；楼梯测绘与模型制作	寻找昙华林的故事；有故事的椅子	基于知觉系统的空间行为与环境认知；基于行为模式的个体性空间设计、形式生成与材料建构	空间构成；功能融入	环境响应；设计与建造
二年级	环境—场地 张良皋故居外部空间设计	空间使用 （探索空间使用的多种可能性）一家宅设计	基于生成逻辑的空间设计 基于不同社会群体空间设计与环境设计	群体空间使用专题 —与书有关的空间设计（1）	建造-空间专题 —与书有关的空间设计（2）
三年级	社区养老中心 （或小旅馆小客栈）	社区超市（菜场）、社区活动中心（图书馆）	基于社会产品的空间的多种可能性及其生成与呈现 基于公众参与的设计与建造	社区（城市）展览馆 小型美术馆	Live Projects： 公众参与的在地设计与建造
四年级	高层建筑设计	专题建筑研究	基于专题研究的建筑设计 基于学科交叉"城市-建筑-技术"的建筑设计	城市设计	居住建筑研究与设计
五年级			综合建筑全过程设计（毕业设计） 建筑学基础多出口精细化培养		

三年级教学体系

教学目标

- 巩固和发展建筑设计的基本能力
- 建立可持续发展的建筑设计观念
- 关注建筑的地域文化特征
- 学习基本的调研方法，培养初步的项目策划能力

教学重点

课程设计引导学生思考建筑与人、社会、环境的关系，强化学生对地方环境的理解和重视。

- 立足本土文化，尤其重视地方文脉的存续，从历史街区中提取地域性特质，以及由此而形成的空间策略和技术手段。
- 以使用者为中心的设计视角，强调在现场调研和文献检索的基础上展开设计，以期形成以使用者（而非设计者）为中心的设计视角。
- 建筑城市化，城市建筑化，复杂的环境，开放的命题，要求设计应多层次思考，多环节兼顾，最终成果是涵盖了规划、景观及建筑内容的复合型设计。

教学难点

- 建筑作为一个大量在城市中发生的事物，它与城市环境的关系密不可分，设计复杂程度较之前相比有较大提升。
- 三年级的课程设计将把建筑置于真实的城市环境中以达到强化建筑的外在社会属性，教学难点之二就在于从低年级的单体建筑设计向城市中的建筑设计转变。
- 本次设计将夯土作为必选材料，因此教学难点之三在与考查学生对材料的感受、认知以及运用。

教学方法、手段

- 教学方法：为充分激发学生探索精神，我们倡导引导型教学，以多元互动的教学方式，通过讲座、调研、讨论、点评等多种手段，重点培养学生的分析思考能力和设计创意能力，同时，在教学过程中手工模型及制图与电脑辅助并重。
- 教学手段：课堂讲座穿插开题讲座、调研方法、文史讲座、案例分析、多方引入社会认知教育，引导学生领悟何为"城市中的建筑"，小组学习采取头脑风暴，同学之间设计互评，并通过小组之间交叉评图方式帮助学生深入理解课题内容。

三年级·课题四
LIVE PROJECTS：公众参与的在地设计与建造

教学特色——多重回归

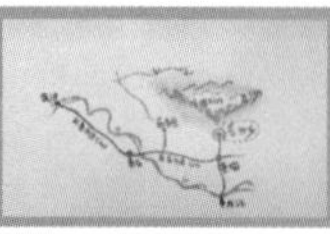

- 回归土地感情：宏观（社会、乡土、气候）、中观（地形、植被、视野）、微观（材料、人体）；
- 回归材料认知：听土、称土、尝土；劈竹、泡竹、烤竹；锯木、凿木、刨木；……
- 回归教学互动：师与徒、业主与设计者、乡民与访客、大师与匠人；……
- 回归营造技艺：低技术的切身体验、新工具的熟练掌握；探索之中的进步、理解之后的创造
- 回归人本需求：身（空间尺度、材质、温度、光暗）·心（空间节奏、氛围、故事。）
- 回归建筑原创：在地性（从环境与材料出发）、人本化（为使用者思考）、实践操作（知行合一）

3-1

LIVE PROJECTS:公众参与的在地设计与建造

——本科三年级建筑设计课程教学

设计任务书

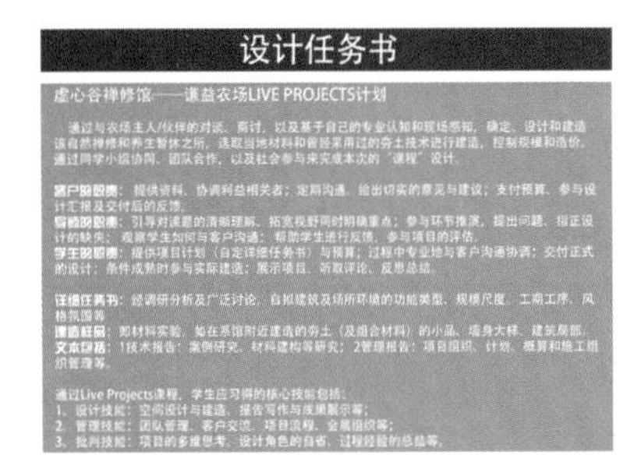

虚心谷禅修馆——谦益农场LIVE PROJECTS计划

通过与农场主人/伙伴的对话、商讨，以及基于自己的专业认知和现场感知，确定、设计和建造该自然禅修和养生暂休之所，选取当地材料和曾经采用过的夯土技术进行建造，控制规模和造价。通过同学小组协同、团队合作，以及社会参与来完成本次的“课程”设计。

客户的职责：提供资料、协调利益相关者；定期沟通，给出切实的意见与建议；支付预算，参与设计汇报及交付后的反馈。
导师的职责：引导对课题的清晰理解，拓宽视野同时明确重点；参与环节推演，提出问题，指正设计的缺失；观察学生如何与客户沟通；帮助学生进行反馈，参与项目的评估。
学生的职责：提供项目计划（自定详细任务书）与预算；过程中专业地与客户沟通协调；交付正式的设计；条件成熟时参与实际建造；展示项目、听取评论、反思总结。

详细任务书：经调研分析及广泛讨论，自拟建筑及场所环境的功能类型、规模尺度、工期工序、风格氛围等
建造样品：即材料实验，如在系馆附近建造的夯土（及组合材料）的小品、墙身大样、建筑局部。
文本样稿：1技术报告：案例研究、材料建构等研究；2管理报告：项目组织、计划、概算和施工组织管理等。

通过Live Projects课程，学生应习得的核心技能包括：
1、设计技能：空间设计与建造、报告写作与成果展示等；
2、管理技能：团队管理、客户交流、项目流程、金融组织等；
3、批判技能：项目的多维思考、设计角色的自省、过程经验的总结等。

2015、2016年教学回顾

——引子：在湖北蕲春的邦家山，有一个村庄，青壮年外出约八九成，近乎空心村，但四周连绵的山峦围着大片的水田，还有苍松与传说……
一个年轻人来到这里，本着为有缘人提供安全放心食粮的心愿开始自然农耕，回馈社会……受此感召，作为校友的我们，协力同行，在此为农场添置小筑，改善其工作环境和满足未来发展使用之需，留下我们的一串脚印……

——业主小传：李明肇，16岁考入华科的高材生，曾经是小有名气的IT精英，7年前，他放弃一切回归田园，创建“简单良食”谦益农场，重建人们对健康粮食的信心。

——2015年我们第一次来到这里，通过与农场主人/伙伴的对话、商讨，以及基于自己的专业认知和现场感知，农场最为缺乏的是田边的休憩亭和小型接待住宿中心，于是本科生着手以当地盛产的竹子为原料的休憩亭设计建造（30平米以下），研究生着手将当地废弃的希望小学改建为青年旅社的工作。

——2016年，我们再次来到这里，青年旅社已经投入使用，休憩亭也建起一座，欣喜的是另一个小组的休憩亭方案被湖北随州桃源村看中，已在当地建成。今年在与农场主商议过程中了解到，李明肇当年坚决返乡种地，是因为IT行业高强度的工作特点，差点毁他的健康掩殁，这些年通过自己种植健康粮食和中医养生逐渐恢复了健康。因此，农场主希望在此修建一处自然禅修和养生暂休之所，选取当地材料和曾经采用过的夯土技术进行建造，面积控制在200平米以内。

2015·竹构小品

教学过程——多元对话

2016·禅修馆

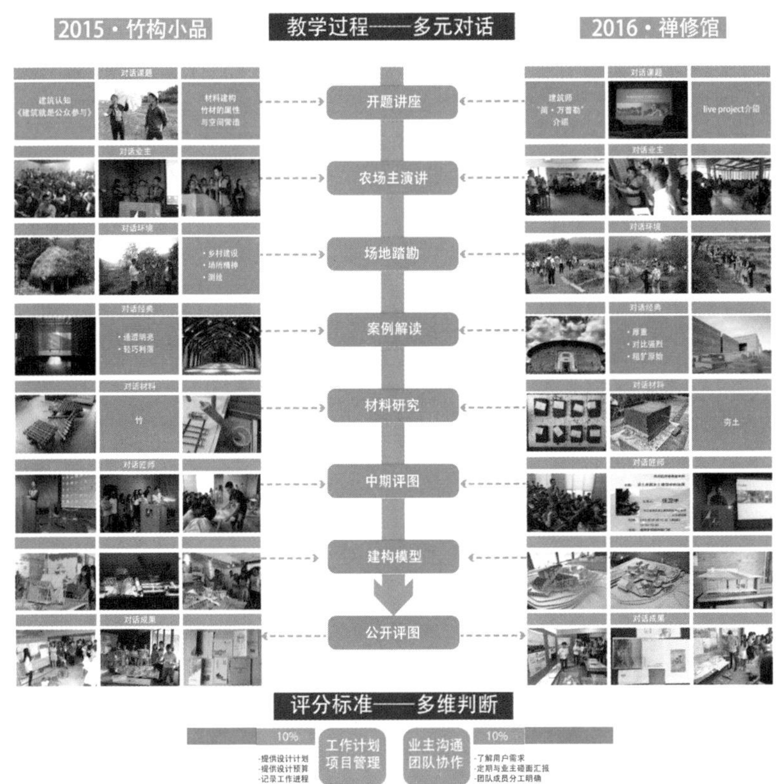

评分标准——多维判断

工作计划 项目管理 10%
-提供设计计划
-提供设计预算
-记录工作进程

业主沟通 团队协作 10%
-了解用户需求
-定期与业主碰面汇报
-团队成员分工明确

现场调研 设计推敲 10%
-参与场地调研
-制作场地模型
-现场采样实验

设计成果 实际建造 70%
-图纸表达 10
-汇报陈述 5
-建造模型 10
-过程记录 5
-方案构思 30（功用、材料、造价、美观）
-社会参与 公益赞助 5
-方案优化 施工调整 5
-实际建造 使用体验 （5分附加）

LIVE PROJECTS:公众参与的在地设计与建造

——本科三年级建筑设计课程教学

教学成果——多层收获
设计成果
歸元禪居01
歸元禪居02
歸元禪居03
教师评语
在当代技术文明的强势扩张下，质朴的乡村景象淡出我们的视野。但是从古至今，人们对隐逸情趣和自然田园的向往从未减少。
本项目设计场地选址于风景秀美，气候宜人的黄冈市蕲春县山区的谦益农场。设计根植于当地环境特征的基础上，培植建构出一种不同于城市快节奏生活方式的独特的高品质环境。场地选址在农场西部的台地上，周边梯田竹林环绕，周围零星散落一些当地民居群屋与残壁，曾有过的淳朴生活气息依稀尚存。方案设计以场地的残墙作为联系场地和空间的物质线索，建筑出虚实相衬、不同尺度的院落；并以其为界限划分出以茶室为中心的公共空间和私人空间。在满足功能、安全的前提下，专注于新旧建筑材料的联系与对话，让整体简洁而粗旷的形态成为独特场所中环境的一部分。在竹影婆娑于残壁，满眼山峦农田翠色的环境氛围之下，置身其中，感受田园志趣，不忍相离。
教师评语
城·乡、新·旧、雅·俗……建筑应对的社会生活似乎总在轮回中演进。接触到这样一个充满泥土气息的乡建实践项目，师生们从观念到方法也都是在种种矛盾冲突中痛并快乐地摸索前进。
最终，地形气候与功能思考决定了灵活而整体的空间流转脉络，技术经济与氛围需求推演出质朴而生动的建筑场所气息。
同学们从测地、选土、支模、夯砖、截竹、铺瓦等等动手环节中所得，或更远超图面所能表述。
制作过程
模型照片
已建成作品
竹采摘亭
休憩亭
青年旅社
竹构小品

南京工业大学

南京秦淮曲艺文化艺术中心设计（三年级）

“南京秦淮曲艺文化艺术中心设计”是三年级下学期的第一个课程设计，其主要内容如下：

一、项目背景

南京夫子庙原有一座秦淮剧场，建于1945年，前为“鸿运楼戏茶厅”，民国时期很有名望，很多戏剧大师每到南京都必在秦淮剧场演出，但现今经营不景气，观众少，其原址已建设南京科举博物馆。

夫子庙商业区作为集商业街、旅游街、文化街、休闲街、美食街于一体的“五街合一”模式的代表，为彰显其文化街区的功能，拟建一座面积5000m^{2}的江南曲艺文化保护中心。

二、场地设置

本课题选址位于南京夫子庙商业区东侧。建设用地东邻建于20个世纪的一个住宅小区，南为贡院街，西邻平江府路，北为建康路。建康路与平江府路交叉口有地铁站，距基地不足百米，人流量大。平江府路与贡院街交叉口为夫子庙商业街入口。用地东北角为秦淮区菜场，环境嘈杂。

三、教学目标：概念方案→技术方案

通过南京秦淮曲艺文化艺术中心的设计，让学生学会对建成环境的研究分析来寻找设计依据；此外，掌握厅建筑堂和大跨度空间设计的基本原理和技术要求。

培养对建成环境特征的敏感性，理解城市建筑的意义。培养环境、功能、空间、和结构互动的设计方法。掌握厅堂类建筑设计中声、光、视线、空调等技术构成的设计方法。掌握大跨度空间的结构方式，优化结构选型方案。训练绘图和手工模型相结合工作方法。培养理性的设计推理思维和多轮深入的设计习惯。

四、教学过程

教学时间8个周，分为5个阶段，分别为：

1.综合认知与课题研究阶段

场地调研与环境认知：研究建成环境的肌理、空间、形体、构成要素、尺度、视线控制等。基于对环境的解读和认知凝练设计原则与依据。规范查询与学习：摘录相关重要设计规范。功能分区与流线关系梳理：基于主次、内外、动静等关系进行分析。各功能模块面积、体量规模确定：基于相关的规范进行推导计算，包含长度、宽度、高度等要素（建议模块化理解个功能分区）。

案例收集与研究。

2.功能空间构思阶段

进行建筑总图布置：建筑、广场、绿化、

停车、道路、不同性质的出入口……

进行功能模块的初步组合研究，明确功能分区和流线关系，功能模块为以相同性质功能构成的、具有尺度意义的体块。

提出建筑空间的意向的思考，包括空间系统的组合和重要空间的形式等内容。

思考建筑所处的建成环境，提出建筑的形体意向。

3. 空间优化与技术探索阶段

建筑总图的进一步优化（实体开放空间的关系、尺度、体量以及布置方式与城市肌理的关系；与环境周边重要城市要素的关系；城市界面的连续与打破；观看与距离的关系……）。建筑功能布局和流线组织的进一步优化；各功能模块内部空间的初步划分。提出方案的结构概念方案，研究其可行性；理解建筑的建造性。根据空间划分，确定观众厅形式，进行视线和声线的初步设计。

4. 技术优化阶段

优化建筑形体组成的关系；推敲形体细节；优化体量。优化建筑功能布局和流线关系；优化建筑内部空间组织与细分。研究设计方案中的安全疏散问题（疏散口和疏散数量、疏散距离、疏散宽度等）。优化结构方案；理解其与建筑形体之间的关系。结合视线和声线设计，优化厅堂空间形态。选择建筑界面材料，推敲材料表现与建筑形式之间的关系。

5. 方案完善与表达阶段

深化和完善建筑空间、建筑形体、建筑细节的细部设计；基于所选材料进行建筑构造设计；设计方案的表达。

五、评图要求

总平面及环境设计：建筑与外部道路关系；建筑退让与内部场地布置；基地内部交通及停车布置；环境及绿化设计。

建筑设计：平面功能分布合理，流线组织能满足建筑功能、结构布置及消防疏散的要求；处理好建筑形体、立面与夫子庙历史文化街区的关系，体现出观演建筑的形式特征；在建筑体量、建筑尺度、立面造型上与城市空间协调；建筑内部空间合理、精彩。

剧场设计：功能内容（演员、道具、灯光、声光控制等）合理，流线清晰；舞台、观众厅平面布置合理，根据声线分析完成形体设计，布置好反射、扩散及吸声材料；根据观众厅视线设计、声线分析，完成观众厅形体设计，重点确定反射、面光及扩散构造的布置。

优秀作业 1：城市屏风——南京秦淮曲艺文化艺术中心设计　设计者：陆垠
优秀作业 2：路径·激活：南京秦淮曲艺文化艺术中心设计　设计者：石伊萱

作业指导教师：董凌　叶起瑾　薛春霖　杨亦陵
教案主持教师：薛春霖

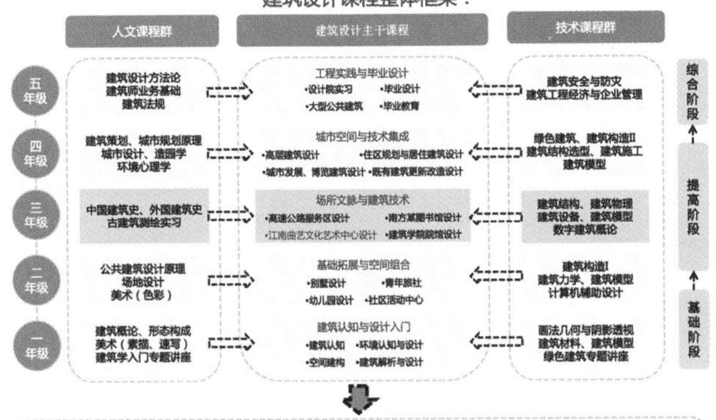

三年级教学目标：

- 建立理性的设计思维，培养研究性的设计方法。
- 具备综合分析场地文脉、功能空间、材料建构问题的能力。
- 围绕“空间——场所——建构”核心主题，整合完成不同场所环境中的公共建筑的综合设计。
- 对建筑物理、绿色建筑技术有一定认知与掌握。

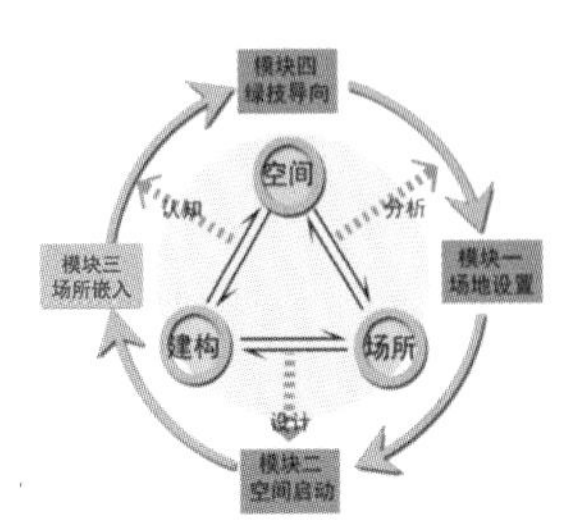

三年级教学框架：

三年级教学在一、二年级的基础教学阶段上，注重学生综合分析问题及解决问题能力的培养。课程设置分别从场地设置、空间启动、文脉嵌入、绿技整合等四个层面分主题、分阶段进行系统化训练，使学生建立整体的建筑观，初步掌握大、中型建筑的设计方法。

教学思路：以创新思维、感性认知、理性分析、整合设计、清晰表达并重的训练模式为主。

教学方法：思维启发、认知体验、理论讲授、示范设计。

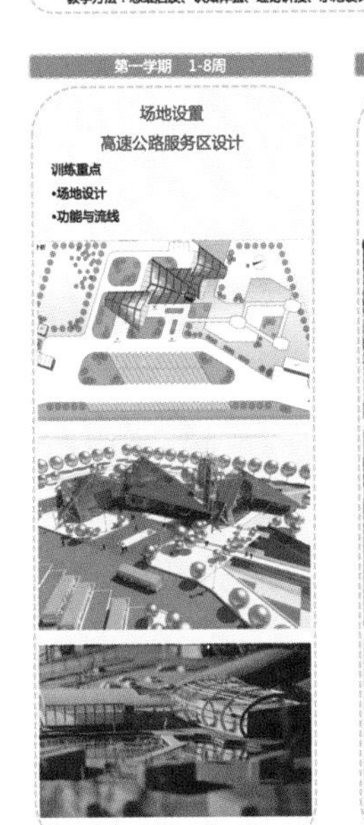

第一学期 1-8周
场地设置
高速公路服务区设计
训练重点
•场地设计
•功能与流线

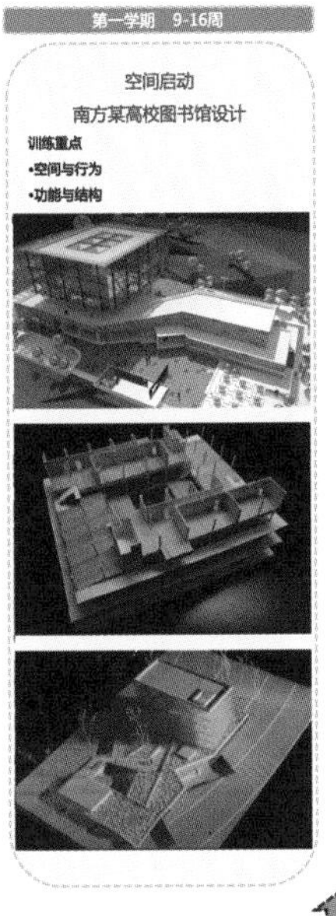

第一学期 9-16周
空间启动
南方某高校图书馆设计
训练重点
•空间与行为
•功能与结构

第二学期 1-8周
场所嵌入
南京秦淮曲艺文化艺术中心设计
训练重点
•城市文脉
•建筑物理（声学、视线）

第二学期 9-16周
绿技整合
绿色理念下的建筑学院院馆设计
训练重点
•坡地设计
•绿技策略

理论讲座支撑

实践环节支撑

课题设置：

项目背景：

南京夫子庙作为古城南京秦淮名胜之一，是国内外游人向往的游览景点。

夫子庙原有一座秦淮剧场，建于1945年，前为“鸿运楼戏茶厅”，民国时期很有名望，很多戏剧大师每到南京都必在秦淮剧场演出，但现今经营不景气，观众少，其原址已建设南京科举博物馆。

夫子庙商业区作为集商业街、旅游街、文化街、休闲街、美食街于一体的“五街合一”模式的代表，为彰显其文化街区的功能，拟建一座面积5000平方米的江南曲艺文化保护中心，展示和研究江南曲艺文化非物质遗产；为游客带来传统曲艺文化的体验；为南京曲艺文化工作者和爱好者提供创作交流与技术平台；同时也可以为微电影工作提供社会技术平台。

教学目标：

通过江南曲艺文化艺术中心的设计，让学生学会对建成环境的研究分析来寻找设计依据；此外，掌握厅建筑堂和大跨度空间设计的基本原理和技术要求。

培养对建成环境特征的敏感性，理解城市建筑的意义。

培养环境、功能、空间、和结构互动的设计方法。

掌握厅堂类建筑设计中声、光、视线、空调等技术构成的设计方法。

掌握大跨度空间的结构方式，优化结构选型方案。

训练绘图和手工模型相结合工作方法。

培养理性的设计推理思维和多轮深入的设计习惯。

场地设置：

本课题选址位于南京夫子庙商业区东侧。建设用地东邻建于上个世纪的一个住宅小区，南为贡院街，西邻平江府路，北为建康路。建康路与平江府路交叉口有地铁站，距基地不足百米，人流量大。平江府路与贡院街交叉口为夫子庙商业街入口。用地东北角为秦淮区菜场，环境嘈杂。

基本功能与面积配置：

① 公共部分（建筑面积约1000平方米）：门厅、接待、交流、展示空间等。

② 剧场部分（建筑面积约2500平方米）：剧场（大于300座），可以演出昆曲、越剧等的江南剧种；小舞台剧场（大于120座），也可以演出南京白局、南京白话、苏州评弹等小舞台曲艺。；休息厅、卫生间、售票房、演员休息、化妆、道具等。

③ 研究与技术服务平台（建筑面积约1500平方米）：研究创作（约600平方米，主要包括办公室、会议室、创作室、交流空间等）；技术平台（约800平方米，主要包括视频录制、剪辑、配音、音效、字幕等）。

④剧场部分机动车停车位考虑利用城市社会停车场；公共部分、研究与技术服务平台按照办公研发200辆/万平方米配建机动车停车位等。

设计内容要求：

认知与调研要求

认知与调研分为场地调研、文献阅读、人物访谈几种形式：

要求对基地进行实地调研，发现设计的依据。

对国内外的著名的厅堂设计案例进行搜集与阅读，实地参观本校报告厅、南艺音乐厅等。

相关规范学习，摘录重要条目。

通过对相关知识的学习、调研等，进行一定项目策划，细化设计任务书。

设计要求

注意建筑和整个历史街区的整体关系，分析街区内的城市肌理、空间环境和建筑现状，使新建建筑在体量上和现有建筑的协调。

满足《剧院建筑设计规范》及其它现行建筑设计规范要求。特别是观众厅设计必须充分满足各项技术标准，观众厅视听质量良好，室内空间舒适宜人。

合理布局功能区，注意各自流线特点的基础上，理清各功能区内部的各种子功能、子流线要求。

建筑退界和相关指标满足《江苏省城市规划管理技术规定》。

满足无障碍设计要求。

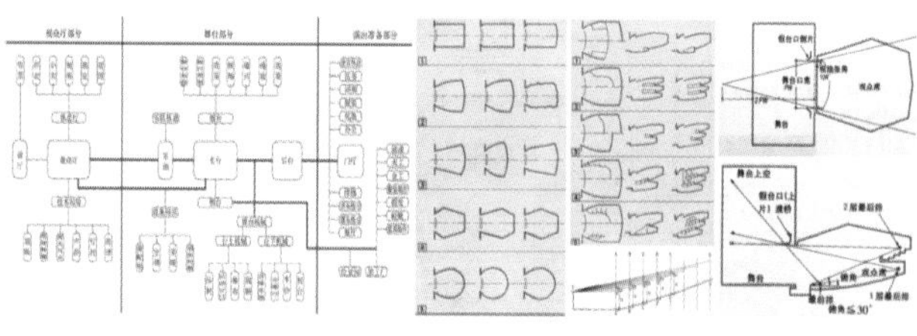

技术研究要求

掌握观众厅视线设计的方法。

掌握观众厅声学设计的基本原理，理解建筑空间、形体、材料与声学设计的关系。

掌握不同性质舞台细节尺寸的确定方式。

熟悉舞台幕布、灯光等设备构成。

探究大跨度建筑空间的结构方式，协调结构与建筑形态的关系。

掌握观众厅疏散设计要点。

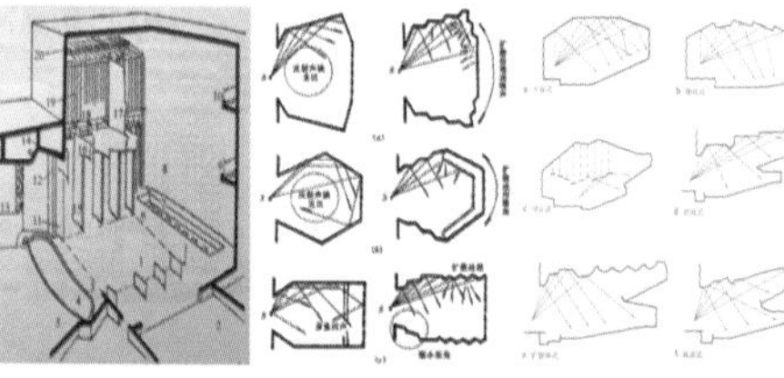

参考书目：

成果要求：

①，前期成果：

参观调研报告；项目运营模式分析；方案任务书细化。

②，中期成果

相关设计草图与工作模型。

③，终期成果：

总平面图（1：500）；平、立、剖面图（1：200）；剧场放大平面和剖面（座位排列、声线分析、形体设计等）（1：100）；透视图（表达方式不限，不少于2幅）；相关分析图；表现模型；设计说明及经济指标。

评图要点：

采取答辩组评分及任课教师评分相结合的方式。

①，共分六个答辩组，年级组老师作为每个评图组成员，此外，每组邀请一名校外专家。

②，答辩学生汇报方案，回答答辩老师提问。

③，答辩组教师综合给分。

④，主教师给出单项分值。

⑤，3、4项各占总分的50%，最终给出综合分值。

操作过程（9周）：

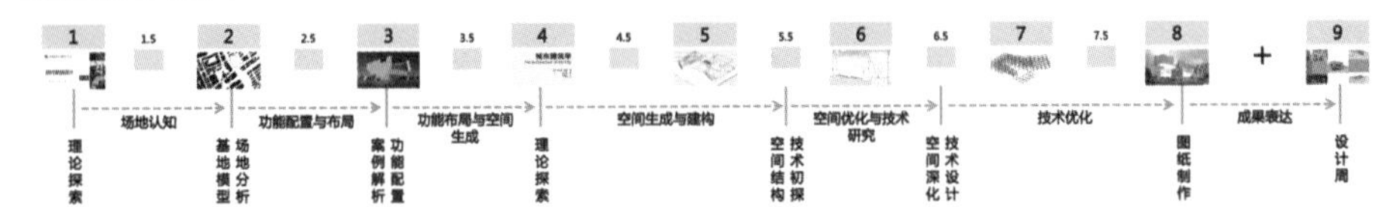

教学过程：

阶段一

综合认知与课题研究

场地调研与环境认知：研究建成环境的肌理、空间、形体、构成要素、尺度、视线控制等。基于对环境的解读和认知凝练设计原则与依据。

规范查阅与学习：摘录相关重要设计规范。

功能分区与流线关系梳理：基于主次、内外、动静等关系进行分析。

各功能模块面积、体量规模确定：基于相关的规范进行推导计算，包含长度、宽度、高度等要素（建议模块化理解个功能分区）。

案例收集与研究。

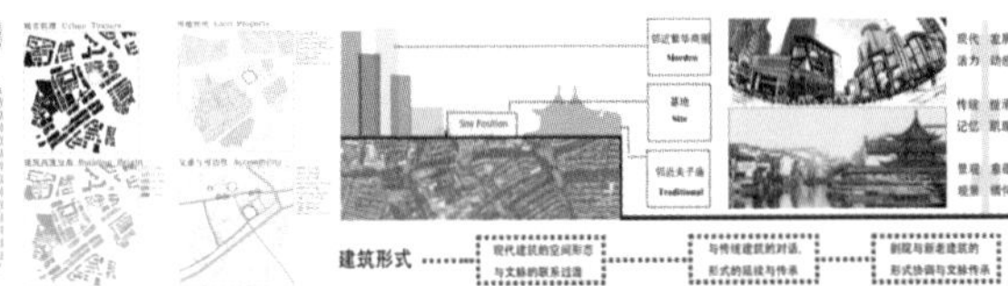

阶段二

功能空间构思

进行建筑总图布置：建筑、广场、绿化、停车、道路、不同性质的出入口……。

进行功能模块的初步组合研究，明确功能分区和流线关系，功能模块为以相同性质功能构成的具有尺度意义的体块。

提出建筑空间的意向的思考，包括空间系统的组合和重要空间的形式等内容。

思考建筑所处的建成环境，提出建筑的形体意向。

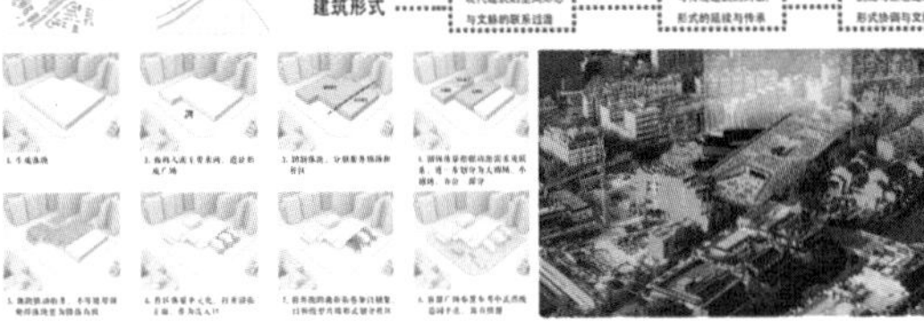

阶段三

空间优化与技术探索

建筑总图的进一步优化（实体开放空间的关系、尺度、体量、以及布置方式与城市肌理的关系；与环境周边重要城市要素的关系；城市界面的连续与打破；观看与距离的关系……）。

建筑功能布局和流线组织的进一步优化；各功能模块内部空间的初步划分。

提出方案的结构概念方案，研究其可行性；理解建筑的建造性。

根据空间划分，确定观众厅形式，进行视线和声线的初步设计。

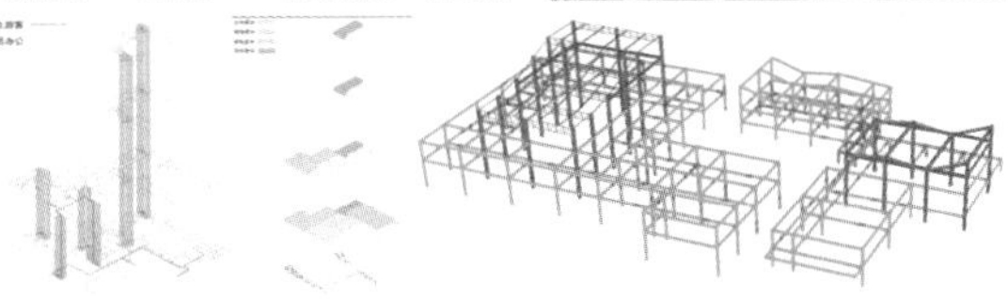

阶段四

技术优化

优化建筑形体组成的关系；推敲形体细节；优化体量。

优化建筑功能布局和流线关系；优化建筑内部空间组织与细分；

研究设计方案中的安全疏散问题（疏散口和疏散数量、疏散距离、疏散宽度等）。

优化结构方案；理解其与建筑形体之间的关系；

结合视线和声线设计，优化厅堂空间形态；

选择建筑界面材料，推敲材料表现与建筑形式之间的关系；

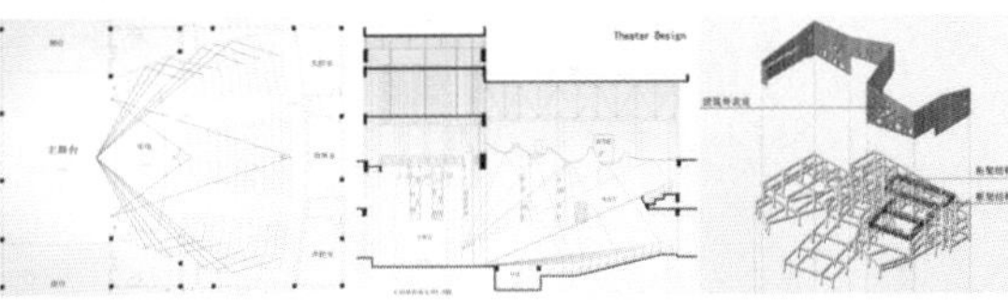

阶段五

方案完善与表达

深化和完善建筑空间、建筑形体、建筑细节的细部设计；

基于所选材料进行建筑构造设计；

设计方案的表达。

作业成果：

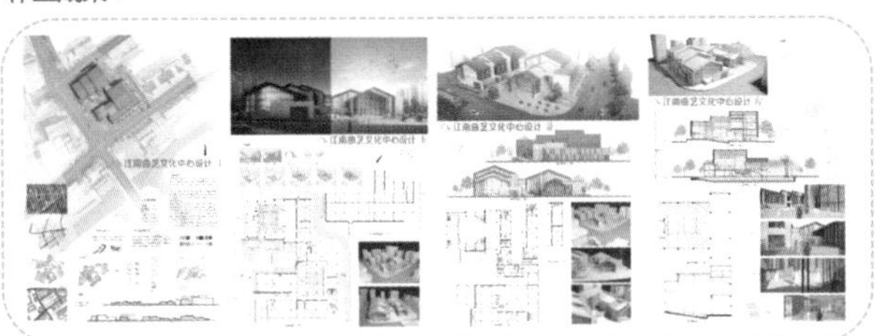

点评内容：

总平面及环境设计：建筑与外部道路关系；建筑退让与内部场地布置；基地内部交通及停车布置；环境及绿化设计。

建筑设计：平面功能分布合理，流线组织能满足建筑功能、结构布置及消防疏散的要求；处理好建筑形体、立面与夫子庙历史文化街区的关系，体现出观演建筑的形式特征；在建筑体量、建筑尺度、立面造型上与城市空间协调；建筑内部空间合理、精彩。

剧场设计：功能内容（演员、道具、灯光、声光控制等）合理，流线清晰；舞台、观众厅平面布置合理，根据声线分析完成形体设计，布置好反射、扩散及吸声材料；根据观众厅视线设计、声线分析，完成观众厅形体设计，重点确定反射、面光及扩散构造的布置。

图纸表达：图纸的深度与精度；版面效果。

河北工业大学

基于文脉传承和适宜绿色技术的高校文化空间改造设计（三年级）

一、设计题目的教学目标

1. 知识目标

专业知识的积累：通过对场地设计、博览建筑设计、景观设计等相关知识的系统讲授，并结合建筑历史文化、建筑法规、建筑构造、建筑物理等相关理论，帮助学生牢固、系统地掌握这一建筑类型的建筑设计方法，特别是根据当前城市发展对这些建筑类型的发展需求变化，及时更新、充实相关领域的知识。

2. 能力目标

设计方法与创新能力的培养：促进学生确立正确的建筑创作思维意识，培养学生辨证的、多元的创造方法与创新思想，为未来建筑师与不断发展变化的社会需求相适应、协调奠定基础。

专业技能的培养：提高学生独立获取和运用有关知识的能力；实地勘察、社会调研、文献搜集、分析判断、综合评价的能力；以及设计成果的手工及计算机表达能力等，以促进学生专业技能的全面发展。

3. 素质目标

职业意识和工程意识的增强：注重建筑设计的文化性、地域性、社会性和实践性，使学生在学习中掌握包括前期调研及方案论证在内的完整的建筑设计过程；把握纪念馆、体验馆、博物馆、图书馆等的设计特点，注重建筑方案设计过程中相关技术设计细节的实现，了解国家和地方相关建筑法规、规范、条例等管理规定，增强学生的职业意识和工程意识。

二、教学方法

1. 多元教学模块相结合

在整个教学过程中贯穿7个联系紧密的教学模块：课程讲授模块、调研报告模块、设计辅导模块、设计理论模块、校外专家讲座模块、课堂讲评模块、课程总结模块。

2. 基础课程讲授

对应教学目标有针对性地进行基础理论课的讲授，基础理论课分为：原理部分；调研方法；深度研究；设计表达等四个部分。

优秀作业1：游岸观山．误入工园　设计者：崔宇茉 韩雨浓
优秀作业2：荫下生根，斑驳点点　设计者：周子涵 王飞雪

作业指导教师：赵晓峰 王朝红 胡英杰
教案主持教师：赵晓峰

基于文脉传承和适宜绿色技术的高校文化空间改造设计

——三年级建筑设计课程教案1

一 教学内容及框架体系

创新设计理念：
1.培养学生发现现实社会热点问题的能力。
2.培养学生创新，解决问题的能力。整体设计理念：
3.使学生掌握整体地域设计能力。
4.根据任务书的要求，对地域内的功能进行合理分化，并能进一步深化，培养学生对整体建筑风格色彩及材料的把控能力，建立整体设计观。
规范化理念：
5.培养学生使用和遵守规范的能力，重视方案的可实施性，使学生建立使用规范的观念。
关注和使用新技术理念：
6.引导学生关注当前行业内的热点技术，并能考虑在方案中的应用。

建筑设计基础	建筑设计基础	建筑深化提高	建筑深化提高	建筑设计实践
一年级 空间认知 认知基础	二年级 功能与场地 设计入门	三年级 人文与技术 深入强化	四年级 建筑与城市 综合拓展	五年级 综合实践 充实提高
空间认知 空间体验 空间表达	空间设计 功能空间 场地建筑 材料建构	建筑与社会 建筑与文化 建筑与技术	建筑与城市 人居环境	设计综合实践 毕业设计

二 教学课程目标与能力培养

作业计主题:高校文化空间塑造与品质提升

1、知识目标

专业知识的积累:通过对改扩建设计相关知识的系统讲授，并结合建筑法规、场地设计、建筑物理、可持续建筑、当代建筑理论，建筑美学等系统理论，帮助学生初步掌握旧建筑改扩建设计方法，并牢固树立基于社会问题调查、分析与解决的建筑设计方法，特别是根据当前城市发展对这一建筑类型的发展需求变化，及时更新、充实相关领域的知识。

2、能力目标

设计方法与创新能力的培养:促进学生确立正确的建筑创作思维意识，培养学生辨证、多元的创造方法与创新思想，为未来建筑师与不断发展变化的社会需求相适应协调奠定基础。
专业技能的培养:提高学生独立地获取和运用有关知识的能力；实地勘察、社会调研、文献搜集、分析判断、综合评价的能力；以及设计成果的手工及计算机表达能力等等。以促进学生专业技能的全面发展。

3、素质目标

职业意识和工程意识的增强：注重建筑设计的经济性、社会性、文化性、和实践性，使学生在学习中掌握包括前期调研及方案论证在内的完整的建筑设计过程；把握改扩建设计的设计特点，注重建筑方案设计过程中相关技术设计细节的实现，了解国家和地方相关建筑法规、规范、条例等管理规定，增强学生的职业意识和工程意识。

能力模块

- 团队合作能力与沟通表达能力：团队合作能力；计算机辅助设计能力；图纸表现能力；模型制作能力；语言、文本表达能力
- 设计与工程整合能力：关注建筑的经济性与安全性；合理运用建筑物理环境与建筑设备的能力；把握结构、材料与构造的能力
- 设计创新能力与可持续发展思维能力：科学的逻辑思维和丰富的形象思维；运用专业知识综合创新的能力；绿色建筑设计的基本原理和设计方法的掌握能力
- 人文关怀与解决问题能力：前期调查、分析、研究的能力；关注各类人群的生活与发展；关注社会热点问题

知识模块

建筑设计基本原理；建筑设计的过程与方法；设计表达；建筑历史与理论；城市设计；景观设计；经济与法规；建筑结构；建筑物理环境控制；建筑材料与构造；建筑安全性

课程设置

建筑理论	建筑结构及选型
景观设计原理	民用建筑设计原理A
场地设计	快速设计
可持续建筑	建筑材料
建筑物理A	建筑表现
城市规划原理A	专业英语
建筑法规	外国建筑史
建筑物理B	建筑测绘计算机表达
建筑构造二	建筑遗产调查与测绘

三 教学方法

基础课程讲授

原理部分	建筑创新与文化传承；建筑形式意义；建筑改建扩建；建筑与气候；绿色建筑策略,太阳能技术与策略
调研方法	建筑及社会问题调查方法；建筑设计竞赛作品评析
深度研究	材料表现与新型结构；建筑材料构造细部；生态建筑中庭与表皮
设计表达	建筑方案图纸表达方法、revit 软件介绍

教学环节模块

课题讲授	调研报告	设计辅导	设计理论模块	校外专家讲座	课堂讲评	课程总结
1.课题概述 2.理论讲授 3.题目讲解 4.题目分组	1.环境调研 2.场地调研 3.数据采集 4.资料整理	1.课堂辅导 2.草图训练 3.过程模型 4.阶段成果	1.典型案例分析 2.相关规范解读 3.公共环境景观 4.绿色材料技术	1.专业综合拓展 2.经典案例分析	1.专业成果 2.学生汇报 3.教师点评 4.专业指导	1.课程展评 2.校内外教师联评 3.经验总结

四 教学特色

集体教学
启发性授课
多样性讨论
概念性构思

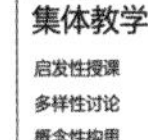

团队教学
教学经验丰富
执教理念多样
教学目的统一

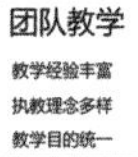

实践教学
实地考察
共同参与
动手实践

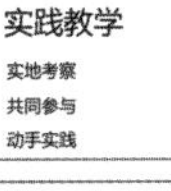
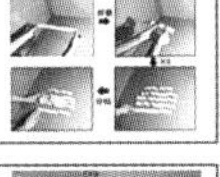

讨论教学
小组讨论
团队讨论
集体讨论

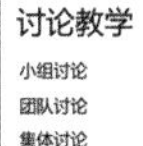

集体评图
小组评图
交叉评图
集体评图

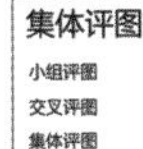

小组合作
团队合作能力
组织协调能力
综合创新能力

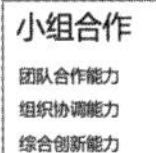

网络教学
多手段
灵活性
及时性

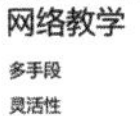

技术辅导
相关技术辅导
科学分析基地
可持续技术应用

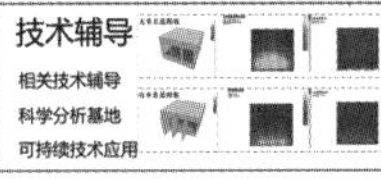

五 教学过程

学生工作内容

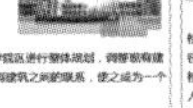
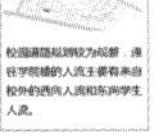

■ 学习过程
■ 设计要点
- 熟悉任务书，并有初步的想法
- 对地块进行调研与分析
- 分析地块的特色，地形的特点
- 确定改建与加建的具体方向
- 形成方案的初步构想
- PPT演示

■ 学习过程
■ 设计要点
- 组内头脑风暴
- 挖掘项目背景特征和本质矛盾
- 进行总体布局的多方案比较
- 概念模型推敲方案
- 完成第一阶段草图设计
- 图纸内容：改造前后功能分区对比绿色技术应用情况分析图

■ 学习过程
■ 设计要点
- 多方案比较，对方案的可行性发展方向进行深入研究
- 观摩各组方案，进行小组讨论
- 应用相关技术对方案进行优化模拟绘制二草

■ 学习过程
■ 设计要点
- 通过评图发现的问题，进一步完善方案，深化方案技术及细节问题
- 制作手工模型、电脑模型，分析内部结构与建筑表皮，绘制仪器草图

■ 学习过程
■ 设计要点
- 绘制正图
- 全部设计过程文本表达
- 制作大尺度建筑细部模型
- 进行方案汇报锻炼综合表述能力

设计过程

■调研阶段
参观调研收集资料阶段：1周

■初步方案阶段
概念生成阶段：2周

■方案深入阶段
设计构思深化阶段：3周

■方案提升阶段
方案设计细化阶段：3周

■成果阶段
设计成果系统表达阶段：3周

教师工作内容

■ 专题讲座
■ 教学要点
- 布置任务书
- 对学生进行独立交流性辅导
- 对一些集中地问题进行穿插讲授
- 辅导学生确定设计题目

■ 专题讲座
■ 教学要点
- 引导学生深入挖掘项目的背景特征和本质矛盾
- 对学生的独立交流性辅导，对一些集中的问题进行穿插讲授
- 组织学生介绍方案，教师进行阶段总结

■ 专题讲座
■ 教学要点
- 在一草基础上，引导学生方案的可行性发展方向
- 组织相关案例、技术讲座
- 提升学生对技术应用的认识，集中解决技术问题，并进行阶段总结

■ 教学组评图
■ 教学要点
- 协助学生解决方案上技术细节问题
- 提示学生对任务书要求完整性表达
- 通过评图对学生方案的不足提出改进建议，引导学生进入设计表达阶段

■ 校内外专家座谈及评图
■ 教学要点
- 组织方案汇报、评审、交流活动，培养学生方案表述能力
- 启发学生对方案的深层次理解

基于文脉传承和适宜绿色技术的高校文化空间改造设计

——三年级建筑设计课程教案2

六 课程任务书

一、设计题目

校园建筑改建、扩建

二、设计内容

1、高校校史馆设计

选择体现高校历史文化积淀的地段的建筑（非文物），本着“呈现历史、客观详实、脉络清楚、突出特色”的原则，设计高校校史馆，同时对室外场地进行深化设计，包括基地内道路、绿化、广场、建筑单体入口等

2、建筑学院教学楼改造

对现有教学楼改造。对建筑使用者进行调研，总结调研结果，改造学院教学楼成为符合建筑学院办学特色，同时又更好的辅助学院师生开展教学活动的场所。

三、设计要求

1. 场地设计

从现有的场地出发，突出整体设计的观念，解决好场地内外交通流线与景观设计，与场地周边环境有机融合。

2.建筑设计

强化建筑的空间设计、流线组织，强化建筑与环境的整体关系；合理规划各功能单元与空间，以及其相互间的联系，室内空间体现建筑类型的特色;充分考虑使用者的需求，注重公共空间场所的营造；建筑风格要符合充分考虑高校校园整体风貌。

3.技术要求

系统了解现行的国家规范、标准和规定；针对相应气候区域的特点改善现有建筑物理环境；鼓励引入新型使用空间和使用绿色生态技术；虑无障碍设计，包括设置主入口的残疾人坡道，以及残疾人专用厕位，电梯等；考虑抗震减灾要求。

四、设计成果及要求：

1.区域位置图：1：2000；

2.总平面图：1：500；应绘出指北针，建筑的高低错落阴影关系，主要入口和环境的关系及周围环境、道路、绿化、广场、停车场等。

3.建筑各层平面图：1：200；首层要求环境设计；表示出建筑各部分的平面关系、形状尺寸及门窗等；标明房间名称、主要房间家具布置、地面、平台分格、剖切位置。

4.建筑剖面图两个：1：200，标注主要标高；主要构件内部构造需要表示。

5.建筑立面图两个：1：200；将立面处理、墙面划分、门窗形式等清晰地表达出来；完整的表达出各组成部分的正确关系

6.各种分析图：l：500（或自定）；包括交通分析图（道路广场布置，场地主要出入口位置，车流、人流交通组织）；绿化系统和景观分析图（绿地布置与设置，建筑与周围建筑物环境的协调关系）；方案构思分析图；细部结点分析图等等。

7.建筑透视效果图：表现方式不限；

8. 设计说明：所有字应用仿宋体书写，禁用手写体。

9. 技术经济指标：总建筑面积、建筑容积率、建筑密度、绿化率等。

10. 图纸要求：一号图（841*594），张数不少于2张。

基地1-总平面图

基地1-基地环境鸟瞰图

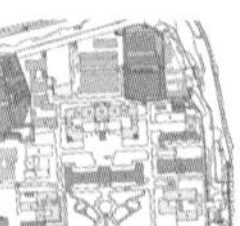

基地2-总平面图

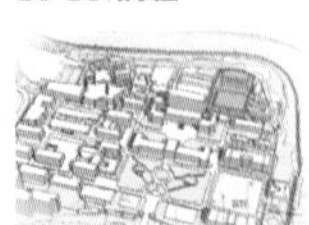

基地2-基地环境鸟瞰图

七 课程核心内容

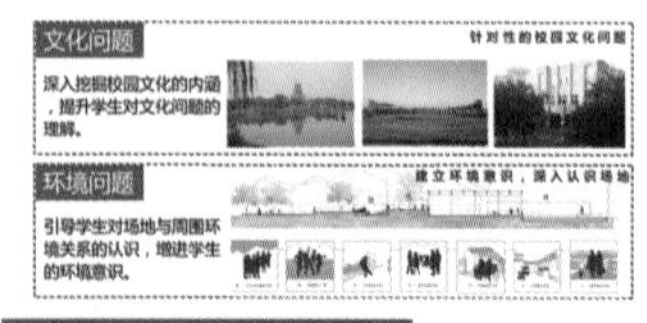

文化问题
针对性的校园文化问题
深入挖掘校园文化的内涵，提升学生对文化问题的理解。
环境问题
建立环境意识，深入认识场地
引导学生对场地与周围环境关系的认识，增进学生的环境意识。

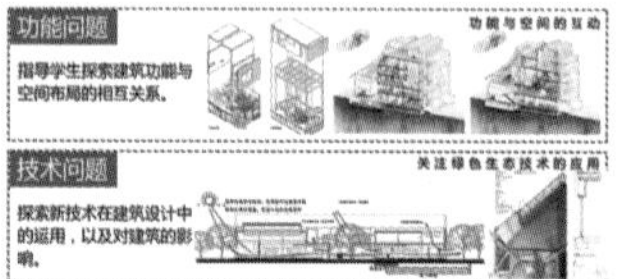

功能问题
功能与空间的互动
指导学生探索建筑功能与空间布局的相互关系。
技术问题
关注绿色生态技术的应用
探索新技术在建筑设计中的运用，以及对建筑的影响。

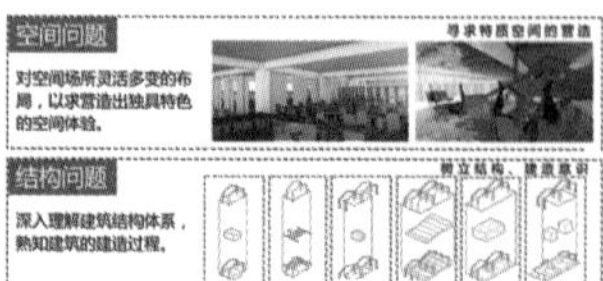

空间问题
寻求特质空间的营造
对空间场所灵活多变的布局，以求营造出独具特色的空间体验。
结构问题
树立结构、建造意识
深入理解建筑结构体系，熟知建筑的建造过程。

八 控制要点

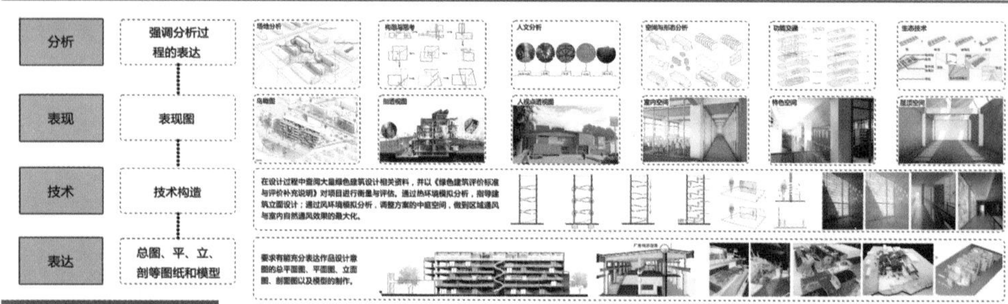

九 成果展示

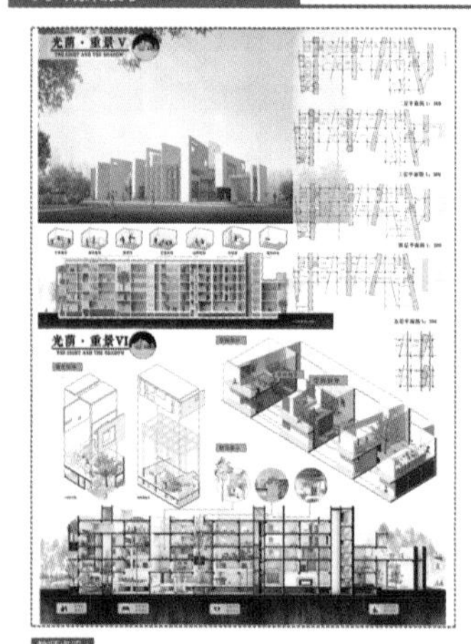

教师点评：

该方案从解决原有建筑实际问题入手，从利用建筑技术手段为切入点，将采光井嵌入原有建筑空间，在解决原有采光问题的同时，形成丰富的特色空间，有组织的趣味空，又成为学院楼各个事件的恰当“容器”。在共享空间中增加绿植显得整个建筑生机勃勃，符合高校学院建筑的特色。

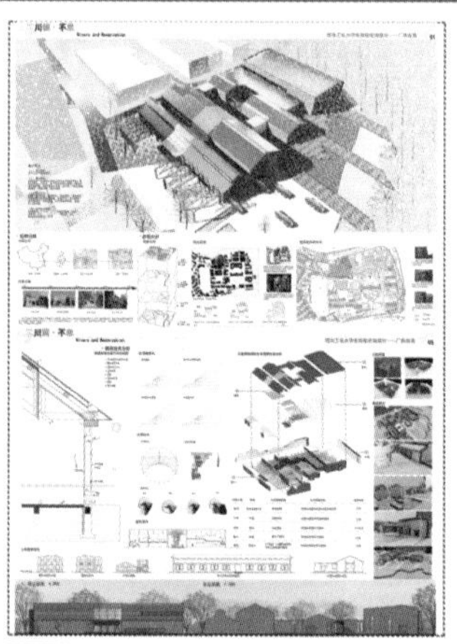

教师点评：

该设计方案在原有厂房建筑组群内南北轴线上，结合现代建筑技术，植入聚合空间作为活力核；在东西方向上依据原有厂房建筑的机理设计景观，既尊重了原有基地的机理又为基地内增添了新的活动场所，为激发旧有校园空间活力提供了可能性。

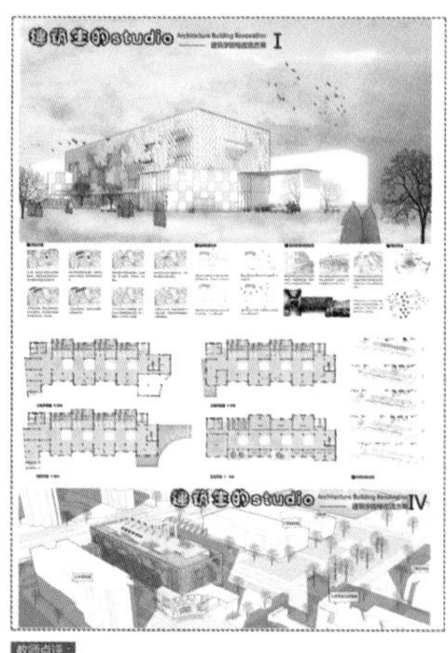

教师点评：

该设计方案利用“加法”的设计手法，将建筑外墙向外“扩出”，同时将原有建筑的中间做出中庭，解决采光。在建筑外围，采用参数化表皮，让整栋建筑呈现出“干净，利索”的形象。方案有一定的优点，但是在技术上对原有建筑研究不够；另外在改造后，部分南侧房间进深反而减小，这是方案不成熟之处。

河北工业大学

城市设计框架下的历史街区保护与更新（四年级）

本设计的教学目标

通过该设计训练学生建筑群体和把握整体环境的能力，其中包括建筑的体形、体量和尺度，建筑空间艺术设计，各种流线的处理以及室外环境设计，同时提高学生对历史街区的理解与更新能力，了解人们的行为习惯的能力。进一步加强基本技能的训练，提高规划设计能力。通过本次设计了解国内外有关城市设计的实例和水平，掌握城市设计的基本方法和前期调研的方法，拥有自己深化设计任务书的力。

设计任务

一、空间的总体布局

1. 在城市总体规划、分区规划和控制性详细规划的基础上，通过对规划区整体环境和历史文脉等的分析，提出该地区城市设计的整体构思。

2. 从城市设计角度，对土地使用做出合理的安排，建立规划区内土地用途和交通流线、停车及活动密度之间的联系。

二、建筑群体及开放空间设计

1. 通过对土地使用强度、城市轮廓线、景观轴线、视觉走廊等的分析，确定建筑高度分区，提出建筑高度控制要求，可按低层、多层、中高层、高层、超高层等几个级别提出建筑高度控制要求。

2. 开放空间的布局和分析，利用图底分析等方法确定广场、绿地等开放空间的位置，形状及周围建筑的体形要求。

3. 对整个地块的建筑风格进行总体控制，形成鲜明的城市风格。

4. 重点地段的详细设计，确定标志性建筑的位置及要求，提出建筑形式、体量、色彩及建筑退线等要求，对于风貌保护区提出历史建筑和历史地段的保护范围和保护措施。

三、绿化设计

确定该地区绿化系统布局，提出公园、沿河绿地、街头绿地、垂直绿化等设计要求，提出提高地区环境质量的措施，对重点区域给出设计思路和初步方案。

四、交通组织

确定该地区的交通组织方案和交通流线组织，提出道路交通改善建议，提出停车场位置，用地规模、停车的数量与停车方式，确定广场功能、位置及用地规模，规划机动车与非机动车出入口的位置。

优秀作业 1：三街两市 巷犹新生—基于传统生活复苏的古城更新设计　设计者：吴迪 郑雪娇
优秀作业 2：织廊衔街—历史商业街区与现代商圈的整合策略　设计者：刘心笛 陆晓晨

作业指导教师：魏广龙 刘歆
教案主持教师：刘歆

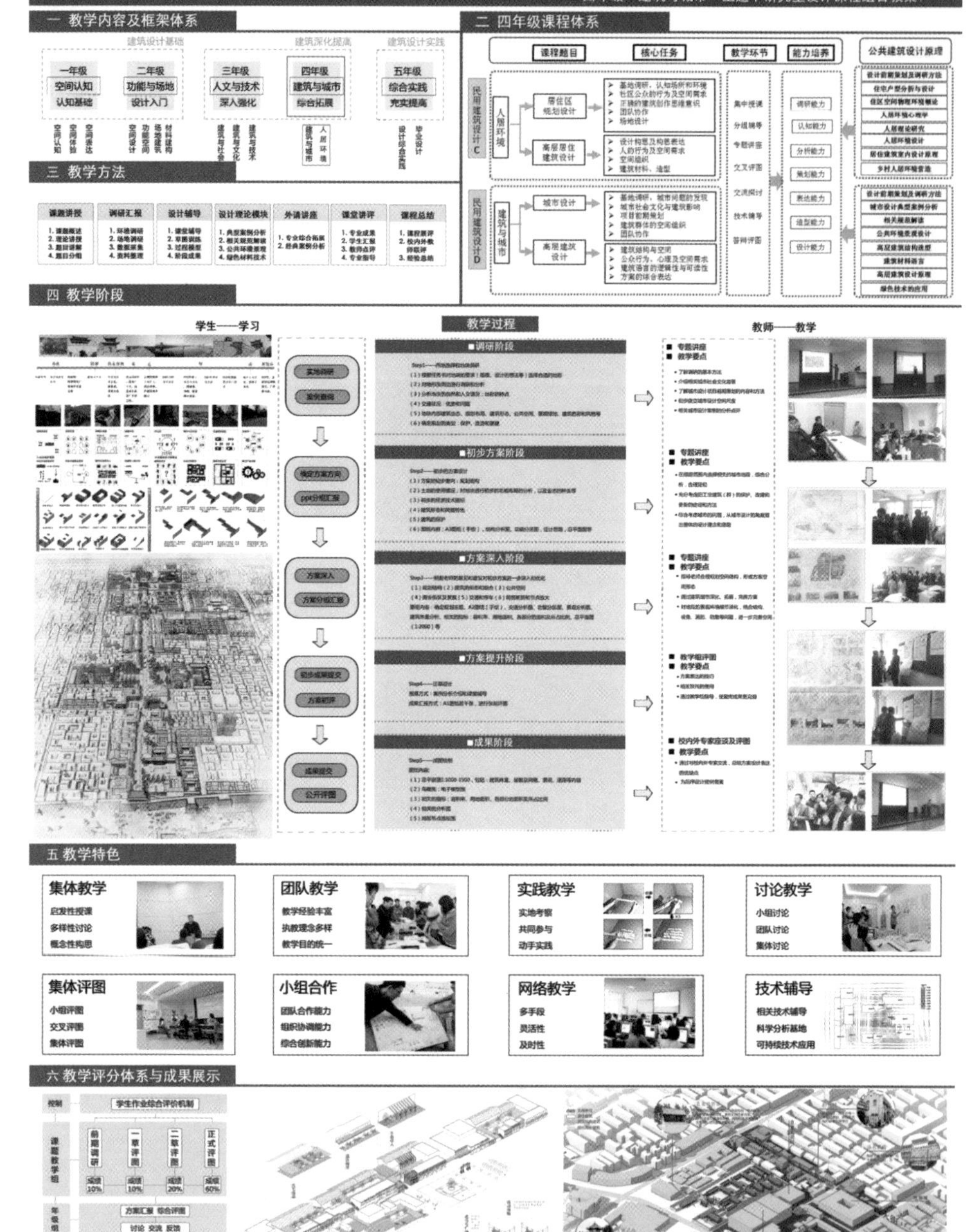
城市设计框架下的历史街区保护与更新
--四年级“建筑与城市”主题下研究型设计课程组合教案1
一 教学内容及框架体系
二 四年级课程体系
三 教学方法
四 教学阶段
五 教学特色
六 教学评分体系与成果展示
集体教学
团队教学
实践教学
讨论教学
集体评图
小组合作
网络教学
技术辅导

城市设计框架下的历史街区保护与更新

--四年级“建筑与城市”主题下研究型设计课程组合教案 2

专题特色

随着我国经济转型与城市建设高速发展的大环境，面对否定传统与地方性的存在所导致的城市环境的日益均质化，人情味、历史感和地域性的丧失，使人们越来越认识到，建筑若不加批判地采用现代主义模式不是解决问题的真正途径，但盲目地模仿地域传统亦非良策，这样既不能更新传统之内涵也不能适应今日之需求。恢复对历史环境的保护与再生也正是为了唤起人们对本地历史的生动记忆以及认同感、归属感。历史环境中无论新建筑、新格局的产生，还是传统建筑、街巷的更新，都应被视为具有生命的客观存在。

保护与再生的过程需要一种归类分组的方法体系，把具有相似结构特征的形式归结分类，恢复和再现特定的文化和传统形象，才能够“去伪存真”。尽管对历史环境保护与再生中所做的每一项工作都是一种具体研究和判断，但如果运用类型学的策略建立历史环境保护性城市设计的整体思想，将有利于保持历史环境的“记忆”和传统风貌特色的传承，同时还可以提高设计的可操作性，满足人们的心理需求与现代生活方式的需求。这种对历史过程的保护策略就是一种积极的保护而非消极的保护。

专题任务书

三、设计进度及时间安排

周次	课堂教学	课下作业
1~2	教师讲授并布置任务书	查阅资料、进行现场调研
	[illegible]	[illegible]
	第一阶段初步方案设计	[illegible]
		进行草图设计
3~4	第一阶段初步方案设计	[illegible]
	[illegible]	完成第一阶段草图设计
5~6	第二阶段草图设计	第二阶段草图设计
		[illegible]
7	第二阶段草图设计	完成第二阶段草图
	[illegible]	成果汇报
8~9	确定方案，绘制正式图	深入调整方案细节并上机
	完成正式图	出图、交图

四、设计成果的内容和要求

专题一 河北省邯郸广府古城更新--基于传统生活复苏的古城更新

前期分析与目标定位

设计过程分析

最终成果

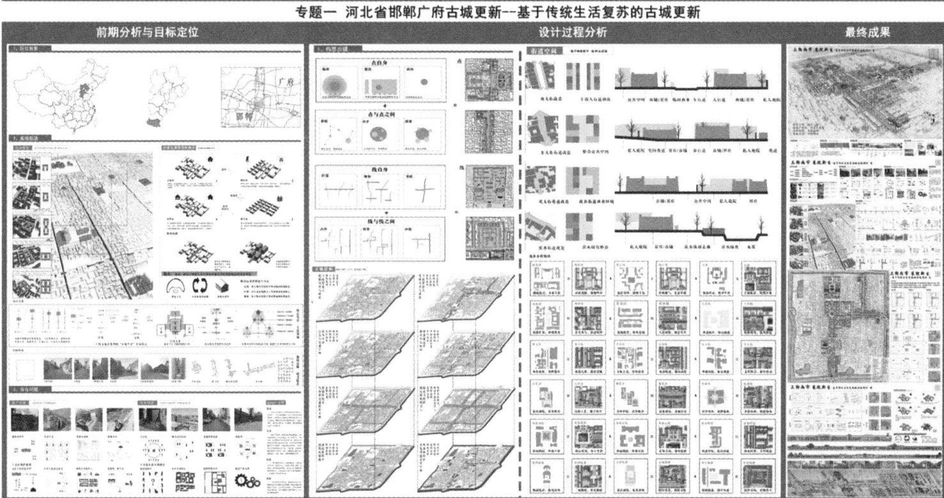

专题二 河北省保定市总督府历史街区整合--历史文化街区与现代商圈的整合策略

前期分析与目标定位

设计过程分析

最终成果

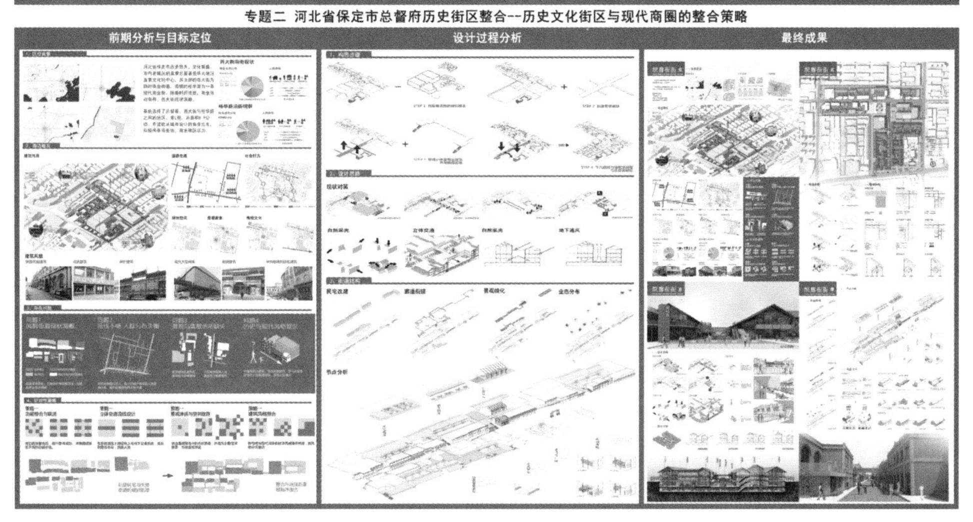

西交利物浦大学

创作中心/苏州联合工作空间，Creative Hub. / Co-working Space in Suzhou（三年级）

建筑系大三的学生们正在紧张又有序地进行着ARC204小型城市建筑的设计项目。该设计任务正是对今年二月举行的国际建筑工作室营——“苏州山塘街地区可持续的城市再生新思考”的思路的延续。

学生们会将在国际建筑工作室营中学习到的设计理念应用于本次设计项目中，在真实的基地中实战学习中，思考如何在山塘街这样的历史古城区的特殊背景下，进行专项建筑设计并解决随之而来的系列问题。在苏州政府努力将山塘街定位为城市旅游名片的大背景下，本次项目定址于山塘街附近的一家婚纱制造厂，政府正拟定将其拆除。学生们会对如何再利用并改造现有的工厂（而非全部拆除）进行相关的探索。

本次设计教案的设计大纲主题为“共享工作空间”。需要学生们开动脑筋思考，如何设计出一个建筑，能够满足公共办公空间的主要功能。一般来说，共享工作空间广而泛地应用于自由工作者、企业创始人创业者、数字游民、远程办公者，并对使用者收取一定费用。现今社会，通过远程交流、电子协作、用手机和笔记本电脑来做生意……，越来越多的人可以自由选择工作地点。但是换个角度，这也意味着与世隔绝，很难信任彼此并建立人际关系网，那么因此在很大程度上也就减少了与他人合作与联络的机会。协同工作（co-working）概念的出现，正好解决了这一问题。在共用工作环境下，人们可以更有效的工作并且容易感受到集体凝聚力。完全出于自愿并且毫无压迫感，是共享工作空间可以使不同背景和专业的人聚集在一起的主要原因。这一概念现在已经在全世界，包括中国，越来越盛行。在本次课程中，学生们探索协同工作这种新型工作方式，积极合作并且主动分享自己的看法。他们会设计出适用于协同工作和与其相关的系列社会活动所需的办公空间（如，研究生授课、培训、音乐会、公众演讲等）。

优秀作业1：场景化的联合办公空间　设计者：邵富伟
优秀作业2：会呼吸的机器　设计者：李少康

作业指导教师：Ganna Andrianova
教案主持教师：Ganna Andrianova

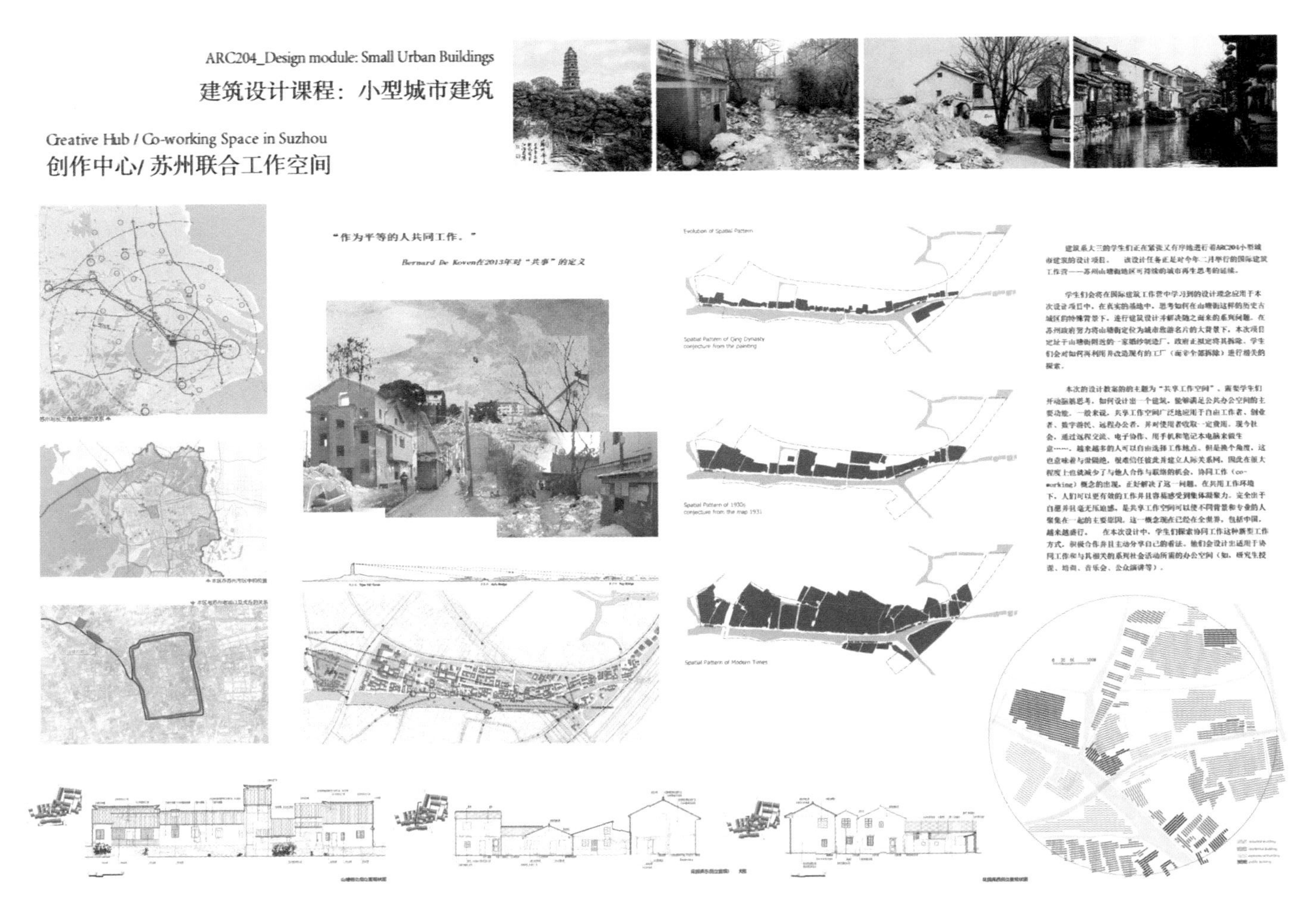
ARC204_Design module: Small Urban Buildings
建筑设计课程：小型城市建筑
Creative Hub / Co-working Space in Suzhou
创作中心/ 苏州联合工作空间
“作为平等的人共同工作。”
Bernard De Koven在2013年对“共事”的定义
Evolution of Spatial Pattern
Spatial Pattern of Qing Dynasty
conjecture from the painting
Spatial Pattern of 1930s
conjecture from the map 1931
Spatial Pattern of Modern Times
建筑系大三的学生们正在紧张又有序地进行着ARC204小型城市建筑的设计项目。 该设计任务正是对今年二月举行的国际建筑工作营——苏州山塘街地区可持续的城市再生思考的延续。
学生们会将在国际建筑工作营中学习到的设计理念应用于本次设计项目中。在真实的基地中，思考如何在山塘街这样的历史古城区的特殊背景下，进行建筑设计并解决随之而来的系列问题。在苏州政府努力将山塘街定位为城市旅游名片的大背景下，本次项目定址于山塘街附近的一家婚纱制造厂，政府正拟定将其拆除。学生们会对如何再利用并改造现有的工厂（而非全部拆除）进行相关的探索。
本次的设计教案的的主题为“共享工作空间”，需要学生们开动脑筋思考，如何设计出一个建筑，能够满足公共办公空间的主要功能。一般来说，共享工作空间广泛地应用于自由工作者、创业者、数字游民、远程办公者，并对使用者收取一定费用。现今社会，通过远程交流、电子协作、用手机和笔记本电脑来做生意……，越来越多的人可以自由选择工作地点。但是换个角度，这也意味着与世隔绝，很难信任彼此并建立人际关系网，因此在很大程度上也就减少了与他人合作与联络的机会。协同工作（co-working）概念的出现，正好解决了这一问题。在共用工作环境下，人们可以更有效的工作并且容易感受到集体凝聚力。完全出于自愿并且毫无压迫感，是共享工作空间可以使不同背景和专业的人聚集在一起的主要原因。这一概念现在已经在全世界，包括中国，越来越盛行。 在本次设计中，学生们探索协同工作这种新型工作方式，积极合作并且主动分享自己的看法。他们会设计出适用于协同工作和与其相关的系列社会活动所需的办公空间（如，研究生授课、培训、音乐会、公众演讲等）。

ARC204_Design module: Small Urban Buildings

建筑设计课程：小型城市建筑

Creative Hub / Co-working Space in Suzhou

创作中心/ 苏州联合工作空间

项目目标

该项目是为了让学生们为某一特定特征的顾客在某特定基地上设计一座小规模的建筑物，包括完成一份详细的基地分析。学生们需要：

以类型学作为建筑设计的工具，进一步发展建筑设计策略。
探索公共及私人空间的质量和其各自的界限。
特别关注公共机构建筑的性质特点。
考虑到建筑物的出入口与防火安全。
持续思考建筑声学、采光和照明装置。
持续思考适合的建筑结构与材料。

项目要求

建筑（或建筑群）应当包含下列空间：

- 入口空间（前台）
- 容纳60-120人共同工作的空间，包括：
1) 为偶尔来工作的人设计的共事空间（访客工作空间）
2) 为一直在此处工作的人设计的共事空间（常驻人员工作空间）
3) 为2-5人组成的小团队共同工作的办公室
- 正式会议空间
- 非正式交流的空间（所谓的“闲聊区”或“临时会议空间”）
- 配备咖啡机和小食的休息区
- 具有不同容纳能力的会议厅或活动厅（共150-300个座位），用作讲座、培训、研讨会、图书展示、音乐厅、电影放映等活动
- 为私密通话而设置的单独空间（可选）
- 文印室
- 个人储物柜
- 储藏空间（衣柜、文具、家具贮存）和卫生间
- 育儿区（可选）

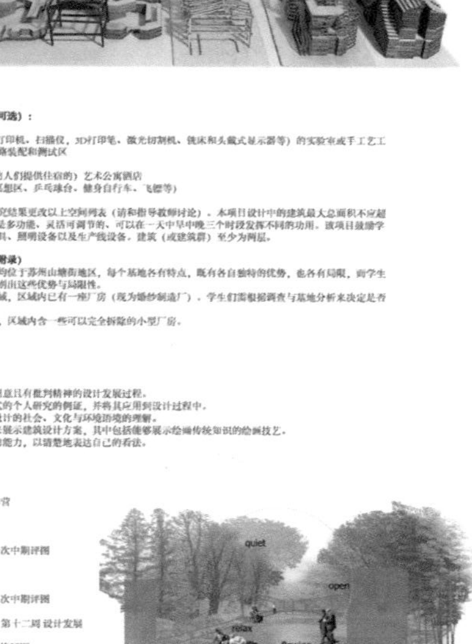

与共同工作相关的区域（可选）：

- 图书馆或媒体中心
- 具有新型设备（3D打印机、扫描仪，3D打印笔、激光切割机、铣床和头戴式显示器等）的实验室或手工艺工作室，微处理器和数字电路装配和测试区
- 展览区域
- （为来自其他城市的人们提供住宿的）艺术公寓酒店
- 运动空间（瑜伽或冥想区、乒乓球台、健身自行车、飞镖等）
- 咖啡吧

学生们可以依据自己的研究结果更改以上空间列表（请和指导教师讨论）。本项目设计中的建筑最大总面积不应超过1500平方米。空间可以是多功能、灵活可调节的、可以在一天中早中晚三个时段发挥不同的功用。该项目鼓励学生们设计有特别功能的家具、照明设备以及生产线设备。建筑（或建筑群）至少为两层。

基地描述（更多细节请见附录）

现有两处基地可供选择，均位于苏州山塘街地区，每个基地各有特点，既有各自独特的优势，也各有局限，而学生们需要通过基地分析来识别出这些优势与局限性。
基地一是一块三角形的区域，区域内已有一座厂房（现为婚纱制造厂）。学生们需根据调查与基地分析来决定是否保留或改造这座建筑。
基地二是一块狭长的矩形，区域内含一些可以完全拆除的小型厂房。

学习成果

该项目要求学生们：

A. 展示一个连贯、有创意且有批判精神的设计发展过程。
B. 展示对于材料、形式的个人研究的例证，并将其应用到设计过程中。
C. 展示对于影响建筑设计的社会、文化与环境语境的理解。
D. 使用多媒体与图表来展示建筑设计方案，其中包括能够展示绘画传统知识的绘画技艺。
E. 展示方案口头陈述的能力，以清楚地表达自己的看法。

日程安排

二月 第一周 国际设计工作营
三月 第二周 课题简介
第三周设计发展
第四周设计发展
第五周 3月21日 第一次中期评图
四月 第六周 设计发展
第七周 阅读周
第八周 设计发展
第九周 4月18日 第二次中期评图
第十周 设计发展
五月 第十一周 设计发展　第十二周 设计发展
第十三周 设计发展
第十四周 5月25日 期终评图

重庆大学

居住的可能性
——基于目标人群的居住建筑设计及住区规划（三年级）

对当今社会上缺乏多样性、针对性居住空间的背景下，要求学生针对不同目标人群，进行居住模式多样化的思考。在我院三年级“建筑与人文”的纲领下，要求学生在学习住宅建筑设计原理、进行空间尺度调研的基础之上，自主拟定套型设计的目标人群，并在限定空间内有针对性地进行包含家具布置、立体模型、详图大样的套型设计训练，以实现掌握住宅设计基本原理、了解空间与尺度的关系、学习套型设计基本方法的教学目的。在前阶段基础上，追加设计条件，进行精细化的住宅套内空间设计，使学生深化理解空间尺度与实际居住需求之间的关系，并形成包含家具、细部、材质、色彩的图纸与 1：10 实体模型的表达。

第二阶段的教学主要围绕居住建筑设计与住区规划两个部分展开，作为教学目标，着眼于将学生对建筑设计的理解由建筑的空间性和功能性引向建筑的社会性和文化性的阶段，目的在于力图让学生通过对特定的社会人文研究，通过对题目相关对象的调研和分析，将建筑设计有机地与所属的文化地域背景相融合，赋予建筑设计更深层次的内涵与指向性。

优秀作业 1：SOHO^3——基于目标人群的居住建筑设计　设计者：何广　孙启祥

优秀作业 2：行于谷，驻于台——城市青年创业者居住建筑设计及住区规划　设计者：卓子　姚汉

作业指导教师：田琦　黄颖　龙灏　孙天明　孟阳　黄海静

教案主持教师：田琦　龙灏　孟阳

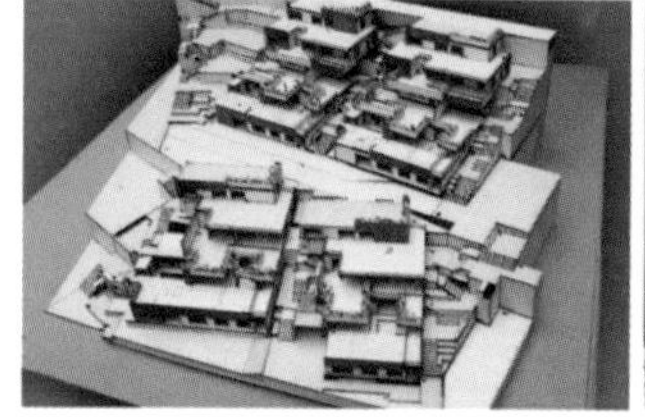

建筑学本科总体教学体系

ARCHITECTURE UNDERGRADUATE TEACHING SYSTEM

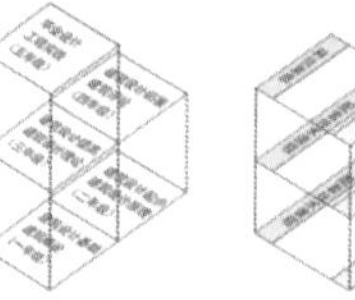

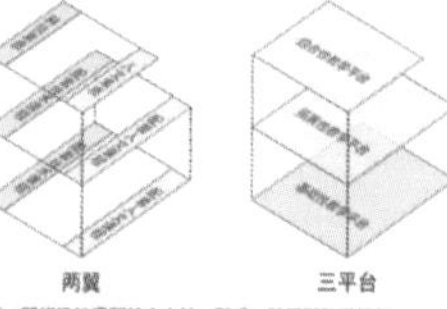

一轴　两翼　三平台

一轴、两翼 —— 人文之翼与技术之翼，围绕设计课程核心主轴，形成一轴两翼教学框架。

三级进阶平台 —— 一、二年级所构成的“设计基础平台”；三、四年级所构成的“设计拓展平台”；五年级所构成的“设计综合平台”。

□阶段目标体系：

□综合平台

五年级 ···· 实践与综合（融通，运用与研究）

□拓展平台

四年级 ···· 城市与技术（整合，建构与生态）

三年级 ···· 社会与人文（调研，传承与创新）

□基础平台

二年级 ···· 环境与行为（调查，分析与应对）

一年级 ···· 空间与形式（体验，认知与分析）

- 环境问题　建立文脉意识，深入认知场地
- 空间问题　特质空间塑造，文化背景融入
- 文化问题　对文化课题进行探讨和构思
- 功能问题　功能与空间的互动解析
- 结构问题　从设计角度建立完整的结构体系
- 社会问题　注重设计成果与社会效益联系

本科三年级教学体系

TEACHING SYSTEM OF UNDERGRADUATE GRADE THREE

社会与人文

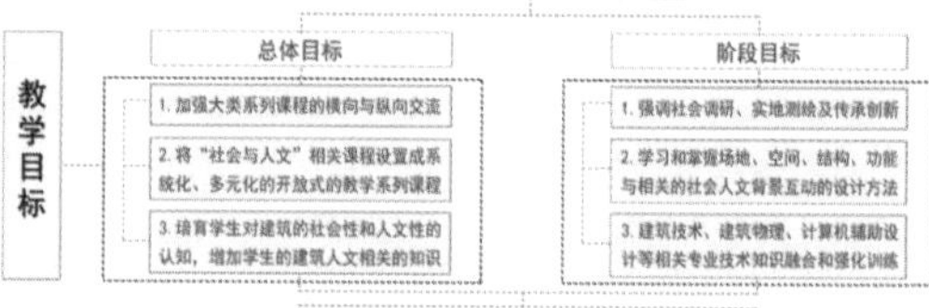

教学目标

总体目标

1. 加强大类系列课程的横向与纵向交流
2. 将“社会与人文”相关课程设置成系统化、多元化的开放式的教学系列课程
3. 培育学生对建筑的社会性和人文性的认知，增加学生的建筑人文相关的知识

阶段目标

1. 强调社会调研、实地测绘及传承创新
2. 学习和掌握场地、空间、结构、功能与相关的社会人文背景互动的设计方法
3. 建筑技术、建筑物理、计算机辅助设计等相关专业技术知识融合和强化训练

建筑的社会性研究　三年级上学期（18周）

建筑的人文性研究　三年级下学期（18周）

课题构建

居住的可能性——基于目标人群的居住建筑设计及住区规划

- 限定空间下的住宅套型及精细化设计：社会调研实践；空间尺度感知；新居住模式探索
- 基于目标人群的居住建筑设计及住区规划：生态居住新区规划；住区公共空间设计；地域环境文脉传承

公共文化性建筑研究

- 文化类建筑设计：民族文化展览馆；小型主题博物馆；城市公共文化中心

历史建筑传承与创新

- 既有环境及建筑改造：旧工业厂房等改造；教堂、监狱等改造；传统街区改造更新

原有课程设置

ORIGINAL COURSES SETTING

□教学安排	□教学特点	□关注的问题	□不足之处
住宅建筑设计 9周	类型化教学	居住建筑的外在形式	研究性设计深度不够
+	填鸭式教学	周边环境的适应性	与目标人群需求结合不足
小区规划设计 9周	封闭式教学	居住建筑的材料、结构	空间体验缺乏
			精细化深度不够

创新教学目标

INNOVATIVE TEACHING GOAL

深入社会调研 提高应变能力	聚焦行为模式 强化尺度研究	剖析居住模式 推进空间创新	关注地域文脉 构筑人居场所	融入技术手段 优化环境质量
了解场地与人群的结构、需求，锻炼思考研究能力，紧随社会发展要求；	针对目标人群，从行为模式出发，深入学习与感知各种人体与空间尺度；	基于对传统居住模式的分析学习，提出针对性的创新居住模式与空间设计；	结合场地地形、地貌、气候、人文、历史等要素在住区规划上予以回应和传承；	设计深化过程中，将生态技术、噪声控制、采光遮阳等技术融入教学，加大设计深度与完善性；

目标分解

GOAL DECOMPOSITION

居住的可能性——基于目标人群的居住建筑设计及住区规划

□教学安排	□关注的问题		□解决问题的形式	□成果要求	□培养的能力
限定空间下的住宅套型及精细化设计	人对居住建筑的使用方式	人体尺度与空间	目标人群类型化调研	目标人群调研报告	问题导向型意识培养
+		行为方式与空间	套内空间的精细化设计	空间尺度综合感知	研究性设计思维培养
基于目标人群的住区规划及居住建筑设计	居住的社会性、地域性	目标人群多元化	地域环境多元化研究	创新空间设计	自主学习意识的提升
		居住区与邻里	居住模式的创新型设计	家具精细化设计	自我开放性思维形成
	居住模式的创新性	居住空间多元化		大比例模型	创新能力的提升
		居住模式多样性			

居住的可能性——基于目标人群的居住建筑设计及住区规划

THE POSSIBILITIES OF RESIDENTIAL　THE POSSIBILITIES OF RESIDENTIAL　THE POSSIBILITIES OF RESIDENTIAL

进程控制

PROCESS CONTROL

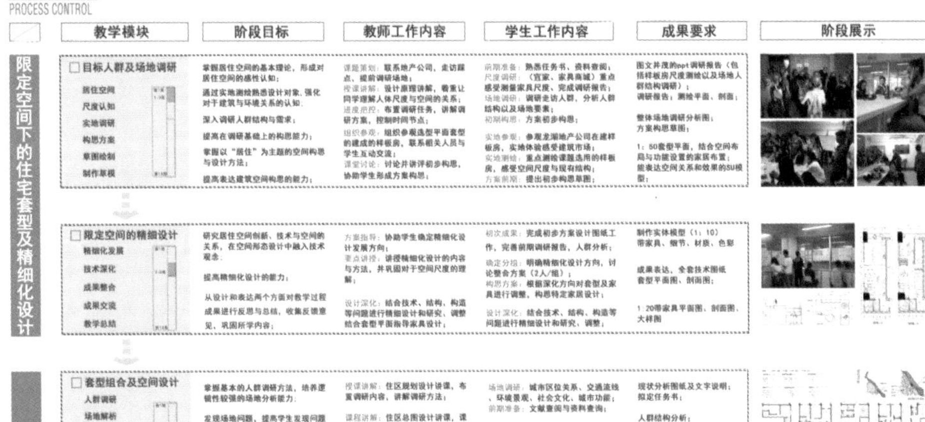

	教学模块	阶段目标	教师工作内容	学生工作内容	成果要求
限定空间下的住宅套型及精细化设计	目标人群及场地调研 居住空间 尺度认知 实地调研 构思方案 草图绘制 制作草模	掌握居住空间的基本理论，形成对居住空间的感性认知； 通过实地测绘熟悉设计对象，强化对于建筑与环境关系的认知； 深入调研人群结构与需求； 提高在调研基础上的构思能力； 掌握以“居住”为主题的空间构思与设计方法； 提高表达建筑空间构思的能力；	课题策划：联系地产公司，走访踩点，提前调研场地； 授课讲解：设计原理讲解，着重让同学理解人体尺度与空间的关系； 进度把控：布置调研任务，讲解调研方案，控制时间节点； 组织参观：组织参观选型平面套型的建成的样板房，联系相关人员与学生互动交流； 课堂讨论：讨论并讲评初步构思，协助学生形成方案构思；	前期准备：熟悉任务书、资料查阅； 尺度调研：《宜家、家具商城》重点感受测量家具人体尺度，完成调研报告； 场地调研：调研走访人群，分析人群结构以及场地要素； 初期构思：方案初步构思； 实地参观：参观龙湖地产公司在建样板房，实地体验感受建筑市场； 实地测绘：重点测绘课题选用的样板房，感受空间尺度与现有结构； 方案前期：提出初步构思草图；	图文并茂的ppt调研报告（包括样板房尺度测绘以及场地人群结构调研）； 调研报告：测绘平面、剖面； 整体场地调研分析图； 方案构思草图； 1：50套型平面，结合空间布局与功能设置的家居布置； 能表达空间关系和效果的SU模型；
	限定空间的精细设计 精细化发展 技术深化 成果整合 成果交流 教学总结	研究居住空间创新、技术与空间的关系，在空间形态设计中融入技术观念； 提高精细化设计的能力； 从设计和表达两个方面对教学过程成果进行反思与总结，收集反馈意见，巩固所学内容；	方案指导：协助学生确定精细化设计发展方向； 要点讲授：讲授精细化设计的内容与方法，并巩固对于空间尺度的理解； 设计深化：结合技术、结构、构造等问题进行精细设计和研究，调整结合套型平面指导家具设计；	初次成果：完成初步方案设计图纸工作，完善前期调研报告，人群分析； 确定分组：明确精细化设计方向，讨论整合方案（2人/组）； 构思方案：根据深化方向对套型及家具进行调整，构思特定家居设计； 设计深化：结合技术、结构、构造等问题进行精细设计和研究，调整；	制作实体模型（1：10）带家具、细节、材质、色彩 成果表达，全套技术图纸套型平面图、剖面图； 1：20带家具平面图、剖面图、大样图
基于目标人群的住区规划及居住建筑设计	套型组合及空间设计 人群调研 场地解析 问题分析 人群研究 模式探究 套型设计	掌握基本的人群调研方法，培养逻辑性较强的场地分析能力； 发现场地问题，提高学生发现问题并分析问题的能力； 研究人群结构，并以此为依据进行方案构思与设计； 居住模式的探究，提高有关居住建筑居住模式的创新能力；	授课讲解：住区规划设计讲课，布置调研内容，讲解调研方法； 课程讲解：住区总图设计讲课，课堂讨论设计构思； 阅读指导：指导学生进行文献阅读和前期资料收集； 方案推进：课堂讨论交流调研成果和初步草图；	场地调研：城市区位关系、交通流线、环境景观、社会文化、城市功能； 前期准备：文献查阅与资料查询； 确定人群：根据对设计选址的研究，分析论证确定目标人群； 汇报交流：调研成果修改稿汇报交流和讨论确定设计任务；	现状分析图纸及文字说明； 拟定任务书； 人群结构分析； 场地现状分析； 调研报告， 构思草图， 工作模型；
	结构关系及空间设计 问题分析 居住空间 创新设计 建筑形态	解决建筑空间与造型的问题，培养学生良好的建筑造型能力； 探究并掌握居住建筑的造型手法，加强功能与形式统一的设计意识； 激发学生的创造性，提高学生创新设计的能力；	方案推进：引导学生在前期调研基础上形成方案，强调构思过程的逻辑关联； 授课讲解：基于目标人群的居住建筑设计讲课； 授课讲解：居住空间创新设计讲课；	阅读汇报：资料及文献阅读汇报； 方案推进：规划草图讨论交流、修改及工作模型研究； 案例查阅：居住建筑案例查阅； 方案讨论：结合工作模型、建筑平面、剖面图讨论，完成建筑设计构思，构思分析、单元和空间意向；	建筑造型与创新设计； 设计图纸； 工作模型； 居住空间平面图；
	整体规划与建筑布局 问题分析 整体设计 规划构思 规划布局	掌握住区规划基本原理； 理解居住与城市的关系，培养整体设计的设计思维； 从规划到建筑设计的推进，研究特定人群的居住需求与空间模式；	方案推进：引导在前期调研基础上形成方案，强调构思过程的逻辑关联； 草图讲评：总图规划草图讲评； 授课讲解：复合功能建筑、组合模式讲课；	方案推进：规划草图讨论交流、修改、工作模型研究； 方案推进：深化方案、完善模型，完成总体规划草图； 评图交流：评图交流，规划及建筑设计成果图纸和模型；	整体规划构思； 规划总图成果； 工作模型； 整体设计初步成果；
	外部环境与公共空间 环境设计 技术深化 外部空间 成果整合 成果交流 教学总结	提高外部空间设计能力； 培养较强的环境意识； 提高深入设计的能力； 复合功能建筑的设计技巧； 开放评图，吸收多方评图意见； 开放教学，完善设计表达；	授课讲解：外部空间设计与小区环境优化设计讲课； 方案推进：指导学生修改完善方案成果、细节设计； 成果点评：组织相关专家和教师评图于地产企业联系获得反馈意见；	环境设计：外部环境与细节设计； 方案推进：方案修改、细节设计； 方案推进：住区规划及居住建筑单体详细设计； 成果表达：完成全套图纸及模型； 成果表达：图纸修改、模型完善；	外部环境设计； 公共空间设计； 工作模型； 整体设计成果； 全套图纸、实体模型；

阶段展示

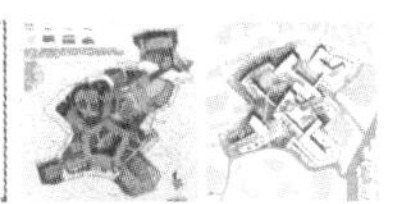

教学特色

SPECIAL TEACHING METHODS

居住的可能性——基于目标人群的居住建筑设计及住区规划

THE RESIDENTIAL BUILDING DESIGN AND PLANNING FOR THE TARGET RESIDENTS

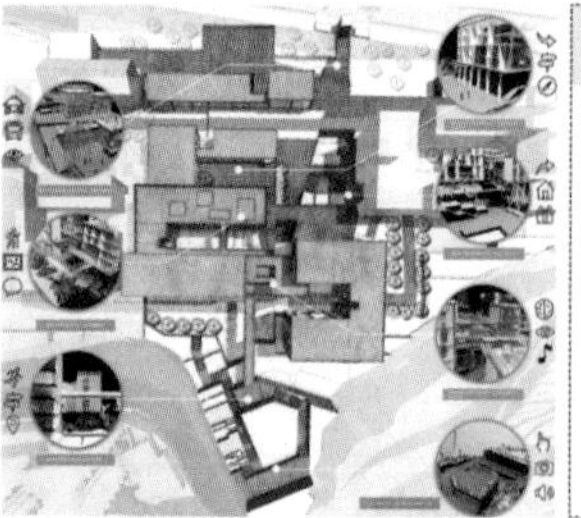

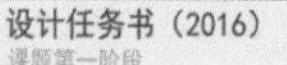

设计任务书（2016）

课题第一阶段

一、教学模式简介

1-6周为课题第一阶段——"限定空间下的住宅套型及精细化设计"，教学重点为了解居住建筑设计原理。通过调研测绘（宜家及其他家居市场）、清水房及样板房参观，实作与讲授结合，限定空间套型设计等阶段，初步掌握套型空间与功能组合的设计方法，并通过精细化设计，创造人体尺度与实用功能紧密结合的居住空间。

二、教学目的及要求

①在居住建筑设计研究的第一阶段中，面对当今社会上缺乏多样性、针对性居住空间的现象，要求学生针对不同目标人群，进行居住模式多样化的思考。因此鼓励学生积极关注社会群体居住需求，将社会趋势、住宅本质及住户体验有机结合，并最终在面宽6.2米、进深6.6米、层高5.1米的限定空间内，使住宅套型成为生动、多样的居住生活载体，以实现资源集约、空间合理、居住舒适的设计目标。

②要求学生在学习住宅建筑设计原理、进行空间尺度调研的基础之上，自主拟定套型设计的目标人群，并在限定空间内有针对性的进行包含家具布置、立体模型、详图大样的套型设计训练，以实现掌握住宅设计基本原理，了解空间与尺度的关系，学习套型设计基本方法的教学目的。

③在前阶段基础上，追加设计条件，进行精细化的住宅套内空间设计，使学生深化理解空间尺度与实际居住需求之间的关系，并形成包含家具、细部、材质、色彩的图纸与1:10实体模型的表达。通过以上对居住空间的精细化设计，训练学生创造人体尺度与实用功能紧密结合的居住空间。

课题第二阶段

一、教学模式简介

7-16周为课题第二阶段——"基于目标人群的住区规划及居住建筑设计"，从场地调研和指标人群出发，强化调研过程与分析结果，进行有针对性的居住空间、复合功能组合模式的建筑设计，强化居住建筑与场地的协调，鼓励围绕目标人群居住模式需求的空间创新性设计方案。各阶段成果均要求有图纸和模型共同表达。

二、教学目的及要求

①作为教学目标着眼于将学生对建筑设计的理解由建筑的空间性和功能性引向建筑的社会性和文化性的阶段，课程训练的目的在于力图让学生通过对特定的社会人文研究，通过对原有相关对象的调研和分析，将建筑设计有机的与所属的文化地域背景相融合，赋予建筑设计更深层次的内涵与指向性。

②通过对住区及居住建筑这一具有较强目标人群生活需求和复合功能要求的建筑类型进行设计，培养学生建立"整体设计，合理布局"的设计理念，综合考虑对功能性较强的建筑类型的功能、流线、造型、空间环境等因素的相互关系。同时，较深入的研究如何将居住空间模式与目标人群相适应，满足目标人群的多样性生活需求，成为本科三年级建筑设计中对学生逻辑思维及创新能力训练的重要一环。

③关注人类居住行为的基本特点，了解"社区"、"邻里"、"开放与私密"、"个体与群体"等相关概念，强调从人类社会属性的方面去分析、研究空间与环境。

④适当突破现行住宅建筑设计规范的要求，通过在特定环境、特定场地，在对特定人群及其居住特性做充分调查研究的基础上，结合服务、交流、休闲、运动等多样化复合功能，设计具有较强适应性与创新性的城市居住建筑。

成果要求

一、图纸内容：

1. 住区规划设计：总平面图1：1000
2. 居住建筑设计：
   1）总平面图1：500
   2）各层平面图：主要居住空间平面1：50
   3）其它居住空间平面1：100
   4）空间空间组合平面图1：100或楼栋平面1：200
   5）组合体示意平面图1：200-1：500
   6）主要组合体立面图1：100-1：200
   7）主要组合体剖面图1：100-1：200
3. 透视图或鸟瞰图
4. 场地调研分析图、设计构思分析图、设计说明
5. 技术经济指标
   1）总用地面积、总建筑面积
   2）各功能空间使用面积、楼栋总建筑面积
   3）容积率、建筑密度、绿地率

二、表现方式：

1. 平、立、剖及总平面
2. 透视图或轴测图，表现方式自定
3. 1#图纸（张数不限）
4. 实体模型1:10

教学节点控制

TEACHING POINTS

目标人群及场地调研

除了传统的场地调研，还扩展到对目标人群及家具场景的信息搜集及分析。家具尺寸和构造以及目标人群意愿及行为都成为调研目标。要求设计更需符合人体的尺寸及准确应对人群的要求。

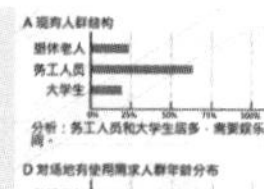

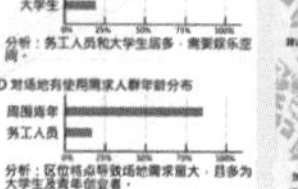

限定空间的精细设计

在一个已知尺寸的空间下，利用前期的调研结果，把人体和家具尺度利用到极致，从人体的高矮到每一件家具大小都在设计中反复斟酌，提升学生对精细贴身尺度的把握。

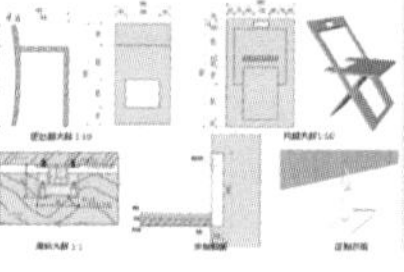

套型组合及空间设计

通过对目标人群的调研，有针对性的对特定人群的需求进行套型空间定制，空间的大小、分割、功能都要满足特定人群的特点。这样使得设计目标明确，既能深入了解使用者又能有所创造。

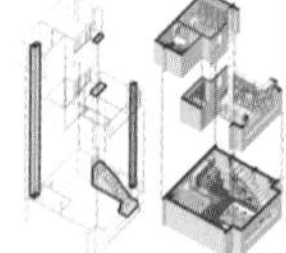

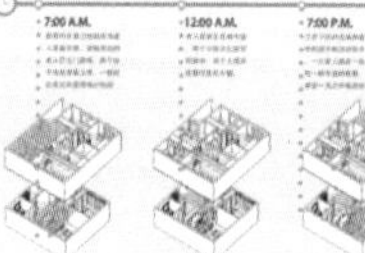

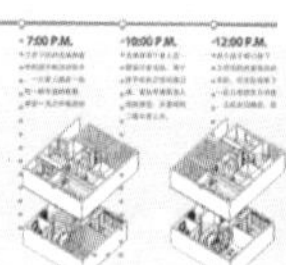

结构关系与建筑形态

根据场地及人群的调研和前期的套型设计，逐步丰富套型数量，组合套型确定建筑形态及结构体系，逐次形成建筑单体和群体，推敲群体建筑关系，构筑完善的结构与建筑空间。

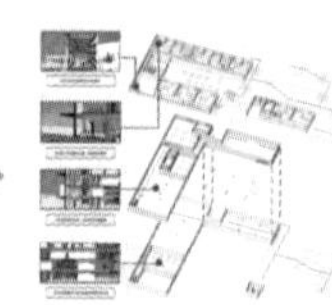

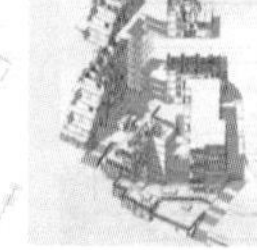

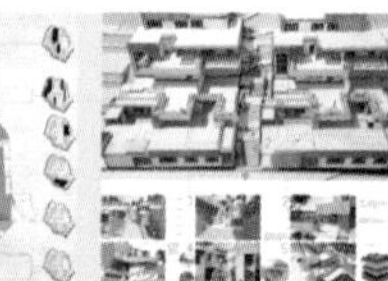

整体规划与建筑布局

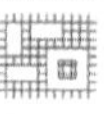

结合目标人群及场地的特点，依据前期对建筑单体及群体组合的推敲，布置建筑及组团、规划道路、设计广场、绿地等等，形成有针对性及创新点的总体规划。

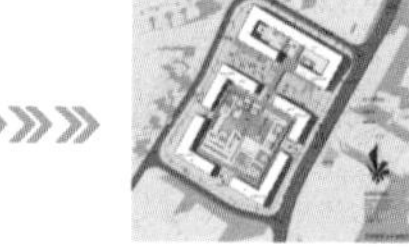

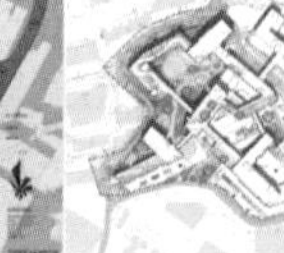

外部环境与公共空间

讨论并推敲建筑间的外部空间尺度、社区公共空间性质及数量、交通与公共空间关系，形成符合目标人群的建筑外部环境及公用空间。

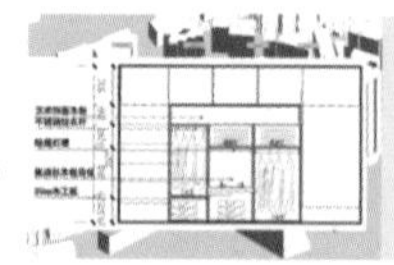

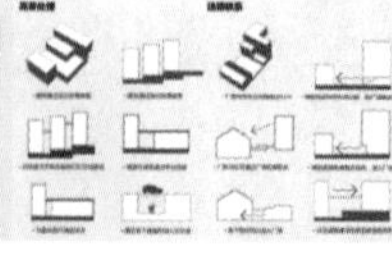

苏州大学

医疗类建筑
——社区医院建筑设计（三年级）

医疗类建筑设计是建筑学专业三年级下半学期课程设计主要内容，也是我院实施“导师组”教学模式的首轮教学实践。

作为设计必选课题，突出培养学生针对实际场地的综合设计能力，着重训练专业型建筑设计的特殊需求。教案注重课程的连续性、递进性与针对性，并且强调依据调研与分析，细化设计任务的教学研究。尝试在相同设计主题——社区医院建筑设计前提下，通过两人合作的模式，多主题、多专题切入的设计训练，为老师和学生创造更广泛的互动空间，调动师生教与学的积极性。

一、教案训练目标

1. 环境认知——对社区环境进行多角度调查，如建筑环境、人群构成、交通环境等。

2. 设计定位——根据调研及选取的建筑范例分析，确立该社区医院的定位及空间特点，并着重在设计中延伸发展。

3. 专题研究——设计中着重选取某一专题研究，深入分析、综合、认知，并应用到医院设计中。

4. 知识运用——研读和学习国内外医疗建筑设计导则和规范，综合西方国家医疗建筑与国内医院建筑设计的手法，在设计中充分应用。

5. 多态表达——鼓励在形体与空间设计上的惯例突破及设计工具的多样性，强调表达的逻辑性与深入程度。

二、教案特色

1. 加强实地调研及范例认读解析

通过实地调研确定社区医院定位，实现从传统二级医院到社区服务中心、社区医养结合的方向转型；通过广泛查阅医院范例，对国内外医院建筑空间进行整合、分析，学习借鉴。

2. 鼓励打破常规与自调整任务书

在充分调研与空间、行为分析基础上，鼓励对社区医院空间设计的创新研究；设计内容可以在教学指导书的指导下，进行空间配置自调整，根据调研分析，确定适合并有弹性发展空间的功能区与面积。

3. 选取某项专题深入研究并展开

针对医院设计相关的课题选取不同的专题深入整合与分析，并通过各组汇报与设计交流达到对医院设计最大广度与深度的认知，保障在课程设计相对短的时段内最大化深入医院建筑设计细节。

4. 教学导师与设计院导师穿插介入

教学导师与设计院导师的穿插介入是本次“导师组”教学中的特别之处，在教学导师主导下，按设计深入程度穿插设计院导师介入辅导与拼图环节，使学生在设计中吸收不同视角、不同关注点的意见和建议，有助于设计的全方位思考与完善。

三、设计选址

设计用地位于苏州工业园区独墅湖科教创新区内，用地北侧毗邻文景路，由城市河道相隔，东侧为独墅湖高教区学生服务中心及相关用地，一路之隔与科教区学生宿舍相邻，西侧为城市绿化带，紧邻林泉街，南侧为城市道路，可设置出入口。用地详细情况参见总图及用地范围图。

四、设计内容

设计内容为独墅湖科教创新区医院，定位为社区医院，主要用于科教创新区内的学生、教师，以及其他居住人群的就诊、住院、保健、咨询等。

主要功能包含如下：

1. 小型急诊中心：包括诊室、治疗室、注射室、输液室、抢救室、手术室、护士站、观察室、值班更衣、急诊候诊、卫生间、污洗厕所等；

2. 门诊部：要求包括各类诊室及相关空间，诊室如：内科、外科、妇产科、眼科、耳鼻喉科、口腔科、中医科、皮肤科、传染科等；相关空间有.挂号、收费、药房、等候、注射、抽血、引流灌肠、输液、治疗等候、办公接待、保健、杂用库、卫生间、污物间等；

3. 医技影像部：主要包括X光室、B超室、心电图、检验、病理等，不要求设置CT、核磁共振、血管造影等；

4. 理疗保健部：提供预防保健及理疗服务，如光疗、电疗、水疗、热疗、泥聊、按摩、针灸、拔罐等；

5. 住院部：提供较小规模的床位，为一般服药病人、手术康复期病人、日间护理病人、慢性病病人，以及临终病人提供护理；

6. 手术部：用于日常日间手术。手术室、洗手室、护士室、换鞋处、男女更衣、男女浴厕、消毒敷料、消毒器械储藏室、清洗室、污物室、库房等；

7. 辅助空间：如管理办公、供应、餐饮、能源、工作间等。

五、设计要求

1. 根据建筑功能，合理选择结构形式，并处理好各类空间的有机联系和转换；

2. 就诊和住院区应采用自然通风、采光，为医务人员、患者，及其他工作人员营造舒适、健康的环境；

3. 掌握被动式节能的设计方法。要求设计中要充分考虑气候、场地要素，通过建筑设计手段实现自然采光、良好的通风、对太阳能的充分利用等，以达到最低耗能运转。具体的节能设计措施需结合设计具体分析图示表达。

优秀作业 1：交织 – 社区医院绿色建筑设计　设计者：李嘉康 李斓珺
优秀作业 2：曲路穿廊 – 气候响应型社区医院设计　设计者：凌泽 姜哲惠

作业指导教师：赵秀玲
教案主持教师：赵秀玲

01 2016全国高校建筑设计教案教学成果评选

医疗类建筑 —— 社区医院建筑设计

HEALTH CARE BUILDING — COMMUNITY HOSPITAL DESIGN

三年级

课程体系 COURSE SYSTEM

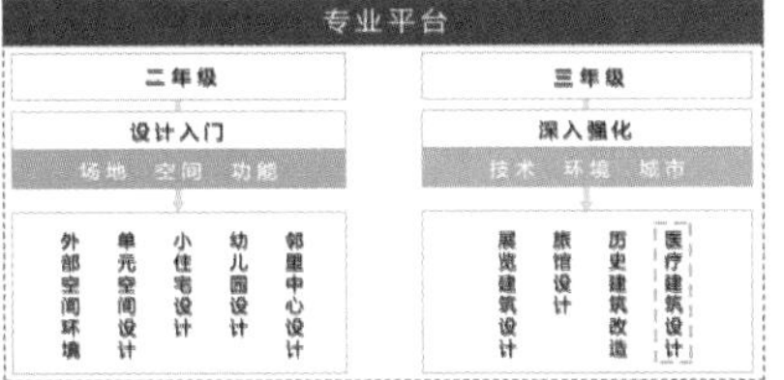

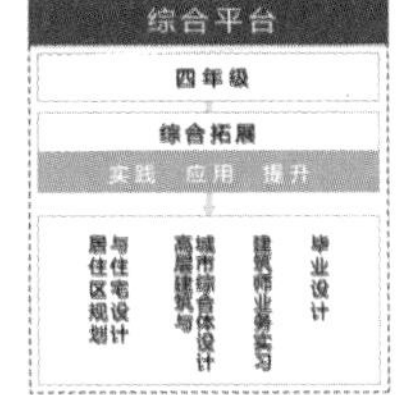

教学组织 TEACHING ORGANIZATION

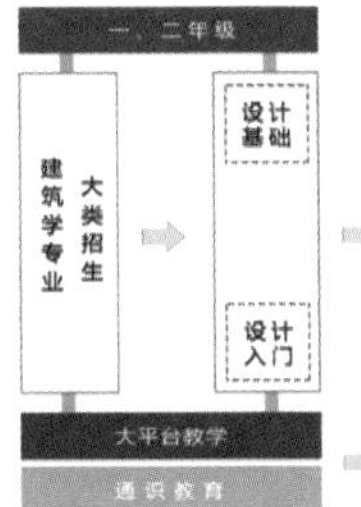

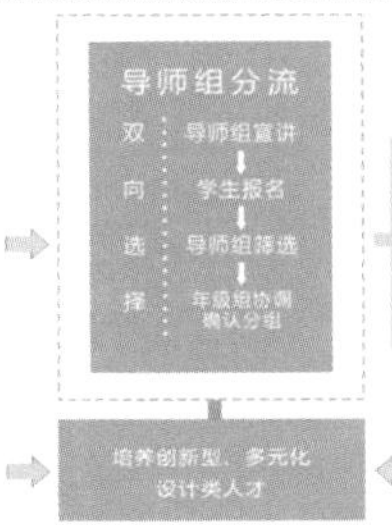

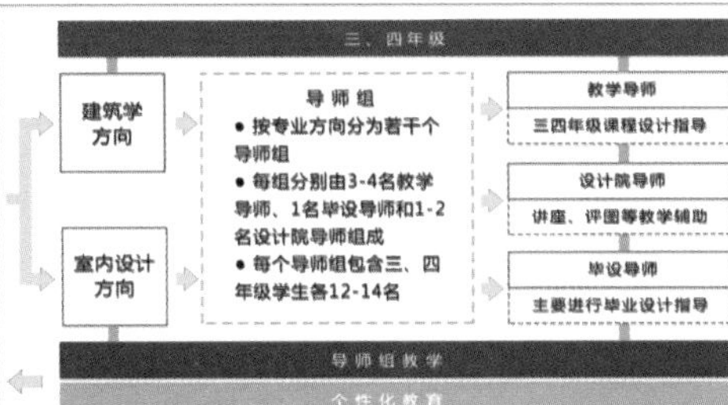

教学目标 TEACHING TARGET

环境认知 —— 对社区环境进行多角度调查，如建筑环境、人群构成、交通环境。

设计定位 —— 根据调研及选取的建筑范例分析，确立该社区医院的定位及空间特点，并着重在设计中延伸发展。

专题研究 —— 着重选取某一专题研究，深入分析、综合、认知，并应用到医院设计中。

知识运用 —— 研读和学习国内外医疗建筑设计导则和规范，综合西方国家医疗建筑与国内医院建筑设计的手法，在设计中充分应用。

多态表达 —— 鼓励在形体与空间设计上的惯例突破及设计工具的多样性，强调表达的逻辑性与深入程度。

教学特色 TEACHING CHARACTERISTICS

1.加强实地调研及范例认读解析

通过实地调研确定社区医院的定位，实现从传统二级医院到社区服务中心、社区医养结合的方向转型；通过广泛查阅医院范例，对国内外医院建筑空间进行整合、分析，学习借鉴。

2.鼓励打破常规与自调整任务书

在充分调研与空间、行为分析基础上，鼓励对社区医院空间设计的创新研究；设计内容可以在教学指导书的指导下，进行空间配置自调整，根据调研分析，确定适合并有弹性发展空间的功能区与面积。

3.选取某项专题深入研究并展开

针对医院设计相关的课题，选取了病房设计、无障碍设计、标识设计、诊室设计、交通空间设计、ArchiCAD&BIM设计六个专题，并通过各组汇报与交流达到对医院设计最大广度与深度的认知，保障在课程设计相对短的时段内最大化深入医院建筑设计细节。(附图为基于人体工学的诊室平衡专题研究,其余专题见作业点评部分)

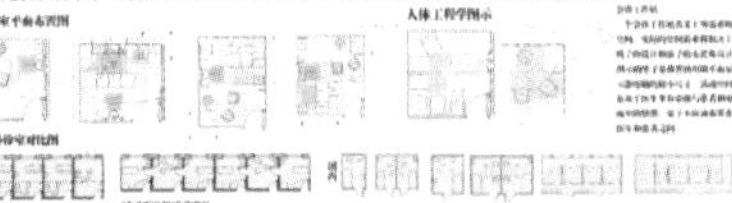

4.教学导师与设计院导师穿插介入

教学导师与设计院导师穿插介入是本次"导师组"教学中的特别之处，在教学导师主导下，按设计深入程度穿插设计院导师介入辅导与评图环节，使学生在设计中吸收不同视角、不同关注点的意见和建议，有助于设计的全方位思考与完善。

案例学习 PROJECT STUDY

02 2016全国高校建筑设计教案教学成果评选

医疗类建筑——社区医院建筑设计

HEALTH CARE BUILDING — COMMUNITY HOSPITAL DESIGN

三年级

任务指导 MISSION SPECIFICATION

一、设计目的

1、学习并掌握中小型综合性医院建筑的设计方法：针对不同使用对象，设计相应的建筑空间，并解决好各功能区之间的关系，使之分区明确，流线清晰，既彼此联系又互不干扰，满足国家相关规范。

2、学习医院建筑空间特点，熟悉相关建筑规范，了解医院各流线及区域功能的分析方法。

3、了解绿色建筑设计的要点，掌握被动式设计的原理和方法。

4、熟悉有关建筑设计规范，了解和掌握相关的材料和构造做法。

课程过程中重点应注意以下三方面的学习：

（1）场地设计：综合地段的地形条件、规划条件、规范要求；周边城市建筑环境、交通环境，处理好建筑总体布局、地段内外的各类人车流交通布局，各类型人口的设置，场地停车、绿化环境设计。

（2）建筑设计：正确理解相关规范与指标，组织好各功能空间的组合及主次流线关系，了解掌握相关类型建筑的基本特征；综合建筑平面、立面的设计，营造室内外协调统一的空间组合和外观造型。

（3）技术设计：在深入了解医院空间特点的基础上，分析相关设备、行为模式对空间处理的影响，并结合智能、节能、生态、无障碍等设计因素综合考虑。

二、设计内容

1、基址：

设计用地位于苏州工业园区独墅湖科教创新区内，用地北侧毗邻文景路，由城市河道相隔，东侧为独墅湖高教区学生服务中心及相关用地，一路之隔与科教区学生宿舍相邻，西侧为城市绿化带，紧邻林泉街，南侧为城市道路，可设置出入口。用地详细情况参见总图及用地范围图。

2、功能要求

独墅湖科教创新区医院，定位为社区医院，主要用于科教创新区内的学生、教师、以及其他居住人群的就诊、住院、保健、咨询等。

主要功能包含：

（1）小型急诊中心：包括诊室、治疗室、注射室、输液室、抢救室、手术室、护士站、观察室、值班更衣、急诊候诊、卫生间、污洗厕所等。

（2）门诊部：要求包括各类诊室及相关空间，诊室如：内科、外科、妇产科、眼科、耳鼻喉科、口腔科、中医科、皮肤科、传染科等；相关空间有：挂号、收费、药房、等候、注射、抽血、引流灌肠、输液、治疗等候、办公接待、保健、杂用库、卫生间、污物间等。

（3）医技影像部：主要包括X光室、B超室、心电图、检验、病理等，不要求设置CT、核磁共振、血管造影等。

（4）理疗保健部：提供预防保健及理疗服务，如光疗、电疗、水疗、热疗、泥疗、按摩、针灸、拔罐等。

（5）住院部：提供较小规模的床位，为一般服药病人、手术康复期病人、日间护理病人、慢性病病人，以及临终病人提供护理。

（6）手术部：用于日常日间手术。手术室、洗手室、护士室、换鞋处、男女更衣、男女浴厕、消毒室、消毒器械储藏室、清洗室、污物室、库房等。

（7）辅助空间：如管理办公、供应、餐饮、能源、工作间等。

3、设计要求：

（1）根据建筑功能，合理选择结构形式，并处理好各类空间的有机联系和转换。

（2）就诊和住院区应采用自然通风、采光，为医、患、及其他工作人员营造舒适、健康的环境。

（3）掌握被动式节能的设计方法。要求设计中充分考虑气候、场地要素，通过建筑设计手段实现自然采光、良好的通风、对太阳能的充分利用等，以达到最低耗能运转。具体的节能设计措施需结合设计具体分析表达。

三、参考资料

1. 《建筑设计资料集7》中国建筑工业出版社
2. 《建筑设计防火规范》GB 50016--2014
3. 《民用建筑设计通则》GB 50352—2005
4. Health Building Note 00-01 General design guidance for healthcare buildings
5. Health Building Note 00-02 Sanitary spaces
6. Health Building Note 00-03 Clinical and clinical support spaces
7. Health Building Note 00-04 Circulation and communication spaces
8. Health Building Note 00-07 plannning for a resilient estate
9. Health Building Note 00-09 infection control
10. Health Building Note 04-01 Adult in-patient facilities
11. Health Building Note 11-01 facilities for primary and community care services
12. The Architect's Handbook-Health Service Building
13. Matric Handbook Planning and Design Data-Hospital
14. The Future Ng Teng Fong General Hospital and Jurong Community Hospital
15. Designing for Better Healthcare-the Singapore Perspective
16. 2010 ADA Standards for Accessible Design

附：用地位置卫星图与基地周围实景

1.基地西向高校校园　2.基地北侧河道　3.基地北向居民小区

4.基地东北方学生活动中心　5.基地东向篮球场　6.基地东向人才公寓

7.基地东南向人才市场　8.基地东南向公交站台　9.基地北向邻里中心

教学主线 TEACHING KERNEL

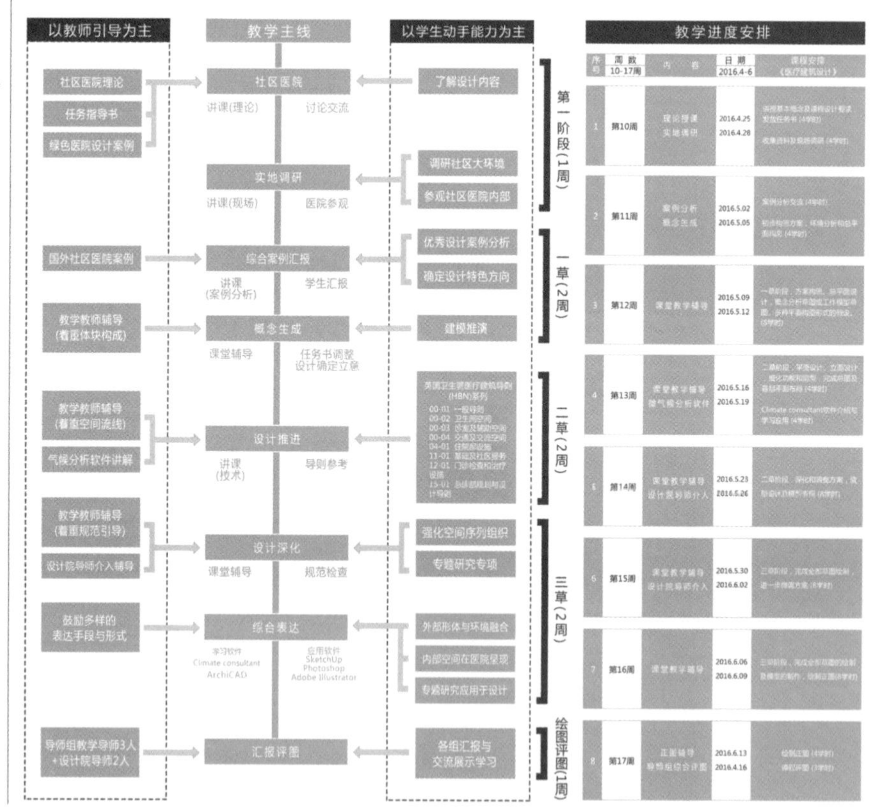

教学进度安排

序号	周数 10-17周	内容	日期 2016.4-6	课程安排《医疗建筑设计》
1	第10周	理论授课 实地调研	2016.4.25 2016.4.28	[illegible]
2	第11周	案例分析 概念生成	2016.5.02 2016.5.05	[illegible]
3	第12周	课堂教学辅导	2016.5.09 2016.5.12	[illegible]
4	第13周	课堂教学辅导 微气候分析软件	2016.5.16 2016.5.19	[illegible] Climate consultant[illegible]
5	第14周	课堂教学辅导 设计院导师介入	2016.5.23 2016.5.26	[illegible]
6	第15周	课堂教学辅导 设计院导师介入	2016.5.30 2016.6.02	[illegible]
7	第16周	课堂教学辅导	2016.6.06 2016.6.09	[illegible]
8	第17周	正图辅导 导师组综合评图	2016.6.13 2016.4.16	[illegible]

作业点评
DESIGN REVIEW

交织——社区医院绿色建筑设计
Gardening Braid
Green Community Hospital Design

该设计采用了一个外包格栅层作为建筑体的遮蔽罩，格栅层由钢架组成，意为实现建筑空间和使用者心理上的庇护。格栅上根据气候分析软件，配备相应位置的绿植用于遮阳和满足通风，同时为建筑微环境提供优质的空气质量，在视觉上为医患人员提供放松愉悦的视野。内部设计分为三个围合体块，分别容纳不同的功能空间，内院与绿色格栅层交织呼应，营造了特有的宜人环境。

专题为“医院标识设计”，通过对医院标识系统的整合分析，设计了一套特有的标识体系，用于该建筑空间的标识系统，实现医院建筑空间内的区域识别与路径引导。

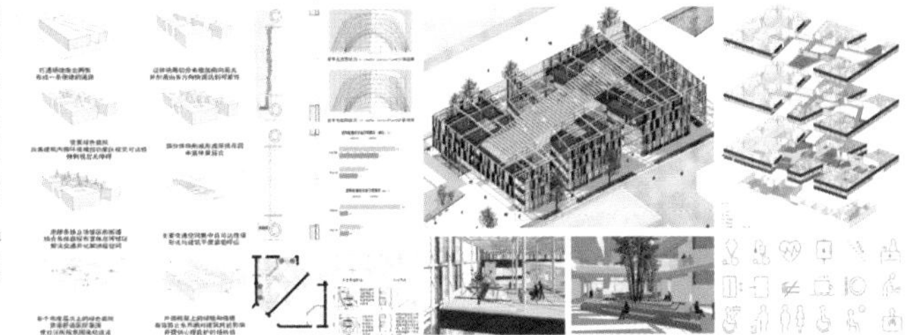

曲路穿廊——气候响应型社区医院设计
Exuberant & Tranquil Time in the Veranda
Climate Responsive Community Hospital Design

该设计以一条气候调节廊为建筑公共空间，把各个功能部分串联组织起来。这条廊不仅是必要的交通、停留、等候空间，更具有微气候调节的作用，设计中充分考虑了夏季和冬季廊道中的舒适性策略，使其真正成为医院中的公共中心。设计中另一亮点是巧妙的利用了地下空间，使其成为地面视觉的延伸，同时实现了地下部分良好的采光通风效果，与地面廊共同达到了调节微气候，优化建筑室内外环境的作用。

专题设计为“住院病房设计”，综合整理了各类病房设计的形式与优劣，并在建筑中的病房设计中得以运用，同时着重考虑了二期扩建的需求，在疗养病房的形式上做了很多尝试。

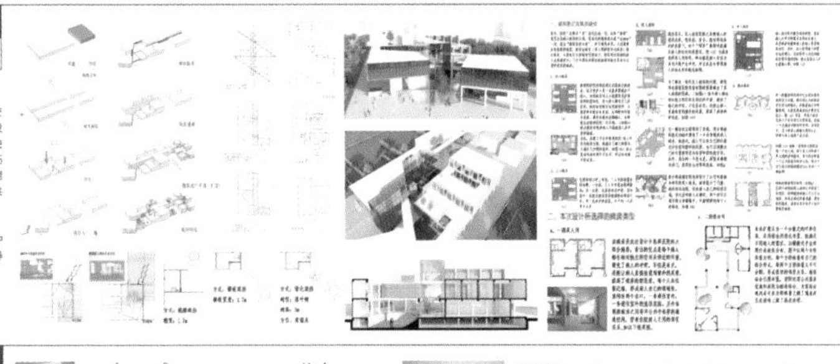

乐高屋——社区医院设计
Lego House
Community Hospital Design

设计采用LEGO HOUSE的设计手法，塑造了一座充满童趣、气氛轻快、空间贯通的社区医院。通过标准单元块的堆积与组合，形成了就诊区和病房区两个主体空间组，每个体块组合以一个主体块为中心依次展开，巧妙融入了医院的各类就诊及住院空间，同时形成了四个功能形态各异的室外空间：入口广场、东侧主广场、西侧住院部入口广场，以及滨河休闲广场。体块高低错落、巧妙融合了内外空间，并形成了不同高度和层次的屋顶开放空间，和地面层的各级室内、室外空间一起构成整个医院设计中的立体空间体系，为社区医院最大限度地提供予人们室外交流、休憩、疗养的多样化环境。

专题设计为“医院无障碍设计”，分别从行进无障碍、感官无障碍、心理无障碍进行分析，并应用于建筑设计空间中，实现了多层次的无障碍设计。

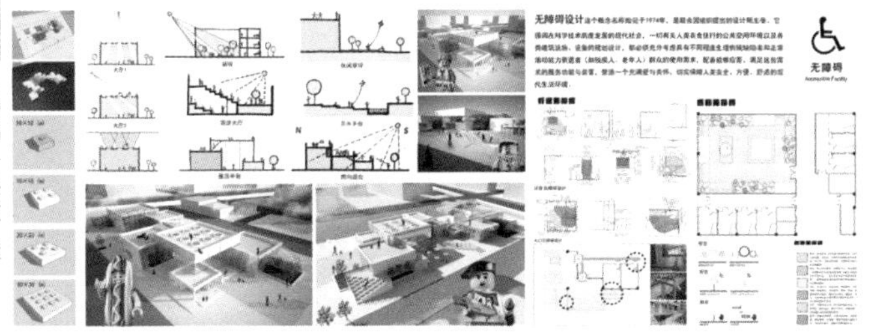

健康之路——社区医院设计
Health Path
Community Hospital Design

该设计以一条贯穿建筑和场地、连接周边社区环境的步行道路为主线，把社区医院的急诊、门诊及病房区等功能空间依次衔接，实现社区医院融入社区、渗透社区活动的公共空间。急诊、门诊、住院部分别有独立出入口，交通组织顺畅。部分建筑体的一层架空，可供非机动车停放和全天候室外活动之用，使地面层场地空间通风良好、视野开阔，大大降低了建筑体块对场地形成的闭塞程度，随使用需求的变化，亦可将其作为扩建空间，实现建筑对社区服务的适应。由一层地面升至二层的“健康之路”，为开放性线性社区公共空间，不仅是联通社区两部分的捷径，同时为社区居民和医院人员提供多种室外活动空间，为居民保健、病员疗养提供了充足的场地条件。

专题设计为“医院交通空间设计”，着重分析了医院走廊空间的尺度，转角设计的特殊性。在病房设计中也做了新的尝试，实现了病房空间的优化。

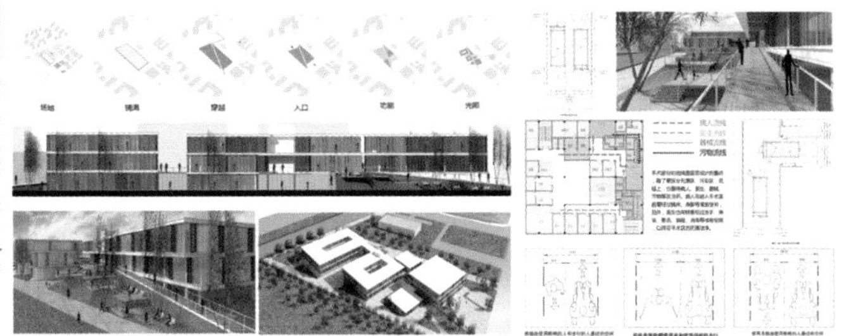

GRADING

教学导师 50%				导师组 50%	年级组	教学反馈
调研	一草	二草	+	正式评图	优秀作业交流	教师总结、学生自我总结

设计能力(20%)	设计内容(20%)	图面表达(20%)	专题研究(20%)	技术设计(20%)
(1)对设计任务书有较强的理解能力 (2)能积极合作交流与工作	(1)能全面地综合地分析问题、解决问题 (2)构思巧妙，方案有新意	(1)设计内容表达完整清晰且达到方案设计的深度 (2)图面排版得当，整体性强，具有感染力	医院专题设计达到一定深度，并能充分应用到社区医院建筑设计中	采用被动式绿色建筑设计方法并综合体现在建筑空间、建筑构造、建筑材料等的设计与选用上

郑州大学

三年级遗址博物馆设计教案（三年级）

教学目标

1. 使学生初步掌握建筑设计的基本原理、方法和步骤。

2. 培养学生的功能意识、空间意识、造型意识和环境意识。

3. 学习建筑空间的组合方式。

4. 掌握一定的建筑表达手法：过程分析、各阶段草图、模型及成果表达。

教学方法：单独辅导与集体讨论结合；单独汇报与集体讨论结合；手绘与模型（手工及电脑）相结合。

作业简要点评

作业 1

设计亮点：

以传统园林为出发点，通过各式中庭组织功能设计，流线丰富且明确，给使用者以愉悦的体验。形体处理简单明确，新中式的处理手法成熟老练，形体比例处理恰当。且对重点空间节点处理恰当，不失细节处理。

设计完成度：

平立剖设计较完整，完成度高。图纸表达较为充分。

作业 2

设计亮点：

采用建筑覆土等生态方法处理问题，相对新颖且现实性强，作为三年级学生能以此种视野处理问题，难能可贵。通过街巷、人流来向组织建筑形式，清晰明确，直截了当，且对空间比例进行仔细研究，尺度合理，使用方便。

设计完成度：

平立剖设计较完整，完成度高。图纸表达较为充分。

优秀作业 1：碎片·记忆　设计者：张程

优秀作业 2：剖切视觉——荥阳市青台村仰韶遗址博物馆设计　设计者：孙康

作业指导教师：韦峰 周晓勇 郑东军 罗丁 张建涛

教案主持教师：周晓勇

阐释　三年级遗址博物馆设计教案　1

1.总体框架与课程置

2.教学衔接与重点要求

2.1教学衔接

2.2重点要求

2.2.1了解博物馆类型及发展历史。

2.2.1掌握不同人文环境对建筑形态的影响。

2.2.3掌握复杂场地条件下的建筑外部空间处理手法。

2.2.4初步应对展示类建筑的功能设置、流线布局。

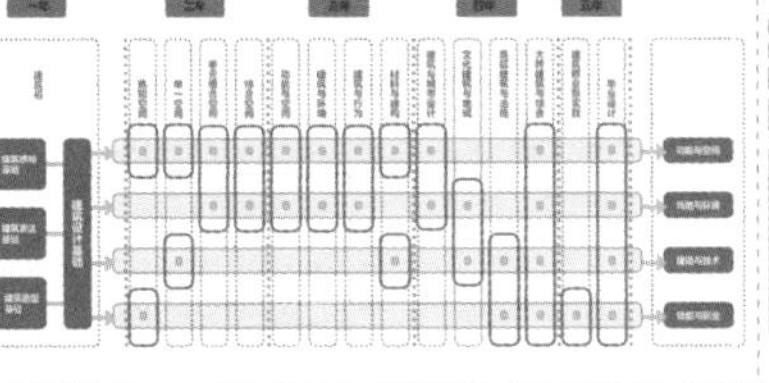

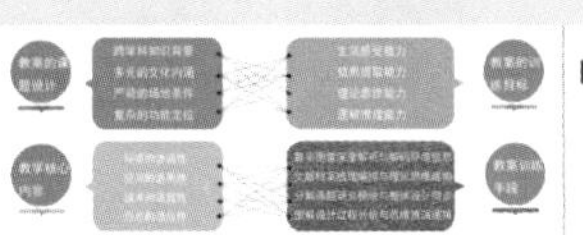

3.课程任务设计

3.1课题背景

3.1.1文化遗产是民族的瑰宝，考古遗存是民族历史存在的见证。中国的文化遗产保护事业刚刚起步，大量的考古发掘成果迫切需要进行保护与展示。文化遗产的不可再生性和不可复制性，决定了对文化遗产必须予以严格保护，以实现人类文化的可持续发展。

3.1.2中原地区为早期中华古文明发源地，考古遗址数量多，规模大，是本区域的显著特征。建筑学专业的学生在未来将面临越来越多的遗址保护课题实践，因此以真扎实的做好遗址博物馆专题的教学与研究工作，具有现实意义。

3.2多基地的设计研究

3.2.1选题一---------郑州市大河村遗址展示博物馆

大河村遗址位于郑州市东北部，是一处包含有仰韶文化、龙山文化和夏商文化的大型古代聚落遗，距今6800--3500年，面积40万平方米。遗址先后发掘21次，出土房基47座、窖穴297座、墓葬354座，出土各类珍贵文物3500多件。遗址中仰韶文化层最厚处达12.5米，出土的木骨整塑房屋F1-4，经14测定距今5040±100年。遗址上已建有初具规模的遗址博物馆，占地面积约11000平方米，此次是在原有博物馆的基础上向西扩建。基地包含原有遗址保护建筑，设计要求充分修复与改造原有建筑，增添局部新建建筑，新建筑修复改建后应满足全部遗址博物馆的功能要求。

3.2.2选题二---------宝丰县汝官窑遗址展示博物馆

宝丰县清凉寺北宋汝官窑遗址是宋、金、元代以来烧造历史延续数百年之久的著名制瓷场地，专为宫廷烧制御用瓷器。遗址位于县城西部20公里处之大营镇清凉寺村中及村南台地上，遗址面积共计119.5万平方米，其中重点保护区面积43万平方米，特别保护区面积8075平方米。博物馆位于重点保护区东北角外，为一家废弃瓷砂壶生产厂家。设计要求保留部分80年代的工厂建筑，考虑基地内部窑址遗存，借用周基地北侧瓷砂土矿坑作为室外展示，充分利用现有场地地形。博物馆需要与重点保护区内遗址产生关联。

3.2.3选题三---------青台村仰韶遗址博物馆设计

青台镇仰韶文化遗址距今约5500-3000年，位于广武镇青台村东，遗址突出地面形成高地，面积共计8.9万平方米，重点保护区面积6.3万平方米，特别保护区面积3057平方米。遗址发掘新石器时期的房基、窖穴、陶窑、墓葬等，出土的陶、石、骨、蚌、玉、角等类器物保存完好。根据地层关系和出土遗物进行分析，二期文化遗址存在的年代距今5300多年，兰期距今5100多年。放标本测定结果表明，青台遗址是仰韶文化中期一直延续到晚期的文化遗存，它是仰韶文化庙底沟类型中带有郑州地区特点的文化遗存。拟建博物馆基地紧邻于重点保护区东向20处，为黄河水库北岸蓄水区、场地内地势呈台阶状，有10*15遗址挖掘坑一处，3*60M挖掘断层一处。设计要求新旧保护建筑相互关联，对基地内遗址坑、部分断层进行封闭性保护。

3.3多角度的博物馆特性切入点

3.3.1遗址博物馆的理论特征

A. 文化遗产保护概念：截止2010年，国际古迹遗址理事会（ICOMOS）颁布的保护宪章16份、国际文化财产保护与修复研究中心（ICCROM）颁布的保护文件有20多份；联合国教育、科学及文化组织（UNESCO）从1954年至2008年，共颁布了约20多份有关文化遗产保护的公约、建议及宣言，这些文献资料奠定了文化遗产保护与利用的基础理论依据。我国颁布的《中华人民共和国文物保护法》、《国家文物法实施细则》、《中国文物古迹保护准则》三部法令，是中国文化遗产保护实践的最高指导原则。

B. 遗址博物馆概念：是遗址保护与利用的方式，是以历史遗址为依托，以遗址保护为前提，对考古发掘的不可移动的文化和自然遗址本体及（或）其附属的可移动文物就近，或原址建设进行保护、研究、展示的博物馆建筑，由建筑实体及其空间环境构成。

3.3.2遗址博物馆的环境特征

遗址作为物质性存在，存在于特定的环境之中。建筑亦存在于环境之中。环境的构成是多元的，遗址环境保护对遗址博物馆建筑与周边环境的关系处理上，要求很高。保护好遗址本体及遗址周边环境，对于诠释遗址真实性和完整性，重要性和独特性有着重要意义，对遗址价值解读和阐释起着积极作用。

3.3.3遗址博物馆的功能特征

当代遗址博物馆功能设计最新内涵是分为两个层面，1.以物为本的功能理念下的保存、收藏、展示、研究；2.以人为本的功能理念下的：信息、体验、休憩和审美。遗址博物馆的核心功能是遗址遗存的保护，遗址的真实存在，才能延续到博物馆的更多功能内涵。展示，是将遗址中的价值观、知识、文化以潜移默化的方式渗透到人们的思想与情感之中的过程。

3.3.4遗址博物馆的形态特征

形态是“形”与“态”的组合，指事物在一定条件下的表现形式。“形”是事物的外在形式；“态”是事物的内在发展方式。有形必有态，有态必有型。凝物层面的建筑形式不是目的而是手段，这种手段是表达浓缩于建筑形式所蕴含的情感、精神、艺术、美学等内涵价值的外在显现。遗址博物馆的形态设计应具有文化意义、情感意义和信息传播意义。

3.3.5遗址博物馆的技术特征

遗址博物馆设计存在多层面的技术选择，应采用整体性技术、适宜性技术策略。是具体分析建筑所处的自然与地域环境、技术手段、经济能力与文化观念所采用的一种技术策略。建筑整体性技术体现了综合考量下的技术选择方式；适宜建筑技术融含着时空的观念，同时包括了-时代技术的内涵。

4.教案整体策略

4.1教案的训练目标

•生活感受能力　•信息提取能力　•理论思维能力

•逻辑推理能力　•统筹设计能力　•综合表达能力

4.2教案的课题设计

跨学科知识背景

以建筑学为核心，以符号学、哲学、系统工程学、历史考古学、文物保护学、遗产文化学、博物馆学为辅助，同时借鉴经济学、社会学、规划理论、城市设计、管理学等学科相关研究成果。

多元的文化内涵

考古遗址具有年代、地理特征，遗址内容具有文化特征，遗址的发掘保护具有当代特征；基地所在区域拥有近代自身文化发展脉络；博物馆拥有自身文化价值；地方政府有相应的文化政策；到访人群带入的异域价值观念；基地内外多重文化内涵交叠，需要彼此融合。

严苛的场地条件

据统计考古发掘场地80%位于野生自然地理环境，17%位于村落边界，3%位于都是区域。建设用地形状不规则，地势高差剧烈；滨临河湖水在，荒林掩蚀，基地内遗址挖掘亦导致了场地地貌错综复杂。

复杂的功能定位

遗址博物馆是馆舍博物馆中重要的一种类型，遗址博物馆的功能组成，基于传统博物馆的基本组成模式，但是又受限于遗址，需要在原有模式的基础上进行创新和拓展。遗址保护、文物保存、遗址内涵阐释、遗址科学研究、休憩娱乐、休验审美等功能需求是遗址博物馆的时代特征。

开放的任务设定

设计任务仅约据整体控制性指标，对建筑基址位置选择不做限制，对新建建筑指标进行控制，对旧建筑修复、改造、利用不做限制，对场地的功能要求不做限制，对遗址的保护、展示、体验形式不做具体限制。

多样的基地选择

课题提供四个设计基地，不相同的地域文脉，不相同的场地环境，不相同的场所内涵；不相同的遗址类型，不相同的遗址规模，不相同的遗址内容；不相同的设计要求，根据学生的认知，选择不同的设计基地。

遗址博物馆研究框架 1

遗址博物馆研究框架 2

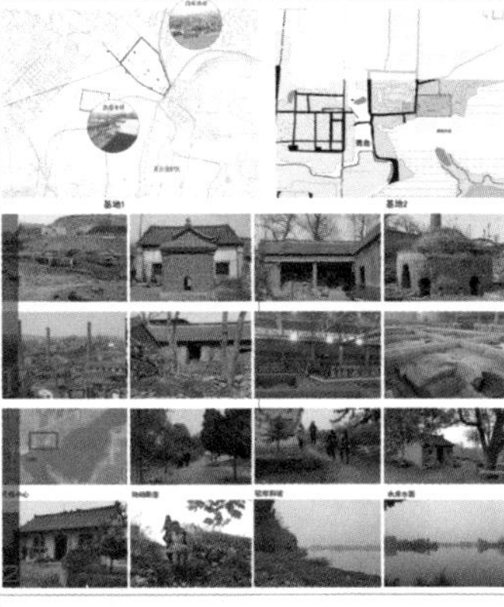

4.3教学核心内容

环境的协调性

遗址不仅是一种特殊的文化资源，更是一种区域环境，不仅是历史发展的产物，也是处于具体地区的事物，具备了时间与空间的双重属性。环境协调应包括自然环境的协调、社会环境的协调、区域环境协调、场所环境的协调。

空间的适用性

真实性、完整性是遗址保护与展示的核心原则。遗址内部保护空间的设计，阐释空间的设计、研究空间设计、体验空间设计；以及外部场所空间的设计需要因需求定义。

技术的适宜性

遗址博物馆建筑是遗址保护的手段，遗址保护的真实性、完整性和最小干预性和实践预防性决定了遗址博物馆建筑设计需要遵循一定的程序，按照工作程序在不同阶段综合不同专业知识，研究解决不同阶段的遗址保护、阐释等问题。

形态的适应性

博物馆的形态内涵包括文化意义、情感意义、传播意义，具体表现为：　更新时代观念、增强主题阐释、尊重遗址环境、延续地域文化、实施方式有象征、隐喻、意象。

4.4教案训练手段

摄影图像深度解析与解码环境信息

基地环境调查拍摄，从图像中深度解读社会、场所环境的真实内涵。

文献档案梳理编辑与理论思维建构

文献搜集阅读，提炼设计原理，提供设计创作思维理论支撑。

分解或组研究模块与整体设计同步

分解与整体互相关联，系统整体以认识论、方法论为基础，模块研究是系统整体演进的具体分解。

图解设计过程分析与推演思维逻辑

将有图解的方式阐释设计意图，包括前期对场地及设计理念的图化表达，设计思路演推图解语言的深入再清晰。

多样尺度模型制作与技术细节推敲

区域尺度、场地尺度、建筑尺度、室内尺度、构造尺度的模型制作，空间由想象转化为具象，为细节推敲提供保障。

阶段汇报展示交流与成果综合表达

汇报、展示的常规化，标准化，强化设计过程的交流强度，转化部分课堂1:1师导模式为汇报交流模式，作品的信息阐释为成果综合表达的最终形式。

5.教学特色

5.1注重调研分析的设计逻辑；借助研究模块推动设计；

现行教学实践中重视方案产生的过程和创作逻辑，重视对学生的“认知”、“调研”、“探索”、“理解”、“创新”等心智的塑造。在教学过程中，提供给学生5个与课题设计关联的研究模块，学生先行完成多个指定深度的研究作业，通过专业知识积累最终演化为课题设计成果。

5.2多学科领域介入的团队型教学，构筑多层次专业知识传递平台。

在现行教学过程中，面对多专业知识综合背景下的课题设计，教研组开启联合教学模式，与外籍客座教授、校内相关专业、本地设计研究院、文物管理局进行教学互动，举行专题讲座，开展教学研讨。基础“通识教育”与“专业教育”讲座相结合；集中讲授与逐题讨论相结合；分专业“独立指导”与多教师“配合指导”相结合，指导学生对方案做出准确判断，及时调整和优化设计。

5.3与时俱进的教学媒介，信息共享、资源共用，交流无极限。

将现等现代化信息媒介手段被应用到教学中，通过图像、文字、语言等方式建立专业间的信息共享与技术沟通，建立公共网络共享平台，将收集整理好的设计案例、参考文献等相关资料等上传到网络资源平台；各专业学生之间学生与指导老师及时沟通，促使设计所遇到的难题、迷惑境况，促进信息传递的快捷、高效。

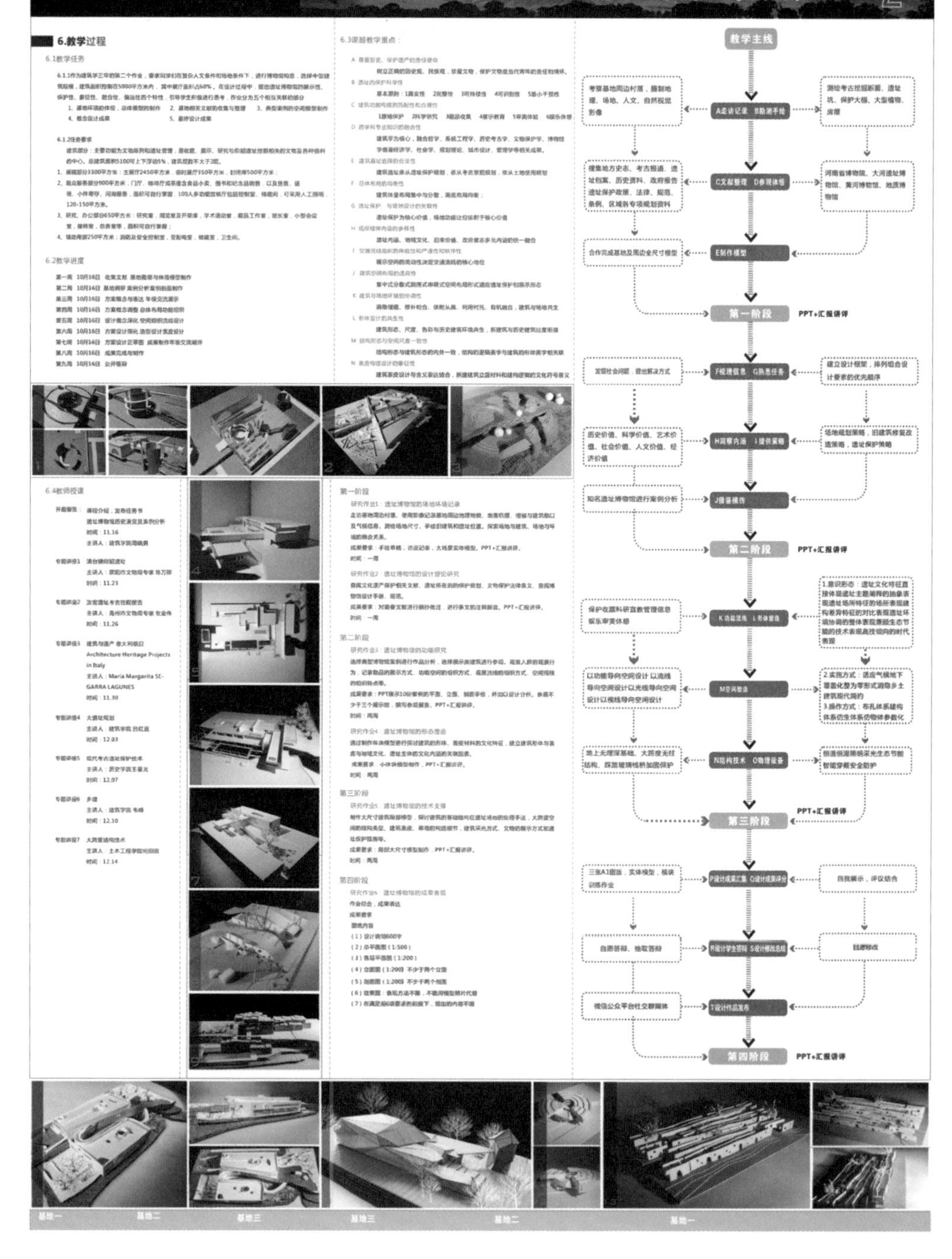

阐释
三年级遗址博物馆设计教案
2
6.教学过程
6.1教学任务
6.2教学进度
6.3课题教学重点：
6.4教师授课
第一阶段
第二阶段
第三阶段
第四阶段
教学主线
第一阶段
PPT+汇报讲评
第二阶段
PPT+汇报讲评
第三阶段
PPT+汇报讲评
第四阶段
PPT+汇报讲评
基地一
基地二
基地三
基地三
基地二
基地一

阐释 三年级遗址博物馆设计教案 

作业点评:

TO ANALYSIS THE WORK RESULTS OF OUR SIX STUDENTS

作业成果：

THE CONTENT OF THE RESULT

在遗址博物馆设计中，通过前期对基地的考察和学生们对遗址文化的理解，主要从几个角度出发去挖掘文化、基地和博物馆的联系：1.从基地特有的地形和水域等自然环境出发，在对场所现状进行回应的同时，加强对遗址坑的保护和利用；2.从遗址文化本身出发，将遗址文化自身的文化特征抽象化，例如聚落形态、建筑材料、建筑形态等。在这次作业中，我们主要抽取六份作业进行点评。

BEFORE THE DESIGN OF THE MUSEUM, OUR STUDENTS MAINLY FIND THE RELATES BETWEEN THE CULTURE , THE PLACE AND THE MUSEUM THROUGH THEIR UNDERSTAND OF THE CULTURE AND INSPECTION OF THE PALCE.1、FROM THE POINT OF SPECIAL GEOGRAPHY, LAKE AND OTHER ENVIRONMENT ASPECTS,THEY STRENGTHEN PROTECTION AND USE OF THE RELICS WHEN THEY RESPOND THE CURRENT SITUATION OF THE SITE;2.FROM THE POINT OF THE SITE CULTURE ITSELF,THEY ABSTRACT THE YANGSHAO CULTURE SUCH AS THE SETTLEMENT PATTERN,THE METERIAL OF BUILDING,THE BUILDING PATTERN ,ETC.FROM ALL STUDENTS WORK ,WE FIND OUT SIX TO ANALYSE.

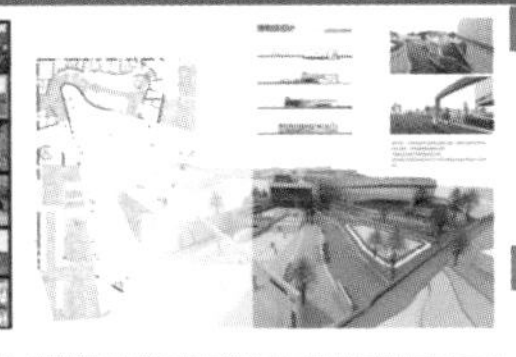

1 [illegible]

2 [illegible]

3 [illegible]

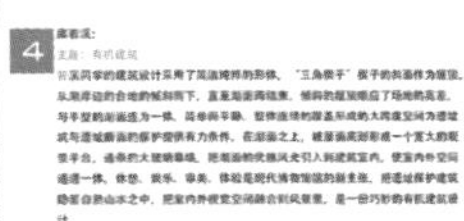

4 [illegible]

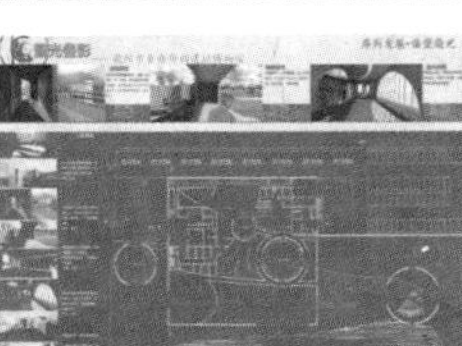

5 [illegible]

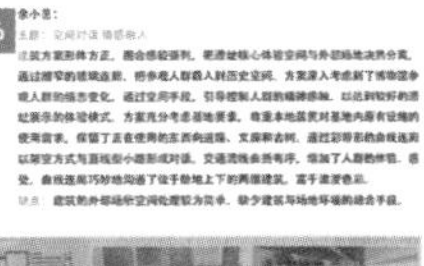

6 [illegible]

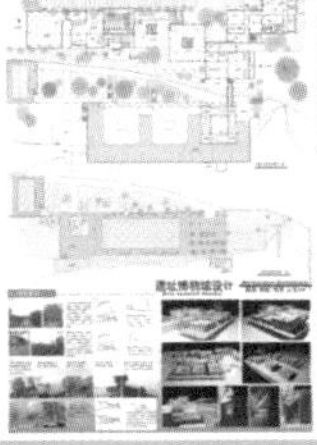

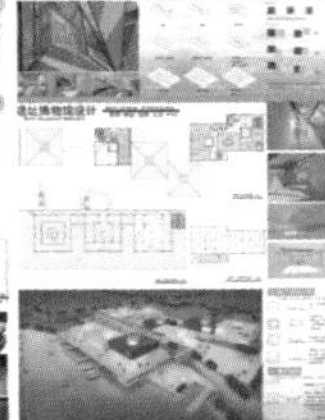

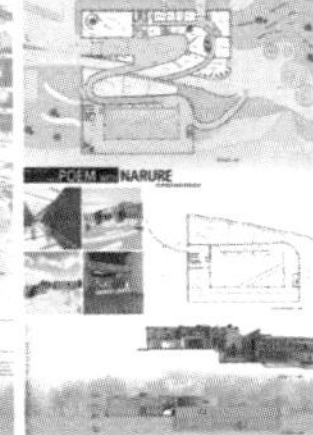

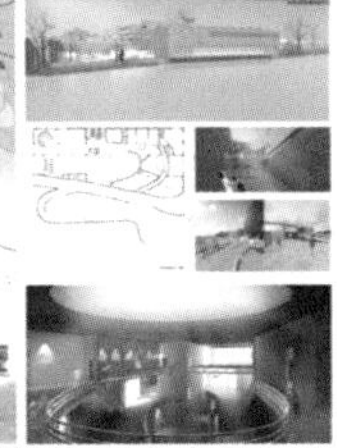

大连理工大学

城市历史环境下的文化博物馆（三年级）

1 教学目标

了解历史城市环境的调研和分析方法；处理好新旧建筑和历史街区环境之间的关系；

从城市环境到建筑内部空间的空间序列设计；自然光线的引入和室内空间的关系；空间形态的设计（与结构、界面、形体的关系）；

注重博览类建筑的流线和功能分区；注意展厅空间的光线设计；

选择合适的新技术和旧有建筑取得协调关系；选择适宜的结构形式充分表达空间形态。

2 教学方法：逻辑分解模式教学法

将建筑设计的思维过程拆解成不同的步骤，分别强化训练。构思阶段的 5X5 头脑风暴是指 5 次头脑风暴的训练，学生在调研和思考的基础上，每次练习准备时间为 5 分钟，然后和教师进行汇报交流。设计过程分解为以空间为核心的几个训练专题。学生主动参与，从不同视角学习设计方法。交图前通过网络平台系统和教师进行沟通，保证最终成果的质量。

3 任务书：东关街历史街区是沙俄殖民者在 19 世纪末在大连市区规划的中国人居住区。这片街区见证了大连民族工商业从无到有、直至兴盛的历程，是近代大连文化的诞生地之一，是目前我国现存最大最完整的一片“闯关东”遗迹。东关街历史街区位于大连火车站西侧 800m 的市中心区域，是外国人居住区和中国人居住区交界地带，大连两大商业中心之一。

这里的建筑大多建于 20 世纪初叶，砖墙承重结构，高度为一至三层。大部分建筑立面简洁朴素，装饰精美，带有日式仿欧特征。随着时间的推移，东关街历史街区成为外来人口聚集、环境脏乱地段。

现假定对东关街历史街区进行整体保护和整治。对房屋破损严重，建筑历史及文化价值低的街区建筑进行拆除，作为新建筑的选址。对价值较高但破损的旧建筑进行维护和修缮，植入新功能，包括居住、文化、商业、休闲娱乐等。教学团队研究认为，东关街最东侧街块符合新建筑的选址原则。拟在此地新建 4800m^2 规模的历史文化博物馆，作为联系城市历史街区和新区的过渡，带动城市历史街区重新焕发活力。设计内容包括展厅陈列、藏品库区、办公技术和观众服务四大功能分区。设计成果包括 A1 图纸若干及手工模型。

4 教学过程

教学过程包括构思阶段的 5X5 头脑风暴教学法和方案发展、深化阶段的逻辑解析和综合深化过程。

调研构思阶段：头脑风暴教学法用于设计初期构思阶段，5 个参与节点，每次给学生5分钟时间迅速准备。然后汇报，教师给予点评。这种练习有如下优势:（1）学生积极思考、主动参与，不再被动灌输。（2）加速思考进程，不再因为缓慢的预热，而影响后面的方案进展。（3）学生的思维相互碰撞和交流，有助于开拓思路，建立多维发散思维构架。

方案发展阶段：这一阶段训练以空间的设计为核心，帮助学生理清空间与结构、空间与流线、空间与功能、空间与形体等基本关系。用手工模型去推敲和表达这些关系。方案的特色能够从中得到强化。学生能够从不同侧面深入理解建筑要素的构成与空间的密切联系。

方案深化阶段：这一阶段的训练包括两部分内容。第一，将上一阶段的分解设计内容进行综合和修改调整，解决设计过程中出现的各种问题。第二，由设计院实践经验强的建筑师和教学老师共同主讲，使得学生的深入了解设计建筑细部、构造节点的思考方法，内容包括：节点构造、结构、自然光线、排水、保温等相关问题。

成果表达阶段：建筑系研发了用于登陆成绩、上传图纸、评阅图纸、图纸存档功能的网上操作系统。每次正式交图前一周，学生将接近完成的图纸上传到系统中，由指导教师在两天内仔细评阅，指出图面绘图的细节问题。学生可以登陆系统查看并修改，这极大地减少了最终提交图纸中的错误。

优秀作业1：I + O 城市历史环境下的文化博物馆设计　设计者：陆丰豪 张铭哲
优秀作业2：院—城市历史环境下的文化博物馆设计　设计者：徐张磊 陈婧

作业指导教师：李冰 于辉 李国鹏 吴亮
教案主持教师：李冰

城市历史环境下的文化博物馆设计 01

本科三年级建筑设计课程：东关街历史文化博物馆设计

I. 建筑设计课程体系

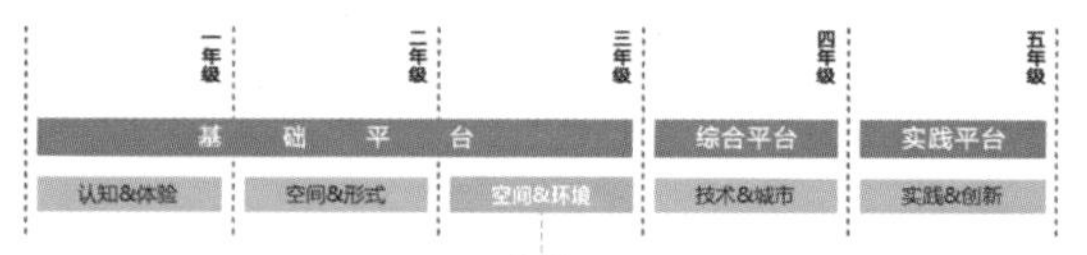

	三年级上学期：建筑设计3		三年级下学期：建筑设计4	
	建筑 · 城市 · 自然		建筑 · 社会 · 文化	
	青少年活动中心	度假宾馆	集合住宅	历史街区/文博建筑
空　间	空间 · 场所	空间 · 生态	空间 · 行为	空间 · 文化
环　境	建成环境	自然环境	人居环境	人文环境

II. 东关街历史文化博物馆设计任务书

设计目标

环　境	了解历史城市环境的调研和分析方法；处理好新旧建筑和历史街区环境之间的关系；
空　间	从城市环境到建筑内部空间的空间序列设计；自然光线的引入和室内空间的关系；空间形态的设计（与结构、界面、形体的关系）
功　能	注重博览类建筑的流线和功能分区；注意展厅空间的光线设计
技　术	选择合适的新技术和旧有建筑取得协调关系；选择适宜的结构形式充分表达空间形态

任务选题

地理位置	东关街历史街区位于大连火车站西侧800米的市中心区域，是外国人居住区和中国人居住区交界地带，大连两大商业中心之一。
历史概况	十九世纪末，沙俄殖民者在大连市区规划的中国人居住区，俗称"小岗子"。这片街区见证了大连民族工商业从无到有、直至兴盛的历程，是近代大连文化的诞生地之一，是目前我国现存最大最完整的一片"闯关东"遗迹。随着时间的推移，东关街历史街区成为外来人口聚集、环境脏乱地段。
建筑特征	这里的建筑大多建于20世纪初叶，砖墙承重结构，高度为一至三层。立面简洁朴素，装饰精美，带有日式仿欧特征。立面大多直接裸露红砖或青砖，有的带有瓷砖贴面。
任务简述	现假定对东关街历史街区进行整体保护和整治。对房屋破损严重，建筑历史及文化价值低的街区建筑进行拆除，作为新建筑的选址。对价值较高但破损的旧建筑进行维护和修缮，植入新功能，包括居住、文化、商业、休闲娱乐等。教学团队研究认为，东关街最东侧街块符合新建筑选址原则。拟在此地新建4800平方米规模的历史文化博物馆，作为联系城市历史街区和新区的过渡，带动城市历史街区重新焕发活力。

设计内容

展厅陈列	展厅组团：简史展览、专题展览、临时展厅；室外展场。
藏品库区	文物库房：陶瓷、石刻、书画、善本、织物、金属器、木器、综合库房；
办公技术	行政办公：馆长室、行政办公室、讲解员休息室、会议室； 文物修复：修复室、复制室、摄影室、实验室； 专业研究：专家研究室、资料室、阅览室； 设备用房：消防控制、闭路监控、空调机房、变电、消防泵房。
观众服务	观众休息：休息厅、文物商店、餐饮、卫生间； 门厅组团：门厅、服务接待、衣帽间、保卫值班、学术报告厅、停车场/库

成果要求

图纸规格	A1（594X841mm）图纸≥3张；
图纸内容	总平面图1/500、各层平面图1/200、立面图≥张，剖面图≥2张，1/300、局部剖面节点图（自然采光口处）1/50或1/100；街区分析、功能流线分析、透视图、方案演变。
手工模型	总体模型（1/200）：表达建筑形体、立面材质、室内空间、基地与环境的关系；分体模型三个（1/300）：表达最能体现设计特点的三个分体模型，如：空间与结构、空间与形体、空间与功能、空间与流线等。

本科三年级建筑设计课程：东关街历史文化博物馆设计

III. 教学过程：逻辑分解模式教学

将建筑设计的思维过程拆解成不同的步骤，分别强化训练。构思阶段的5X5头脑风暴是指5次头脑风暴的训练，学生在调研和思考的基础上，每次练习准备时间为5分钟，然后和教师进行汇报交流。设计过程分解为以空间为核心的几个训练专题。学生主动参与，从不同视角学习设计方法。交图前通过网络平台系统和教师进行沟通，保证最终成果的质量。

1、如何调研　2、基地总结　3、建筑反思　4、提出问题　5、空间模型　构思形成　空间与结构　空间与功能　空间与流线　空间与形体　……　细部与节点深化　综合调整　系统平台　准正图　最终成果

调研构思阶段　方案发展阶段　方案深化阶段　成果表达阶段

调研构思阶段　5X5 头脑风暴

头脑风暴教学法用于设计初期构思阶段，5个参与节点，每次给学生5分钟时间迅速准备。然后汇报，教师给予点评。这种练习有如下优势：1、学生积极思考、主动参与，不再被动灌输。2、加速思考进程，不再因为缓慢的预热，而影响后面的方案进展。3、学生的思维相互碰撞和交流，有助于开拓思路，建立多维发散思维构架。

第一周

课上　1、布置课题、讲解基地。5X5 头脑风暴 1：如何调研　2、评述调研结果 5X5 头脑风暴 2：基地总结 城市历史街区特征分析总结 5X5 头脑风暴 3：建筑反思

课下　参观基地、调研访谈，参观已建成博物馆建筑。查阅资料，整理东关街历史街区特点，PPT案例分析博物馆建筑

第二周

课上　3、评述案例分析 5X5 头脑风暴 4：提出问题 5X5 头脑风暴 5：空间模型　4、组内指导方案构思

课下　产生方案（草图、模型）　修改方案

第三周（上）

课上　5、集体评图

课下　修改方案

东关街基地调研　博物馆案例分析　5X5头脑风暴练习

方案发展阶段　环境空间 逻辑解析

这一阶段训练以空间的设计为核心，帮助学生理清空间与结构、空间与流线、空间与功能、空间与形体等基本关系。用手工模型去推敲和表达这些关系。方案的特色能够从中得到强化。学生能够从不同侧面深入理解建筑要素的构成与空间的密切联系。

第三周（下）

课上　6、从历史街区环境分析入手，指导学生建筑形体生成的方法，及和历史街区建筑相协调的手段。

课下　发展方案（电脑/手工模型、平立剖面）

第四周

课上　7、布置小练习：讲解概念形体、空间、结构设计的思考方法。从多个侧面强化方案的特征。　8、组内指导方案进展。

课下　调整方案（电脑/手工模型、平立剖面）

第五周

课上　9、组内指导方案进展。　10、小组交叉集体评图，打分。

课下　继续修改方案（模型、平立剖面）

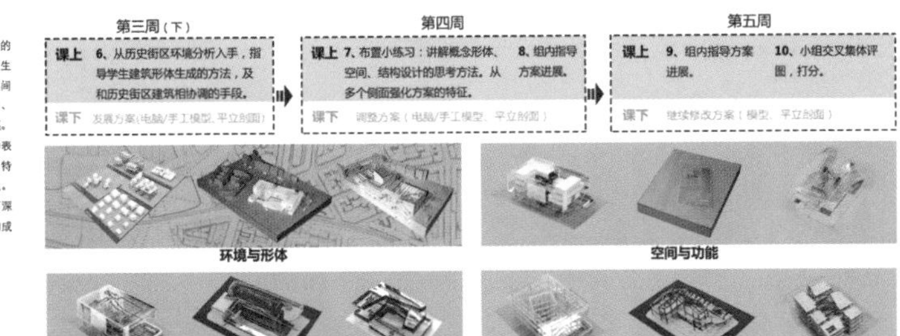

环境与形体　空间与功能　空间与流线　空间与结构

方案深化阶段　综合调整 设计深化

这一阶段的训练包括两部分内容，第一，将上一阶段的分解设计内容进行综合和修改调整，解决设计过程中出现的各种问题。第二，由设计院实践经验强的建筑师和教学老师共同主讲，使得学生的深入了解设计建筑细部、构造节点的思考方法，内容包括：节点构造、结构、自然光线、排水、保温、等相关问题。

第六周

课上　11、指导学生进行方案综合调整，修改各种问题。　12、教师指导重点空间、细部节点设计讲解（设计院专家参与教学）。

课下　方案综合调整；重点部分细部设计，细部与方案双向深入。

第七周

课上　13、深入细部设计（图纸/手工模型），教师指导。　14、补充完善图纸及模型，教师指导。

课下　深化方案（电脑/手工模型、平立剖面）

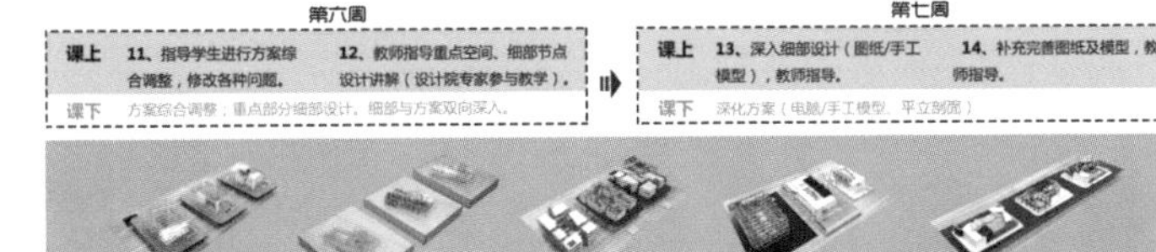

教学场景

成果表达阶段　系统平台 成果反馈

建筑系研发了用于登陆成绩、上传图纸、评阅图纸、图纸存档功能的网上操作系统。每次正式交图前一周，学生将接近完成的图纸上传到系统中，由指导教师在两天内仔细评阅，指出图面绘图的细节问题。学生可以登陆系统查看并修改。这极大地减少了最终提交图纸中的错误。

第八周

课上　15、制图及设计答疑，课程结束网络提交图纸（准正图），利用课下时间网络评阅，及时将问题反馈给学生。　16、制图及设计答疑。

课下　提交准正图，根据评阅意见修改图纸。　完成正图，提交图纸。

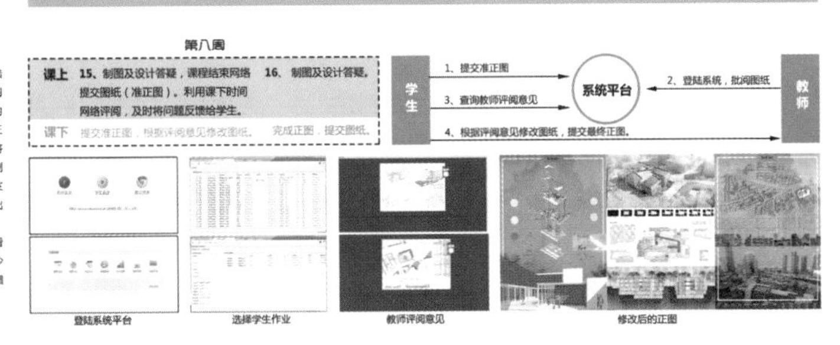

登陆系统平台　选择学生作业　教师评阅意见　修改后的正图

内蒙古工业大学

基于城市设计的工业遗产解读（四年级）

本设计题目的教学目标是引导学生了解城市设计的内容和要求；以北京市首钢工业区更新发展地段的城市设计作为此次作业题目，旨在树立融入历史、文化、地域性的城市设计理念。教学方法注重培养学生多元与互动的设计思想、开放与交流的过程模式，充分调动学生自主学习的积极性；同时注重阶段成果的评价。题目任务书的拟定给予学生更多发挥空间：现状用地的自我评价、未来业态的自我选择、工业遗存的灵活运用。教学过程分为三个阶段的成果表达：设计问题解析、设计方案推演、最后成果表达。本次作业的特色体现在学生通过对现状用地的全方位了解、模型制作，对环境建立准确的认知；并完成各阶段成果的不同方式表达。

优秀作业 1：首钢众创——集群建筑的新陈代谢　设计者：李新飞 张宏宇 宋莉 樊宸希

优秀作业 2：北京市首钢工业区更新发展地段城市设计——漫步工业　设计者：武伯菊

作业指导教师：杨春虹 郝占国 贾晓浒 范桂芳

教案主持教师：范桂芳

基于城市设计的工业遗产解读

北京市首钢工业区更新发展地段城市设计

一 教学概况

1.教学结构

1.1教学定位

一年级	二年级	三年级	四年级	五年级
入门	提高	拓展	深化	综合
空间形式	环境行为	社会人文	城市技术	文化历史
认知体验分析	调查发现解决	调研分析应对	整合传承更新	融合研究运用

1.2教学体系

基本目标

重点方向

课程设计

理论专题

建筑设计深化

建筑与技术　建筑与城市

主干理论：城市规划　城市设计　建筑设计

综合解答：高层建筑　大跨建筑　居住小区　城市区域

相关设计：城市设计　单体设计　景观设计

1.3与前后题目的衔接关系

	三年级	四年级		五年级
第一学期	美术馆、宾馆	城市设计	居住小区规划	设计院业务实习
第二学期	社区活动中心（方案、构造）	高层综合体	大跨度设计	毕业设计

2.教学目标

教学总体目标：

1.知识目标

（1）了解城市形态的概念和类型，理解城市设计的目的、意义和基本方法；

（2）分析和理解城市土地利用方式的不同而形成的不同功能区以及它们的特点；

（3）了解城市历史遗存与城市发展之间的关系；

（4）理解城市发展与环境的相互影响关系。

2.能力目标

（1）引导学生通过调研、分析、数据整理、讨论等方法，发现城市、城市区域、城市片断在历史和发展过程中存在的问题；

（2）指导学生利用相关理论知识解决实际问题，并在此过程中对理论知识加以完善和升华；

（3）培养学生合作、交流、互助的团队写作能力；

（4）培养学生"整体——局部——整体"的认识事物的逻辑思维方法，培养学生抓主要矛盾，用全面的观点看问题的辩证方法。

教师教学目标		学生教学目标
巩固发展基本能力	……………………	提高拓展多向发展
逻辑关系和理性进程	……………………	相关专业综合协调
强化地域文化意识	……………………	综合设计水平与创造能力
建筑与环境的整体意识	……………………	强化计算机专业软件

3.教学方法

（1）多元与互动：引导学生在遵循城市发展总体规划和谐宗旨的理论指导下，从宏观的设计思维入手，从城市和环境角度出发，对城市片区的发展模式和空间形态提出不同见解和策略，解读城市发展的不确定性，体验城市的"出乎预料"；

（2）开放与交流：融入联合设计的教学模式，在设计的过程中采用自主学习、小组讨论、教师辅导、公开答辩等多种形式进行相互学习与交流，开拓思维，互通有无，共同进步；

（3）理论与实践：选择意义重大的工程实际题目，要能够体现城市历史与文化的延续，寻求具有现实生命力的城市与建筑空间，更好地诠释城市设计的意义。

4.教学重点及特色

教学重点　在丰富、完善建筑设计基本理论的基础上，本课程的教学重点着眼于培养学生宏观的设计思维能力和实践动手能力。从城市角度和环境角度出发，以教师辅导、小组讨论、自主学习、实践等方式，完成包括实地调研、影响因素分析、设计策略推选、合作设计等在内的多个设计环节，其目标在于完善学生科学、缜密的设计思考能力，掌握"城市——场地——建筑"双向、动态的设计方法，完成从简单到复杂、从虚拟到真实的设计转变，为下一步的执业建筑师打好基础。

教学特色　城市设计题目源于四校联合设计。设计环境信息全面而真实，不仅包含丰富的可识别常规场地信息，还有很多包括地域特色、民俗文化、技术策略、政策法规等在内的、动态的隐形信息等待学生的寻找、发现和利用。课程由具有丰富实践经验的教师作为全程指导老师，循序深入、细致的帮助学生解决实际问题，为学生设计角色的转换和设计能力的大幅度提升创造了一个良好的平台。

5.课程任务书

5.1　设计题目

北京市首钢工业区的更新发展地段城市设计

5.2　教学要求

（1）充分了解和掌握城市设计的基本概念和思考方法，从城市区域规划、总体规划、详细规划到城市设计，同建筑设计之间建立正确的联系方法；从城市和街区的群体建筑相互关系的协调和对话中，检验设计任务要求来设计群体建筑，结合本课程紧密贴近的方案设计，通过实践加深理解，将理论和实践紧密结合起来。

（2）从城市与建筑的关系出发，关注单体建筑包括综合体与各种类型的建筑，如何同城市设计的宏观、中观与微观层面的综合联系，使建筑学的学生都能了解和掌握在城市设计与街区相关的城市规划理念的基础上，如何正确地并有创造力地设计群体建筑与单体建筑形态。

（3）充分了解和掌握设计功能技术复杂、造型要求较高的高层公共建筑群体形态组织、功能安排、交通组织与安全疏散、开放空间、绿化与景观设计等等问题，以及大型公共建筑单体与高层综合楼的设计方法。

（4）城市设计不能脱离具体的国家和地域的历史和文化发展的客观现实，因此，在具体的城市设计实践中，要加强同学们对城市设计任务所在地段和城市历史文化的研究与关注，从中发掘有特色和有价值的设计理念，并具体应用于实际的方案设计中。

5.3　成果要求

现状调研阶段

（1）区位及分析图。包含现状用地区位、交通、景观及设计定位等分析，要求各个分析图的比例一致。

（2）现状建筑质量评价图。

方案构思与分析阶段

各类分析图及设计构思、理念、分析图应包括规划结构、功能分区、交通（含道路、静态交通及公交站点）、开敞空间设计及景观分析，以表明合理的设计定位及独特的构思。

（3）规划设计分析图及必要的说明分析图（比例不限）

（4）规划结构分析图：应全面明确地表达规划的基本构思、用地功能关系和社区构成等、规划基地与周边的功能关系、交通关系和空间关系等。

（5）道路交通分析图：应明确表现出各级道路的等级、车行和步行活动的主要线路，以及各类停车场地的规模、形式和位置。

（6）绿化系统分析图：应明确表现出各级绿地的范围、绿地的功能结构和空间形态等。

（7）空间形态分析图：应明确表现规划的空间系统、建筑高度分区、景观结构，以及与周边城市空间的关系等。以上图面若不能完整表达规划意图时，可在图中附加文字说明。

城市设计阶段

城市设计总平面图：总平面图应明确标注用地内的停车场、主要出入口位置、绿化、景观设计等内容，应较详细地表达公共空间与环境，对于建筑则应达到体块控制的深度。

重要的剖面图：图中应注明各剖面部分的功能和控制尺寸，规划中的特征性空间构成表现。

城市设计总体鸟瞰图：要求体现特征，色调协调。

重点地段详细设计：选取重要的核心地段进行深入设计，要求完成建筑形体、风格、公共空间及透视图。

总体立面或天际线控制图：选取重要的重要节点（或核心区）进行较深入的设计。

建筑的体块示意及透视图。

高度轮廓控制线（建筑高度不得超越或低于此线），表达建筑群体的立面形象、色彩及风格特征。

经济技术指标及设计说明

总用地面积（公顷）：

停车位（辆）：

平均层数（层）：

各类建筑总面积（平方米）：

建筑总面积（平方米）：

容积率：

道路、建筑道路及道路边界线

建筑密度（%）：

绿地率（%）

二 教学进度与内容

阶段1：设计问题解析		阶段2：设计方案推演论证		阶段3　城市设计成果深化			
第1周	1）任务解读：实地调研 理论授课：安排本学期的任务，进行设计题目讲解，布置本学期的课程安排；讲解城市设计概论。	第3~4周	1）城市设计构思： 汇报概念模型成果，教师组织集体讲评。完成相关设计构思的推导图纸。以手工模型辅助思考并推敲规划结构。	第5周	1）交通专题： 提交城市设计平面二草。 深化道路交通与流线设计。	第7周	3）建筑设计专题（下） 专题③：进一步完善和深化与公共开放空间相连的建筑空间，布置城市设计最终成果要求。
第2周	2）思考核心问题： 讲解现状调查的基本方法；布置详细调查任务要求。 分组现场踏勘，收集数据和相关资料，完成拟选择地段的相关分析。 在调研基础上，思考并提取核心设计问题，完成对应的初步解读。		2）城市设计构思深化： 提交设计构思二草，汇报各自的完整设计构思，深入发展和推敲空间形态，进一步形成整体空间结构和开放空间意向。 设计构思调整和比较：就前期构思存在的问题进行分析比较，调整构思方案。	第6周	2）景观设计专题（上）： 提交道路交通规划图。 专题①：讲解城市公共开放空间设计的基本方法，确定重点地段景观设计意向。 专题②：形成景观设计平面布局。	第8周	4）空间形态设计专题
			3）城市设计总体方案确定： 确立城市设计总图的框架，形成较明确的空间形体。			第9周	5）主要外部空间形态设计专题
						第10周	成果提交： 完成系列图纸和设计说明。

三 教学过程

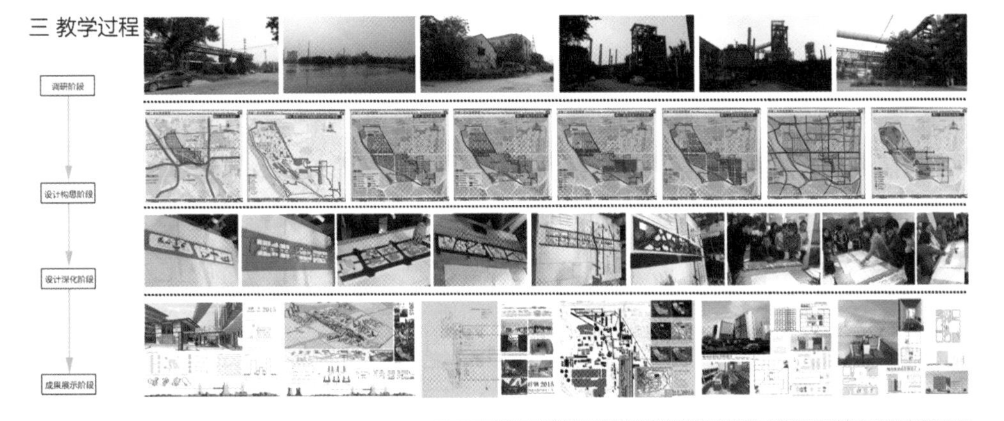

四 教学成果

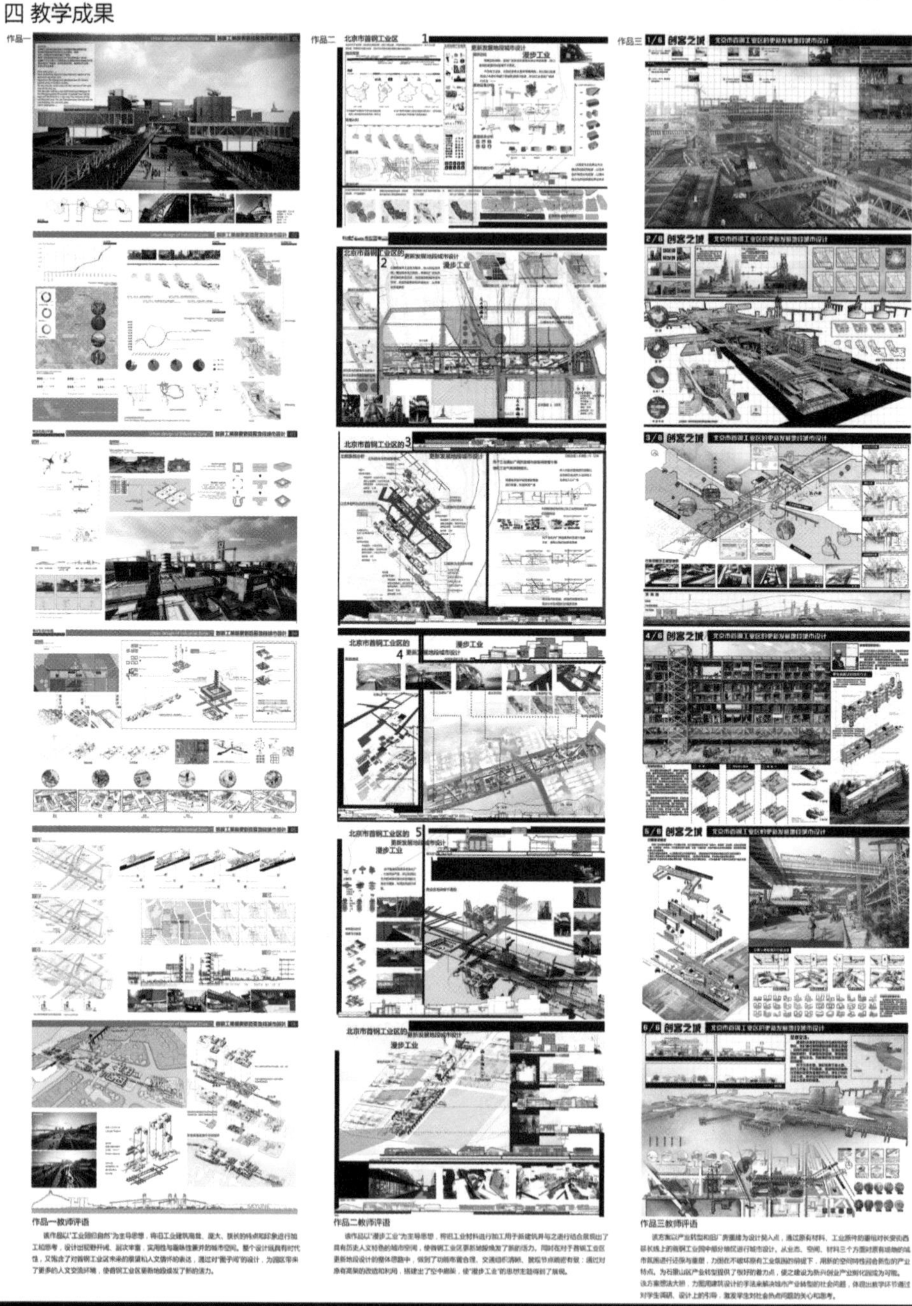

作品一教师评语

该作品以"工业回归自然"为主导思想，将旧工业建筑高耸、庞大、狭长的特点和印象进行加工和思考，设计出视野开阔、层次丰富，实用性与趣味性兼并的城市空间。整个设计既具有时代性，又饱含了对首钢工业区未来的展望和人文情怀的表达，通过对"院子间"的设计，为园区带来了更多的人文交流环境，使首钢工业区更新地段焕发了新的活力。

作品二教师评语

该作品以"漫步工业"为主导思想，将旧工业材料进行加工用于新建筑并与之进行结合展现出了具有历史人文特色的城市空间，使首钢工业区更新地段焕发了新的活力。同时在对于首钢工业区更新地段设计的整体思路中，做到了功能布置合理、交通组织清晰、景观节点疏密有致；通过对原有高架的改造和利用，搭建出了空中廊架，使"漫步工业"的思想主题得到了展现。

作品三教师评语

该方案以产业转型和旧厂房重建为设计切入点，通过原有材料、工业原件的重组对长安街西延长线上的首钢工业园中部分地区进行城市设计。从业态、空间、材料三个方面对原有场地的城市肌理进行还原与重塑，力图在不破坏原有工业氛围的前提下，用新的空间特性融合新型的产业特点，为石景山区产业转型提供了很好的着力点，使之建设为新兴创业产业孵化园成为可能。该方案想法大胆，力图用建筑设计的手法来解决城市产业转型的社会问题，体现出教学环节通过对学生调研、设计上的引导，激发学生对社会热点问题的关心和思考。

昆明理工大学

“8+”联合毕业设计基于“时空压缩”语境下的城市设计——“后边界——深圳二线关沿线结构织补与空间弥合”（五年级）

五年级作为设计教学阶段的总结及检验，是非常重要的环节。教学总结本科阶段教学的布置结构。

检验同学设计的综合能力，团队的配合能力，思考反思的能力。通过“联合”设计的平台（校外），交流学习不同教学结构体系下同一设计任务的教学模式及改进教学模式。

校内设计团队由规划、建筑、景观三专业联合组成，通过不同的专业视角及协作，完成城市设计 + 建筑设计 + 景观设计的城市生活空间。探讨美好城市生活的营造。

在全球化、快速城市化发展背景下。设计师们需要重新考虑，建筑与城市关系、设计与实践关系、城市生活与物理空间关系。

教学的任务及核心也需要重新审视，城市中的空间问题在一定程度上理解，它是设计不到位的问题。我们缺失在哪些方面？而设计为什么不能结合生活？

教学过程想要讨论的问题——设计一个“美好”的城市生活空间是设计初衷。“二线”是深圳城市空间的“特质”，也暗喻着城市空间及生活的“障碍”。

优秀作业 1：布吉关庇护伞　设计者：李佳颖 凌雨桐 孙成远

优秀作业 2：模．界　设计者：袁世洁 谭雅秋 周越

作业指导教师：翟辉 张欣雁

教案主持教师：张欣雁

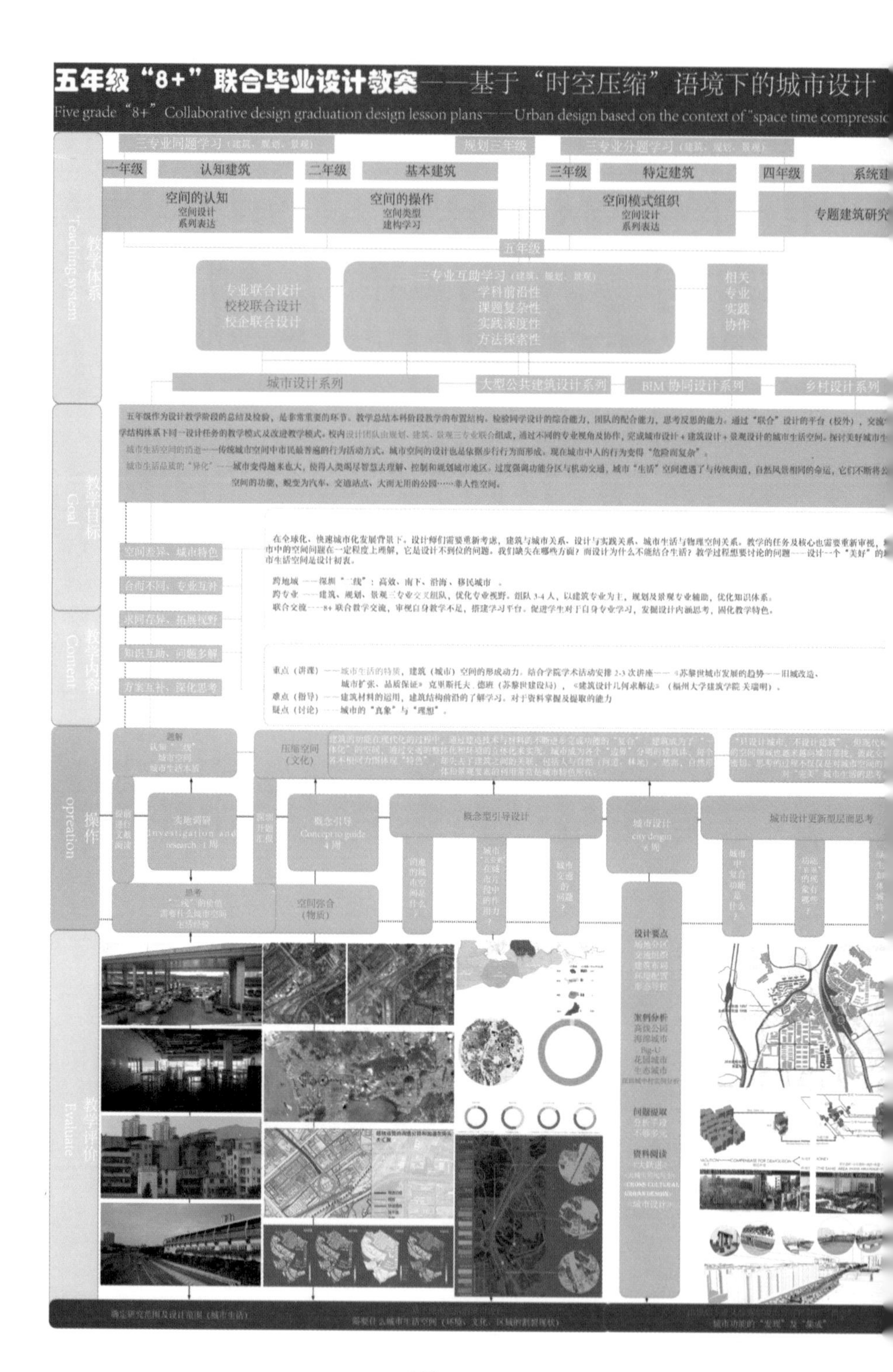

五年级“8+”联合毕业设计教案——基于“时空压缩”语境下的城市设计
Five grade “8+” Collaborative design graduation design lesson plans——Urban design based on the context of "space time compressic
教学体系 Teaching system
三专业同题学习（建筑、规划、景观）
规划三年级
三专业分题学习（建筑、规划、景观）
一年级
认知建筑
二年级
基本建筑
三年级
特定建筑
四年级
空间的认知
空间设计
系列表达
空间的操作
空间类型
建构学习
空间模式组织
空间设计
系列表达
专题建筑研究
五年级
专业联合设计
校校联合设计
校企联合设计
三专业互助学习（建筑、规划、景观）
学科前沿性
课题复杂性
实践深度性
方法探索性
相关
专业
实践
协作
城市设计系列
大型公共建筑设计系列
BIM 协同设计系列
乡村设计系列
教学目标 Goal
五年级作为设计教学阶段的总结及检验，是非常重要的环节。教学总结本科阶段教学的布置结构，检验同学设计的综合能力，团队的配合能力，思考反思的能力。通过“联合”设计的平台（校外），交流
学结构体系下同一设计任务的教学模式及改进教学模式。校内设计团队由规划、建筑、景观三专业联合组成，通过不同的专业视角及协作，完成城市设计＋建筑设计＋景观设计的城市生活空间。探讨美好城市生
城市生活空间的消逝——传统城市空间中市民最普遍的行为活动方式。城市空间的设计也是依据步行行为而形成。现在城市中人的行为变得“危险而复杂”。
城市生活品质的“异化”——城市变得越来越大，使得人类竭尽智慧去理解、控制和规划城市地区。过度强调功能分区与机动交通，城市“生活”空间遭遇了与传统街道，自然风景相同的命运，它们不断将公
空间的功能，蜕变为汽车、交通站点、大而无用的公园……非人性空间。
教学内容 Content
空间差异、城市特色
合而不同、专业互补
求同存异、拓展视野
知识互助、问题多解
方案互补、深化思考
在全球化、快速城市化发展背景下，设计师们需要重新考虑，建筑与城市关系、设计与实践关系、城市生活与物理空间关系。教学的任务及核心也需要重新审视，
市中的空间问题在一定程度上理解，它是设计不到位的问题。我们缺失在哪些方面？而设计为什么不能结合生活？教学过程想要讨论的问题——设计一个“美好”的
市生活空间是设计初衷。
跨地域——深圳“二线”：高效、南下、沿海、移民城市。
跨专业——建筑、规划、景观三专业交叉组队，优化专业视野。组队3-4人，以建筑专业为主，规划及景观专业辅助，优化知识体系。
联合交流——8+联合教学交流，审视自身教学不足，搭建学习平台。促进学生对于自身专业学习，发掘设计内涵思考，固化教学特色。
重点（讲课）——城市生活的特质，建筑（城市）空间的形成动力。结合学院学术活动安排2-3次讲座——《苏黎世城市发展的趋势——旧城改造、城市扩张、品质保证》克里斯托夫·德班（苏黎世建设局），《建筑设计几何求解法》（福州大学建筑学院 关瑞明）。
难点（指导）——建筑材料的运用，建筑结构前沿的了解学习。对于资料掌握及提取的能力
疑点（讨论）——城市的“真象”与“理想”。
操作 opreation
压缩空间
（文化）
实地调研
Investigation and research 1周
概念引导
Concept to guide 4周
概念型引导设计
城市设计
city design 8周
城市设计更新型层面思考
空间弥合
（物质）
教学评价 Evaluate
设计要点
案例分析
问题提取
资料阅读